工业和信息化部“十四五”规划专著

先进多功能雷达智能感知识别技术

李云杰　朱梦韬　李　岩　范丽丽　著

科学出版社

北　京

内 容 简 介

本书聚焦先进多功能雷达的感知识别难题，将人工智能技术应用于对多功能雷达感知识别。全书内容主要包括先进多功能雷达行为建模表征、智能化感知识别技术基础、交织辐射源信号分选、脉内调制类型识别、多功能雷达工作状态识别、多功能雷达系统行为识别、认知多功能雷达行为策略逆向分析等。

本书可作为雷达电子对抗领域研究人员、相关专业研究生的参考用书。

图书在版编目（CIP）数据

先进多功能雷达智能感知识别技术 / 李云杰等著. —北京：科学出版社，2023.9

ISBN 978-7-03-076445-4

Ⅰ. ①先… Ⅱ. ①李… Ⅲ. ①雷达目标识别–研究 Ⅳ. ①TN959.1

中国国家版本馆 CIP 数据核字（2023）第 185114 号

责任编辑：任 静 / 责任校对：胡小洁

责任印制：赵 博 / 封面设计：蓝正设计

科学出版社 出版

北京东黄城根北街 16 号

邮政编码：100717

http://www.sciencep.com

北京天宇星印刷厂印刷

科学出版社发行 各地新华书店经销

*

2023 年 9 月第 一 版 开本：720×1000 1/16

2024 年 3 月第二次印刷 印张：22

字数：444 000

定价：178.00 元

（如有印装质量问题，我社负责调换）

前　言

随着各种先进体制雷达系统能力的不断提升，现代战场电磁环境日益复杂。先进体制雷达如多功能雷达（Multi-function Radar，MFR）具有可以同时执行多任务、捷变波束调度、复杂信号调制样式、程控工作状态编排等特点，被广泛应用于监视和目标跟踪领域，给传统电子侦察与对抗系统带来了极大的挑战。针对先进多功能雷达的感知识别研究已经成为电子战研究领域中的一个热点和难点问题。人工智能技术在近年来迅猛发展，已经在机器视觉、自然语言处理、智能交通、智慧城市等多个研究领域取得众多应用成果。将人工智能技术引入雷达电子对抗领域，开展对先进多功能雷达的智能化感知识别研究，具有重要的理论意义和应用价值。

本书聚焦先进多功能雷达智能化感知识别技术，采取“重视基础、面向应用、兼顾未来”的总体思路进行内容编排：首先构建先进多功能雷达行为的机理和观测模型，并对适用非合作条件下对雷达系统进行感知识别的人工智能技术基础进行介绍；然后按照实际雷达电子侦察应用系统中交织辐射源信号分选、信号脉内调制类型识别、系统状态行为识别三个功能环节进行智能化感知识别技术的具体介绍；最后对针对下一代具有认知能力的多功能雷达系统行为逆向分析技术进行初步探讨。

本书是作者团队近年来相关研究工作的提炼和总结，可以作为雷达与电子对抗领域研究人员、高等院校相关专业高年级本科生和研究生的参考用书，希望对国内的智能化电子侦察技术发挥积极作用。

成书过程中，博士研究生张滋林、潘泽斯、翟启航、秦家豪、鲍加迪和硕士研究生王海煜、张瑞斌、王雪菲、李巍等同学进行了大量的资料准备与仿真计算等工作，高梅国教授对全书文稿提出了宝贵的修改意见，在此表示衷心感谢。

由于作者视野和水平有限，书中难免存在系统、技术、文字方面的不当或错误之处，恳请从事人工智能和电子对抗研究的各位同行读者批评指正。

作　者

2023 年 1 月 29 日

目　录

第 1 章　先进多功能雷达系统概述

本章介绍先进多功能雷达发展及其给电子侦察带来的挑战，阐述智能化感知识别技术研究的重要理论意义和应用价值，1.1 节简介先进多功能雷达的发展历史，1.2 节描述不同搭载平台的国内外典型多功能雷达系统概况，1.3 节描述先进多功能雷达给电子侦察技术带来的具体挑战。

1.1　先进多功能雷达发展历史

本节从先进多功能雷达的基本组成和功能内涵出发，对相控阵先进多功能雷达的发展历史进行介绍。

1.1.1　先进多功能雷达基本概念

雷达的基本概念形成于 20 世纪初，但是直到第二次世界大战前后雷达才得到迅速发展。早在 20 世纪初，欧洲和美国的一些科学家已经对物体反射电磁波的现象有所了解。1922 年，意大利人 C.马可尼发表论文验证了无线电波检测物体的可能性。美国海军实验室发现，用双基地连续波雷达能发现在观测海域间通过的船只。1925 年，美国开始研制能测距的脉冲调制雷达，并首先用它来测量电离层的高度。20 世纪 30 年代初，欧美一些国家开始研制探测飞机的脉冲调制雷达。1936 年，美国研制出作用距离达 40km、能探测飞机的脉冲雷达。1938 年，英国在邻近法国的本土海岸线上布设了一条观测敌方飞机的早期预警雷达链。第二次世界大战期间，由于作战需要，雷达技术迅速发展，雷达的威力也得到不断提升，相应工作频段也有了很大的扩展。为了侦测敌方潜艇，英国自 1935 年开始研制机载雷达。世界上第一台机载雷达出现在英国。1937 年 7 月进行了首次雷达空中试验，观察海面军舰并协助航行与着陆。1940 年，英国批量生产的首批米波波段空对海搜索雷达 ASV/ASⅡ型和空空截击雷达 A 型装备飞机并投入使用。1940 年 2 月，磁控管在英国研制成功，自此机载雷达进入微波波段时代。

经过一个多世纪的发展，雷达领域已经发展出了多种功能、体制和用途的雷达。按照应用领域的不同，雷达可分为军用雷达和民用雷达；按照装载平台的不同，雷达可分为面基(地面、舰载、车载)雷达，空基(机载)雷达和天基(星载)雷达；按照功能的不同，雷达可分为预警/搜索、侦察/测绘、火控/制导、航管、靶场测量、气象、探地、防撞、生命探测等类型；按照体制的不同，雷达又可分为无源/有源、脉冲多普勒连续波、成像、相控阵、双多基地等类型。按照信号形式的不同，雷达还可以分为调频/连续波、脉冲(相参与非相参)等类型[1]。

本书研究的多功能雷达(Multifunction radar，MFR)是指能同时搜索、跟踪、识别多批目标并控制和导引多种武器作战的雷达。多功能雷达能对指定的空域、地域或海域进行自动搜索、跟踪或边搜索边跟踪，掌握数百批甚至上千批目标，并同时跟踪上百批目标；能同时引导多架飞机、制导多枚导弹拦截多批来袭的目标；能根据目标环境自适应地调整雷达工作方式，如改变发射信号形式和能量、天线波束指向和扫描速度；具有较强的反干扰能力和防反辐射导弹攻击的能力，以及对非合作目标的识别能力等。有的还具有作战效能评估等其他战术功能。

雷达的多功能性与天线类型无关，如机械扫描的 AN/APG-65\70 和 73 雷达已经在作战中演示了多功能性，但电子扫描天线阵列更容易实现多功能。电子扫描阵列通过相位控制、频率控制和时间控制实现波束扫描。其中相控阵雷达是最常见和最典型的 MFR，其使用相位控制实现波束的无惯性快速扫描能力。相控阵又分为有源和无源，而有源相控阵将是多功能雷达的主要技术体制。早期的多功能雷达为边搜索边跟踪多功能雷达，使用相同的 RF 硬件，通过交错进行数据收集支持多个活动或模式。随后相控阵技术获得发展，与多功能雷达相结合，相控阵多功能雷达成为主流。早期相控阵技术不够成熟，多功能雷达多采用无源相控阵。随着有源相控阵技术的有效性和可靠性被验证，有源相控阵多功能雷达逐渐替代无源成为主流。随着超宽带阵列、自适应数字波束形成技术、多输入输出技术、空时自适应处理技术、微带天线技术、光电技术、半导体技术和相控阵软件设计等高新技术的迅速发展，多功能相控阵雷达的发展又将进入数字化相控阵雷达的一个全新阶段。

1.1.2 相控阵先进多功能雷达发展历史

相控阵雷达通过电子扫描阵列实现波束指向在空间的瞬时配置。相控阵雷达发展的直接需求来自于冷战期间洲际导弹预警，空间轨道监视等军事需要。雷达需要在广阔的空间体积中搜索检测再入体(Reentry Body)以及跟踪多个目标以进行作战管理。此外，相控阵天线理论与实践，以及数字计算机技术的进步直接催生了战略相控阵雷达技术。图 1.1 描述了美国相控阵技术和数字处理节点发展的时间线。

无源相控阵雷达(Passive Phase Array Radar，PPAR)中的“无源”是指天线表面的阵列单元只有改变“信号相位”的能力而没有发射信号的能力。由于每个阵列单元自身不主动发射电磁波信号，所以被称无源相控阵。20 世纪 70 年代和 80 年代发展起来的雷达系统通常是无源阵列，射频功率由一个集中式发射机通过波

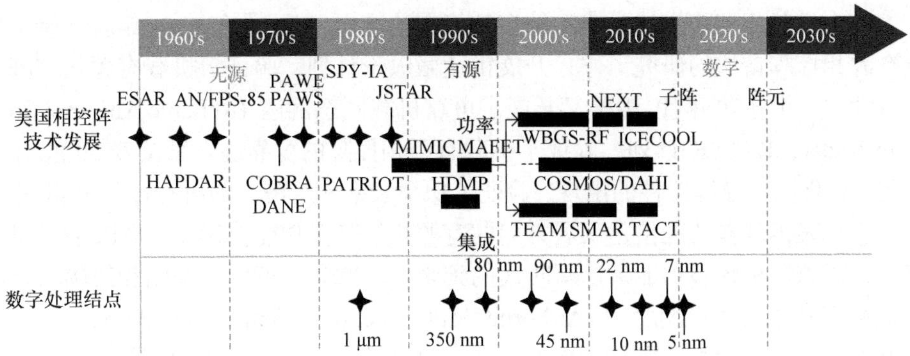

图 1.1　美国相控阵雷达技术发展

导传输，并采用发射波束形成网络将功率分配至每个单元，每个天线单元通过移相器来实现波束扫描。

有源相控阵雷达(Active Phased Array Radar，APAR)中的“有源”是指天线表面的每一个阵列单元都完整地包含信号产生、发射与接收的能力。由于每个阵列单元都可以单独作为信号源主动发射电磁波，所以被称有源相控阵。有源相控阵技术具有多目标、远距离、高可靠性和高适应性等优势，正由雷达向通信电子、定位导航等多领域发展。20 世纪 80 年代后期，砷化镓单片微波集成电路技术出现，并在整个 90 年代持续发展成熟。美国约翰·霍普金斯大学应用物理实验室(Johns Hopkins University Applied Physics Laboratory，APL)通过协同作战能力(Cooperative Engagement Capability，CEC)计划率先将有源相控阵技术引入水面海军系统。随后，APL 为雷锡恩公司在 20 世纪 90 年代后期开发和部署的舰载 CEC 有源相控阵提供了技术指导。这些尝试证明了舰载有源相控阵技术的有效性和可靠性，为该技术在舰载雷达系统中的应用铺平了道路。随着 MMIC(Monolithic Microwave Integrated Circuit)技术的不断成熟和产品化，有源相控阵架构成为 21 世纪前十年先进雷达发展的标准方法，有源相控阵雷达具备高性能、高生存能力，能满足雷达的探测距离、数据更新率、多目标跟踪及测量精度等众多需求。

由于相控阵体制在多任务执行方面具有天然优势，加上相控阵在往低成本、小型化方向发展，50 年来，多功能相控阵雷达在很多领域得到了迅速发展和广泛应用。包括反导预警、防空预警、空间目标监视、航空管制、引导识别、战场侦察、电子对抗等。雷达的载体也从地面发展到机载、舰载、星载以及弹载等形式。例如美国“爱国者”防空系统的 AN/MPQ-53 雷达、陆基高空区域导弹防御系统(THAAD，萨德)的 AN/TPY-2 雷达、舰载“宙斯盾”指挥控制系统中的 AN/SPY-1、AN/SPY-6(V)雷达、未来装备于美军航母和大型舰船的 AN/SPN-50 雷达、机载 F-15 上的 AN/APG-63 多功能火控雷达、B-1B 轰炸机上的 AN/APQ-164 雷达、F-22 战斗机的 AN/APG-77 雷达、F-35 联合攻击机的 AN/APG-81 雷达等。

其中机载相控阵雷达是典型的多功能雷达应用。美国早在 1964 年就开始了机载有源相控阵雷达的研究工作，开展雷达微电子计划，验证了机载有源相控阵的可行性。20 世纪 70 年代,美国又开展了可靠机载固态雷达 (Reliable Airborne Solid State Radar，RASSR)计划，验证了机载有源相控阵的可靠性。紧接着 20 世纪 80 年代，砷化镓半导体器件的出现，验证了功率效率和经济上的可行性。20 世纪 90 年代，代表机载多功能雷达发展方向的有源相控阵多功能雷达 AN/APG-77 研制成功，标志着机载多功能雷达新时代的到来。在欧洲，英国、法国和德国联合研制机载多功能固态阵列雷达(Airborne Multifunctional Solid-State Array Radar，AMSAR)，将用于法国的阵风(Rafale)战斗机和欧洲联合战斗机的研制计划中。新世纪以来，日本、俄罗斯和以色列紧随美国、欧洲之后，也都在研制机载有源相控阵多功能雷达[2]。这些先进体制多功能雷达给现代电子侦察设备带来了极大的挑战。

1.2 典型先进多功能雷达系统

本节根据多功能雷达的不同运载平台对国外的典型先进多功能雷达进行介绍。

1.2.1 地基多功能雷达系统

1.2.1.1 爱国者雷达

AN/MPQ-53 和 AN/MPQ-65 是“爱国者”战术防空导弹系统中的两款多功能雷达，如图 1.2 所示。

(a) AN/MPQ-53雷达[3]　　(b) AN/MPQ-65雷达[4]

图 1.2 “爱国者”战术防空导弹系统中的多功能雷达

AN/MPQ-53 雷达是美国雷神公司于 1967 年开始研制的一部频率捷变多功能

C 波段相控阵雷达，并于 1974 年开始装备。该雷达可以完成中、高空监视、敌我识别(Identification Friend or Foe，IFF)、跟踪制导和电子对抗(Electronic Counter Measures，ECM)等“爱国者”战术防空导弹系统所需的多种功能，是“爱国者”系统的重要组成部分。天线为平面相控阵，安装在半挂底盘车 M-860 上，由 M-818 拖车牵引。天线组合有若干辅助阵列用于目标探测和跟踪、导弹制导和敌我识别。辅助阵列还用于旁瓣对消和导弹制导信号的接收[5]。

该雷达采用时间分割方式对目标进行搜索、跟踪、制导和电子反干扰(Electronic Counter-CounterMeasures，ECCM)功能，可产生多达 32 种不同的雷达波形。对每种功能的数据率也能单独选择以得到 54 种不同的工作模式。各种功能之间无需时间间隔，这大大增加了敌方电子干扰(Electronic CounterMeasures，ECM)的难度。AN/MPQ-53/53 雷达可同时跟踪 100 个目标，控制 9 枚导弹发射。

2016 年，雷神公司在 AN/MPQ-53 的基础上改进出了 AN/MPQ-65 雷达。AN/MPQ-65 雷达首先增加了雷达的功率，用双行波管替换了雷达发射机原有的行波管和交叉放大器，使雷达平均功率增大了 1 倍，增强了对小反射截面目标、低空飞行巡航导弹、超高速目标的探测跟踪能力；其次改进了雷达主计算机的作战软件，进一步优化了分时操作技术，以提高对目标的分类、分辨和识别能力。通过进一步细化工作时序，AN/MPQ-65 雷达能更加精确地确定目标长度、雷达截面积和速度，能自动分析、捕获目标，并能从诱饵和碎片中分辨出战斗部，使雷达对目标的跟踪能力大大提高。同时，因增大了雷达功率并添加了拦截导弹的 Ka 波段主动导引头，雷达对单个目标的制导时间和能量的消耗减少，使得 AN/MPQ-65 雷达同时拦截目标的数量也有了大幅增长。当前使用“爱国者”防空反导系统的国家包括美国、荷兰、德国、日本、以色列、沙特、科威特、希腊、西班牙、韩国、阿联酋、卡塔尔、罗马尼亚和瑞典，还有我国台湾地区。

1.2.1.2　丹麦眼镜蛇雷达

AN/FPS-108 雷达，又称“丹麦眼镜蛇(Cobra Dane)”雷达，是美国雷神公司于 1973 年开始研制的一部 L 波段相控阵雷达，并于 1977 年开始装备，见图 1.3。该雷达的研制目的是获取苏联洲际导弹试验情报，作为空间探测和跟踪系统(Space Detection And Tracking System，SPADATS)的组成部分，对空间目标进行分类和跟踪，并担负战略预警任务。

AN/FPS-108 雷达系统主要由相控阵天线、发射机、控制分系统、波束控制器、接收机/波形产生器，信号处理器和专用计算机组成。天线的直径为 29m，共有 34768 个单元，其中 15360 为有源单元，其余为无源单元。有源单元在阵面按锥形递减的方式排列，阵面边缘有源天线的密度为中心的 20%。天线采用阵列稀疏技术，整个阵列分成 96 个子阵，每个子阵有 160 个辐射单元，子阵间用延时器件

图 1.3 AN/FPS-108 雷达[6]

进行时间补偿，子阵内分支馈电，阵列天线覆盖 120° 的方位扇区，在它跟踪的空域里，雷达的作用距离为 4600km，具有对 100 批目标跟踪的能力，其中 20 批具有精确跟踪。按照最初的构造，“丹麦眼镜蛇”雷达在宽带模式下使用脉冲宽度为 1ms、带宽为 200MHz、频率在 1.175～1.375GHz 之间的宽带波形，距离分辨率约为 1.14m；在窄带模式下，发射信号频率范围在 1.215～1.250GHz 之间；在搜索模式下，其采用脉冲宽度为 1.5～2.0ms，带宽为 1MHz 的窄带脉冲信号；在跟踪模式下，采用 6 种不同脉冲宽度的波形，其中常用的是脉冲宽度为 0.15～1.5ms，带宽为 5MHz 的波形。

在 20 世纪 90 年代初，美国对“丹麦眼镜蛇”进行了一次大的改进，并在随后多次进行改进。1999 年，“丹麦眼镜蛇”雷达重新被连接到了空间监视网络中。此时，“丹麦眼镜蛇”雷达仍然工作在四分之一功率状态，每天可以对 500 个已知目标进行 2500 次测量。“丹麦眼镜蛇”雷达维持 10°方位角，高俯仰角的波束，以探测未知目标，每天可以对 100 个未知目标进行 500 次测量。2003 年，“丹麦眼镜蛇”正式回到全功率运行，支持大空间范围搜索防卫，以继续其作为主要导弹情报搜集者的角色。美国空军将 AN/FPS-108 雷达部署在阿拉斯加州的艾瑞克森空军基地。此外，该雷达也是美国陆军地基中段防御系统的主雷达，用于美国本土的弹道导弹防御。

1.2.1.3 萨德雷达

AN/TPY-2 雷达是为美国末段高空区域防御(Terminal High Altitude Area Defense，THAAD)系统而研制的，因而又称“萨德雷达”。该雷达由美国雷神公司于 1992 年开始研制，是一款 X 波段固态有源相控阵多功能雷达，于 2004 年装备，如图 1.4 所示。萨德雷达是世界上性能最强的陆基机动反导探测雷达之一。可远程截获、精密跟踪和精确识别各类弹道导弹，主要负责弹道导弹目标的探测与跟踪、威胁分类和弹道导弹的落点估算，并实时引导拦截弹飞行及拦截后毁伤效果评估。

图 1.4　AN/TPY-2 雷达[7]

该雷达具有高功率输出和优越的波束/波形捷变性能，满足 THAAD 任务的远程功能要求，雷达天线阵面积为 9.2m^2，安装有 25344 个天线单元，方位角机械转动范围–178°～178°，俯仰角机械转动范围 0°～90°，但天线俯仰角及方位角的电扫范围均为 0°～50°，该雷达具有 72 个收发器，天线方向图的形状和波束偏转由数字波束形成处理器控制，发射机波形使用线性调频。

有报道称，目前美军对该型雷达正在进行升级改造，升级后对雷达截面积 1m^2 的目标最大探测距离可达到 2300km[8]。虽然这明显短于美军地基中段系统使用的海基 X 波段(SBR-X)和陆基 X 波段雷达(GBR-X)的 4800km 和 6700km 探测距离，但该雷达在地面机动雷达中，明显占有优势，也比“爱国者”等系统使用的 AN/MPQ-65 雷达探测距离远 10 倍以上。

AN/TPY-2 雷达具有两种部署模式，既可单独部署成早期弹道导弹预警雷达(前置部署模式)，也可和 THAAD 系统的发射车、拦截弹、火控和通信单元一同部署，充当导弹防御系统的火控雷达(末段部署模式)。AN/TPY-2 雷达是萨德系统的重要组成部分，与萨德系统共同出售，目前已生产的萨德雷达系统分别部署在美国、土耳其、以色列、卡塔尔、日本和韩国。

1.2.2　机载多功能雷达系统

1.2.2.1　F-22 机载雷达

AN/APG-77 多功能雷达是美国诺斯罗普·格鲁曼公司(Northrop Grumman)和雷神公司于 1991 年共同开始研制的一种具有低可观测性的有源相控阵雷达，并于 2005 年装备于 F-22 战机，见图 1.5。该雷达工作于 X 波段，可全天候探测远程多目标和隐形飞行器，并可执行电子情报信息收集。该宽带雷达有源电扫阵列由 2000 个(也有报道称 1500 个)低功率 X 波段收发组件构成。每一辐射单元的发射机和接收机分置，这种类型的天线可为支持 F-22 飞机的空中优势提供必需的灵活性、低雷达截面和宽带宽。该雷达可通过 F-22 飞机上的综合信息处理机(Complex

Information Processor，CIP)对天线的收发波束方向图进行控制并对所接收到的雷达数据进行处理。

图 1.5 AN/APG-77 雷达[9]

APG-77(V)最早的型号 APG-77(V)1 装备于 F-22 Lot5 飞机，提高了搜索和目标定位的能力。由于 APG-77(V)1 型雷达批量增大，制造的自动化程度提高，该雷达实际生产的价格比其原型更低。据 2000 年期刊报道，APG-77 除采用聚束 SAR 方式获得高分辨力外，还采用逆合成孔径技术(Inverse Synthetic Aperture Radar，ISAR)获得超高分辨力(Ultra-High Resolution，UHR)。由于其分辨力约为 0.3m，一个 30m 长的目标就会有 100 个像素来确定目标的大小和形状。这种目标的形状识别能力加上回波频谱特征的计算机比对，使该雷达具有一定的“非合作目标识别(Non-Cooperative Target Recognition，NCTR)”能力。2012 年 3 月，美国空军已经开始部署完成了 3.1 版本升级(Increment3.1)的 F-22 战斗机。这次升级的主要目标是扩展 F-22 的空地作战能力。升级后的 F-22 飞机具备了空中电子攻击(AEA)能力和更好的对地精确打击能力。该升级版本的 F-22 的 AESA 雷达增加了 SAR 工作模式和 AEA 能力，提升了对敌方雷达的地理空间定位能力，增加了在内埋弹舱中携带 8 枚 113kg 级的 GBU-39 制导炸弹的能力。升级后的 APG-77 雷达在 SAR 工作模式下能够获得达到黑白照片品质的地表图像，使飞行员能够从图像中找到目标；AEA 能力使载机能够利用 APG-77 雷达干扰敌方的雷达。这次升级是 F-22 战斗机在 21 世纪的第二个十年中进行的首次重大升级[10]。AN/APG-77 多功能雷达与 F22 战机一同出售，目前主要装备在美军。

1.2.2.2　F-35 机载雷达

AN/APG-81 是诺斯罗普·格鲁曼公司为洛克希德·马丁(Lockheed Martin)公司 F-35 联合攻击战斗机研制的一部有源相控阵多功能火控雷达，见图 1.6。APG-81 充分借鉴了 F/A-22 飞机雷达 AN/APG-77 的研制经验与成熟技术，两部雷达系统共享程度可达 80%。

图 1.6　AN-APG-81 雷达[11]

AN/APG-81 雷达具有“多通道”接收机，每个通道针对不同的参数，各自分析一个离散的雷达回波信号，*N* 个通道便同时获得多个参数结果，处理速度得到显著提高，从而实现了基于单个脉冲的多功能。雷达能够同时承担通信、干扰或目标搜索等任务，实时跟踪目标，监视敌方电子辐射信号和干扰敌雷达，向飞行员提供精确的目标定位信息和自动目标跟踪提示。

AN/APG-81 雷达是 F-35 飞机电子组件的组成部分，与飞机共同出售。与 F-22 相比，F-35 飞机采用的综合航电系统有进一步的提升，其中综合射频探测部分主要由综合射频传感器系统和综合射频孔径组成。按照多功能综合射频孔径项目的要求，孔径综合后新的有源多功能阵列可支持雷达、电子战和通信/导航/识别等任务，且能使 JSF 航电系统成本减少 30%，质量减轻 50%。经压缩和综合后，F-35 的孔径天线减至 13 个，其中 APG-81 雷达的孔径天线(X 频段 AESA)位于机头内，用以实现与雷达和前半球 ECM 有关的功能，并为电子支援(Electronic Support Measures，ESM)传感器提供部分数据。

1.2.2.3 Zhuk-MSFE 雷达

Zhuk-MSFE 雷达，又称“隼”式雷达，是俄罗斯于 20 世纪 90 年代研制的一款相参多功能数字火控雷达，具有全天候空空和空地工作模式，见图 1.7。

图 1.7 Zhuk-MSFE 雷达[12]

该雷达由高增益低旁瓣无源相控阵天线(Passive Phase Array Radar，PESA)，液冷行波管发射机，低噪声、多通道接收机和高级编程语言的信号数据处理器等组成，通过使用一系列复杂而多变的波形，包括低、中、高脉冲重复频率来完成多任务所要求的灵活多变的工作方式。雷达在具备诸如低截获概率和电子对抗等先进性能的同时也具有高可靠性。Zhuk-MSFE 雷达具有的工作模式主要有包括上视/下视边搜索边测距、速度搜索、边扫边跟 30 个目标并同时与 6 个目标交战、威胁判断和自动地形回避的“空-空”模式；包括垂直扫描、平显搜索、定轴搜索和宽角扫描的“近距空战”模式；包括增强的真波束地形绘制、多普勒波束锐化、合成孔径、局部放大、图像冻结、双目标 TWS、精确速度修正、空地/空海测距、信标模式和地面动目标指示与跟踪的“空-地”模式。与法国 Thales 公司生产的 RBE2 雷达相似，Zhuk-MSFE 雷达可交替使用“空-空”和“空-地”模式。

Zhuk-MSFE 雷达的派生型有两个：75kg 的 Pharaon 和 45kg 的 Pharaon-M。Phataon 是一部轻型火控雷达，可以装在轻型战斗机机头，也可作为重型战斗机的尾部雷达，拟装备双座 Su-27IB 战斗轰炸机。该雷达所采用的一种新型相控阵天线能大大降低波束转换时间，从而提高目标处理能力。Pharaon-M 是 Pharaon 的全固态衍生型，拟装备苏-33KUB 海军战斗机。

1.2.2.4　Foxhunter 雷达

Foxhunter(猎狐)，又称 AI 24，是原英国马可尼公司(Marconi)和费伦蒂公司(Ferrenti)于 1974 年开始合作研制的英国第一部脉冲多普勒雷达，是针对欧洲和大西洋的作战环境而设计的，装备于狂风战斗机(Tornado)，见图 1.8。

图 1.8　Foxhunter 雷达[13]

英国马可尼公司共有 600 名工程技术人员参加了 Foxhunter 雷达的研究工作，这些人均是从事“猎迷”预警机雷达 MK-3 系统研究的工程师和科学家。费伦蒂公司负责研制发射机和扫描机械系统。发射/接收共用的 4 个喇叭位于主反射体中心线上的副反射体焦点上。发射波(在喇叭处为水平极化)经副反射体回到主反射体上，将其准直并变成垂直极化波。由于副反射体由平行的水平导体制成，所以这种垂直极化波可以穿过它。扫描器采用了波束指向高速、精确且稳定性好的液压驱动伺服系统。该雷达具有快速连续攻击多目标的能力，同时能对付高、低空具有大交叉角及高机动性的目标，跟踪目标不少于 24 个，并且可较好地抗阻塞式干扰和瞄准式干扰。玻璃纤维的天线采用了埃利奥特扭转反射卡塞格伦天线，刚性好、质量小(约 1.3kg)且杂散辐射波瓣极低。卡塞格伦天线具有非常好的辐射方向图，从而具有良好的性能，可抑制地杂波和提高抗干扰能力。

自 Foxhunter 投入服役后又经历了两个阶段的改进。第 1 阶段主要是对操作方式、边扫描边跟踪和抗干扰算法进行改进，于 1989 年完成；第 2 阶段是重新设计数据处理机，改进数据处理软件和收/发通道，于 1996 年完成。Foxhunter 雷达装备于“狂风”战斗机，与战机一同出售。1984 年 11 月首批 2 架 Tornado F2 交英国皇家空军使用。目前，装备“狂风”战斗机的国家主要包括：英国、意大利、德国等。2002 年 6 月，BAE 系统公司获得了 7500 万英镑的合同，为英国皇家空军的 Foxhunter 雷达提供 8 年的维护支持。

1.2.3 舰载多功能雷达系统

1.2.3.1 AN/SPY-1 系列雷达

AN/SPY-1 雷达是一部工作在 E/F 波段固定式多功能相控阵雷达,是美国海军“宙斯盾”防空反导作战系统的核心，见图 1.9。

图 1.9 AN/SPY-1 雷达[14]

“宙斯盾”系统源自美国海军在 20 世纪 60 年代为对抗各种空中、海面和水下威胁而开始进行的“先进海面导弹系统(Advanced Surface Missile System，ASMS)”计划。1969 年 12 月，ASMS 更名为“空中预警地面综合系统”，其英文缩写与古希腊神话中“宙斯”等诸神使用的盔甲、盾牌是同一个字，因此这种系统一般俗称为“宙斯盾”系统。

“宙斯盾”系统中 AN/SPY-1 雷达是由美国无线电公司负责研制，1980 年以后陆续装备美国海军的“提康德罗加”级巡洋舰、“阿利 · 伯克”级驱逐舰以及日本海上自卫队的“金刚”级导弹驱逐舰，是世界上服役最早、装备数量最多的一种舰载多功能相控阵雷达。

AN/SPY-1 雷达是无源相控阵雷达，由 4 面各涵盖 90°方位角的天线构成，每面天线约 3.65m × 3.65m，含 4490 个天线单元(移相器)，使用折中的 S 波段，在保证探测距离的同时，兼顾分辨力。整个雷达约有 100 万个元件，主要组成部分有天线、波控器、发射机、接收机、信号处理器装置及控制装置等。该雷达能自动搜索、跟踪多个目标，也能边搜索边跟踪，并对发射的“标准”导弹实施制导，对高空目标的最远探测距离可达450km，可同时跟踪200个以上的目标。AN/SPY-1雷达为“标准-2”导弹提供的中继制导可在导弹的飞行末端，再交由 Mk99 火控中的 1/J 波段 AN/SPG-62 雷达照射目标，提供半主动末端制导，可明显提高系统多目标作战的效能[15]。

AN/SPY-1 雷达于 1969 年开始研制，1983 年首艘安装“宙斯盾”系统的巡洋舰正式服役。AN/SPY-1 是一个多功能相控阵雷达系列，后续依次出现了 AN/SPY-1A、AN/SPY-1B、AN/SPY-1C、AN/SPY-1D 等多个型号。其中的 AN/SPY-1D 雷达是供 6000t～8000t 级驱逐舰大小舰体设计的 AN/SPY-1B 雷达轻量版，首次装备于 1991 年服役的“阿利·伯克”级导弹驱逐舰。天线阵面直径为 3.66m，每部阵面质量为 1.81t。雷达共采用 4350 个辐射单元。系统的辐射功率为 4000kW，平均功率为 64kW。与 SPY-1B 相比，SPY-1D 雷达的杂波抑制能力更强，可满足近海强杂波环境的作战需求，且搜索率更快，具备自动环境适应能力。该雷达可以兼容改进型“海麻雀”导弹和“标准-2”导弹。

AN/SPY-1 雷达是“宙斯盾”作战系统的组成部分，与战舰共同出售。目前，装备有“宙斯盾”舰的国家有美国、日本、韩国、澳大利亚、西班牙、挪威等。

1.2.3.2　AN/SPY-3 雷达

AN/SPY-3 是雷神公司研制的固态多功能有源相控阵雷达，将成为美国海军下一代战舰的主战雷达，满足 21 世纪战舰的所有视距搜索和火控要求。该雷达于 2004 年 4 月完成，见图 1.10。

图 1.10　装备 AN/SPY-3 雷达的朱姆沃尔特驱逐舰[16]

AN/SPY-3 可以实现包括视距内搜索、目标跟踪、火控、对海监视以及与导弹防御相关的其他功能，如目标照射、中段制导以及指令更新等。SPY-3 雷达集成了当前海军战舰上的 5 部以上的独立雷达所提供的功能，可探测最先进的、低可观察的反舰巡航导弹威胁并支持"改进型海麻雀""标准"导弹，以及支持未来导弹的火控照射要求。这种固态有源阵列雷达系统将不仅扫描地平线以探测高速低空巡航导弹的威胁，还为 DD(X)防空武器提供火控照射。

SPY-3 的最大设计特点之一是能在海上常见的恶劣环境中提供低空威胁导弹的自动探测、跟踪和照射。辅以一部立体搜索雷达(Volume Search Radar，VSR)，它所提供的功能包括：空情告知、空中控制、跟踪识别和反火炮探测，由此构成了多功能雷达。

AN/SPY-3 雷达本身不仅仅是为 DD(X)，而且为美军下一代航母 CVN-77 以及新型两栖攻击舰研制，作为美国海军的第一部舰载有源相控阵多功能雷达，已成功地在沃洛普斯岛的海军岸上测试场进行了测试，其性能大获成功，是一部里程碑式的雷达。

1.2.3.3 Fregat 系列雷达

弗列盖特(Fregat)系列雷达是俄罗斯的一种舰载多功能、三坐标频扫、360°全覆盖、全天候监视雷达，见图 1.11。

图 1.11 Fregat-M2EM 雷达[17]

该雷达采用了笔形波束和复合波形，设计用于对海上和机载目标进行监视和探测，并向武器系统提供目标识别数据，于 2000 年开始研制。Fregat 雷达能够在密集干扰和对抗环境下有效工作，而且可以提供敌我识别功能。该雷达系列采用现场可更换单元制造，在故障情况可以很容易地移除。在该系列下开发的雷达类型可以根据舰船的不同排量和目的进行改制，某些型号用于出口。Fregat 系列中还包括 Top Plate(MR-700)、Half Plate(MR-760)、Plate Steer(Fregat-MR)和 Top Steer(Fregat-MA)等。这些 E/F 波段三坐标雷达是 Top Sail/Flat Plate 的等效雷达，但频率更高。

Fregat-MAE 系列是 Salyut 公司研发的新一代雷达，在特性上有多种改进并有多种变型。Fregat-MAE 固态双波段雷达已经安装在许多大中型战舰上，它的轻型版适于在小型舰艇上安装。在该系列下，MAE-4k 最轻，MAE、MAE-1 和 MAE-4k 均为单面阵，MAE-3 和 M2EM 则是双面阵(双通道)。2003 年，Salyut 又研发出了另一种变型，称为 Fregat-N。Fregat-MAE 系列雷达都可以探测视距上的水上舰船，而对于非隐形战机截面积的机载目标则有 58～230km 的作用距离(Fregat-N 为 250km)。最先进的改型包括 2 个雷达阵面和通用的数据处理及控制系统。2 个雷达阵面使用同一个雷达站但背靠背安装。这种方式提高了目标搜索的数据率并提高了处理被跟踪目标信息的速度。

Fregat 系列雷达在俄罗斯、印度、越南均有装备。例如，俄罗斯的“库兹涅佐夫”航空母舰、“光荣”级巡洋舰、“无畏”级护卫舰和“现代”级驱逐舰；印度的“塔尔瓦”和“什里瓦克”级护卫舰；越南 KBO 2000 轻型护卫舰。

1.3　先进多功能雷达给电子侦察带来的挑战

本节基于先进多功能雷达的发展历程和典型系统情况，重点对多功能雷达信号相关特点及其对雷达干扰识别技术发展带来的挑战进行总结。

1.3.1　多功能雷达信号的特点

通过结合相控阵天线的波束控制能力、自适应波形产生和信号处理技术，以及计算机强大的管理和数据处理能力，多功能雷达在雷达信号上的特点主要包括以下几点：

(1) 相控阵天线赋予多功能雷达自由地安排和执行任务的能力。雷达任务的执行总是与一定的波束指向联系在一起的。对于采用机械扫描天线的常规雷达，受天线机械惯性的限制，其波束只能在空间中连续地进行扫描，其任务也只能配合天线的扫描方式，按照确定的时序来执行。相比之下，先进多功能雷达的相控阵天线采用电控扫描的方式，能够在任意的时刻将波束指向覆盖范围内的任意方向，这就使得多功能雷达能够在不同方向的任务之间快速切换，通过时分复用

(Time Division Multiplexing)的方式，交错安排不同的任务来实现多种功能的并行执行。单个侦察接收机对同一个多功能雷达发射信号的接收会有空域性特点。

(2) 自适应波形产生和信号处理技术赋予了多功能雷达灵活运用信号波形的能力。常规雷达由于其只实现单一的功能，信号形式也比较单一，只要根据雷达的功能需求，选择合适的信号体制和参数，并周期性地发射和处理这些信号即可。相比之下，多功能雷达以直接数字频率合成器(Direct Digital Synthesizer，DDS)和数字信号处理(Digital Signal Processing，DSP)技术为基础，能够灵活地产生和处理多种不同形式的信号，来满足多种功能的需求，以及提高对不同目标和环境的适应能力。发射波形的高度捷变性，使得侦收雷达信号具有在多种波形之间快速捷变的特性。

(3) 雷达计算机控制着多功能雷达系统多任务调度协调一致地运行。常规雷达只能配合天线的扫描方式，简单机械式地重复执行相应任务，并不需要对任务的执行方式进行实时的控制。与之相比，多功能雷达的计算机则通过多种软件程序控制着系统的方方面面，包括目标和环境状态的监视、各种任务的产生和调度、波束指向的计算、发射波形的选择和处理，以及时间和能量等资源的管理等。多功能雷达运行时所遵循的各种规律，都编码于计算机程序的控制逻辑中。多功能雷达信号的产生和变化规律由软件程序控制，能够自适应地调整发射信号以适应不断变化的目标和环境使得侦收雷达信号具有高动态和大随机的特性。

1.3.2 多功能雷达带来的挑战

多功能雷达信号的上述特点，给传统的雷达感知识别方法带来了新的挑战，主要体现在以下几个方面：

(1) 多功能雷达给信号分选带来的挑战。信号分选是将连续到达的多个雷达脉冲信号交错数据流分解为单部雷达脉冲序列的过程。电子情报侦察通常采用宽开的接收方式，以保证较高的信号截获概率。现代战场电磁环境中的辐射源信号密集而复杂，在电子情报系统的侦察范围内，可能同时存在几十部、上百部雷达，表征雷达特征的时域、空域、频域参数很可能发生全部或部分重叠，难以进行有效的分选[18]。多功能雷达的出现使这种情况进一步加剧，其系统本身相当于多部常规雷达，发射波形的多样性以及信号随机捷变的特点，使得其信号在参数空间中的分布十分分散，不仅难以形成有效的聚类，也很容易与其他雷达的信号相重叠，使得包含多功能雷达信号的分选处理变得更加困难。

(2) 多功能雷达给脉冲信号识别带来的挑战。雷达脉冲信号识别主要指雷达信号的调制方式，其中包括相位调制、频率调制等。雷达信号的脉内特征是辐射源固有的特征参数，通过对辐射源这些固有的特征参数的分析，能够提高雷达信号脉内参数估计精度，从而有助于推定敌方雷达的功能，判断其威胁等级[19]。多功能雷达可以同时执行多个任务，具有捷变的波束调度能力、复杂的信号调制样式、程控的工作状态编排。电子侦察系统接收的雷达脉冲流信号序列中包含的雷达工作模式数量未知，每个模式的脉内和脉间调制样式可以不同，每个工作模式的持续时间也可能不同。多功能雷达的这些动态特性给脉冲信号识别带来了极大的挑战。

(3) 多功能雷达给工作状态识别带来的挑战。多功能雷达的工作状态是以所接收信号参数为基本依据而界定的目标雷达所处的功能状况，如搜索、跟踪、制导等。先进多功能雷达的工作状态种类十分复杂且能够通过自适应的方法对工作状态进行调整[20]。自适应调整的内容主要包括脉冲信号的变化规律以及雷达工作状态在时序上的发射规则等。由于脉冲到达时产生的分裂，以及不可避免地接收到来自其他辐射源的脉冲信号，使脉冲序列中掺杂大量虚假脉冲。此外，截获接收机对脉冲信号的测量存在误差。传统的工作状态识别方法在针对实际侦察信号存在测量噪声、虚假脉冲、确实脉冲时性能将会下降。另外现代雷达多有隐藏工作状态，传统的雷达工作状态的识别方法大都只能识别已经知道的状态，对从未出现过的工作状态则无法进行有效的识别。

(4) 多功能雷达给系统行为识别带来的挑战。雷达工作行为是雷达在一段时间内为执行某种任务所采取的工作状态的组合，是判断雷达当前威胁度的一个重要依据。多功能雷达由于其技术的先进性与所执行任务的复杂性，所发射的脉冲往往是复杂多变的，工作模式序列受调度策略、环境目标状态影响，识别难度增大。再考虑到复杂信号环境中接收脉冲发生时频域重叠、接收条件的限制以及低截获概率技术的发展，导致大量雷达脉冲无法被接收，丢失脉冲率高[21]。侦收脉冲序列往往存在由于侦察设备带来的检测信号缺失、雷达波束调度等原因造成的稀疏观测情况，由于信号发射-传播-接收环路带来的噪声与虚假干扰等非理想情况，也会使得复杂电磁环境下对先进体制雷达系统行为识别任务更加困难。

参考文献

[1] 中国大百科全书总委员会军事委员会. 中国大百科全书:军事[M]. 北京: 中国大百科全书出版社, 1989.

[2] 胡明春, 周志鹏, 严伟. 相控阵雷达收发组件技术[M]. 北京: 国防工业出版社, 2010.

[3] Mashina B. German Air Force AN/MPQ 53 of Air Defence Missile Group 21, Open Day in Rostock Hohe Düne 2016[EB/OL]. https://www.wikidata.org/wiki/Q9137289#/media/File:German_ AN_ MPQ_53.jpg. 2022-9-29.

[4] Htallone. PAC-3 导弹 [EB/OL]. http://htallone.gitee.io/blogimage/img/ANMPQ-53or65.jpg. 2022-9-29.

[5] 陈卓. 美国与合作伙伴将升级“爱国者”防空反导系统[J]. 现代雷达, 2018, 40(2): 67.

[6] Webmaster. AN/FPS-108 COBRA DANE[EB/OL]. https://spp.fas.org/military/program/track/

cobra_dane.htm. 2022-9-29.
[7] Modern weapons. AN/TPY-2[EB/OL]. http://www.dmitryshulgin.com/tag/antpy-2/. 2022-9-29.
[8] 韩明.美国陆基导弹预警雷达发展研究[J]. 飞航导弹, 2020(2): 69-75, 79.
[9] F-22 雷达电子系统[EB/OL]. http://www.iairforce.com/f-22/avionics. 2022-9-29.
[10] 中航工业雷达与电子设备研究院. 机载雷达手册[M]. 第四版. 北京: 国防工业出版社, 2013.
[11] Northrop Grumman. Northrop Grumman Delivers 500th AN/APG-81 AESA Radar for the F-35 Lightning II [EB/OL]. https://news.northropgrumman.com/news/releases/northrop-grumman-delivers-500th-anapg-81-aesa-radar-for-the-f-35-lightning-ii?_gl=1*15bzfoe*_ga*MzEwMjA1NTcxLjE2NzU1Nzk5ODk.*_ga_7YV3CDX0R2*MTY3NTU3OTk4OC4xLjAuMTY3NTU3OTk4OC4wLjAuMA... 2022-9-29.
[12] Kopp C. Phazotron Zhuk AE/ASE Assessing Russia's First Fighter AESA[EB/OL]. https://www.ausairpower.net/APA-Zhuk-AE-Analysis.html. 2022-9-29.
[13] Tornadosig. AI.24 Foxhunter Radar[EB/OL]. https://www.radartutorial.eu/19.kartei/08.airborne/karte034.en.html. 2022-9-29.
[14] MDC. AN/SPY-1[EB/OL]. https://cn.bing.com/images/search?view=detailV2&ccid=fBx1xIk%2b&id=AC188EA5304981AEEA2DAAF161E3E605E7383A26&thid=OIP.fBx1xIk-2gHTwzKqScDErQHaGG&mediaurl=https%3a%2f%2fts1.cn.mm.bing.net%2fth%2fid%2fR-C.7c1c75c4893eda01d3c332aa49c0c4ad%3frik%3dJjo45wXm42Hxqg%26riu%3dhttp%253a%252f%252fwww.mdc.idv.tw%252fmdc%252fnavy%252fusanavy%252fspy1-cg50.jpg%26ehk%3dwwFeqJEFVcSXpxTomJ%252bI28fRrJFh%252fsKg4faKSBe0buQ%253d%26risl%3d%26pid%3dImgRaw%26r%3d0&exph=577&expw=701&q=AN%2fSPY-1&simid=608032769587703216&FORM=IRPRST&ck=58A91EAF424556176A4165DD372BE26B&selectedIndex=2&ajaxhist=0&ajaxserp=0. 2022-9-29.
[15] 赵登平. 世界海用雷达手册[M]. 北京: 国防工业出版社, 2007.
[16] 今日舰闻. 美国海军朱姆沃尔特号驱逐舰安装 AN/SPY-3 相控阵雷达[EB/OL]. https://www.sohu.com/a/143850699_630241. 2022-9-29.
[17] Deagel. Fregat[EB/OL]. https://www.deagel.com/Sensor%20Systems/Fregat/a001879. 2022-9-21.
[18] 李雪琼. 基于机器学习的雷达辐射源分选与识别技术研究[D]. 长沙: 国防科技大学, 2020.
[19] 李腾. 复杂重频样式雷达脉冲列的分选及识别算法[D]. 长沙: 国防科技大学, 2006
[20] 代策宇. 多功能雷达工作状态识别与行为预测研究[D]. 成都: 电子科技大学, 2021.
[21] 马爽. 多功能雷达电子情报信号处理关键技术研究[D]. 长沙: 国防科技大学, 2013.

第 2 章　先进多功能雷达行为机理和观测建模

目标雷达辐射源系统的有效建模表征是开展先进体制雷达智能化感知识别研究的基础，本章介绍先进多功能雷达行为机理和观测模型，2.1 节为先进多功能雷达行为机理与参数化模型表征方法，2.2 节为基于雷达信号 PDW 数据的多功能雷达系统观测模型，2.3 节认知多功能雷达系统行为实习框架。

2.1　先进多功能雷达行为机理与参数化模型表征方法

本节从雷达设计实现的自身视角，对先进多功能雷达系统行为实现原理进行层次化和精细化的建模表征。

2.1.1　MFR 系统行为实现原理的层次化框架

得益于相控阵天线技术、雷达资源管理技术和信号处理技术的发展，先进多功能雷达系统几乎可以在瞬时完成对多个雷达控制参数的重新配置，进而以时空复用的形式同时执行多个不同的雷达任务。从系统工作原理来看，雷达行为可以描述为雷达对电磁环境与态势所做出的雷达资源管理与信号处理等操作的总和[1]。有许多文献提出了多功能雷达系统行为实现原理的层次化结构[2,3]，这些结构可以被归纳并简化为图 2.1 所示的结构[4]。该结构左侧部分为管理分支，完成雷达系统资源管理功能，最后通过发射机辐射雷达发射信号实现与雷达与环境、目标乃至干扰交互；右侧部分为评估分支，完成雷达信号处理等操作，获得当前雷达系统规划功能的实现结果，反馈给操作器和任务管理单元。

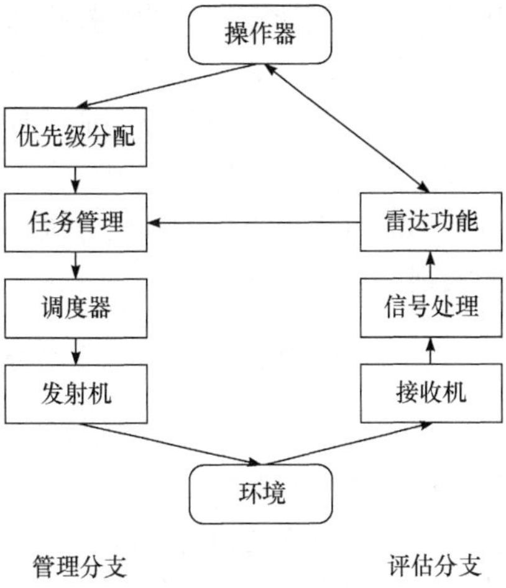

图 2.1　多功能雷达行为实现原理层次化结构

从电子侦察的视角来看，图 2.1 中管理分支中的各个雷达资源管理操作结果会在雷达发射信号的各种特征上有所体现，即侦察方能够从与雷达管理分支(资源管理)密切相关的雷达发射信号对雷达行为进行感知和分析。评估分支中的雷达信号处理方式和结果，并无法直接体现在侦察方可感知到的信号上，侦察方只能通过雷达多回合的雷达资源调度结果及环境信息对应过程分析来对雷达该部分行为进行推理。本书主要对雷达资源管理分支的行为进行感知识别。

雷达设计者定义的雷达资源管理基本元素一般包括雷达功能、雷达任务和雷达事件。雷达功能(Radar Function)指雷达特定的感知目的和目标，如搜索、确认和跟踪。雷达任务(Radar Task)指雷达功能的单个具体实现，如跟踪特定的目标。雷达事件(Radar Job)指雷达任务实现过程中的一次具体天线使用，如特定时刻的跟踪波束调度动作。随着雷达自由度的不断增加，自动化的雷达资源管理技术得到广泛研究和应用，以充分挖掘多功能雷达系统的性能潜力[4]。

雷达资源管理架构的具体实现通常是层次化的，典型的资源管理过程自上而下包括优先级分配、任务调度、调度器等核心层次。上层是下层的框架和要求，下层是上层的分解与细化。通过层次化结构设计，能够将顶层雷达操作器规划的雷达任务等与底层可执行雷达脉冲发射的天线单元关联起来，实现多时间尺度上的资源管理。为了方便信息在资源管理各层要素的层内和层间传递，雷达研究者又基于信息融合研究[5]的理论基础，在雷达基本架构中构建高速有效的信息融合机制。

先进多功能雷达需要在参数维度高和取值空间大的条件下实现快速实时资源管理。早期的雷达往往以雷达行为模式模板的形式存储不同的参数配置，实际使用时根据事先计算好的性能指标选择适合当前场景和模板的参数配置模板。随着优化理论和计算能力的发展，先进多功能雷达的系统行为模式已经可以由控制参数及其对应取值空间联合表征，具体参数和取值空间由雷达设计者综合考虑专家知识、雷达工作环境、应用目标、系统硬件约束等诸多因素进行设计。

下面对优先级分配、任务调度、调度器等三个资源调度层次在 MFR 系统中的实现原理进行介绍。

2.1.1.1 MFR 系统的优先级分配

MFR 需要在时间线上编排执行多个雷达任务或者雷达事件。每个任务或事件请求的重要性和对执行延迟的敏感性不同。因此，MFR 资源管理中需要给不同的雷达任务或者雷达事件分配不同的优先级。任务越重要/越敏感，越需要优先安排执行。优先级可以由操作者根据操作环境和需求人为设定，也可以通过先验信息、设计算法等自动设定。常用的优先级设计方法包括基于规则的优先级设定以及基于模糊逻辑的优先级设定等。

1. 基于规则的优先级设定方法

对于最顶层的雷达系统目标而言，不同雷达功能的优先级不同，一个设定实例如表 2.1 所示，其中目标确认功能优先级高于搜索功能。基于规则的优先级设定方法基于雷达任务或者雷达事件所属的雷达功能重要性直接分配优先级[6]。基于规则的优先级设置方法中，优先级的值为硬取值，缺乏灵活性。

表 2.1　基于规则的优先级设定

优先级	雷达功能
7	跟踪保持(优先级最高)
6	绘图确认
5	跟踪初始化
4	跟踪更新
3	监视
2	慢跟踪地图/地表绘图
1	接收机校准(优先级最低)

2. 基于模糊逻辑的优先级分配方法

基于模糊逻辑的优先级分配方法根据各种任务评估标准通过模糊逻辑推理给任务分配连续的优先级取值区间。首先将模糊值分配给表征正在监视扇区或正在跟踪目标的属性对应的变量。例如对目标位置变量而言，模糊值可以为近距离、中等距离以及远距离。然后基于模糊 if-then 规则确定目标或扇区的优先级。表 2.2 展示了某多功能雷达的优先级分配中对跟踪目标的各个层级属性[7]。高层级属性反映了影响每个低层级属性的准则。例如目标是否被视为敌对属性(第一级，低层级)取决于目标接近的方式、速度与目标身份这三个第二级属性，而目标接近方式属性本身取决于目标的航向和距离变化率(第三级，高层级)。最后基于跟踪目标对第一级属性的隶属度分配优先级。

表 2.2　基于模糊逻辑优先级分配方法中跟踪目标所对应的属性

<table>
<tr><th>第一级</th><th>第二级</th><th>第三级</th></tr>
<tr><td colspan="3">跟踪质量</td></tr>
<tr><td rowspan="4">敌对</td><td rowspan="2">接近方式</td><td>航向</td></tr>
<tr><td>距离变化率</td></tr>
<tr><td colspan="2">速度</td></tr>
<tr><td colspan="2">目标身份</td></tr>
</table>

续表

第一级	第二级	第三级
武器系统	武器系统能力	
威胁度	目标身份	
	轨迹	距离变化率/距离
		机动
		高度
		距离变化率/速度
		距离
位置	距离	
	方位相干性	

2.1.1.2 MFR 系统的任务管理

任务管理器负责为每个雷达任务设定相应的雷达资源和控制参数，并基于给定任务的控制参数和优先级向调度器发布事件请求。雷达资源包括能量资源、时间资源等，控制参数包括雷达波束驻留时间和对应发射波形参数等。这些参数依据任务对应的优先级和任务相应的需求设定。得益于电子扫描阵列天线的灵活性和现代处理器的计算处理能力，MFR 系统的这些控制参数可以在雷达运行时实时选取或优化，从而实现在当前时刻战略需求、场景态势和环境情况下的雷达系统性能最大化。多功能雷达多基于规则或者启发式方法进行控制参数优化，认知雷达则基于优化方法进行雷达控制参数优化。

1. 典型控制参数

随着优化理论、计算智能、数字相控阵的发展以及计算能力的不断提升，多功能雷达的自由度也不断得到提升。多功能雷达可从大量雷达控制参数和对应控制参数取值空间中选择当前雷达功能对应的控制参数配置(Configuration)。典型多功能雷达系统中可被优化的系统参数如表 2.3 所示。

表 2.3 多功能雷达控制参数

控制参数	参数定义	参数控制优化目标
载频	载波频率	利用频率分集、频率捷变等选择频率，从而减少有意和无意干扰的影响，同时降低环境传播损耗
脉冲重复间隔	脉冲序列中脉冲的重复间隔	固定发射时长情况下，降低 PRI 直到达到最大允许占空比可以增加目标上的照射能量，但也会增加固定脉冲宽度下的遮挡损失； 降低 PRI 会增大不模糊多普勒距离，但会减小不模糊距离； 多重 PRI 可以减轻距离-多普勒盲区

续表

控制参数	参数定义	参数控制优化目标
脉冲宽度	调制脉冲的宽度	在固定 PRI 的情况下，增大 PW 可以增大目标上的照射能量，但是同时也会增加遮挡损失
脉冲压缩率	压缩与未压缩脉冲的比率	增大脉冲压缩率可以增大信号带宽
相参积累数目	相参积累过程的持续脉冲数目	增加相参积累数目可以增加频率分辨率和信噪比(Signal to Noise Ratio, SNR)； 实际的相参积累数目受目标运动的影响
非相参积累	非相参积累数目	增加非相参积累数目使得一串脉冲存在多个驻留，从而增加对不同目标的检测概率； 增加非相参积累数目可以降低噪声幅度起伏，从而提升检测灵敏度
目标驻留时间	相参或者非相参积累的驻留时间	增加目标驻留时间可以增加检测性能
检测门限	目标检测的门限值	增大检测门限可以降低虚警率，但同时也会降低检测率； 降低检测门限可以增加检测概率，但同时也会增加虚警率
平均发射功率	峰值发射功率和占空系数的乘积	增加平均发射功率可以提升信噪比； 在硬件允许的占空系数约束下，可以计算给定波形的最大峰值功率
监视模式	给定监视区域内波束的几何形状	增大波束间隔会增多搜索模式的零陷，同时也会降低搜索负载
跟踪波束指向	主动跟踪更新指向角度	定向到预测的目标位置以进行主动跟踪
波束宽度	波束的 3dB 角度宽度	最小化波束宽度会最大化功率孔径积 宽波束对于跟踪不确定性不敏感
任务重访间隔	相邻任务驻留之间的时间间隔	小的任务重访间隔会提升任务质量，但是会增大任务负载
信号处理	选择使用的信号处理方法	在不同的场景和性能目标下选择不同的信号处理方法可以提升性能
测量数据处理	选择跟踪滤波器，目标运动学模型以及数据关联的参数	这些参数的选择会影响测量信息的质量，如跟踪误差

上述控制参数数目众多、参数取值空间大、参数优化时效性要求高等因素给雷达资源管理的快速有效实现带来了巨大挑战，因而在雷达方有大量的研究围绕资源管理展开[2, 4, 8-16]。了解和掌握先进多功能雷达资源管理基本原理和方法，跟踪雷达方资源管理研究的最新进展和趋势，对于侦察对抗方更有针对性地调整自身策略具有重要意义。

2. 行为约束条件

多功能雷达任务管理功能的具体实现可以表现在雷达行为工作参数对应的静态特征和雷达行为转换过程对应的动态特征两个方面。影响这两方面的约束条件又可以图 2.2 所示思路，从外部环境和内部资源两个方面进行分析梳理。

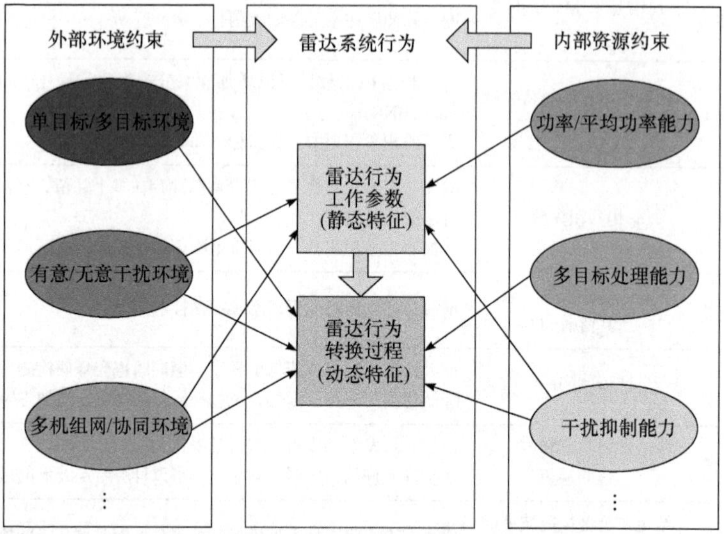

图 2.2　复杂体制雷达行为的内外约束条件分析思路图

外部环境约束包括单/多目标任务、有意/无意干扰、多机协同/组网等条件；内部资源约束包括功率/平均功率资源、多目标处理能力、旁瓣干扰处理能力等条件。以外部环境约束分析为例：单目标/多目标条件在单一发射波束时，会对跟踪行为带来影响(连续凝视跟踪/分时隙轮流跟踪等)，同时多发射波束时，会对搜索跟踪行为带来影响(全空域搜索/跟踪周期长短变化等)；存在有意/无意干扰时，雷达为了避开干扰频率，可用工作频率模式及频点参数会发生变化，同时虚假干扰会带来较多的行为过程异常转换；多机协同/组网时，因为各个成员雷达按照空域范围、探测距离、任务分工等分工承担不同任务，自然带来对系统行为的强约束。内部资源约束分析方面：功率/平均功率资源影响雷达系统对干扰信号识别烧穿距离的计算，并间接影响相参积累的组处理脉冲目标数量；多目标处理资源影响雷达多目标环境下的同时跟踪行为实现方式；旁瓣处理资源影响在存在旁瓣干扰条件下的正常行为实现能力等。上述分析结论可为后续雷达系统建模表征、侦察系统智能感知识别与推理方法研究提供更加丰富、更高可信度的先验信息支持。梳理得到的约束条件因素与目标系统行为间关系如表 2.4 所示。

表 2.4　目标系统行为约束条件分析结果表

分析视角	约束项类别	带来约束的因素	约束发生的含义或方式
雷达系统外部环境约束条件	环境条件	搭载平台	不同雷达平台如地基、车载、机载、舰载等会影响雷达系统在载荷大小、天线阵面、系统机动能力等方面的设计，进而对系统可实现行为带来约束。如机载雷达的机动性会直接影响系统发射波形、处理周期、搜索跟踪数据率等行为基础要素的设计和使用
		背景环境	不同的空间背景环境条件下，雷达系统需要采取有针对性的工作模式及行为调度管理。如典型机载多功能雷达工作模式根据应用环境的不同包括空空、空地、空海等多种模式，体现出不同的行为特性
	目标条件	目标数量	目标数量直接影响多功能雷达的任务资源管理调度实现，最直观的区别如单目标与多目标跟踪所体现出的雷达行为特点不同
		目标类型	目标类型不同，会体现雷达截面积不同、(扩展目标)散射点数量不同、目标威胁度不同等方面，即不同类型目标的回波特征和信息不同。为了完成对不同类型目标的可靠探测与跟踪，多功能雷达的任务资源管理调度需要给出不同的工作状态和控制参数实现，从而体现出不同的行为表现
		目标机动	目标相对于雷达的位置和目标的运动学情况影响雷达行为。如远距目标和近距目标所对应的雷达行为不同；慢速目标、高速目标和弹出式目标所对应的雷达行为也不同
	有意干扰	干扰类型	不同类型的干扰(如欺骗干扰和压制干扰)条件下，雷达可以采用不同的抗干扰措施，以保证自身系统对目标的探测跟踪性能，进而带来雷达系统行为上的变化
		干扰强度	不同干扰强度下，雷达会对发射波形、信号处理等方面的控制参数进行优化，带来雷达系统行为上的变化
雷达系统自身内部约束条件	系统基本能力要素	功率能力	这些能力是约束雷达系统行为的基本能力要素，各个子项能力大小可以表征为对应系统工作控制参数的取值区间，如频段、带宽、功率等。也有一些子项无法被侦察方感知到，如处理能力，包括信号处理通道和计算机运算等处理资源。传统研究中的辐射源描述字(Emitter Descriptive Words, EDW)就是从侦察方视角描述雷达系统的这些基本能力中的一部分
		波束能力	
		极化能力	
		频带能力	
		波形能力	
		处理能力	
	系统实现资源规划管理过程	系统功能自身的不同优先级	不同的雷达功能优先级设置，会使得相同的应用环境和目标环境条件下，表现出不同的雷达行为序列
		系统功能应用对象的不同重要性	从雷达系统视角，不同目标可以编排有不同的重要性，系统任务调度规则对不同重要性目标的行为编排规则可以不同，在环境同时存在多个目标时，这一特点体现更为明显

续表

分析视角	约束项类别	带来约束的因素	约束发生的含义或方式
雷达系统自身内部约束条件	系统实现资源规划管理过程	系统功能目标函数的不同性质(CMFR)	系统功能的目标函数是雷达行为背后的准则。目标函数的基本性质如凸函数、非凸函数，目标函数的具体表达式，待优化变量的数目，各个变量之间的关系以及优化目标约束等各个方面都直接影响或制约雷达的行为。对传统 MFR 而言，目标函数替换为系统功能的性能指标
		系统功能目标函数优化器的不同性质(CMFR)	设定了系统功能的目标函数后，需要实时根据回波情况优化未来时刻的雷达资源管理(资源分配和控制参数优化)，就需要求解优化问题。不同的优化器会对雷达行为的表现形式(即控制参数，对侦察方，则为侦收到的信号控制参数序列)造成一定程度的影响。例如目标函数是凸函数，则每次雷达的控制参数优化结果可以认为是最优(数值求解则为近似最优)，如果目标函数不是凸函数，则每次的控制参数是较优，且随机性比较大，且根据雷达所使用优化器的不同，造成的随机性不同

3. MFR 系统事件调度

任务管理器可将对应任务分解为独立的、离散的、具有时效性约束的雷达事件(Radar Job)。每个雷达事件请求包括事件优先级、持续时间以及时间限制等具体要求。其中事件时间限制指在时间线上可以调度该事件的最早时间、期望时间和最晚时间，而任务优先级可以用于解决不同事件之间的时间冲突。雷达调度器的作用是从多个可能存在冲突的雷达事件请求中规划雷达事件工作的时间线，在尽可能满足所有事件请求约束下最大化雷达的时间使用率。典型事件调度方法包括基于模板的事件调度、基于队列的事件调度和基于帧的事件调度三种[4, 17]。

基于模板的事件调度方法是最简单的调度方法。该方法为雷达所要执行的事件预先分配固定的调度间隔，然后在间隔内直接调用执行事先分配的一组雷达事件固定组合。基于模板的调度方法具体可以包括如固定模板、多模板等方法。该方法可在一定程度上解决雷达事件调度问题，但难以适应复杂多变的外界环境。

基于队列的事件调度方法是一种自适应的调度方法。该方法基于各个事件请求的时间约束、优先级等条件，生成一个符合执行条件的有序事件列表。调度器从单个或者多个工作请求队列中选取下一个时刻最佳事件，然后直接开始执行或者将该最佳事件送入具有固定时长的调度帧中等待执行。基于队列的事件调度方法优点是计算量小，易于实现，缺点是仅针对下一时刻处理的事件，并不针对一定处理时间帧长内的雷达事件进行优化，所以比较“短视”。在多功能雷达行为识别研究中常用的“水星”雷达使用的就是基于队列的调度方法，其雷达调度的基本事件为雷达命令[18]，每个雷达命令由四个有序的雷达字固定组成。

基于帧的事件调度方法可以在一个固定时长帧中进行雷达事件的优化安排，

并且在上一帧中各个工作请求执行时，规划下一帧的工作请求。因为需要一定的优化方法来寻找帧中最优雷达事件请求规划方式，基于帧的调度方法所需要的时间和计算资源较大，往往难以满足雷达的实时性要求。

此外，上述调度方法还可以混合使用。例如在基于模板的事件调度方法中，将部分调度间隔采取基于队列的调度方法，可以实现雷达事件调度的“部分自适应”。几种典型调度方式如图 2.3 所示[17]，随着优化理论的发展和计算能力的提升，更加先进和智能的调度方法不断出现，可供雷达调度的元素粒度也将变得更加精细，雷达可以在雷达字层面，乃至脉冲层面进行优化与调度[19, 20]。

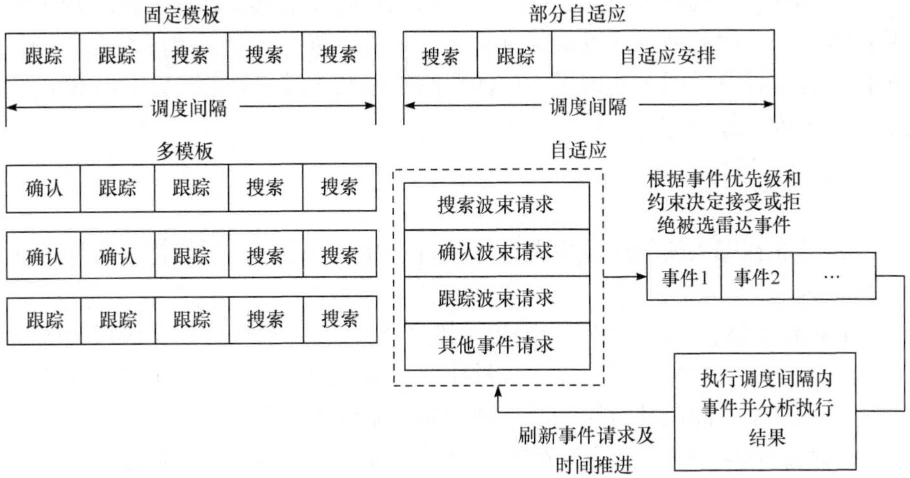

图 2.3 多功能雷达的事件调度方法示例图

2.1.2 MFR 系统的典型行为模式

如 2.1.1 节所述，雷达功能(Radar Function)指雷达特定的感知目的和目标，如搜索、确认和跟踪。本节给出多功能雷达的一些典型雷达功能[4, 17]。

2.1.2.1 搜索功能

搜索功能在感兴趣的空间中实现雷达目标检测，以发现新目标并获得目标运动学测量值。典型的搜索功能包括：

(1) 长距搜索。该功能在长距离范围内搜索指定区域，以最大化累积检测距离。长距搜索要求较长的波束驻留时间以检测远距离目标。

(2) 中距搜索。该功能在中距离范围内对指定区域或者感兴趣的区域进行搜索，实现检测目标的同时获得高质量的目标运动学测量值。为了获得高质量测量结果，中距搜索需要选择具有合理距离和多普勒分辨能力的波形。

(3) 自我保护搜索。该功能搜索指定区域，以实现对近距离“弹出式”目标的探测，如从地平线出现的导弹。自我保护搜索要求快速的重访间隔和较高的单视检测概率(single hit probability of detection)。

(4) 边搜索边跟踪(Track-While-Scan, TWS)。该功能是跟踪多个目标时的资源节省型方法，工作过程中只有搜索波束，没有跟踪波束，基于滤波、数据关联以及目标管理等操作将来自同一个目标的多个搜索扫描结果形成一个针对相应目标的单独跟踪任务同时实现跟踪和搜索任务。因为基于搜索波束实现跟踪，TWS 的距离分辨率低，杂波噪声大。

(5) 搜索加跟踪(Track-And-Scan, TAS)。当需要增强 TWS 的跟踪性能时，雷达会对目标执行主动跟踪模式，此时雷达功能转换为搜索加跟踪模式。TAS 分时使用搜索波束和跟踪波束，既能保证搜索，又可以将大部分资源以及更高的数据率分配给跟踪任务。因为使用了专门的跟踪波束和宽带信号波形，TAS 模式可实现更高精度的目标跟踪。

2.1.2.2 跟踪功能

跟踪功能在感兴趣的区域中融合雷达目标检测的结果，以保持对目标运动学状态的估计。

(1) 跟踪更新：跟踪更新为标准的跟踪功能，在主动跟踪中获取目标的测量更新值。基于不同的跟踪质量需求和被跟踪目标的运动学状态，跟踪更新功能可以选择目标驻留时间以及重照间隔等控制参数来优化性能。

(2) 跟踪保持：跟踪保持是在丢失检测之后，快速的重照或者搜索雷达对丢失目标预测的位置，以期重新发现并检测到目标，从而保持跟踪。

(3) 跟踪启动/确认：跟踪启动功能通常发生在警报确认阶段之后，通过请求一系列具有充分运动学估计精度的快速重照测量来初始化跟踪滤波器。当回波被证明源于一个目标而不是杂波时，就会执行跟踪确认功能。

(4) 跟踪分割/合并：跟踪分割/合并功能用来处理工作场景变化条件下多个目标分辨状态的转换时的目标跟踪问题。当多个被跟踪目标由不可分辨状态转入可分辨状态时，需要进行跟踪任务分割。反之，当多个本可以区分的目标经过一段时间后变得不可区分，多个目标的原有跟踪任务需要进行合并。无论是分割还是合并，都需要执行跟踪启动模式，以稳定地进行运动学估计。

2.1.2.3 态势评估功能

态势评估功能确定雷达战略目标当前所达成的状态，或收集环境信息以改善未来资源分配。

(1) 目标确认/识别：对非合作目标的确认与识别。

(2) 目标截获(Target Acquisition)：该功能利用合成孔径雷达(Synthetic

Aperture Radar, SAR)、逆合成孔径雷达(Inverse SAR，ISAR)或者地面动目标指示(Ground Moving Target Indicator, GMTI)等模式截获与雷达战略目标相关的互补目标。

(3) 突然袭击评估：该功能利用高分辨率模式确定密集目标的信息。

(4) 杂波/传播图：该功能确定当前的杂波和电磁传播条件，以改善未来的资源分配决策。

(5) 校准：该功能确保雷达进行了正确的校准，优先级低。

2.1.2.4　制导功能

制导功能可以数据上行链路、中段或终端制导的形式为导弹提供支持。因为不及时的调度将严重降低武器系统的能力，该功能通常需要时间上的高度同步且具有高的优先级。

2.1.3　MFR 系统行为实现过程的层次化框架

2005 年，加拿大学者 Visnevski 在其博士论文中[18]首次提出了多功能雷达系统行为实现过程的层次化模型，后来又提出使用句法模型对多功能雷达行为进行建模表征。他的研究给多功能雷达系统行为的分析研究奠定了基础。

早期多功能雷达系统层次化模型研究以“水星”雷达为对象，对应的雷达字较为简单。随着先进多功能雷达的不断发展，系统所用信号形式日益复杂[21, 22]，国内外研究者以层次化模型为基础，围绕“符号-脉冲层”的表征展开了一系列研究改进。国防科技大学的欧健于 2017 年在其博士论文中将雷达字替换成脉冲样本图[23, 24]，将句法模型的应用范围扩展到所有脉冲雷达[1]；德国的 Sabine Apfeld 等人 2019 年将雷达字细化为雷达字母、雷达音节和雷达字三层，将原始雷达字表征尺度进一步细化，同时将 PRI 参数扩充到多维参数[19]。图 2.4 描述了上述先进多功能雷达行为实现过程的层次化模型[1, 18, 19]。

根据各个层次的抽象程度和实现功能，上图三种层次化模型均被划分为符号层和符号-脉冲层。符号层中的雷达管理操作元素是符号，即在雷达层内与层间传递的信息是符号。符号层的信息传递机制往往源于数据融合领域的研究[5, 25]。符号-脉冲层将雷达管理器规划调度的符号转换成雷达可执行发射的脉冲序列。符号-脉冲层在文献[18]中对应的是雷达字层，在文献[1]中对应的是脉冲样本图，在文献[19]中对应的是雷达字、雷达音节或者雷达字母层。考虑到雷达发射的脉冲序列是侦察接收方的感知输入，本书将符号-脉冲层称为雷达工作状态层，符号层的最底层称为雷达行为层。对应到层次化模型 1，符号-脉冲层的不同雷达字在本书为不同雷达状态，符号层的最底层不同元素为不同的雷达行为。

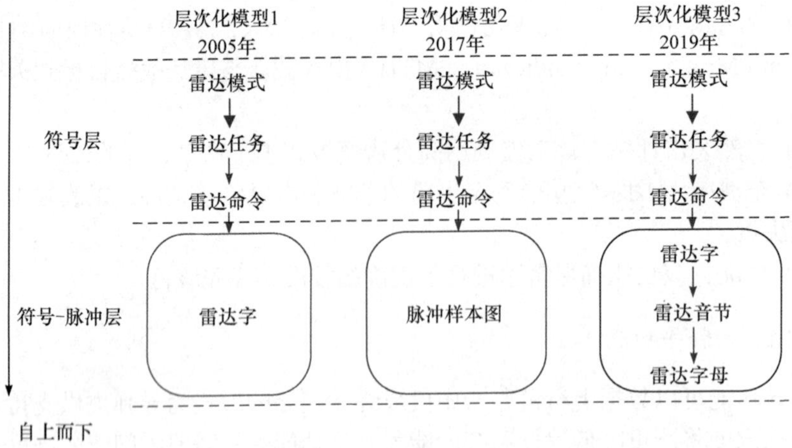

图 2.4　MFR 的层次化模型

2.1.4　MFR 系统行为动态特性表征方法

2.1.4.1　工作状态转换过程典型表征方法

从系统行为实现过程来看，雷达行为是有限个雷达工作状态的有序排列。为了更好地映射先进多功能雷达灵活多样的事件[1]调度策略特性和尺度，MFR 系统工作状态动态转换过程可以采用基于行为符号模板、基于系统状态转移矩阵、基于实际工作过程映射和基于句法模型四种 MFR 方法进行表征。

表 2.5　“水星”多功能雷达行为与工作状态对应表

雷达命令		雷达字	雷达命令		雷达字
搜索 (Search)	四字搜索	$w_1w_2w_4w_5$	跟踪保持 (Track Maintenance, TM)	三字跟踪	$w_1w_7w_7w_7$
		$w_2w_4w_5w_1$			$w_2w_7w_7w_7$
		$w_4w_5w_1w_2$			$w_3w_7w_7w_7$
		$w_5w_1w_2w_4$			$w_4w_7w_7w_7$
	三字搜索	$w_1w_3w_5w_1$			$w_5w_7w_7w_7$
		$w_3w_5w_1w_3$			$w_6w_7w_7w_7$
		$w_5w_1w_3w_5$			$w_1w_8w_8w_8$

① 这里将雷达行为实现过程中雷达调度的基本元素称为雷达事件，对不同智能程度的雷达，事件代表的雷达操作尺度不同。例如“水星”雷达中事件对应雷达命令。若雷达实时处理能力更强，则可以把雷达字作为事件进行调度，以取得更大的自由度和性能潜力提升。

续表

<table>
<tr><th>雷达命令</th><th>雷达字</th><th colspan="2">雷达命令</th><th>雷达字</th></tr>
<tr><td rowspan="5">截获
(Acquisition, ACQ)</td><td>$w_1w_1w_1w_1$</td><td rowspan="14">跟踪保持
(Track Maintenance, TM)</td><td rowspan="11">三字跟踪</td><td>$w_2w_8w_8w_8$</td></tr>
<tr><td>$w_2w_2w_2w_2$</td><td>$w_3w_8w_8w_8$</td></tr>
<tr><td>$w_3w_3w_3w_3$</td><td>$w_4w_8w_8w_8$</td></tr>
<tr><td>$w_4w_4w_4w_4$</td><td>$w_5w_8w_8w_8$</td></tr>
<tr><td>$w_5w_5w_5w_5$</td><td>$w_6w_8w_8w_8$</td></tr>
<tr><td rowspan="5">非自适应跟踪
(Non-Adaptive Track, NAT)</td><td>$w_1w_6w_6w_6$</td><td>$w_1w_9w_9w_9$</td></tr>
<tr><td>$w_2w_6w_6w_6$</td><td>$w_2w_9w_9w_9$</td></tr>
<tr><td>$w_3w_6w_6w_6$</td><td>$w_3w_9w_9w_9$</td></tr>
<tr><td>$w_4w_6w_6w_6$</td><td>$w_4w_9w_9w_9$</td></tr>
<tr><td>$w_5w_6w_6w_6$</td><td>$w_5w_9w_9w_9$</td></tr>
<tr><td rowspan="3">距离分辨
(Range Resolution, RR)</td><td>$w_7w_6w_6w_6$</td><td>$w_6w_9w_9w_9$</td></tr>
<tr><td>$w_8w_6w_6w_6$</td><td rowspan="3">四字跟踪
(Four Word Track, FWT)</td><td>$w_7w_7w_7w_7$</td></tr>
<tr><td>$w_9w_6w_6w_6$</td><td>$w_8w_8w_8w_8$</td></tr>
<tr><td>ACQ, NAT 或 FWT</td><td>$w_6w_6w_6w_6$</td><td>$w_9w_9w_9w_9$</td></tr>
</table>

1. 基于状态符号模板的行为序列表征方法

基于状态符号模板的行为序列表征方法直接根据雷达行为基本规则，人为设置符合规则的行为状态序列。该方法假定侦察方具有针对雷达状态转换规则的确定先验知识，生成的状态序列也因为事先设置而固定，最适用于基于模板和多模板的事件调度策略。如表 2.5 所示“水星”多功能雷达在雷达命令与雷达字的映射时使用多模板表征。

2. 基于状态转移矩阵的行为序列表征方法

基于状态转移矩阵的行为序列表征方法在状态符号模板思想上，引入状态转移矩阵作为行为中状态序列转换规则的表征方式，既保证了基于模板和多模板调度策略生成的状态序列具有明显规律性，又使其具备了相应灵活性。该方法通常假定状态之间服从 k 阶马尔可夫特性，即当前时刻的雷达工作状态仅和最近 k 个时刻的雷达状态相关。

3. 基于实际工作过程映射的行为序列表征方法

基于实际工作过程映射的行为序列表征方法对应系统级对抗仿真或者实际对抗试验过程中雷达行为过程的描述，即雷达状态的具体切换是基于对外部环境输入的评估和反馈而自动决策进行的。该方法贴近雷达实际工作过程，适用于如部分模板调度策略中的自适应部分以及自适应模板，但是动态决策过程需要进行即时处理与状态寻优，复杂度较大且对实时处理能力要求较高。

4. 基于句法模型的行为序列表征方法

基于句法模型的行为序列表征方法是在状态转移矩阵方法的基础和思路上进行的改进，其假定雷达层次化模型的各个层次元素在层间与层内均服从句法模型表征的动态切换。该方法在已有多功能雷达行为实现过程层次化模型中得到了广泛应用[18, 26]。图 2.5 描述了使用句法模型表征“水星”多功能雷达信号产生过程时，层次化模型层内与层间的符号转移关系[27]。受限于实时处理能力，该雷达可供调度的最小事件粒度为雷达命令，在雷达命令与雷达字映射时使用多模板表征。

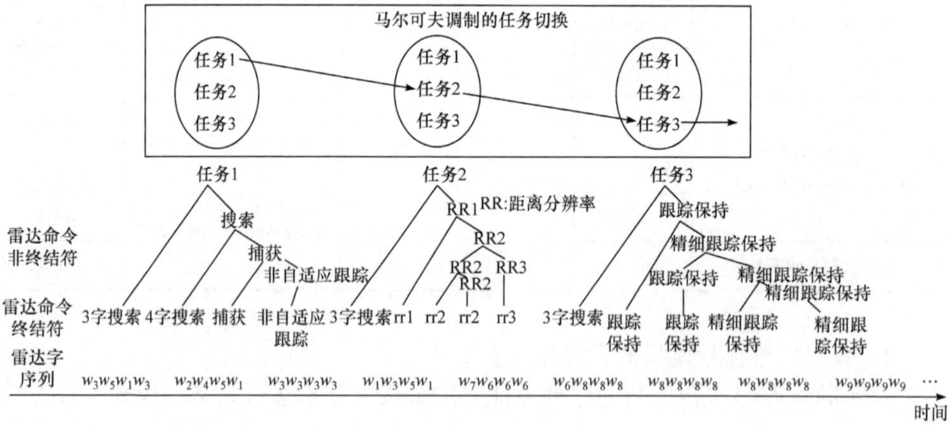

图 2.5　表征 MFR 层次化信号生成机制的 SCFG 模型示意图

2.1.4.2　工作状态转换过程句法模型表征方法扩展例

本节考虑雷达调度的最小事件粒度为工作状态，基于随机上下文无关文法(Stochastic Context Free Grammar, SCFG)进行句法模型表征的扩展。

记雷达的语法为四元组(N,T,P,S)，其中 N 是非终结符(对应大写符号)，T 是终结符(对应小写符号)，P 是产生规则，$S\in N$ 是起始符，基本的上下文无关文法的产生规则服从

$$A\to\eta \tag{2-1}$$

其中，$A\in N$ 而 $\eta\in(N\cup T)^{+}$，$(N\cup T)^{+}$ 表示集合 $(N\cup T)$ 中所有有限长度的符号，$A\to\eta$ 表示从 A 转换到 η 。

随机上下文无关文法(Stochastic Context Free Grammar, SCFG)在上下文无关文法的产生规则上加入了随机性，即

$$A_0 \xrightarrow{0.8} A_0A_1 \quad A_0 \xrightarrow{0.2} b \quad A_1 \xrightarrow{0.1} aA_1 \quad A_1 \xrightarrow{0.9} a \tag{2-2}$$

其中，$\xrightarrow{\text{prob}}$ 表示依概率转移。如下建立雷达行为和 SCFG 方法之间的关系：

$$P=\{B \to bB, B \to AB \mid BC\} \tag{2-3}$$

其中，A,B,C 是非终止符，表示计划队列中的雷达状态，b 是雷达命令队列中的雷达状态事件。$AB \mid BC$ 表示 AB 或 BC。$B \to bB$ 表示命令调度器把 b 添加到命令队列，同时在计划队列中添加 B。$B \to AB$ 表示命令调度器延迟 B 的执行，把 A 插入到前面。

令语法 G 为：

$$G=\{N_p \cup N_c, T_c, P_p \cup P_c, S\} \tag{2-4}$$

其中，N_p, N_c 分别指计划队列或者命令队列中的雷达状态集合，这两个集合是完全一样的，P_p 是生成规则，把 N_p 映射到 $(N_p \cup N_c)^+$。P_c 是生成规则，把 N_c 映射到 T_c^+，T_c 是雷达状态对应的雷达脉冲序列模板集合(终止符)。S 是状态空间为 N_r 的马尔可夫链，是生成规则的起始符，N_r 是雷达行为集合(非终止符)。

下面给出一个基于 SCFG 的雷达行为实例。假设一部雷达具有搜索、跟踪、识别三种雷达行为，每个行为由三种雷达状态表征，则总的状态数目为 9，行为数目为 3。即 N_r 对应 3 种行为，N_p 和 N_c 对应 9 个状态：

$$N_r=\{\text{Search，Identification，Track}\} \tag{2-5}$$

$$N_p=N_c=\{S1_t, S2_t, S3_t, \text{IF}1_t, \text{IF}2_t, \text{IF}3_t, T1_t, T2_t, T3_t\}(t=p \mid c) \tag{2-6}$$

假定每个状态对应的脉冲序列模板数目均为 n，则：

$$T_c=\{s1_1, s1_2, \cdots, s1_n, s2_1, s2_2, \cdots, s2_n, \cdots, t3_1, t3_2, \cdots, t3_n\} \tag{2-7}$$

T_c 为 9 个状态对应的终结符，每个终结符对应一串有序排列的脉冲，不同终结符对应的脉冲序列具体实现不同。

定义 x_k 为 MFR 在时刻 k 的行为，e_i 是 N_r 中的第 i 个行为，$e_i \in N_r$。通过行为对应的状态转移矩阵得到行为序列。状态转移矩阵为：

$$A=[a_{ji}]_{3\times 3}, a_{ji}=P(x_k=e_i \mid x_{k-1}=e_j) \tag{2-8}$$

雷达行为和雷达状态的转移关系为：

$$\text{Search} \to S1_p \middle| S2_p \middle| S3_p \tag{2-9}$$

$$\text{Identification} \to \text{IF}\,1_p \middle| \text{IF}\,2_p \middle| \text{IF}\,3_p \tag{2-10}$$

$$\text{Track} \to T1_p \middle| T2_p \middle| T3_p \tag{2-11}$$

令下标字母 p 表示在该雷达状态在雷达的计划队列中，计划队列中的状态序列可以被重新规划。计划队列中规划好待执行的状态会送至命令队列，用下标字母 c 表示，命令队列控制产生相应的脉冲序列。依据上面搜索行为对应的三个状态计划队列模板，有雷达状态调度语法如下：

$$\text{S1}_p \overset{\text{pro1}}{\to} \text{S1}_c\text{S1}_p \Big| \overset{\text{pro2}}{\to} \text{S1}_c\text{S2}_p \Big| \overset{\text{pro3}}{\to} \text{S1}_c\text{S3}_p \,\Big|\, \overset{1-\text{pro1}-\text{pro2}-\text{pro3}}{\to} \text{S1}_c \tag{2-12}$$

$$\text{S2}_p \overset{\text{pro1}}{\to} \text{S2}_c\text{S1}_p \Big| \overset{\text{pro2}}{\to} \text{S2}_c\text{S2}_p \Big| \overset{\text{pro3}}{\to} \text{S2}_c\text{S3}_p \,\Big|\, \overset{1-\text{pro1}-\text{pro2}-\text{pro3}}{\to} \text{S2}_c \tag{2-13}$$

$$\text{S3}_p \overset{\text{pro1}}{\to} \text{S3}_c\text{S1}_p \Big| \overset{\text{pro2}}{\to} \text{S3}_c\text{S2}_p \Big| \overset{\text{pro3}}{\to} \text{S3}_c\text{S3}_p \,\Big|\, \overset{1-\text{pro1}-\text{pro2}-\text{pro3}}{\to} \text{S3}_c \tag{2-14}$$

其他两类行为的状态转移规则类似，其中 $\overset{\text{pro1}}{\to}$ 表示箭头左边的计划队列中的状态依概率 pro1 转换成箭头右边的状态(序列)；箭头右边状态组合中的下标字母 c 表示此工作状态已被送入命令队列等待执行；箭头右边仍然带下标字母 p 的工作状态符号，需要继续执行上述语法，直到所有状态都被送入命令队列。

雷达状态被送入命令队列后，通过执行程序产生对应于雷达状态的雷达脉冲序列，由于一个先进体制雷达的状态符号可能存在多个对应的雷达脉冲序列模板，假定执行程序依概率选择其中的模板，这里用均匀分布表示，则：

$$S1_c \overset{1/n}{\to} s1_1 | s1_2 | \cdots | s1_n \tag{2-15}$$

$$S2_c \overset{1/n}{\to} s2_1 | s2_2 | \cdots | s2_n \tag{2-16}$$

$$S3_c \overset{1/n}{\to} s3_1 | s3_2 | \cdots | s3_n \tag{2-17}$$

$$\text{IF1}_c \overset{1/n}{\to} \text{if1}_1 | \text{if1}_2 | \cdots | \text{if1}_n \tag{2-18}$$

$$\text{IF2}_c \overset{1/n}{\to} \text{if2}_1 | \text{if2}_2 | \cdots | \text{if2}_n \tag{2-19}$$

$$\text{IF3}_c \overset{1/n}{\to} \text{if3}_1 | \text{if3}_2 | \cdots | \text{if3}_n \tag{2-20}$$

$$T1_c \xrightarrow{1/n} t1_1 | t1_2 | \cdots | t1_n \tag{2-21}$$

$$T2_c \xrightarrow{1/n} t2_1 | t2_2 | \cdots | t2_n \tag{2-22}$$

$$T3_c \xrightarrow{1/n} t3_1 | t3_2 | \cdots | t3_n \tag{2-23}$$

$$T3_c \xrightarrow{1/n} t3_1 | t3_2 | \cdots | t3_n \tag{2-23}$$

$$\text{for } i = 1,2,\cdots,n \text{ and } p_i = p_j = \frac{1}{n} \text{ for any} \{i, j\} \text{ pair}, i \neq j \tag{2-24}$$

至此实现了基于句法模型表征的雷达行为到雷达脉冲序列生成过程。

2.1.5 MFR 工作状态的参数化模型表征

脉间调制是 MFR 系统层次化模型中工作状态(即“符号-脉冲层”)实现的重要内容。文献[18]、[19]中所考虑的“符号-脉冲层”元素对应的脉间调制都比较简单，主要是常数调制或多个不同的常数调制级联；文献[1]中基于脉冲样本图对脉冲序列调制类型进行了扩展，能够表征所有类型的雷达脉冲，但本质上仍然属于构造模板的表征方法。考虑先进多功能雷达系统在“符号-脉冲层”上实现中可以实现更丰富的脉间调制类型、每种调制类型可以实现更灵活的参数控制，本节给出“符号-脉冲层”对应工作状态更精细的层次化结构定义和更通用的参数化模型表征。

2.1.5.1　工作状态层的多层次定义

本书定义的雷达工作状态对应一串有序排列、数目固定的雷达脉冲。这串脉冲信号的所有信息可以由脉冲重复间隔(PRI)、载频(RF)、脉冲宽度(PW)、脉内调制(MOP)等脉间和脉内调制类型和调制参数等多维组合进行表征。文献[19]中多功能雷达的不同雷达音节对应了 PRI、RF 和 PW 三维参数上不同的常数调制类型与调制参数组合。为此，下述既能描述信号整体特征，又能反映时序和多参数联合变化规律的一组定义可以用于多功能雷达工作状态层的多层表征。

定义 2.1　雷达工作状态：完成相应雷达功能的一组有序排列、有限数目的脉冲。可由 $\boldsymbol{P} = (\boldsymbol{p}_1, \boldsymbol{p}_2, \cdots, \boldsymbol{p}_L) \in \mathbb{R}^{K \times L}$ 表征，其中每个雷达脉冲 $\boldsymbol{p} \in \mathbb{R}^K$ 由包含了 K 个状态参数的向量 $\boldsymbol{p} = (p_1, p_2, \cdots, p_K)^\top$ 表征。

定义 2.2　状态参数：描述雷达工作状态脉冲信号特征的一组参数。从雷达的角度，状态参数指不同雷达工作状态发射脉冲的控制参数。从侦察接收机的角度，状态参数则描述测量得到的雷达工作状态内的脉冲描述参数，如常见的脉冲描述字参数(PDW)。为了表述方便，本书将这些与特定雷达工作状态相关的控制参数定义为**状态参数**。K 个状态参数集合可以记为$\boldsymbol{V}=\{V_1,V_2,\cdots,V_K\}$。

定义 2.3　调制类型：定义雷达工作状态的状态参数的脉间或脉内调制类型。不同的工作状态参数有不同的可用调制类型，如状态参数 PRI 通常包括常数 PRI、抖动 PRI、滑变 PRI、正弦 PRI、参差 PRI 以及组变 PRI 等六种调制类型。状态参数 MOP 则通常包含如线性调频(Linear Frequency Modulation, LFM)、非线性调频(Non-Linear Frequency Modulation, NLFM)、Frank 码等。设定 M_k 是第 k 个状态参数对应的调制类型数目，则第 k 个状态参数对应的调制类型集合可以记为 $\boldsymbol{v}_k=\left\{v_k^1,v_k^2,\cdots,v_k^{M_k}\right\}$。

定义 2.4　调制参数：描述不同**状态参数**对应**调制类型**的具体调制实现参数。不同的工作状态参数的不同调制类型可以有着不同的调制参数，如高斯抖动**调制类型**的**调制参数**为均值和方差两个参数，线性滑变调制类型的调制参数为滑变起始值、滑变点数、滑变步进值。对于第 k 个状态参数的第 l 个调制类型 $v_k^l,1\leqslant l\leqslant M_k$，其具有的 N_l 个调制参数可以记为 $\theta_k^l=\left(\theta_k^{l,1},\theta_k^{l,2},\cdots,\theta_k^{l,N_l}\right)$，为对应的调制参数。

图 2.6 描述了一个基于上述层次化定义的雷达工作状态的实现样例。脉冲重复间隔参数 PRI 是图 2.6(a)雷达 K 个状态参数中的第一个状态参数($k=1$)。图 2.6(b)示例了 PRI 参数在调制类型和调制参数的层次化具体实现。调制类型实现包括常数、参差、抖动和滑变等四种($M_k=4$)，其中的参差调制类型($l=2$)实现由参差点数和每个参差点的 PRI 值等两个调制参数控制($N_l=2$)。图 2.6(c)中给出了上述参差调制类型两个调制参数的具体不同数值样本。第一个样本的参差点数为 4 个，每个参差点的 PRI 值分别为 $5,6,4,3$；第二个样本的参差点数为 10 个，每个参差点的 PRI 值分别为 $1,2,3,4,5,9,8,7,6,5$。

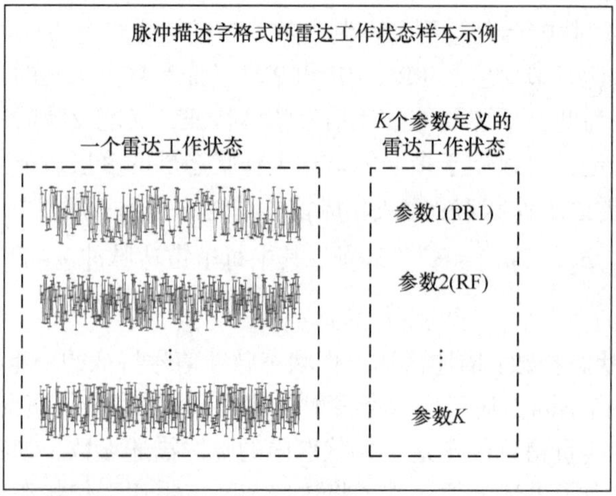

(a)

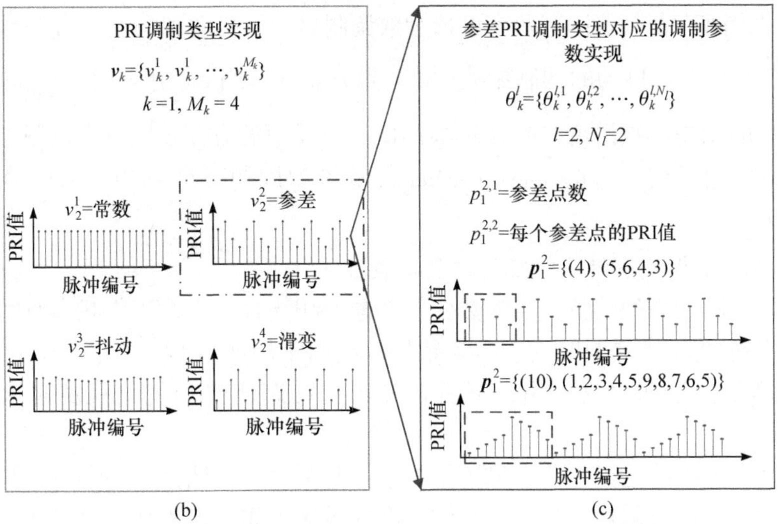

图 2.6　MFR 工作状态的层次化表征

基于上述雷达工作状态层次化定义，本书对已有先进多功能雷达层次化建模研究中“符号-脉冲”元素进行了完善和补充，与之对应的多功能雷达一个工作状态可以由多状态参数上的调制类型和调制参数组合描述，即：

$$\text{Work Mode} \overset{\text{def}}{=} \bigcup_{k=1}^{K} V_k = \bigcup_{k=1}^{K} \left\{ v_k^l \in \left\{ v_k^1, v_k^2, \cdots, v_k^{M_k} \right\}, \theta_k^l = \left(\theta_k^{l,1}, \theta_k^{l,2}, \cdots, \theta_k^{l,N_l} \right) \right\}$$
$$1 \leqslant l \leqslant M_k \tag{2-25}$$

2.1.5.2　工作状态时序特征的两层表征

1. 脉冲序列特征的参数化概率模型理解

状态参数可从调制类型集合 $\boldsymbol{v}$ 中选择的调制类型 v 实际上是一个概率密度分布族，$\boldsymbol{v}$ 对应的调制参数集合为 Ω 。Ω 包含类型集合 Ω_{type} 和取值集合 Ω_{value} 两个子集。通常 $\boldsymbol{v}$ 和 Ω_{type} 是离散的，且往往包含比较固定的成分。早期基于模板定义工作状态的雷达中 Ω_{value} 也是离散的，如 “水星” 脉冲多普勒雷达包含九个模板定义的雷达字。其一个工作状态对应的调制参数就由一个脉冲序列模板表征，对应的调制参数集合也就包含一个元素。先进多功能雷达对于选定的调制类型，能够在连续取值空间中优化其各个调制参数，其 Ω_{value} 是连续的。

以单 PRI 状态参数定义的工作状态为例进行介绍。一个雷达工作状态由一个两元组表示 $\Theta=\langle v,\theta \rangle$ ，其中 $v\in\boldsymbol{v}$ 表示工作状态的 PRI 调制类型， $\theta\in\Omega$ 是 v 对应的调制参数，$\boldsymbol{v}$ 是该工作状态的 PRI 调制类型集合。Ω 是 $\boldsymbol{v}$ 对应的调制参数集合。θ 和 Ω 均可分为两个子集：类型集合 $\theta_{\text{type}},\Omega_{\text{type}}$ 和取值集合 $\theta_{\text{value}},\Omega_{\text{value}}$ 。如

$\boldsymbol{v}=\{抖动,滑变\}$表示雷达有两个可选参数调制类型，抖动和滑变。当$v=$抖动时，$\theta_{\text{type}}=\left(u,\sigma^2\right)$表示抖动的调制参数均值$u$和方差$\sigma^2$。当$v=$滑变时，$\theta_{\text{type}}=\left(\alpha,\sigma^2\right)$表示滑变的调制参数滑变步长$\alpha$和零均值高斯噪声的方差$\sigma^2$。每个调制参数都有其独有的取值集合。如$u\in(10,100)\mu s$表示抖动调制参数均值$u$的取值集合为$(10,100)$。

2. 雷达工作状态时序特征的两层次表征

将雷达脉冲序列的特点与参数化概率模型相结合，雷达工作状态时间序列特征也可以按照调制类型粒度、调制参数粒度两个层次进行表征，从而更准确描述先进体制雷达如多功能雷达或者认知雷达动态调整和优化其发射脉冲序列的能力。

调制类型级雷达工作状态描述了先进体制雷达灵活调整状态参数调制类型的能力。调制参数级雷达工作状态是细尺度的雷达工作状态表征，可以视为是一个由调制类型控制的概率密度分布族中一个具体的概率密度分布。调制参数级雷达工作状态对应的各个调制参数取值是固定的，例如具有调制参数$\theta:\left(\mu=50,\sigma^2=1^2\right)$的高斯抖动 PRI，描述了调制参数级的雷达工作状态。该雷达工作状态由高斯抖动调制类型和对应的调制参数描述。

雷达工作状态通常由多状态参数进行定义，上述状态参数实现的两层表征方法需要扩展到多参数情况。假定不同的状态参数是独立的，则工作状态对应的$\boldsymbol{v}_{\text{total}}$和$\Omega_{\text{total}}$是所有状态参数集合的笛卡儿积，即$\boldsymbol{v}_{\text{total}}=\prod_k \boldsymbol{v}_k$，$\Omega_{\text{total}}=\prod_k \Omega_k$。该雷达工作状态的参数化模型可以直接由各个状态参数的概率密度函数(Probability Density Function, PDF)得到，例如考虑包含L个脉冲的工作状态$\boldsymbol{P}=\left(\boldsymbol{p}_1,\boldsymbol{p}_2,\cdots,\boldsymbol{p}_L\right)$，由$K$个独立的状态参数描述$\boldsymbol{p}=\left(p_1,p_2,\cdots,p_K\right)^{\top}$，各个参数的 PDF 分别为$\Pr_1\left(P_1\right),\Pr_2\left(P_2\right),\cdots,\Pr_K\left(P_K\right)$，其中$P_k$表示第$k$个状态参数的序列，则该工作状态的参数化模型为联合概率密度分布：

$$\Pr(\boldsymbol{P})=\prod_{k=1}^{K}\Pr_k\left(P_k\right) \tag{2-26}$$

上述联合概率密度函数为状态参数相互独立时计算得到，若参数之间存在相关关系，则联合概率密度函数可以基于各参数的边缘概率分布和条件概率计算得到。

2.1.5.3 工作状态仿真样本的两种实现方式

为了开展层次化仿真实验，先进多功能雷达的工作状态仿真样本可以按照波形化、参数化两种方式进行实现。

1. 波形化雷达工作状态样本

波形化的雷达工作状态样本由雷达脉冲信号序列的波形数据组成，既可以是中频信号，也可以是 IQ 基带波形。中频脉冲数据保留了雷达信号波形层面的主要特征，包含有比 PDW 参数更多的原始信息，以线性调频信号为例，其复数表达式为：

$$s(t) = A\mathrm{rect}\left(\frac{t}{T}\right)\exp[\mathrm{j}2\pi(f_0 t + Kt^2/2)] \tag{2-27}$$

信号复包络为：

$$u(t) = A\mathrm{rect}\left(\frac{t}{T}\right)\exp(\mathrm{j}\pi Kt^2) \tag{2-28}$$

其中，A 为信号幅度，f_0 为载频，T 为信号脉宽，调频斜率 $K = B/T$ ，B 为调频带宽。

波形化雷达工作状态仿真样本的产生流程和具体示意可如图 2.7 所示。基本思想是首先产生样本包含的多个候选波形，然后根据相应的脉间调制类型与调制参数进行波形序列的调度和发射编排。

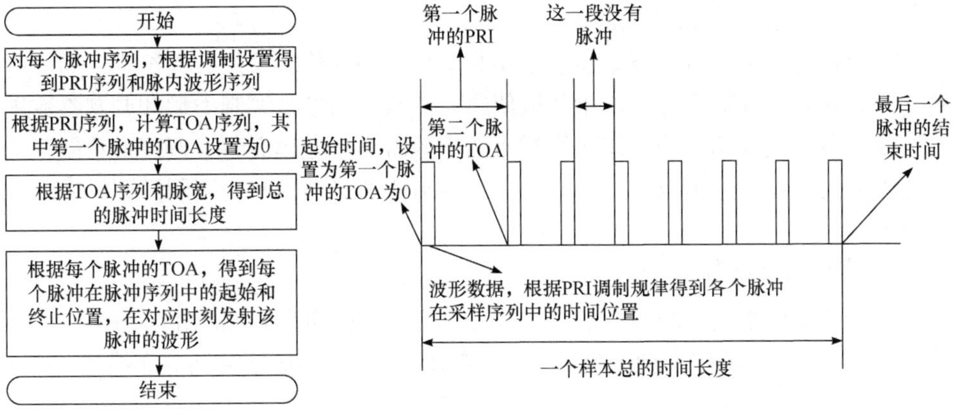

图 2.7　由 PRI 序列和波形数据产生波形化雷达工作状态样本

波形化的雷达工作状态仿真样本需要考虑的非理想情况主要包括脉冲包络、虚假脉冲、缺失脉冲等几方面，对应的非理想性原因及其对仿真样本信号波形影响分析如表 2.6 所示。

表 2.6　波形化可分辨特征建模需要考虑的一些非理想情况列表

发生环节	非理想情况形成原因	信号波形所受影响
发射端	雷达发射机电路、频响、信号源加窗发射的脉冲不是理想的矩形窗，而是一个上升沿、下降沿、脉宽持续期非理想的脉冲	脉冲包络非矩形
	由于雷达信号处理的需求(旁瓣抑制)会使得雷达在发射端或者波束形成的时候，给脉冲信号加上一个窗来抑制旁瓣	时域加窗造成包络非理想
	雷达天线的扫描方式会导致脉冲幅度有规律性起伏	天线扫描造成的幅度调制
传播过程	不同的本振和运动(多普勒)引起的载波相位和频率偏移，如移动的雷达平台	载波/相位偏移，相位抖动
	多径可以简单地模拟成脉冲经过延迟之后的复制信号，相比于原脉冲，幅度降低很多，同时具有不同的相位	多径虚假脉冲
	电磁环境中偶发干扰窄脉冲	带内干扰脉冲
接收端	接收机热噪声	噪声
	接收电路非线性；在正常脉冲间隔内随机增加一些突发窄脉冲	毛刺虚假脉冲

2. 参数化雷达工作状态样本

参数化雷达工作状态样本由表示接收信号序列的状态参数数据组成。如前所述，每个状态参数对应在样本中的取值序列由对应的参数调制类型和调制参数进行控制。参数化雷达工作状态仿真样本的生成需要首先建立各个调制参数的调制类型参数化模型。这里以 PRI 参数为例，给出四种典型的脉间调制类型对应的参数化模型。

1) 高斯抖动调制

高斯抖动调制基于均值 μ 和方差 σ^2 产生对应的 PRI 序列。由于 PRI 取值都为正数，高斯抖动调制类型的概率密度函数(PDF)由一个截断高斯分布描述，对应的 PDF 为：

$$\Pr\left(p_t\right)=\frac{1}{\Phi\left(\dfrac{\mu}{\sigma}\right)\sqrt{2\pi\sigma^2}}\exp\left(-\frac{\left(p_t-\mu\right)^2}{2\sigma^2}\right) \tag{2-29}$$

其中，Φ 是正态累积分布函数，当 $\mu\gg 0$ 且 $\mu\gg\sigma$ 时，$\Phi\left(\dfrac{\mu}{\sigma}\right)\approx 1$。当抖动方差趋近于 0 时，高斯抖动变为常数调制类型。

2) 正向滑变调制

正向滑变调制的一个滑变周期内，脉冲 p_t 可以表示为

$$p_t = \alpha + p_{t-1} + \omega_t \tag{2-30}$$

其中，$\alpha > 0$ 是滑变步长，$\omega_t \sim \mathcal{N}\left(0,\sigma^2\right)$ 是零均值，方差为 σ^2 的高斯白噪声。其他滑变类型如负向滑变调制、三角滑变调制(如正向滑变调制后接负向滑变调制)等可以由正向滑变调制的参数化模型变换得到。

3) 参差调制

参差调制对应一组有序切换的离散 PRI 值，考虑噪声的影响，使用如下的高斯观测隐马尔可夫模型进行(Gaussian HMM)描述。Gaussian HMM 可以由三元组描述：

$$\Theta = \boldsymbol{A}, \boldsymbol{B}, \boldsymbol{\pi} \tag{2-31}$$

其中，$\boldsymbol{A} = \left[a_{ij}\right]_{M \times M}$ 为状态转移矩阵，M 为状态数目。$\boldsymbol{\pi} = \left(\pi_1, \pi_2, \cdots, \pi_M\right)$ 为初始状态分布。记 $\boldsymbol{Q} = \left(q_1, q_2, \cdots, q_M\right)$ 为状态集合，每个状态对应一个均值为 μ_m，方差为 σ_m^2 的高斯模型。这些高斯模型记为 $\boldsymbol{B} = \left(\varphi_1, \varphi_2, \cdots, \varphi_M\right)$，其中：

$$f_{\varphi_m}\left(p_t\right) = \frac{1}{\sqrt{2\pi\sigma_m^2}} \exp\left(-\frac{\left(p_t - \mu_m\right)^2}{2\sigma_m^2}\right), \quad 1 \leqslant m \leqslant M \tag{2-32}$$

每个状态对应的高斯模型均值参数就对应了参差调制中各个参差点上的 PRI 取值。

4) 正弦调制

雷达选择正弦调制的载频 f_c 和对应的采样频率 f_s 来产生正弦 PRI 序列，生成的 PRI 序列可以表示为：

$$p_t = A\sin\left(2\pi \frac{f_c}{f_s} t + \phi\right) + c + \omega_t \tag{2-33}$$

其中，A 为幅度，c 为常数项，ϕ 为相位。同时为了满足 PRI 为正值的需求，$c > A$。

其他复杂调制类型可以依据上述参数化模型组合变换进行建模。例如组变调制类型存在两个组变点，可记发生组变点切换的时刻为 t_b，构造哑变量 d_t，水平偏移量 δ_2，将该组变调制类型的参数化模型写为：

$$p_t = \delta_1 + \delta_2 d_t + \omega_t, \quad d_t = \begin{cases} 0, & t \leqslant t_b \\ 1, & t > t_b \end{cases} \tag{2-34}$$

其中，δ_1 为第一个组变点的 PRI 值，$\delta_1 + \delta_2$ 为第二个组变点的 PRI 值，ω_t 为噪声。

参数化雷达工作状态仿真样本中的非理性因素一般主要考虑测量噪声、虚

假脉冲、缺失脉冲三种情况。测量噪声一般通过状态参数取值叠加相应高斯分布表征噪声来体现，虚假脉冲和缺失脉冲的形成原因及样本实现情况将在 2.2.3 节介绍。

2.2 基于雷达信号 PDW 数据的多功能雷达系统行为观测模型

本节从非合作电子侦察的外在视角，构建基于雷达信号 PDW 数据的先进体制雷达行为观测分析模型。

2.2.1 MFR 系统行为观测模型的概念和内涵

多功能雷达系统行为观测模型的概念是可用于侦察方实现雷达行为感知识别的所有可用输入信息。观测模型的构建应该包含雷达系统内部行为实现过程、信号的发射-传播-接收过程、观测者的分析过程等全链路环节，与之对应的基于雷达信号 PDW 数据的多功能雷达系统行为观测模型如图 2.8 所示，有观测目标客体模型、观测信号非理想性模型与观测者分析模型三个部分。

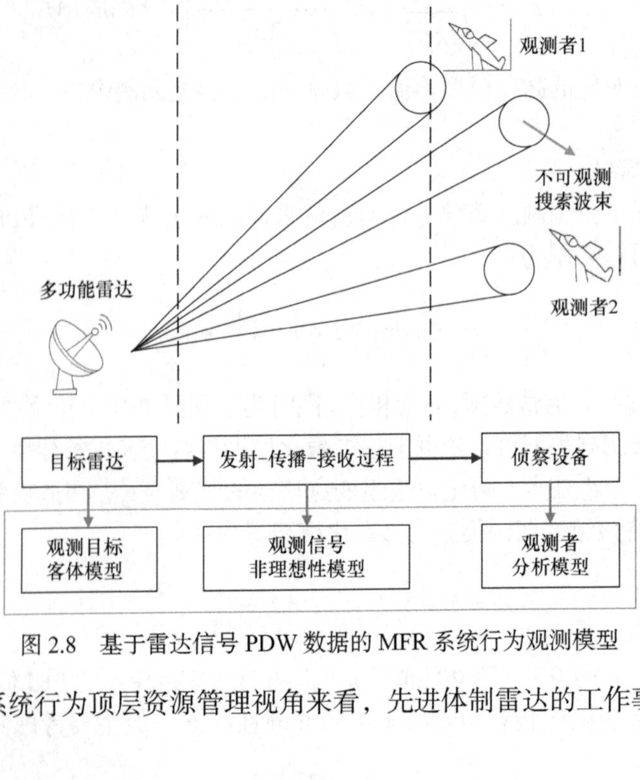

图 2.8 基于雷达信号 PDW 数据的 MFR 系统行为观测模型

从雷达系统行为顶层资源管理视角来看，先进体制雷达的工作事件安排过程就是雷达行为或者雷达工作状态的观察识别对象。该过程可以从如图 2.9 所示的快时间和慢时间两个时间维度上进行描述。快时间反映了多功能雷达同时(对多个目标)执行多个事件的能力，慢时间则反映了对同一个目标雷达时间序列的执行过程。考虑单侦察平台，其主要感受到多功能雷达针对本目标编排的事件及事件序列，难以充分感知同一个处理帧内多功能雷达对其他目标执行的任务。本书只考虑单观测平台下的雷达行为观测模型构建。

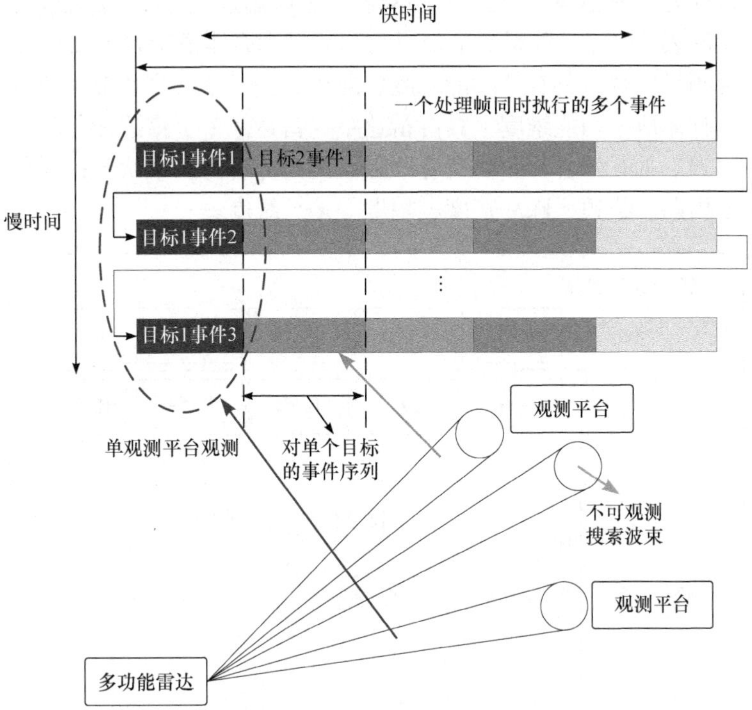

图 2.9　多功能雷达工作事件编排的可观测性示意

单观测平台下 MFR 的正向模型和观测模型对比如图 2.10。雷达方的正向模型实现是“自顶向下”的，资源管理器在时间线上规划对多个目标的不同事件，

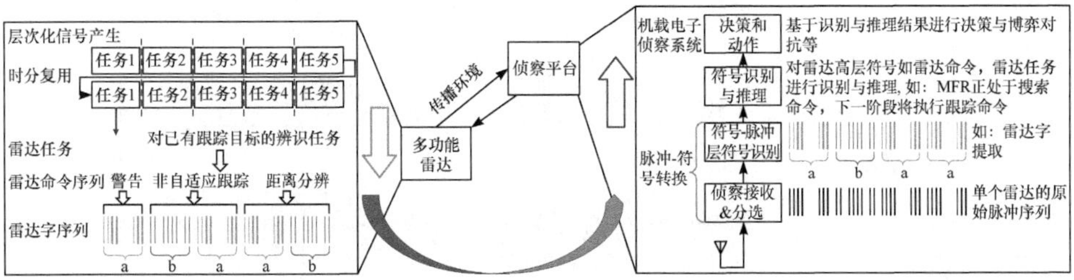

图 2.10　正向模型与观测模型

每个事件的执行过程依次包括雷达任务确定、雷达事件调度、雷达字到发射脉冲映射、脉冲信号从天线辐射等处理。侦察方的观测模型实现是“自底向上”的，感知识别基于侦收到的原始雷达脉冲信号序列，逐级完成侦察接收和信号分选、脉冲-符号层符号识别(如雷达字提取)、高层符号识别与推理等任务。

2.2.2　MFR 系统行为观测目标的客体模型

观测目标客体模型源于雷达系统本身行为实现过程模型，是观测者进行观测与分析对象的表征模型。单观测平台所观测的目标客体模型如图 2.11 所示[27]，该模型中的观测目标客体具有“功能维度多层次、信号序列多状态、信号参数多维度”特征。具体地，功能维度上具有雷达字、雷达命令、雷达任务等多个层次；发射信号序列上具有警告、非自适应跟踪、距离分辨等多个状态；信号生成上具有脉冲重复周期、载频、脉冲宽度、幅度等多个维度。

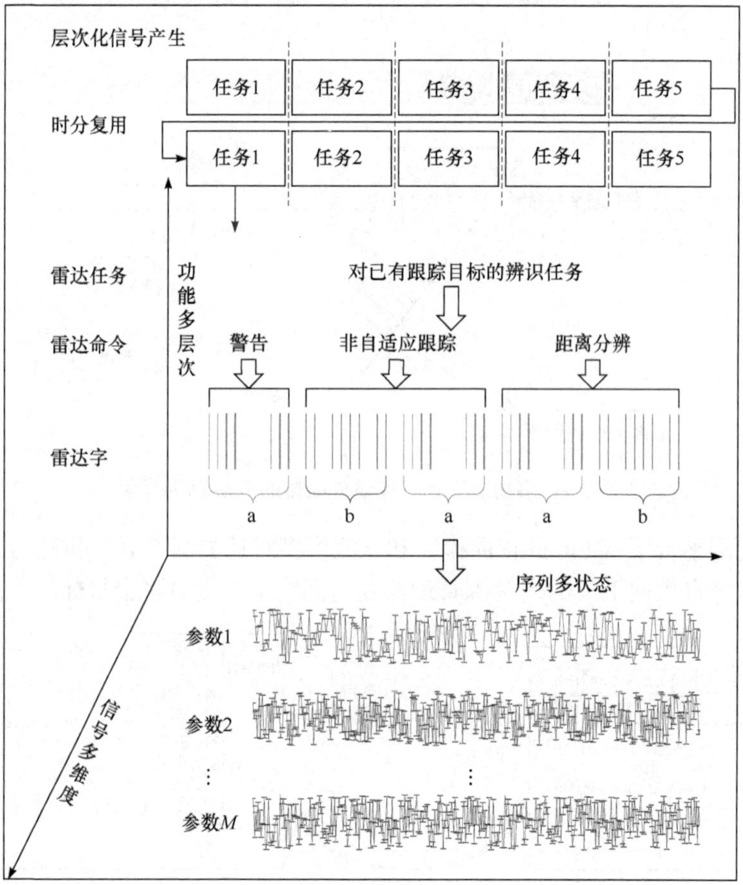

图 2.11　观测客体维度

2.2.3　MFR 系统行为观测信号的非理想性模型

观测信号非理想性模型指侦察方侦察截获雷达信号完成检测测量得到的脉冲 PDW 数据中的特征畸变，主要包括测量噪声、虚假脉冲、缺失脉冲等三种情况。2.1.4 节给出了测量噪声模型，本节简单讨论虚假脉冲和缺失脉冲情况的建模表征。

虚假脉冲和缺失脉冲的产生机理复杂多样，如缺失脉冲可能由天线扫描、接收机电路灵敏度不足、接收信号信噪比等因素导致；虚假脉冲可能由多径效应和接收机电路的不完美性造成。不同机理的非理性产生过程需要进行对应的建模表征。不同雷达状态参数的非理想情况建模也有其特定难点问题，以 PRI 数据序列出现缺失脉冲为例：其他研究领域中的缺失值通常缺失数据索引已知，只是该索引位置上的具体数值未知，属于已知的未知型数据缺失；雷达 PDW 序列中的 PRI 数据缺失，将同时缺失数据位置和数值，属于未知的未知型数据缺失，分析难度更大；另外，PRI 数据的时间数据(Timing Data)特性意味着单个缺失或虚假脉冲还会扰乱其前一相邻脉冲的“PRI”(即 TOA 的一阶差分值)数值正确性。本书不对各种非理想情况的建模进行全面展开，这里仅以高斯抖动 PRI 调制类型为例，给出均匀分布情况下的缺失脉冲和虚假脉冲下的一种数学表征模型。

侦察接收机首先侦收的是脉冲到达时间 TOA 序列，记完整的脉冲序列到达时间为 $\mathrm{TOA}_1^T=\left(\mathrm{TOA}_1,\mathrm{TOA}_2,\cdots,\mathrm{TOA}_T\right)$，其中：

$$\mathrm{TOA}_t=\mathrm{TOA}_{t-1}+p_t+\omega_t,\quad t=2,\cdots,T \tag{2-35}$$

其中，$\boldsymbol{P}=\left(p_1,p_2,\cdots,p_T\right)$ 对应雷达实际发射的具体抖动 PRI 数值序列。缺失脉冲的表征可以通过二元非随机索引序列 o_t 描述和控制，即：

$$o_t=\begin{cases}1, & 若观测到\mathrm{TOA}_t\\ 0, & 若\mathrm{TOA}_t缺失\end{cases}\quad t=1,\cdots,T \tag{2-36}$$

令 $\{t_k\},t_k\in\mathbb{Z}$ 为 $o_{t_k}=1$ 时对应的时间，则侦察接收机观测到的 TOA 序列 z_k 为：

$$z_k=\mathrm{TOA}_{t_k},\quad k=1,\cdots,K \tag{2-37}$$

其中，$K\leqslant T$ 为被观测到的脉冲总数目。在假定缺失脉冲为均匀随机缺失的情况下，o_t 为独立同分布(Independent Identically Distribution，IID)伯努利随机变量：

$$P\{o_t=1\}=1-P\{o_t=0\}=\varepsilon \tag{2-38}$$

其中，$0\leqslant\varepsilon<1$ 为发生一个缺失脉冲事件的概率。类似的可以用 o_t 描述带虚假脉冲的 TOA 序列 $z_t,t=1,\cdots,T$，此时：

$$o_t = \begin{cases} 1, & \text{若} z_t \text{为虚假脉冲} \\ 0, & z_t \text{不是虚假脉冲} \end{cases} \quad t = 1, \cdots, T \tag{2-39}$$

令 $\{t_k\}, t_k \in \mathbb{Z}$ 为 $o_{t_k} = 0$ 时对应的时间，则真实的 TOA 序列为：

$$\text{TOA}_k = z_{t_k}, \quad k = 1, \cdots, K \tag{2-40}$$

2.2.4 MFR 系统行为观测者分析模型

观测者分析模型则指观测者对观测客体进行观测和分析的方法框架。考虑相应的可观测性约束，观测者分析模型将在雷达行为的最小可分辨单元定义基础上进行定义，并结合前述目标客体模型的功能观测多层次、序列观测多尺度特征进行描述。

2.2.4.1 雷达行为最小可分辨单元定义

本书定义的雷达行为最小可分辨单元为按照一定尺度划分标准得到的单个符号类别对应的雷达脉冲序列片段，对应的符号类别称为工作状态类别。在有先验信息时，最小可分辨单元直接基于先验信息定义对应到具体的一组脉冲序列，例如“水星”雷达系统中的不同雷达字即为不同的最小可分辨单元。在无任何先验信息时，最小可分辨单元对应为多维脉冲参数上符合特定调制类型和调制参数组合的一个脉冲序列。

因为最小可分辨单元可以灵活地根据先验信息的情况对工作状态进行定义，其可以作为从非合作的侦察方视角来分析推理雷达方客体模型中“符号-脉冲层”的符号的有效工具，有效支撑后续先进多功能雷达的观测建模构建和智能化感知识别研究工作开展。

2.2.4.2 MFR 系统行为分析模型中的功能观测多层次结构

侦察方对 MFR 系统行为分析，从截获接收到的雷达脉冲开始，自底向上逐级提取抽象、发掘雷达行为规律的过程。与 2.1.3 节给出的 MFR 系统行为实现过程层次化框架包含的符号层和符号-脉冲层对应，功能观测的层次化结构可以自底向上描述如下。

(1) 雷达脉冲：一个雷达脉冲由多维参数描述，如 PRI, RF, PW 等。

(2) 雷达工作状态：有限数目脉冲的有序固定排列，是构成雷达行为的最小可分辨单元。本书观测模型中的雷达行为，对应了 2.1.3 节雷达行为实现过程模型中的雷达字层级。

(3) 雷达行为：经过规划后的有限个雷达工作状态的有序排列，目的是实现特定的雷达功能，如搜索。本书观测模型中的雷达行为，对应了 2.1.3 节雷达行为实现过程模型中的雷达命令层级。

(4) 雷达任务：雷达任务为对应了多个有序排列的雷达行为。常见的雷达任务如搜索、目标识别、目标跟踪等。

(5) 雷达模式：由于战略目标及资源分配的需求，限制或强调特定雷达任务的执行。常见的雷达模式如“空空模式”“空地模式”等。

本书所提出的雷达工作状态则对应了如 2.1.3 节所述层次化模型中的符号-脉冲层，而雷达行为、雷达任务和雷达模式对应了层次化模型中的符号层。

由于非合作侦察的应用场景条件限制，侦察方对雷达系统功能各个层次的观测和分析与雷达目标客体模型中的各个层次存在差异。例如功能观测中的接收脉冲序列由雷达方发射脉冲经过发射-传播-接收处理得到，存在测量噪声、虚假脉冲、缺失脉冲等在过程中引入的非理想情况；符号-脉冲层对应的工作状态对应于客体模型中的雷达字[18]。若已有雷达的雷达字先验信息，且在脉冲侦收时能够准确测量，观测模型可以实现雷达字相同的辨识结果。但观测者往往不能获知雷达方全部的雷达字信息，只能基于侦收的脉冲序列规律，通过专家知识等手段分析将有规律、频繁出现的脉冲片段判为“雷达字”。由此得到的观测“雷达字”和观测目标客体具体调用的雷达字必然存在区别。上述情况可以以图 2.12“水星”多功能雷达的雷达字识别进行说明。“水星”雷达的雷达字均由 A~E 五部分组成。其中 B 段为一串 PRI 固定的多普勒脉冲序列，不同雷达字 B 段的 PRI 值不同。D 段为固定 PRI 的 12 个同步脉冲序列，所有雷达字的 D 段均相同。A、C、E 段则为静默时间。从观测者的视角，若有雷达字先验信息，则直接可以将对应的脉冲序列转换成对应的雷达字符号。若无雷达字先验信息，那么在进行分析处理时，无论是通过专家分析还是无监督算法提取[28],很可能首先将 B 和 D 划分成两个不同的“雷达字”，然后通过大量积累的数据分析，进一步将 BD 这两段合并归纳成一个“雷达字”。

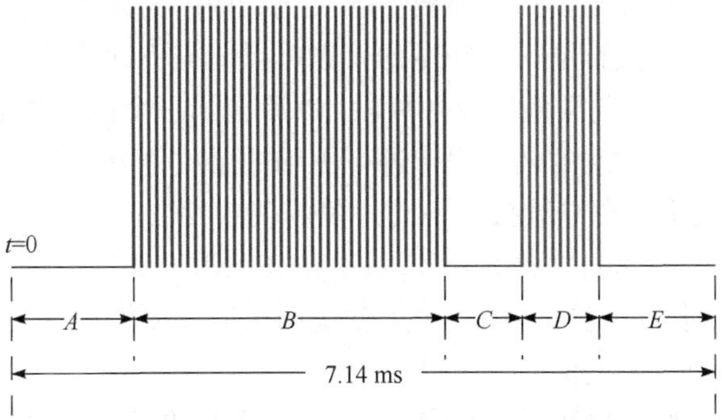

图 2.12　“水星”多功能雷达的雷达字结构

2.2.4.3　MFR 系统行为分析模型序列观测的多尺度结构

序列观测的多尺度结构描述的是观测者可以根据先验信息不同，对同一个序列采用不同的分析时间尺度，得到不同尺度的分析结果。本节以图 2.13 PRI 参数定义的符号-脉冲层序列为例，对观测的多尺度结构进行说明，其中单个脉冲是最细尺度的元素，示例序列对应雷达方的两个雷达字序列 w_1 和 w_3， w_1 为四个常数组变调制，w_3 为四个线性滑变组变调制。

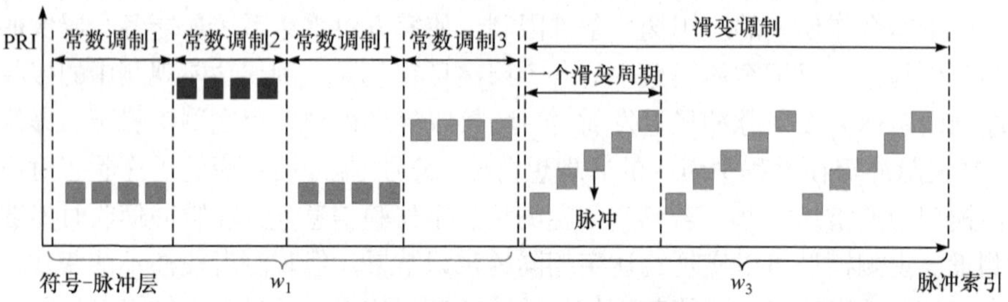

图 2.13　符号-脉冲层序列观测的多尺度

若已知雷达客体模型中符号-脉冲层(工作状态层)各个符号和脉冲序列确切的映射关系，则可以直接将脉冲序列观测中的序列定义为符号-脉冲层对应的符号。即直接可以将这 16 个脉冲划分成一个符号，且该符号可以根据雷达客体模型层次化结构中的已知含义标记为 w_1 的工作状态。同理，后续的 15 个脉冲可以正确划分成符号 w_3 。

若符号-脉冲层符号对应的脉冲序列映射关系未知，则需要根据多功能雷达脉冲序列调制规律和符号识别/提取算法的特点划分对应的符号。具体可根据雷达脉冲序列调制规律、符号识别或提取算法的特点，将脉冲序列“盲”划分成多个具有特定调制规律的脉冲片段(即划分成多个最小可分辨单元)并分配对应的符号。这些分配符号无法直接与雷达客体模型层次化结构中的元素进行映射，但可以描述特定的脉冲序列片段特征。脉冲序列首先可以依据不同脉冲序列片段的调制类型，划分成服从不同调制类型的脉冲片段，然后在同一个调制类型的脉冲片段中，可以继续根据该调制类型的调制规律进行更细的层次划分。对常数调制和抖动调制而言，调制类型下可以继续按照不同片段的调制参数进行划分，如图 2.13 中 w_1 划分成三个 PRI 值不同的常数调制片段；对正弦和滑变调制等存在周期性的调制，可以再依据周期划分；对参差调制和组变调制可以在周期内继续划分，例如参差调制可以划分到每个不同的参差 PRI 值。

对于任意雷达脉冲序列，总是可以按一定尺度标准将其划分成多个脉冲片段，这是符号-脉冲层对符号“盲”提取的基础。上述划分需要根据具体应用和算法特性选择合适的划分级别。本书将无先验情况下对雷达脉冲序列划分的尺度分为四级，其中第一级为最粗的划分，第四级为最细的划分，粗尺度的划分可以由多个细尺度的划分组成。下面以 PRI 脉间调制类型为例，给出本书设计的多功能雷达脉冲序列观测四级尺度划分，详细说明如表 2.7 所示。

表 2.7　根据脉间调制类型的不同尺度层级划分

PRI 调制类型	第一级	第二级	第三级	第四级
常数调制	服从常数调制的脉冲片段	特定常数调制参数的脉冲片段	每个脉冲	无
高斯或均匀分布抖动调制	服从高斯调制的脉冲片段	特定常数调制参数的脉冲片段	每个脉冲	无
正弦调制	服从正弦调制的脉冲片段	特定正弦调制参数脉冲片段	特定正弦调制参数脉冲片段中的一个周期	每个脉冲
滑变调制	服从滑变调制的脉冲片段	特定滑变调制参数脉冲片段	特定滑变调制参数脉冲片段中的一个周期	每个脉冲
参差调制	服从参差调制的脉冲片段	特定参差调制参数脉冲片段	特定参差调制参数脉冲片段中的一个周期	每个不同参差 PRI 值对应的脉冲
组变调制	服从组变调制的脉冲片段	特定组变调制参数脉冲片段	特定组变调制参数脉冲片段中的一个周期	每组不同组变 PRI 值对应的脉冲

仍以图 2.13 中序列为例，w_1 对应的脉冲序列在第二级划分尺度下可以分成三个常数值不同的常数调制脉冲片段，每个片段包含四个 PRI 值相同的脉冲并分配对应的符号。此时一个符号就对应了四个相同 PRI 值的脉冲，而不同符号对应脉冲的 PRI 值不同。在第一级划分尺度下，可以划分成一个符号，表示四组共 16 个脉冲，每组脉冲具有常数 PRI 调制类型。w_3 根据第三级划分尺度可以划分成三个符号，各自对应滑变调制脉冲片段的一个周期。w_3 根据第一级划分尺度，可以将这 15 个脉冲划分给一个符号。

在按尺度划分之后，需要给划分之后的片段和片段内脉冲进行符号分配，以便进行后续符号层的处理。符号层对先验信息的要求更高。图 2.14 表示在完全先验信息情况下的符号层多尺度结构。各个层次的元素划分是固定的，层次越高、尺度越粗，包含的信息越多。在无先验或者少先验的情况下，一个真实的符号可能由于符号-脉冲层提取时的尺度不同而被划分成多个不同的符号，给更高层符号的识别与推理带来困难。需要研究此种情况下对符号序列的频繁规则挖掘。符号层处理相较于前级脉冲数据的处理，数据形式上要较脉冲数据简单，这里不再展开。

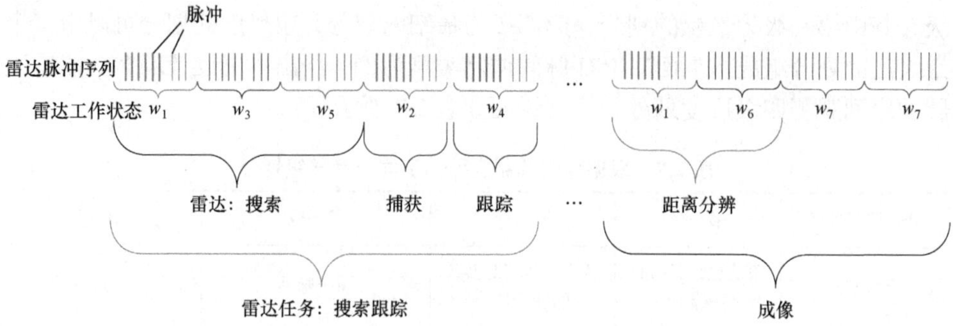

图 2.14　观测模型符号层的多尺度结构

2.3　认知多功能雷达系统行为框架

认知雷达概念最早于 2006 年提出[29]，并作为下一代雷达技术得到了广泛的研究和实践。认知雷达的认知能力来自于 Fuster 的认知范式，包括感知、记忆力、注意力、智能以及语言五个部分[30]。认知雷达的主要体系特征是如图 2.15 所示的感知-动作环路(PAC)，对应的认知多功能雷达(CMFR①)自由度相较于 MFR 进一步提升。

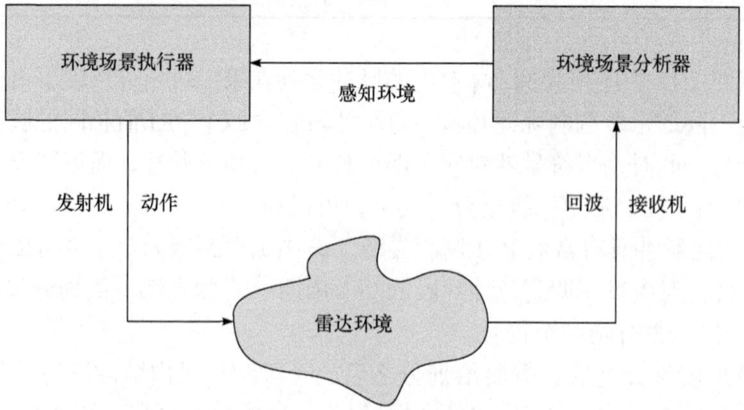

图 2.15　认知雷达感知-行动环路

认知雷达具体的实现结构基于实验室主任联席会议数据融合模型(Joint Directors of Laboratories data fusion model, JDL)及其改进版本进行构建，一个典型的系统实现结构如图 2.16 所示[11, 20, 25, 31]。由图可知：①认知雷达的结构也是层次化的，信息从底层脉冲到顶层雷达任务逐层抽象。层次结构中每一层本身就是一

① 本书偏重 CMFR 的认知能力，因此本书不区分认知雷达和认知多功能雷达，即在本书这两个词含义相同。

个感知-行动环路，底层的环路时间尺度短，而高层的环路时间尺度长。②认知雷达结构也可以分为管理分支和评估分支。管理分支表示了对雷达的控制内容，评估分支表示了雷达信号处理的内容。每一层的管理和评估节点都可以利用来自于专家长时间的研究与工程经验积累得到的先验知识，或者在与环境的交互与学习过程中在线获取的知识。

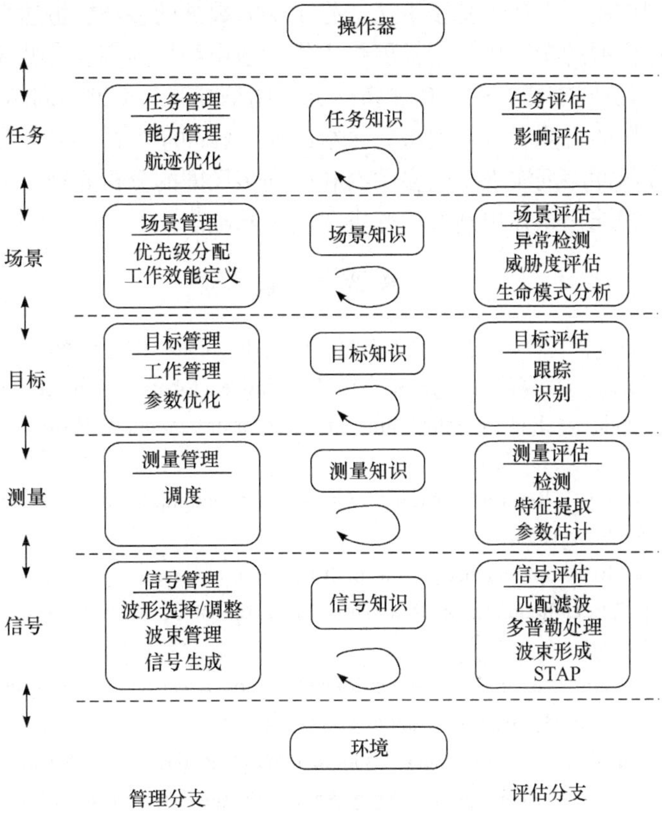

图 2.16　认知雷达架构

针对认知多功能雷达系统的研究可以按照上述基础框架分为管理分支技术研究和评估分支技术研究两个方面。典型的评估分支研究包括利用空时自适应处理技术(Spatial Time Adaptive Processing, STAP)实现信号层中的有效处理[32]；通过学习杂波环境特征来辅助复杂环境下测量层中的目标检测[33]；利用多假设跟踪算法(Multiple Hypothesis Tracking, MHT)[34]来解释任务层中的测量数据，利用交互式多模型(Interacting Multiple Model, IMM)[35]滤波算法估计复杂运动目标的运动状态等。管理分支的决策取决于评估分支所提供的信息，因而研究进展滞后于评估分支；同时认知雷达管理分支的智能水平和自动化程度提升，均会给电子侦察设备带来更新的挑战。

2.4 本章小结

本章从先进体制雷达的工作机理着手，研究了针对先进体制雷达层次化模型的参数化模型扩展，设计了基于雷达信号 PDW 数据的多功能雷达系统行为观测模型。层次化模型的参数化模型扩展将工作状态层细分为调制类型级和调制参数级两层表征，能更好表征先进多功能雷达灵活调整其调制类型和调制参数的能力。基于 PDW 数据的观测者分析模型首次给出侦收脉冲序列最小可分辨单元定义，可支持对侦收脉冲序列实现功能多层次和序列多尺度的分析处理。本章建模方法为后续章节的智能化感知识别方法提供了模型基础。

参考文献

[1] 欧健. 多功能雷达行为辨识与预测技术研究[D]. 长沙: 国防科技大学, 2017.

[2] Miranda S, Baker C, Woodbridge K, et al. Knowledge-based resource management for multifunction radar: a look at scheduling and task prioritization[J]. IEEE Signal Processing Magazine, 2006, 23(1): 66-76.

[3] Sutton R S, Barto A G. Reinforcement learning: An Introduction[J]. IEEE Transactions on Neural Networks, 1998, 9(5): 1054.

[4] Stafford W K. Real time control of a multifunction electronically scanned adaptive radar (MESAR)[C]. IEE Colloquium on Real-Time Management of Adaptive Radar Systems. IET, 1990: 7/1-7/5.

[5] Oh I, Rho S, Moon S, et al. Creating pro-level AI for a real-time fighting game using deep reinforcement learning[J]. IEEE Transactions on Games, 2021: 1-7.

[6] Charlish A, Katsilieris F. Array radar resource management[J]. Novel Radar Techniques and Applications Volume 1: Real Aperture Array Radar, Imaging Radar, and Passive and Multistatic Radar. London: Institution of Engineering and Technology, 2017:135-171.

[7] Castanedo F. A review of data fusion techniques[J]. The Scientific World Journal,2013: 704504.

[8] Butler J. Tracking and control in multi-function radar. London: University of London, 1998.

[9] Miranda S L C, Baker C J, Woodbridge K, et al. Fuzzy logic approach for prioritisation of radar tasks and sectors of surveillance in multifunction radar[J]. IET Radar, Sonar & Navigation, 2007, 1(2): 131-141.

[10] Charlish A. Autonomous agents for multi-function radar resource management[D].London: University College London, 2011.

[11] Wintenby J, Krishnamurthy V. Hierarchical resource management in adaptive airborne surveillance radars[J]. IEEE Transactions on Aerospace and Electronic Systems, 2006, 42(2): 401-420.

[12] Krishnamurthy V, Djonin D V. Optimal threshold policies for multivariate POMDPs in radar resource management[J]. IEEE Transactions on Signal Processing, 2009, 57(10): 3954-3969.
[13] Charlish A, Hoffmann F, Degen C, et al. The development from adaptive to cognitive radar resource management[J]. IEEE Aerospace & Electronic Systems Magazine, 2020, 35(6): 8-19.
[14] Sergio M, Baker C, Woodbridge K, et al. Knowledge-based resource management for multifunction radar[J]. IEEE Signal Processing Magazine, 2006, 23(1): 66-76.
[15] Keuk G V, Blackman S S. On phased-array radar tracking and parameter control[J]. IEEE Transactions on Aerospace and Electronic Systems, 1993, 29(1): 186-194.
[16] Yang S, Tian K, Liu R. Task scheduling algorithm based on value optimisation for anti-missile phased array radar[J]. Iet Radar Sonar and Navigation, 2019, 13(11): 1883-1889.
[17] Weber M E, Cho J Y N, Thomas H G. Command and control for multifunction phased array radar[J]. IEEE Transactions on Geoscience and Remote Sensing, 2017, 55(10): 5899-5912.
[18] Stailey J E, Hondl K D. Multifunction phased array radar for aircraft and weather surveillance[J]. Proceedings of the IEEE, 2016, 104(3): 649-659.
[19] 毕增军, 徐晨曦, 张贤志, 等. 相控阵雷达资源管理技术[M]. 北京: 国防工业出版社, 2016.
[20] Visnevski N A. Syntactic modeling of multi-function radars[D]. Hamilton: McMaster University, 2005.
[21] Apfeld S, Charlish A, Ascheid G. Modelling, learning and prediction of complex radar emitter behaviour[C]. 2019 18th IEEE International Conference on Machine Learning and Applications (ICMLA), Boca Raton, 2019.
[22] Klemm R. Nover Radar Techniques and Applicatuions[M]. Lindon: IET, 2017.
[23] Blunt S D, Mokole E L. Overview of radar waveform diversity[J]. IEEE Aerospace and Electronic Systems Magazine, 2016, 31(11): 2-42.
[24] Martone AF Charlish A. Cognitive radar for waveform diversity utilization[J]. IEEE Radar Conference, 2021.
[25] 龚亮亮，罗景青. 一种基于脉冲样本图的雷达信号特征表述方式[J]. 舰船电子工程, 2008(2): 9, 94-96, 123.
[26] 孟祥豪，罗景青，王杰贵. 基于自提取脉冲样本图的雷达信号快速提取法[J]. 航天电子对抗, 2014(4): 53-57.
[27] Llinas J, Bowman C, Rogova G, et al. Revisiting the JDL data fusion model II[C]. Proceedings of the Seventh International Conference on Information Fusion, 2004.
[28] Visnevski N, Krishnamurthy V, Wang A, et al. Syntactic modeling and signal processing of multifunction radars: A stochastic context-free grammar approach[C]. Proceedings of the IEEE, 2007, 95(5): 1000-1025.
[29] Wang A, Krishnamurthy V. Signal interpretation of multifunction radars: Modeling and statistical signal processing with stochastic context free grammar[J]. IEEE Transactions on Signal Processing, 2008, 56(3): 1106-1119.
[30] 刘章孟，袁硕，康仕乾. 多功能雷达脉冲列的语义编码与模型重建[J]. 雷达学报，2021, 10(4): 559-570.

[31] Haykin S. Cognitive radar: A way of the future[J]. IEEE Signal Processing Magazine, 2006, 23(1): 30-40.

[32] Fuster J M. Cortex and Mind: Unifying Cognition[M]. New York: Oxford University Press, 2005.

[33] Blasch E, Lambert D A. High-level Information Fusion Management and Systems Design[M]. New York: Artech House, 2012.

[34] Klemm R. Principles of Space-time Adaptive Processing[M]. London:IET, 2002.

[35] Ward K D, Watts S, Tough R J A. Sea Clutter: Scattering, the K Distribution and Radar Performance[M]. London: IET, 2006.

第3章 智能化感知识别技术基础

人工智能技术利用计算机模仿人类思维的问题解决和决策制定能力。该技术在近年来迅猛发展，已经在机器视觉、自然语言处理、智能交通、智慧城市等多个研究领域取得众多应用成果。本章考虑先进体制雷达对雷达电子对抗领域带来的挑战,对可用于先进多功能雷达智能化感知识别的人工智能技术基础进行介绍，具体包括人工智能技术概述、特征工程简介、有监督机器学习、无监督机器学习和强化学习等五个部分。

3.1 人工智能技术概述

人工智能(Artificial Intelligence，AI)是研究用于模拟和扩展人的智能的理论、技术及应用系统的一门新的技术科学。作为计算机科学的一个分支，它企图了解智能的实质，并生产出一种新的能与人类智能相似的方式做出反应的智能机器。该领域的研究包括机器人、语言识别、图像处理、自然语言处理和专家系统等。它首先研究人类大脑如何思考以及如何解决问题，然后将研究结果用作开发智能软件系统，从而实现对人的意识、思维等的信息过程的模拟。人工智能虽然不是人类智能，但是它力图能使机器像人那样思考，甚至超过人类智能。简而言之，人工智能学科的基本思想和基本内容是通过研究人类智能活动的规律，构造具有一定智能的人工系统，从而让计算机去完成需要人的智力才能胜任的工作[1]。

随着智能科学与技术的发展和计算机网络的广泛应用，人工智能技术应用到越来越多的领域。下面介绍了几个主要研究领域。

(1) 机器视觉(Computer Vision, CV)。机器视觉是人工智能正在快速发展的一个分支。简单说来，机器视觉就是用机器代替人眼来做测量和判断。它首先是通过机器视觉产品将被摄取目标转换成图像信号。然后，将图像信号传送给专用的图像处理系统，并得到被摄目标的形态信息。接着，根据像素分布和亮度、颜色等信息，转变成数字化信号。最后，抽取信号目标的特征，从而根据判别的结果来完成后续任务。

(2) 自然语言处理(Natural Language Processing, NLP)。自然语言处理是计算机科学领域与人工智能领域中的一个重要方向。它研究如何实现人与计算机之间用自然语言进行有效通信的理论和方法。自然语言处理与语言学的研究有着密切的联系，但又有重要的区别。它是一门融语言学、计算机科学、数学于一体的科学，其重点在于研制能有效地实现自然语言通信的计算机系统，尤其是软件系统。

(3) 语音信号处理(Speech Signal Processing, SSP)。语音信号处理主要用于分析通过麦克风采集语音波形转换的电信号，并且将模拟电信号转换为其他形式，其用于语音识别、语音合成和语音编码等任务，可延伸应用于人机语音交互等系统。其中，语音识别的研究最为广泛，其之所以成为人工智能的一个分支，是因为它的很多技术都是人体生理功能对语音信号处理过程的模拟。

3.1.1 人工智能技术简史

现代人工智能起源于20世纪四五十年代科学家对大脑的研究。神经学家发现大脑可以看作是神经元连接而成的电子网络。维纳从控制论的角度描述了电子网络的控制和稳定性，香农将数字信号用信息论进行描述。以沃尔特·皮茨、沃伦·麦卡洛克和马文·明斯基为代表的研究人员提出了简单的理想化人工神经元网络，并构造了第一台神经网络机：随机神经模拟强化计算机(Stochastic Neural Analog Reinforcement Calculator, SNARC)。1950年英国科学家阿兰·图灵在《计算机器与智能》中阐述了对人工智能的思考，他提出的图灵测试是机器智能的测试手段，后来还衍生出了视觉图灵测试等测试方法。1956年，“人工智能”这个词首次出现在达特茅斯会议上，标志其作为一个研究领域的正式诞生。1959年阿瑟·塞缪尔提出了机器学习的概念，机器学习将传统的制造智能演化为通过学习能力来获取智能，推动人工智能进入第一次繁荣期。20世纪70年代末期，专家系统的出现实现了人工智能从理论研究走向实际应用，但是随着专家系统应用的不断深入，专家系统本身存在的知识获取难、知识领域窄和推理能力弱等问题逐步暴露。从1973年开始人工智能的研究进入长达六年的萧瑟期[1-5]。

20世纪80年代中期，随着美国、日本对人工智能的立项研究和以知识工程为主导的机器学习方法的发展，出现了具有更强可视化效果的决策树模型和突破早期感知机局限的多层人工神经网络，由此带来了人工智能的又一次繁荣期。但是，当时的计算机难以模拟复杂度高和规模大的神经网络。1987年，由于LISP机市场崩塌、人工智能研究预算降低以及专家系统进展缓慢，人工智能又进入了萧瑟期。

1993年，计算机科学家弗诺·文奇首次提到了人工智能的“奇点理论”，他认为人工智能有一天会超越人类。由此迎来了人工智能的又一次大发展。1997年，IBM开发的人工智能系统“深蓝(Deep Blue)”首次战胜了国际象棋世界冠军卡斯帕罗夫。这是一次具有里程碑意义的胜利，它代表基于规则的人工智能的成功。2005年，斯坦福大学开发的机器人成功在一条沙漠小径步行了131英里，赢得了DARPA挑战大赛奖。2006年，在Hinton和他的学生的推动下，深度学习开始备受关注，为后来人工智能的发展带来了重大影响。从 2010 年开始，人工智能进入爆发式的发展阶段，其最主要的驱动力是大数据时代的到来，运算及机器学习算法的能力提升。在人工智能快速发展的推动下，产业界也不断现涌现出新的研发成果：2009 年，“蓝脑计划”声称已经成功模拟了部分鼠脑。2016 年，谷歌公司的人工智能程序“阿尔法狗”成功击败围棋世界冠军李世石。到 2022 年，AI 相关产品的市场规模已经达到 4328 亿美元，预计 2023 年可突破 5000 亿美元大关。图 3.1 展示了人工智能的发展历程。

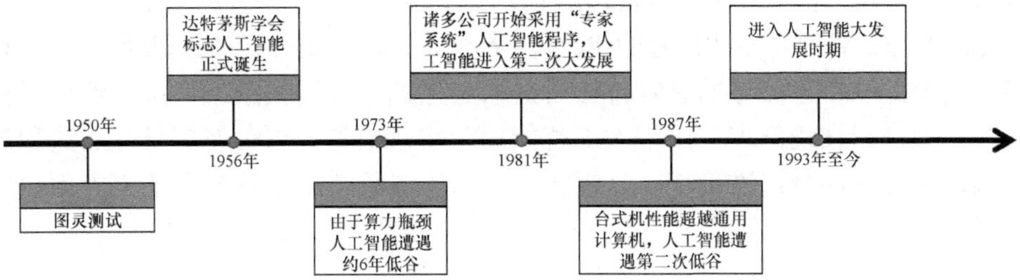

图 3.1　人工智能的发展历程

3.1.2　人工智能在辐射源识别中的发展趋势

经过 60 多年的发展，人工智能在算法、算力(计算能力)和算料(数据)等“三算”方面取得了重要突破，正处于从“不能用”到“可以用”的技术拐点。随着人工智能技术的发展，辐射源感知识别技术也在不断进步，从模式识别、机器学习到近年来发展迅猛的深度学习、迁移学习等在雷达辐射源识别中都有较多研究成果[6]。

现有常用的雷达识别方法在下文中称为传统雷达识别技术。特征提取是传统雷达识别技术的重要环节，雷达辐射源识别严重依赖于辐射源先验知识和专家经验。

传统雷达辐射源识别通常是通过接收雷达传感器固定信息，来进行数字信号处理，从而提取出待识别目标的特征，进而利用已有的特征模板对提取的特征进行分类，最终对照隶属度对目标进行识别。其存在的主要问题是需要按照预先设定的识别模式工作，不具备随辐射源和环境变化而自动改变识别模式的能力。当环境发生变化时，仅仅依靠被动的特征提取、分类已难以获得理想的效果，对目标和环境的适应能力不足。面对日益复杂的战场环境及密集杂波、多辐射源背景等的挑战，识别技术必须进一步创新发展以不断提升识别性能，才能适应日益复杂的作战环境。

针对目前雷达识别应用领域中的难点技术，尤其是面对非合作辐射源带来的先验知识匮乏、训练样本稀少等问题，未来可能会采用强人工智能的认知学识别方法，深入挖掘其对电磁环境的认知和推理能力，通过多传感器资源、信息的共享、协作、推理以及算法反馈机制，形成人工智能在武器装备应用的一种新模式，以达到非合作辐射源智能识别的目的。

以雷达信号分选为例，其需要处理的对象通常是脉冲描述字(Pulse Descriptor Word, PDW)。由于现代战争采用大量的电磁设备，相比于早期战争而言，电磁环境更加复杂，侦察接收机侦收到的辐射源信号在时频域中的交叠混合现象也更严重，这使得雷达信号的密度和分选难度也随之提升，传统分选方法已经不能满足需求。采用人工智能方法进行雷达信号分选是必然趋势，一种思路是：基于图像处理的方法，将混合雷达信号的 PDW 编码为图像，选取相应的深度网络进行训练，或者提取雷达信号的有效特征后选取合适的神经网络进行训练，然后将得到的模型进行在线部署应用。人工智能用于雷达信号分选可使信号分选流程智能化，且能提高分选准确率。这也将是未来人工智能在雷达电子侦察方面热门的研究方向[7]。

3.2 特征工程简介

特征工程从原始数据中提取特征以供算法和模型使用，在许多领域得到广泛应用。对于接收得到的雷达信号数据，一般受到噪声、脉冲缺失等常见非理想情况影响，导致数据杂乱，不能直接使用，或者无法直接使用来解决问题。因此，雷达辐射源智能化感知识别往往需要首先进行特征工程，其包含数据处理、特征提取以及特征选择等过程，输出符合后续模型和算法要求的数据特征子集。本节分别介绍特征工程的概念和实现方法。

特征工程是指用一系列工程化的方式从原始数据中筛选出更好的数据特征，将数据转化为能更好表示潜在问题的特征，以便学习算法从中挖掘模式，提升后续机器学习的性能。也就是说，特征工程的最终目的是获取更好的数据以及数据表示形式(特征)，以使得后续算法能够取得更好的性能。

特征工程的主要步骤被划分为三个部分：数据处理、特征提取和特征选择，具体如图 3.2 所示。其中，数据处理包含定量数据处理和定性数据处理两部分，定量数据本质上是数值数据，定性数据本质上是类别数据。对于定量数据的处理方法主要包括：①对非结构化数据进行结构化；②缺失数据填充；③数据归一化。对于定性的数据主要包括：①对非结构化数据进行结构化；②缺失数据填充；③分类变量编码。

特征提取和特征选择是特征工程的两个重要内容，接下来分别详细介绍。

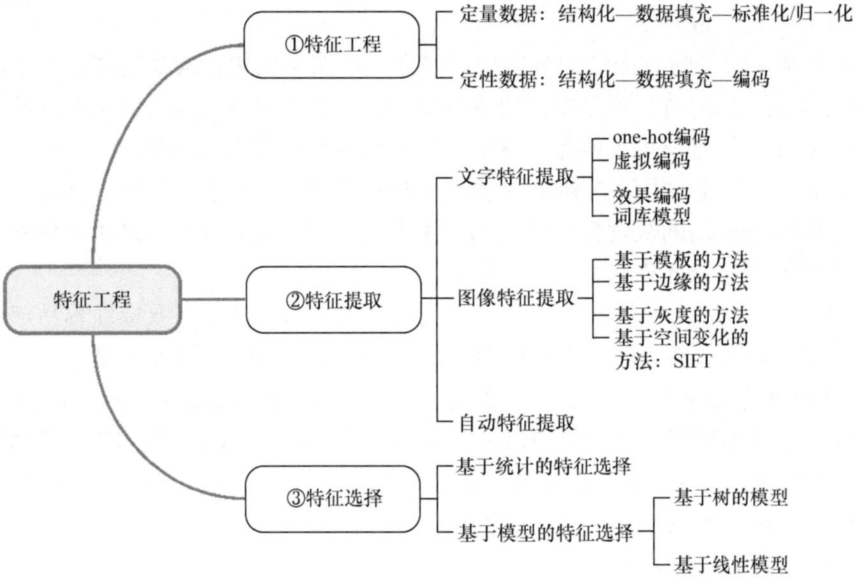

图 3.2　特征工程主要流程结构图

3.2.1　特征提取方法

特征提取是从原始数据中提取新特征的过程，这个提取过程通常是使用一定的算法(函数映射)来自动执行，将多维的或相关的原始特征通过数据转化或映射得到一个新的特征空间[8]，尽管新的特征空间是在原有特征基础上得到的，但是凭借直接观察可能看不出新数据集与原始数据集之间的关联，它是对原始特征的一种降维映射操作。实现方法可以分为手动特征提取和自动特征提取两大类。

1. 手动特征提取算法

手动特征提取算法是通过人为设计进行特征提取的方法，主要是依据人类学习过程中对各种特征的敏感度，提取数据中有区分能力的特征，通过这种方法提取出来的特征往往具有具体的物理含义。手动特征提取算法可以根据数据形式的不同划分为图像特征提取方法和文本特征提取方法。

1) 图像特征提取方法

图像中的基本单位是像素，但是单个像素不能携带足够的关于图像的语义信息，对于特征提取来说他们不是合适的基本单位，于是考虑像素与其邻近像素的关系，通过分析邻域中的梯度设计特征提取器从而更好地从图像中提取特征。

根据图像对信息处理的方法不同，图像特征提取的方法主要分为基于模板、基于边缘、基于灰度和基于空间变换四种。

(1) 基于模板的方法主要是利用参数模型或模板来检测特征点。由于需要构建各种不同的参数模型或模板，所以此类方法通常用于检测具备特定类型的特征点，计算速度一般较快。

(2) 基于边缘的方法是把多边形的顶点，或曲率变化较大的物体边缘上的点作为特征点。因为特征点是物体边缘的集合，因此此类方法对边缘提取算法要求较高，如果边缘定位出现偏差，就会对检测结果造成很大的影响。

(3) 基于灰度的方法是利用像素点灰度的局部变化来进行探测，其特征点是通过某种算法得出的灰度变化最大的像素点。可以利用微分运算来求取像素点周围灰度的导数，以此求出特征点的位置。

(4) 基于空间变换的方法的基本思想是利用空间变换来获取特性容易辨识的特征点，然后在变换空间中进行极值点的检测。 在图像识别方面，基于空间变换的特征提取方法常见的有尺度不变特征变换(Scale-Invariant Feature Transform, SIFT)、加速版鲁棒特性的特征算法(Speed Up Robust Features, SURF)、快速特征点提取优化算法(Oriented FAST and Rotated BRIEF, OFRB)和梯度直方图(Histogram of Oriented Gradients, HOG)等。

2) 文本特征提取方法

对于自然语言处理任务，需要将文本信息转换成可以量化的特征向量，基本思想是编码。文本特征提取方法主要包括 one-hot 编码、虚拟编码、效果编码和词袋模型(bag-of-words model)等几种。

one-hot 编码使用一组比特位，每个比特位表示一种可能的类别，如果变量不能同时属于多个类别，那么这组值就只有一个比特位是 1。每个比特位表示一个特征，一个可能有 k 个类别的分类变量就可以编码为一个长度为 k 的特征向量。且所有比特位的和必须为 1。one-hot 编码允许有 k 个自由度，而变量本身只需要 $k-1$ 自由度。虚拟编码在进行表示时只使用 $k-1$ 个特征，除去了额外的自由度，没有被使用的那个特征通过一个全零向量表示，称为参照类。效果编码与虚拟编码非常相似，区别在于参照类是用全部由−1 组成的向量表示的，而且它的线性回归模型更容易解释。

词袋模型是文本特征提取最常用的方法。对于一个文档，忽略其词序和语法、句法，将其仅仅看作是一个词集合，或者说是词的一个组合，文档中每个词的出现都是独立的，不依赖于其他词是否出现。词袋模型可以看成是 one-hot 编码的一种扩展，它为每个单词设置一个特征值。词袋模型可以通过有限的编码信息实现有效的文档分类和检索。对于雷达信号，雷达辐射源信号的到达角、载频、脉宽、重频以及脉冲幅度是用于辐射源分选的常见特征，除此之外，还有一些通过数学转换和映射得到的含有具体物理意义的特征，例如频率特征傅里叶频谱[9, 10]、谱相关密度[11]，转换域特征主要包括时频能量分布[12]、模糊函数[13]等，这些特征后续可通过输入分类器进行雷达辐射源的识别。

对于雷达信号所产生的时频图、频率图和能量图谱等图像数据，都可以利用上文提到的图像特征提取算法；如果雷达信号数据是以表格、文字、属性等非图片形式表征的，则可以采用文本特征提取算法。

手动特征提取方法的不足之处在于：需要根据数据的特点精心设计，往往依赖于数据库，也就是说设计的特征只对某些数据库表现好，而对其他的数据库效果并不能保证。当数据来源发生变化，这些特征也不一定能够适应这些变化。

2. 自动特征提取算法

自动特征提取算法主要依托深度学习技术，将自动特征提取作为深度神经网络的基础层。它们本质上取代手动定义的特征提取器与手动定义的模型、自动学习和提取特征。

神经网络提取特征与手动提取特征的不同点在于，神经网络模型的卷积核和全连接权值是从数据中学习得到，而不是预定义的，是通过将原始数据直接输入到算法中，让算法(或模型)根据标记好的数据，来实现相应权值的选择。此外，它们的归一化方式也不同，例如，SIFT 中的归一化步骤在整个图像区域上遍及特征向量执行，而 AlexNet(一种神经网络模型)则是在卷积核上归一化。相比于手动特征提取方法，自动特征提取可以针对新的任务应用从训练数据中很快学习到新的有效特征表示。

人工神经网络(Artificial Neural Network, ANN)是应用最广泛的浅层学习方法，它是模仿生物大脑的机制而建立起的网络模型，以各神经节点和某些特定的函数之间连接的权值存储相关信息，经过非线性映射提取数据特征，ANN 具有联想记忆、分类与识别、优化计算和线性映射等功能特点。根据层次模型将神经网络分为输入层、隐藏层、输出层。输入层神经元接收来自外界的输入信息，隐藏层负责信息处理变换。

深度学习(Deep Learning, DL)模型作为多层神经网络的一种，其算法可以自动处理所有特征的提取过程，具体操作是在全连接层前加入部分连接的卷积层和下采样层。网络逐层将数据的底层特征经过非线性映射到高层特征中，最终得出正确的判别结果。在这种深层特征的映射下，数据的主要信息往往可以被提取出来，而冗余特征则被过滤掉。简而言之，深度学习通过组合底层特征形成更加抽象的高层表示，以发现数据的分布式特征表示。

深度学习模型最终的特征输出与具体任务关联性很强。提取自然语言的特征时，常常将词向量层的输出作为特征，有时也取最后一层用于描述句意；图像处理时往往提取最后一层输出向量；在图像目标识别问题中，常提取后两层子网络的输出作为组合向量；而在雷达领域的识别问题中，常提取中间层的输出作为特征，既比浅层特征具有普适性，又比最后一层的特征富含更多有效信息。

3.2.2 特征选择方法

在实际中，一个对象往往有多种属性(以下称为特征)，大致分为相关特征、无关特征和冗余特征。特征选择是从已有的 M 个特征中选择 N 个特征使得系统的特定指标最优化，是从原始特征中选择出一些最有效特征以降低数据集维度和提高后续学习算法性能的过程。对于一个有 N 个特征的对象，可以产生 2^N 个特征子集，特征选择就是从这些子集中选出对于特定任务最好的子集。特征选择主要包括四个部分：生成过程即生成候选的特征子集；评价函数即评价特征子集的好坏；停止条件即决定什么时候该停止；验证过程即验证特征子集是否有效。

特征选择技术的目的是精简掉无用的特征，降低最终模型的复杂性，在不降低预测准确率或对预测准确率影响不大的情况下提高计算速度。为了得到这样的模型，特征选择技术可以训练不止一个待选模型。换言之，特征选择不是为了减少训练时间(实际上，一些技术会增加总体训练时间)，而是为了减少模型测试时间。为了实现提高预测能力和降低时间成本的目的，特征选择分为基于统计和基于模型两大类。

1) 基于统计的特征选择算法

基于统计的特征选择很大程度上依赖于机器学习模型之外的统计测试，以便在训练阶段选择特征。皮尔逊相关系数和假设检验是两个常用的用来帮助选择特征的统计概念。皮尔逊系数会测量列之间的线性关系，在–1～1 之间变化，0 代表没有线性关系，相关性接近–1 或 1 代表线性相关很强。假设测试是在每个特征上进行“特征与响应变量没有关系”为真还是假的检验并决定其与响应变量是否有显著关系。

过滤式方法(filter)和打包式方法(wrapper)是两种典型的基于统计的特征选择方法。

(1) 过滤式方法通过计算每个特征与响应变量之间的相关性或互信息，对特征进行预处理并删除可能无用的特征。过滤式方法的优点是计算复杂度低、成本低廉，但与具体模型无关，增加了误删除有用特征的风险。

(2) 打包式方法将模型视为一个能对推荐的特征子集给出合理评分的黑盒子，通过试验特征的各个子集，并迭代地对特征子集进行优化，这种方法的特点是不会删除那些本身不提供什么信息但和其他特征组合起来却非常有用的特征。

2) 基于模型的特征选择算法

基于模型的特征选择依赖于一个预处理步骤，需要训练一个辅助的机器学习模型，并利用其预测能力来选择特征，树模型和线性模型是两种常用的模型。这两类模型虽然逻辑并不相同，但是都有特征排列的功能，在对特征划分子集时很有用。

基于树模型的特征选择方法会涉及拟合训练数据时算法内部指标的重要性。针对树模型，在拟合决策树时，决策树会从根节点开始，在每个节点处贪婪地选择最优分割，优化节点纯净度指标。在树形结构中，这些指标对特征重要性有作用。

对于基于线性模型的特征选择方法，线性模型可以看作一个多项式模型，其中每一项的系数可以表征这一维特征的重要程度。越是重要的特征在模型中对应的系数就会越大，而跟输出变量越是无关的特征对应的系数就会越接近于 0。对于比较纯净的数据集，如果特征之间相对来说是比较独立的，那么即便是运用最简单的线性回归模型也能选择出有效的特征。然而，在很多实际的数据当中，往往存在多个互相关联的特征，这时候模型就会变得不稳定，对噪声很敏感，数据中细微的变化就可能导致模型的巨大变化，这会让模型的预测变得困难，这种现象也称为多重共线性。可通过引入正则化(regularization)来解决这个问题，正则化就是把额外的约束或者惩罚项加到已有模型上，以防止过拟合并提高泛化能力。对于加上正则化后的模型，表征特征重要性的系数非常稳定，能够反映出数据的内在结构。

嵌入式方法(embedding)是常用的一种基于模型的特征选择方法。这种方法将特征选择作为模型训练过程的一部分。例如，特征选择是决策树与生俱来的一种功能，因为它在每个训练阶段都要选择一个特征来对树进行分割。另一个例子是 $l1$ 正则项，它可以添加到任意线性模型的训练目标中。与打包式方法相比，嵌入式方法计算复杂度低；与过滤式方法相比，嵌入式方法可以选择出模型强相关的特征。从这个意义上说，嵌入式方法在计算成本和特征选择效果之间实现了某种平衡[9]。

3.3　有监督机器学习

3.3.1　有监督机器学习简介

有监督学习[14, 15]是指从标注数据中学习预测模型的机器学习问题，标注数据表示输入输出的对应关系，预测模型对给定输入产生相应的输出。监督学习的本质是学习输入到输出的映射的统计规律。

在监督学习中，对于系统的输入可能的取值的集合被称为输入空间，对于系统输出可能的取值集合被称为输出空间。对于系统来讲，每一个输入可以用一个特征向量来表示，这时，所有的特征向量的集合定义的空间被称为特征空间。特征空间的每一个维度对应一个特征。有时假设输入空间和特征空间是不同的空间，使用某种函数建立从输入空间到特征空间的映射。模型实际上都是定义在特征空间上的。输入 x 的特征向量记为：$x=(x^1,x^2,\cdots)^\top$，监督学习从训练数据集合中学习模型，对测试数据进行预测，训练数据由输入与输出对组成，训练集通常表示为：$T=\{(x_1,y_1),(x_2,y_2),\cdots\}$。测试数据由输入和输出对组成，输入与输出对又称为样本或者样本点。

监督学习假设输入和输出的随机变量 X 和 Y 遵循联合分布 $P(X,Y)$。$P(X,Y)$ 表示分布函数或分布密度函数，训练数据和测试数据被看作是依赖联合概率分布，通过独立同分布的原则产生的，统计学习假设数据存在一定的统计规律，X 和 Y 具有联合概率分布就是监督学习关于数据的基本假设。

监督学习利用训练数据训练一个模型，再用模型对测试数据进行预测，这个过程中需要人工给出标注的训练数据集，可以称为监督学习。监督学习分为学习和预测两个过程，学习系统和预测系统分别完成，在学习过程中，学习系统利用给定的训练数据集，通过学习得到一个模型，表示为条件概率分布 $\hat{P}(Y|X)$。在预测过程中，预测系统对给定的测试样本集合的输入 x，有模型 $y=\arg\max P(y|x)$。

由于先进多功能雷达脉冲信号形式复杂，信号维度高，输入空间和特征空间往往不是同一个空间，需要通过神经网络完成从输入空间到特征空间的函数映射，所以在本节中主要介绍基于神经网络的有监督机器学习算法。

3.3.2 BP 神经网络

BP 神经网络(Backpropagations Neural Network)于 1986 年由鲁姆哈特(Rumelhart)和麦克利兰(McClelland)等科学家提出，是应用最广泛的神经网络模型之一。该模型是一种按照误差反向传播算法训练的多层前馈神经网络，具有任意复杂的模式分类能力和优良的多维函数映射能力。

误差反向传播算法的基本思想是梯度下降法，利用梯度搜索技术，以期使网络的实际输出值和期望输出值的误差均方差为最小。该算法系统解决了多层神经网络隐含层连接权学习问题，并在数学上给出了完整推导。

从本质上讲，BP 算法就是以网络误差的平方为目标函数、采用梯度下降法来计算目标函数的最小值；从结构上讲，BP 网络具有如图 3.3 所示的输入层、隐藏层和输出层三层结构。图中有 d 个输入神经元、q 个隐藏神经元、l 个输出神经元和 l 个输出神经元阈值。输入层到隐藏层的权值设为 V_{ih}；隐藏层第 h 个神经元的阈值设为 γ_h；隐藏层到输出层的权值设为 w_{hj}；输出层第 j 个神经元的阈值设为 θ_j。

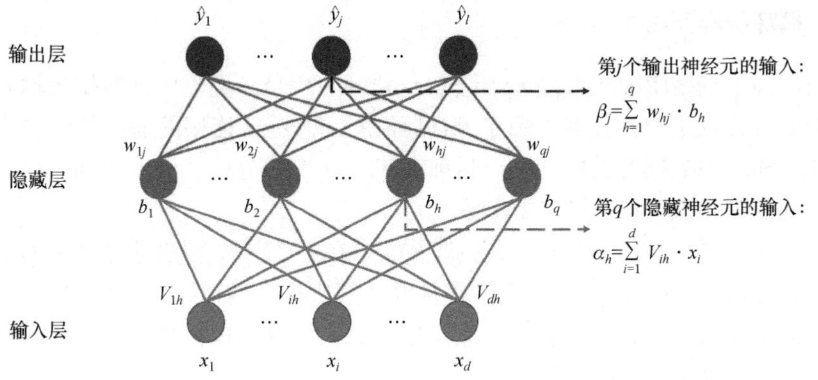

图 3.3 BP 神经网络

3.3.3 卷积神经网络

卷积神经网络(Convolutional Neural Networks, CNN)是一类包含卷积计算且具有深度结构的前馈神经网络(Feedforward Neural Networks)，是深度学习的代表算法之一。该网络的发展最早可以追溯到 Hubel 和 Wiesel 在 1962 年对猫大脑视觉系统研究时所提出的感受野(Receptive Fields)的概念[16]。随后，日本科学家福岛邦彦在其 1980 年的论文提出了一个包含卷积层和池化层的神经网络结构[17]。然后，杨立昆在其 1998 年的论文中提出了 LeNet-5[18]，将 BP 算法应用到这个神经网络结构的训练上，形成了当代卷积神经网络的雏形。原始的 CNN 效果并不算好，而且训练也非常困难。虽然也在阅读支票、识别数字之类的任务上很有效果，但由于在一般的实际任务中表现不如 SVM、Boosting 等算法好，一直处于学术界的边缘地位。直到 2012 年的 Imagenet 图像识别大赛中，辛顿团队提出的 Alexnet 引入了全新的深层结构和 dropout 方法[19]，卷积神经网络才在学界引起了较大的反响。

典型的卷积神经网络整体结构如图 3.4 所示，主要由卷积层、池化层和全连接层交叉堆叠而成。卷积操作和池化操作是其中的两个主要操作。

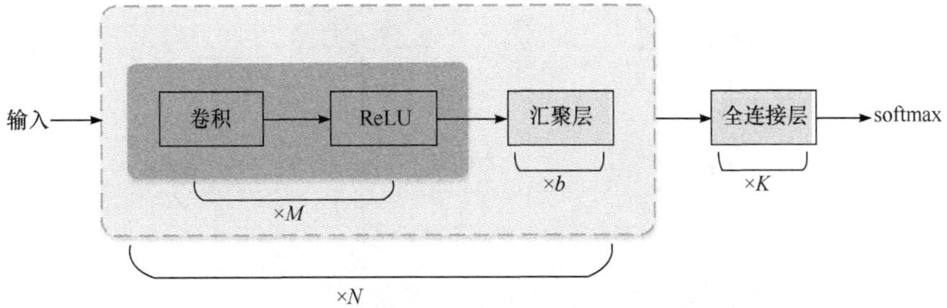

图 3.4 卷积神经网络[20]

3.3.4 循环神经网络

循环神经网络(Recurrent Neural Network, RNN)是一类以序列数据为输入，在序列的演进方向进行递归且所有节点(循环单元)按链式连接的递归神经网络，适合于处理和时序数据有关的问题。目前 RNN 在情感分析、语音识别、机器翻译和文本生成等领域都取得了良好的表现。

循环神经网络经历了较长时间的发展。早在 1933 年，西班牙神经生物学家德诺(Rafael Lorente de Nó)[24]发现刺激在神经回路中循环传递，并由此提出反响回路假设。该假说被认为是生物拥有短期记忆的原因，这些模拟循环反馈系统而建立的数学模型为 RNN 带来了启发。

1982 年，美国学者 John Hopfield 基于神经数学模型[22]使用二元节点建立了具有内容可寻址存储能力的神经网络，即 Hopfield 神经网络[23]。1986 年，Jordan 在分布式并行处理理论下提出了 Jordan 网络[24]。1990 年，Elman 提出了第一个全连接的 RNN，即 Elman 网络[25]。Jordan 网络和 Elman 网络都从单层前馈神经网络出发构建递归连接，因此也被称为简单循环网络[20](Simple Recurrent Network, SRN)。1991 年，塞普 · 霍克赖特(Sepp Hochreiter)发现了循环神经网络会出现梯度消失(Gradient Vanishing)和梯度爆炸(Gradient Explosion)现象[26, 27]。随后尤根 · 施米德胡贝(Jurgen Schmidhuber)及其合作者在 1992 年和 1997 年提出了神经历史压缩器(Neural History Compressor, NHC)[28]和长短期记忆网络[29](Long Short-Term Memory networks, LSTM)，其中包含门控的 LSTM 受到了广泛关注。同在 1997 年，舒斯特(M. Schuster)和包利华(K.Paliwal)提出了具有深度结构的双向循环神经网络(Bidirectional RNN, Bi-RNN)[30]，并对其进行了语音识别试验。双向和门控构架的出现提升了 RNN 的学习表现，被认为是 RNN 具有代表性的研究成果。

如图 3.5 所示，循环神经网络会记忆之前的信息，并利用之前的信息影响后面结点的输出，即循环神经网络的隐藏层之间的结点是有连接的，隐藏层的输入不仅包括输入层的输出，还包括上一时刻隐藏层的输出，网络对于每一个时刻的输入结合当前模型的状态给出一个输出。

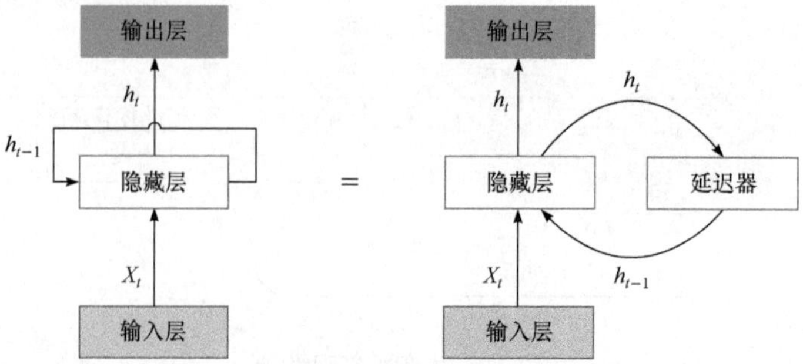

图 3.5　循环神经网络

3.3.5 长短期记忆网络

长短期记忆(Long Short-Term Memory, LSTM)是一种时间循环神经网络，RNN 由于梯度消失的原因只能有短期记忆，LSTM 网络通过精妙的门控制将短期记忆与长期记忆结合起来，并且一定程度上解决了梯度消失的问题。由于独特的设计结构，LSTM 适合于处理和预测时间序列中间隔和延迟非常长的重要事件。

LSTM 的表现通常比时间循环神经网络及隐马尔可夫模型(HMM)更好。2009 年，用 LSTM 构建的人工神经网络模型赢得过 ICDAR 手写识别比赛冠军。LSTM 还普遍用于自主语音识别，2013 年运用 TIMIT 自然演讲数据库达成 17.7%错误率的纪录。作为非线性模型，LSTM 可作为复杂的非线性单元用于构造更大型深度神经网络。LSTM 的结构如图 3.6 所示：

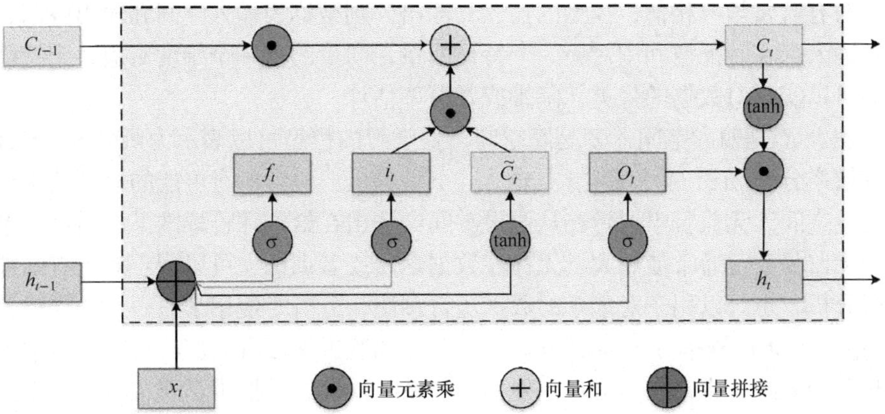

图 3.6　长短时记忆网络[29]

在图 3.6 中，LSTM 网络引入了门控机制来控制信息传递的路径，三个门分别为输入门、遗忘门和输出门。这三个门的作用为：

遗忘门：控制上一个时刻的内部状态 c_{t-1} 需要遗忘多少信息。

输入门：控制当前时刻的候选状态 $\widehat{c_t}$ 有多少信息需要保存。

输出门：控制当前时刻的内部状态 c_t 有多少信息需要输出给外部状态 h_t 。

图 3.6 给出了 LSTM 网络的循环单元结构，其计算过程为：首先利用上一时刻的外部状态 h_{t-1} 和当前时刻的输入 x_t ，计算出三个门，以及候选状态 $\widehat{c_t}$ ；第二，结合遗忘门和输入门来更新记忆单元 c_t ；最后结合输出门将内部状态传递给外部状态。

循环神经网络中的隐状态存储了历史信息，可以看作是一种记忆(Memory)。在简单循环网络中，隐状态每个时刻都会被重写，因此可以看作是一种短期记忆(Short-Term Memory)。在神经网络中，长期记忆(Long-Term Memory)可以看作是网络参数，隐含了从训练数据中学到的经验，其更新周期要远远慢于短期记忆。而在 LSTM 网络中，记忆单元可以在某个时刻捕捉到某个关键信息，并有能力将此关键信息保存一定的时间间隔。记忆单元中保存信息的生命周期要长于短期记忆，但又远远短于长期记忆，因此称为长短期记忆(Long Short-Term Memory)。

3.4 无监督机器学习

3.4.1 无监督机器学习简介

无监督学习[14, 15](Unsupervised Learning)是从无标注数据中学习预测模型的机器学习问题，无监督学习的本质是学习数据中的统计规律或者潜在结构。

与有监督学习相似，模型的输入和输出分别被称为输入空间和输出空间，每一个输入都在特征空间中对应一个特征向量，向量的每一个维度对应一个特征。模型可以实现对数据的聚类，降维或者概率估计。

假设 X 是输入空间，Z 是隐空间，要学习的模型可以表示为函数 $z = g(x)$，条件概率分布 $p(z \mid x)$，其中 x 是输入，z 是输出。包含所有可能的模型的集合称为假设空间。无监督学习旨在从假设空间中选出在给定评价标准下的最优模型。

无监督学习通常使用大量无标注数据学习或者训练，可以用于对已有的数据进行分析，也可以用于对未来的数据进行预测，分析时使用学习得到的模型，即 $z = g(x)$，条件概率分布 $p(z \mid x)$。预测时，和监督学习有类似的流程，由学习系统与预测系统完成，在学习过程中，学习系统从训练数据中学习，得到一个最优模型，表示为函数 $z = g(x)$。在预测过程中，系统对于给定的输入，由模型给出相应的输出，进行聚类或者降维，或者由模型给出输入的概率，进行概率估计。由于聚类技术适用于对无先验情况下的先进多功能雷达信号分选任务，本小节介绍聚类技术。

聚类(clustering)是针对给定的样本，依据它们的特征相似度或者距离，将其归并到若干个类或者簇的数据分析问题。一个类是样本的一个子集。直观上，类似的样本聚集在相同的类，不相似的样本分散在不同的类。这里，样本之间的相似度或者距离起着重要的作用。聚类的目的是通过得到的类或者簇来发现数据的特点或者对数据进行处理，在数据挖掘、模式识别等领域有着广泛的应用。三种最常用的聚类方法则包括原型聚类、密度聚类和层次聚类。

3.4.2 原型聚类

原型聚类(Prototype-based Clustering)认为聚类结构能够通过一组原型刻画，在现实聚类任务中极为常用，通常情形下，算法先对原型进行初始化，然后对原型进行迭代更新求解。采用不同的原型表示，不同的求解方式，将产生不同的算法，本小节主要讲述两种聚类方法 *k*-means 和 GMM。

1) *k*-means

给定样本集合 $D=\{x_1,x_2,\cdots,x_m\}$,*k*-means 算法针对聚类所得簇划分 k 个类别，$C=\{C_1,C_2\cdots,C_k\}$ 最小化平方误差：

$$E=\sum_{i=1}^{k}\sum\|x-\boldsymbol{\mu}_i\|_2^2 \tag{3-1}$$

其中，$\boldsymbol{\mu}_i=\frac{1}{|C_i|}\sum_{x\in C_i}x$ 是聚类簇 C_i 的均值向量。直观来看，式(3-1)在一定程度上刻画了聚类簇内样本围绕该均值向量的紧密程度，E 越小，则簇内样本相似度越高。通过贪心算法来求解式(3-1)对于原型的初始化不同会对 *k*-means 聚类的结果有较大的影响。

2) 高斯混合聚类

与 *k*-means 算法使用原型向量来刻画聚类结构不同，高斯混合聚类采用概率模型来表达聚类原型，首先给出多元高斯分布的定义，对于一 n 维样本空间中的随机向量 $\boldsymbol{x}$，若 $\boldsymbol{x}$ 服从高斯分布，其概率密度函数为：

$$p(x)=\frac{1}{(2\pi)^{n/2}|\Sigma|^{1/2}}\exp-\frac{1}{2}(x-\mu)^{\top}\Sigma^{-1}(x-\mu) \tag{3-2}$$

其中，$\boldsymbol{\mu}$ 是 n 维均值向量，Σ 是 $n\times n$ 的协方差矩阵，Σ^{-1} 表示逆协方差矩阵。由式(3-2)可知，高斯分布完全由其充分统计量 (μ,Σ) 这两个参数确定。概率密度函数记为 $\boldsymbol{p}(\boldsymbol{x}|\boldsymbol{\mu},\Sigma)$。

可以定义高斯混合分布：

$$p_M(x)=\sum_{i=1}^{k}\boldsymbol{\alpha}_i p(x|\boldsymbol{\mu}_i,\Sigma_i) \tag{3-3}$$

这个分布由 k 个混合成分组成，每个混合成分对应一个高斯分布，其中 $\boldsymbol{\mu}_i,\Sigma_i$ 是第 i 个高斯混合成分的参数，而 $\alpha_i>0$ 为相应的混合系数，$\sum_{i=1}^{k}\alpha_i=1$。

高斯混合模型采用数据生成的视角完成聚类任务，首先根据混合系数选择高斯混合成分，将混合系数作为概率，最后按照对应的概率分布充分统计量来生成样本。训练集 $D=\{x_1,x_2,\cdots,x_m\}$ 就是按照上述过程生成，与此同时，根据贝叶斯定理，z_j 的后验概率分布对应于：

$$p_M(z_j=i|x_j)=\frac{p(z_j=i)\times p_M(x_j|z_j=j)}{p_M(x_j)} \tag{3-4}$$

求解混合系数以及每个混合高斯分布的充分统计量的过程一般基于极大似然

采用 EM 算法进行求解。

3.4.3 密度聚类

密度聚类(Density-based Clustering)假设聚类结构能够通过样本分布的紧密程度确定，通常情况下，密度聚类算法从样本密度的角度来考察样本之间的可连接性，并基于可连接样本不断扩展聚类簇以获得最终的聚类结果。本小节主要介绍密度聚类算法(Density-Based Spatial Clustering of Applications with Noise，DBSCAN)。

DBSCAN 是基于一组“邻域”来刻画样本分布的紧密程度。给定数据集 $D=\{x_1,x_2,\cdots,x_m\}$，定义如下概念：

$\epsilon-$邻域：对于 $x_j\in D$，其 $\epsilon-$邻域包含样本集合中与 x_j 的距离不大于 ϵ 的样本。

核心对象：若 x_j 的 $\epsilon-$邻域至少包含 MinPts 个样本，则 x_j 是一个核心对象。

密度直达：若 x_j 位于 x_j 的 $\epsilon-$邻域中，且 x_j 是核心对象，则称 x_j 由 x_i 密度直达。

密度可达：对 x_i 与 x_j，若存在样本序列 $p_1,p_2,\cdots,p_n$。其中 $p_1=x_1,p_n=x_j$ 且 p_{i+1} 由 p_i 密度直达，则称 x_j 由 x_i 密度可达。

密度相连：对 x_i 与 x_j，若存在对 x_k 使得 x_i 与 x_j 均由对 x_k 密度可达，则称 x_i 与 x_j 密度相连。

DBSCAN 会任意选择数据集中的一个核心对象作为种子，再由此出发确定相应的聚类簇。算法先根据给定的邻域参数找出所有核心对象。然后以任一核心对象为出发点，找出由其密度可达的样本生成聚类簇，直到所有核心对象均被访问过为止。之后将聚类簇中的核心对象去除，再从新的集合中随机选取一个核心对象作为种子来生成下一个聚类簇。上述过程不断重复，直到所有样本完成分类。

3.4.4 层次聚类

层次聚类(Hierarchical Clustering)试图在不同层次对数据进行划分，从而形成树形的聚类结构。数据集划分可以采用自底向上的聚合策略，也可以采用自顶向下的拆分策略。本小节主要介绍一种采用自底向上的聚合策略的层次聚类算法(AGglomerative NESting，AGENES)。

AGNES 先将数据集中的每个样本看作一个初始聚类簇，然后在算法运行的每一步中找到距离最近的两个聚类簇进行合并，这个过程不断重复，直至达到预设的聚类簇个数。这个过程中的关键是如何计算聚类簇之间的距离，实际上，每个簇是一个样本集合，因此只需要采用关于集合的某种距离即可。例如，给定聚

类簇 C_i 与 C_j，可以通过如下的方法来计算距离，分别是最大距离、最小距离和平均距离：

$$d_{\min}(C_i,C_j)=\min_{x\in C_i,z\in C_j}\operatorname{dist}(x,z) \tag{3-5}$$

$$d_{\min}(C_i,C_j)=\max_{x\in C_i,z\in C_j}\operatorname{dist}(x,z) \tag{3-6}$$

$$d_{\text{avg}}(C_i,C_j)=\frac{1}{|C_i||C_j|}\sum_{x\in C_i}\sum_{z\in C_j}\operatorname{dist}(x,z) \tag{3-7}$$

显然，最小距离由两个簇的最近的样本决定，最大距离由两个簇的最远样本决定，而平均距离则由两个簇的所有样本共同决定，当聚类簇距离由 $d_{\min},d_{\max},d_{\text{avg}}$ 计算时，AGNES 算法被相应的称为单链接(single-linkage)、全链接(complete-linkage)、均链接(average-linkage)算法。

AGNES 算法先对仅含一个样本的初始聚类簇和相应的距离矩阵进行初始化；然后 AGNES 不断合并距离相近的聚类簇，并对合并得到的聚类簇的距离矩阵进行更新；不断重复上述过程，直至达到预设的聚类簇数。

3.5 强 化 学 习

3.5.1 强化学习基本思想

强化学习(Reinforcement Learning, RL)的目的是学习一种从环境状态到动作措施的一种映射以使得总体回报值最大。强化学习的过程如图 3.7 所示。其含义为：在时刻 t，环境处于状态 s_t，智能体(通常称为“agent”)采取动作 a_t 使环境转移到状态 s_{t+1}，并得到即时回报信号 r_{t+1}。起初智能体并不知道应该采取什么动作，它必须不断尝试做出动作以发现哪些动作的回报值最大，即“试错搜索(trial-and-error)”。另一方面，设计者不仅要考察智能体在某一时刻采取的动作 a_t 的即时回报，更应该从长远角度考虑该动作所带来的整体效益，即“延迟回报(Delayed Reward)”。试错搜索和延迟回报是强化学习中最重要的两个特征。

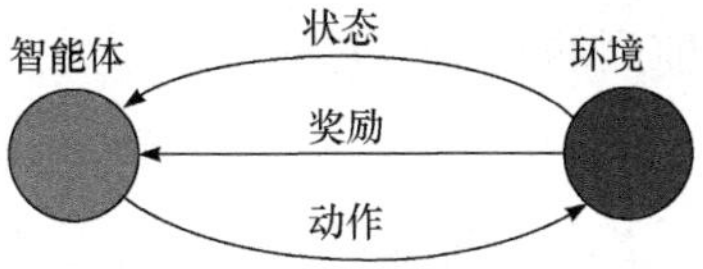

图 3.7　强化学习的基本框架与目标[31]

除此之外，评价性反馈(Evaluative Feedback)是强化学习区别于有监督学习的主要特征。所谓评价性反馈，是指环境只是将某个动作的“好坏程度”反馈给智能体，而并不指明这个动作是否是最好的或最坏的。相反，引导性反馈(Instructive Feedback)明确指出了哪种动作是正确的，而不管智能体是否真正采取了该动作。

正是由于评价性反馈机制，使得强化学习必须进行试错搜索，以求发觉好的行为。

这就引入了强化学习中必须解决的一个关键问题：“探索(exploration)”和“利用(exploitation)”之间的平衡。“探索”是指使智能体尝试未做过的动作，使其有得到更多回报的机会；而在“利用”过程中，系统更倾向于采取先前受到奖励的动作。“利用”可以在一次动作过程中保证得到好的回报，“探索”则从长远角度为系统提供更多机会找到总的最大回报值。

3.5.2 马尔可夫决策过程

马尔可夫决策过程(Markov Decision Process，MDP)是经过学者们几十年的探索与经验汇总，可用来描述强化学习问题的一个框架。下面介绍 MDP 中的一些基本概念。

1) 智能体的含义

智能体作为强化学习过程中的关键一环，应该是时时刻刻与环境进行交互的，最终目的是使自己的回报最大化。智能体上述功能的实现依赖于策略(policy)、值函数(Value Function)和模型(model)等三项内容。其中策略为智能体的行为方程，值函数用于评价一个状态(state)或者一个动作(action)的好坏，模型是智能体对于环境的表示。

2) 马尔可夫性

马尔可夫性假设是解决序贯问题的先决条件，它是主动简化序贯决策系统的一个假设。马尔可夫性表示系统下一个时刻的状态 s_{t+1} 仅与当前状态 s_t 有关，而与前面的状态无关：

$$P(s_{t+1} \mid s_1, s_2, \cdots, s_t) = P(s_{t+1} \mid s_t) \tag{3-8}$$

若一个状态 s_t 满足上面式子，则称其具备马尔可夫性。

3) 马尔可夫过程

当一个随机过程中的所有时刻的状态都满足上述性质，则这个随机过程被称为马尔可夫随机过程。马尔可夫过程可以用一个二元组来表示 (S,P)，其中，S 是有限的状态集合，P 是状态转移概率。状态转移矩阵 P 中的每个概率 P_{ij} 代表从状态 i 转移到状态 j 的概率。当给定初始状态后，状态会根据状态转移矩阵自动地转移状态，这个过程被称为马尔可夫过程。

4) 马尔可夫决策过程

在马尔可夫过程中加入回报的过程，就是马尔可夫决策过程。马尔可夫决策过程可以用一个五元组来表征 (S,A,P,R,γ)。其中：

S 为有限的状态集合；A 为有限的动作集合；P 为状态转移概率 $P_{ss'}{}^{a} = P[s_{t+1} = s' \mid S_t = s, A_t = a]$；$R$ 为回报函数 $R_s^a = E[R_{t+1} \mid S_t = s, A_t = a]$；$\gamma$ 为折

扣因子。

需要特别注意的是，这里的累积回报不仅仅和上一时刻的状态有关，还和上一时刻的动作有关，折扣因子是为了使智能体模仿人类的记忆属性，在当前时刻的回报对于智能体的决策影响最大，之前时刻的回报都需要乘以一个折扣因子再去计算累积回报。引入折扣因子之后，智能体能够避免无限大或者无限小回报，而且能够让智能体专注于当前状态。折扣因子的引入更贴近行为心理学理论。

3.5.3　强化学习问题定义

强化学习的过程就是训练一个马尔可夫决策过程，通过回报函数作为先验来学习最优策略。本节给出几个强化学习过程中的关键变量或方程。

1) 策略(policy)

强化学习的目标是通过马尔可夫决策过程寻找最优策略。其本质上是找到一个状态到动作的映射，即给定状态 s 和动作 a 的概率密度，常常用符号 π 表示：$\pi(a|s)=P(A_t=a|S_t=s)$。当给定一个策略 π 的时候，就可以计算马尔可夫回报过程了：$P_{ss'}{}^{\pi}=\sum\pi(a|s)P_{ss'}{}^{a},R_s^{\pi}=\sum\pi(a|s)R_s^a$。

2) 状态值函数(State-value Function)

在策略 π 下，累计回报服从一个概率分布，累计回报在状态 s 处的期望值定义为状态值函数：

$$v_{\pi}(s)=E_{\pi}[R_{t+1}+\gamma v_{\pi}(S_{t+1})|S_t=s] \tag{3-9}$$

由此可知，状态值函数可以通过每一次智能体与环境交互获得的回报值来更新。

3) 状态-行为值函数(State-action-value Function)

上面介绍了状态值函数，但是对于智能体来讲，累积回报的分布往往同时依赖于上个时刻的状态和上个时刻智能体的动作，相应的，状态-行为值函数的计算公式如下：

$$(s,a)=E_{\pi}[R_{t+1}+\gamma E_{a'\sim\pi}Q(S_{t+1},a')|S_t=a,A_t=a] \tag{3-10}$$

4) 贝尔曼期望方程(Bellman Expectation Equation)

上面介绍了状态值函数和状态行为值函数的概念和期望方程，可以使用树状图来表明它们之间的关系，如图 3.8 所示。

在图 3.8 所示的树状图中，顶点为状态值函数，表明智能体处于一个状态中，此时对应一个状态值函数 $v_{\pi}(s)=\sum_{a\in A}\pi(a|s)q_{\pi}(s,a)$，这时候智能体需要根据当前状态选择一个动作，并且得到一个相应的回报，对应着状态动作值函数 $q_{\pi}(s,a)=R_s^a+\gamma\sum_{s'\in S}P_{ss'}{}^{a}v_{\pi}(s')$。采取这个动作之后，智能体会处于一个新的状态，这时状态值函数更新为 $v_{\pi}(s)=\sum_{a\in A}\pi(a|s)(R_s{}^a+\gamma\sum_{s'\in S}P_{ss'}{}^{a},v_{\pi}(s'))$，紧接

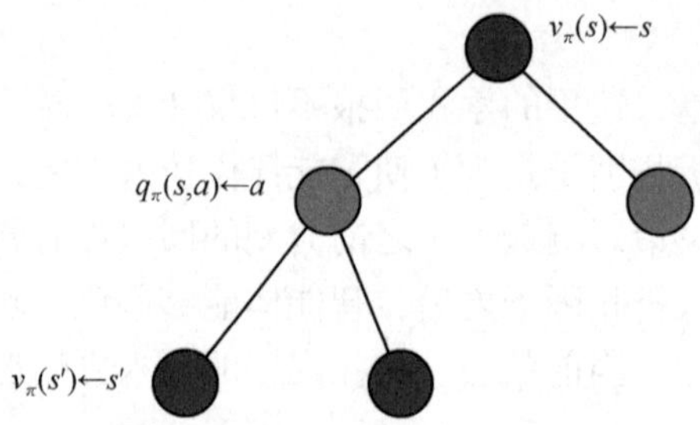

图 3.8　状态值函数计算示意图[31]

着，更新了状态之后，智能体继续选择动作，动作-状态值函数会继续更新 $q_\pi(s,a)=R_s^a+\gamma P_{ss'}{}^a\sum_{a'\in A}\pi(a'\mid s')q_\pi(s',a')$。贝尔曼期望方程的更新过程如图 3.8 所示，强化学习的目的是确定一个策略让智能体学到最优策略。每个策略对应着一个状态值函数，最优策略也就对应着最优状态值函数。一般情况下可以根据动态规划、时间差分学习等方法训练智能体。

由于强化学习解决的问题是序贯决策问题，MDP 的概率图模型表征可以帮助读者理解强化学习的序贯决策过程[32]，如图 3.9 所示。除此之外，将强化学习的求解问题转化为概率表征能够将问题转化为近似推理，可以使用更灵活的近似推理方法。延续上面的表示方式，$s\in S$ 表示智能体所处的状态，$a\in A$ 表示动作，每个动作可能是离散的或者是连续的。

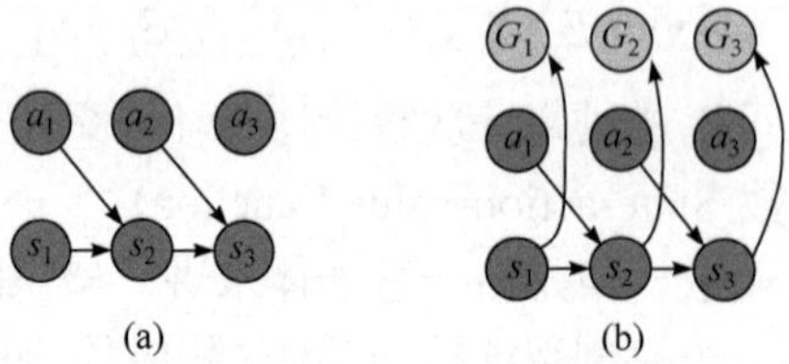

图 3.9　MDP 的概率图模型表示[32]

为了将序贯的概念引入 MDP 的表征中，图 3.9(a)所示为 MDP 的简化模型，其中暂时忽略掉了回报函数，可以看到下一个时刻智能体所处的状态取决于上一个时刻的状态和动作。下一步是将奖励函数加入序贯 MDP 的表征中，如图 3.9(b)所示，该节点直接受当前时刻的动作和状态的影响，通过添加观测节点，表征当前时刻的奖励值。在图 3.9 中，以求解最优变量为条件，来推断最可能的动作序列和最可能的动作分布。图 3.9(b)框架中的定义可以直观地表示为：给定奖励函数 $r(s_t,a_t)$，求解策略函数 $\pi(a_t\mid s_t,\theta)$，在该框架下，强化学习中的策略搜索问题可以表征为下面的最大值问题：

$$\theta^*=\arg\max_\theta\sum_{t=1}^{T}E_{(s_t,a_t)\sim p(s_t,a_t\mid\theta)}[r(s_t,a_t)] \tag{3-11}$$

上述最大值问题是找到参数 θ 最大化奖励函数。至此，本小节简述了 MDP 的基本概念，更具体的内容可见文献[32]。

3.6 本 章 小 结

将人工智能技术引入雷达电子对抗领域，可以促进电子对抗作战过程由“人工认知”到“机器自动认知”的转换升级，具有重要的理论意义和应用价值。本章介绍的特征工程、有监督机器学习、无监督机器学习和强化学习等相关技术，可以作为后续章节先进多功能雷达感知识别方法设计的智能技术基础。

参 考 文 献

[1] 林尧瑞. 马少平. 人工智能导论[M]. 北京: 清华大学出版社, 1989:1-6.

[2] 王万良. 人工智能导论(第 3 版)[M]. 北京: 高等教育出版社, 2011:1-20.

[3] 斯图尔特・罗素. 人工智能: 现代方法(第 4 版). 张博雅等译. 北京: 人民邮电出版社, 2022.

[4] 王沙飞, 李岩. 认知电子战原理与技术[M]. 北京: 国防工业出版社, 2018: 26-29.

[5] 谭铁牛. 人工智能的历史、现状和未来[J]. 智慧中国,2019(Z1): 87-91.

[6] 徐建明. 危与机并存,逆境中寻机遇, 迎挑战——暨 2020 年人工智能市场发展年终盘点及未来展望[J].中国安防, 2020(12): 63-66.

[7] 张旭威, 黎仁刚, 王一鸣. 基于深度网络的雷达信号分选[J]. 舰船电子对抗, 2021, 44(6): 73-77.

[8] 爱丽丝・郑, 阿曼达・卡萨丽. 精通特征工程[M]. 陈光欣译. 北京: 人民邮电出版社, 2019: 109-128.

[9] Ru X H, Liu Z, Huang Z T, et al. Evaluation of unintentional modulation for pulse compression signals based on spectrum asymmetry[J]. IET Radar, Sonar & Navigation, 2017, 11(4): 656-663.

[10] Sun D, Li Y, Xu Y. Specific emitter identification based on normalized frequency spectrum[C]. 2016 2nd IEEE International Conference on Computer and Communications (ICCC), 2016: 1875-1879.

[11] Vanhoy G, Schucker T, Bose T. Classification of LPI radar signals using spectral correlation and support vector machines[J]. Analog Integrated Circuits and Signal Processing, 2017, 91: 305-313.

[12] Wang C, Wang J, Zhang X. Automatic radar waveform recognition based on time-frequency analysis and convolutional neural network[C]. IEEE International Conference on Acoustics, Speech and Signal Processing, 2017.

[13] Guo Q, Nan P, Zhang X, et al. Recognition of radar emitter signals based on SVD and AF main ridge slice[J]. Journal of Communications & Networks, 2015, 17(5): 491-498.

[14] Hastie T, Tibshirani R, Friedman J H, et al. The Elements of Statistical learning: Data Mining, Inference, and Prediction[M]. New York: Springer, 2009.

[15] Bishop C M, Nasrabadi N M. Pattern Recognition and Machine Learning[M]. New York:

Springer, 2006.

[16] Hubel D H, Wiesel T N. Receptive fields, binocular interaction and functional architecture in the cat's visual cortex[J]. The Journal of Physiology, 1962, 160(1):106.

[17] Fukushima K. Neocognitron: A self-organizing neural network model for a mechanism of pattern recognition unaffected by shift in position[J]. Biological cybernetics, 1980, 36(4): 193-202.

[18] LeCun Y, Bottou L, Bengio Y, et al. Gradient-based learning applied to document recognition[J]. Proceedings of the IEEE, 1998, 86(11): 2278-2324.

[19] Krizhevsky A, Sutskever I, Hinton G E. Imagenet classification with deep convolutional neural networks[J]. Communications of the ACM, 2017, 60(6): 84-90.

[20] 邱锡鹏. 神经网络与深度学习[J]. 中文信息学报, 2020(7):1.

[21] Lorente de Nó R. Studies on the struture of the cerebral cortex I: The area entorhinalis[J]. J. Psychol. Neurol. (Leipzig), 1933, 45: 381-438.

[22] Little W A. The existence of persistent states in the brain[J]. Mathematical Biosciences, 1974, 19(1-2): 101-120.

[23] Hopfield J J. Neural networks and physical systems with emergent collective computational abilities[C]. Proceedings of the National Academy of Sciences, 1982, 79(8): 2554-2558.

[24] Jordan M I. Serial Order: A parallel Distributed Processing Approach[M]. Advances in Psychology, Amsterdam: North-Holland. 471-495.

[25] Elman J L. Finding structure in time[J]. Cognitive Science, 1990, 14(2): 179-211.

[26] Hochreiter S. Untersuchungen zu dynamischen neuronalen Netzen[D]. München: Technische Universität München, 1991.

[27] Buduma N, Buduma N, Papa J. Fundamentals of Deep Learning[M]. Sebastopol: O'Reilly Media, Inc., 2022.

[28] Schmidhuber J. Learning complex, extended sequences using the principle of history compression[J]. Neural Computation, 1992, 4(2): 234-242.

[29] Hochreiter S, Schmidhuber J. Long short-term memory[J]. Neural Computation, 1997, 9(8): 1735-1780.

[30] Schuster M, Paliwal K K. Bidirectional recurrent neural networks[J]. IEEE Transactions on Signal Processing, 1997, 45(11): 2673-2681.

[31] Sutton R S, Barto A G. Reinforcement Learning: An introduction[M]. Cambridge: MIT Press 1998.

[32] Levine S. Reinforcement learning and control as probabilistic inference: Tutorial and review[J]. arXiv preprint arXiv:1805.00909, 2018.

第 4 章　雷达信号分选技术

随着现代战场辐射源数量激增，电磁信号环境日益复杂。侦察接收机对截获的多部雷达辐射源脉冲交织序列实现正确分选，是实现对雷达辐射源进一步感知识别的重要前提。本章在建立辐射源信号交织过程参数化模型基础上，介绍几种通过挖掘利用成分辐射源脉冲时间序列特征实现雷达信号分选的新方法。

4.1　雷达信号分选技术概述

本节为雷达信号分选技术概述，首先介绍雷达信号分选的基本任务内涵，然后给出多功能雷达信号分选的具体任务建模，最后在梳理雷达信号分选技术研究情况基础上，给出本书所给分选方法的设计思路和应用场景说明。

4.1.1　雷达信号分选任务内涵

雷达辐射源信号分选，又称为雷达辐射源信号去交错/解交织(De-interleaving)，是指将交织脉冲序列中属于不同辐射源的脉冲进行分离的过程。分选过程可如图 4.1 所示，输入的脉冲序列为侦察接收得到的包含多个辐射源脉冲信号的交织脉冲序列，输出为通过分选算法分离得到的属于各个辐射源的多个脉冲序列。

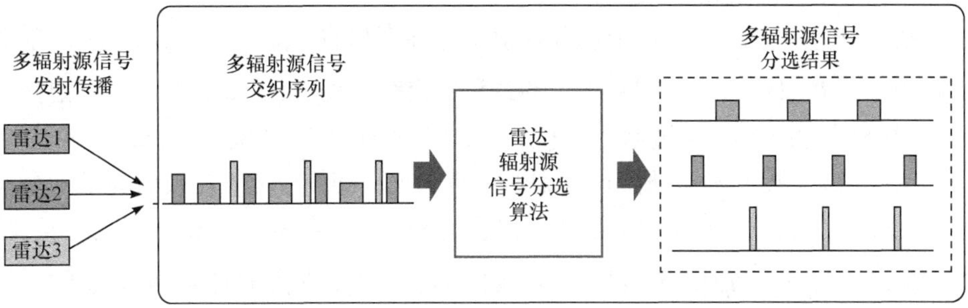

图 4.1　雷达信号分选过程示意图

随着电磁信号环境日益复杂，侦察系统截获的交织脉冲序列形式具有辐射源数量多、密度大、信号调制复杂、状态切换频繁、工作参数取值区间交叠、动态开关机等多维域复杂特征，给传统分选算法带来了巨大挑战。

4.1.2 多功能雷达信号分选任务建模

其他领域的分选问题研究多在对成分序列结构进行相应假设的基础上实现[1-6]。这些研究通常假定交织成分序列服从一定的参数化概率模型，例如隐马尔可夫模型[2]、高斯分布[3, 4]、马尔可夫链[5, 6]等，从参数化模型的角度对分选问题的建模和求解进行了严谨的探索和理解，具体研究过程主要包括交织成分序列、交织过程以及分选建模三个部分。

本节对多功能雷达信号分选任务的研究也将首先对辐射源交织过程与交织脉冲序列进行数学建模，完成成分辐射源信号特征规律和交织脉冲序列之间关系的表征，并在此基础上研究更通用、更鲁棒的分选方法。

4.1.2.1 交织过程与交织脉冲序列表征

根据第 2 章给出的 PRI 调制类型数学模型，本节首先对交织过程和交织得到的脉冲序列进行参数化数学建模。

1. 交织过程表征

交织过程描述了不同辐射源的发射信号序列在发射-传播过程中时间交错形成交织脉冲序列的过程。

考虑包含 K 个辐射源的交织过程，记交织脉冲序列中来自第 k 个雷达辐射源的脉冲序列为 P_k，对应一个雷达工作状态，则 P_k 可以由一个参数化模型 Θ_k 表示。如 2.1.4 节所述，Θ_k 包括调制类型 v_k 与调制参数 θ_k。第 k 个雷达的第 i 个脉冲对应的绝对时间为 $\tau_{k,i}$，其中 $1 \leqslant i \leqslant N_k$ 为第 k 个雷达的脉冲在第 k 个雷达的脉冲序列中的索引，N_k 为第 k 个雷达发射脉冲的总数目。记交织脉冲序列中每个辐射源发射的第一个脉冲对应的脉冲到达时间为 $\tau_{k,1}$，并将该时间定义为第 k 个雷达在交织脉冲序列中的初相(Initial Phase)。

基于以上定义，记由 K 个成分辐射源脉冲序列 $\{P_k\}, k=1,2,\cdots,K$ 交织产生交织脉冲序列 $\boldsymbol{P}=(\tau_1,\tau_2,\cdots,\tau_T)\in\mathbb{R}^{1\times T}$ 的过程为交织过程(Interleave Process)。记交织序列中辐射源的切换过程为 P_{SW}。切换过程 P_{SW} 在辐射源标签字母表 $\Pi=\{1,\cdots,K\}$ 上控制辐射源切换标记。通常来说，切换过程 P_{SW} 被认为是一个马尔可夫过程，对应的状态集合为 Π，初始状态概率分布为 $\boldsymbol{\pi}=(\pi_1,\pi_2,\cdots,\pi_K)$，状态转移矩阵为 $\boldsymbol{A}=\left[a_{ij}\right], i,j\in\Pi$。记 $D_t\in\Pi$ 为表征 P_{SW} 在离散时刻 t 的状态的随机变量，那么 D_t 就决定了交织序列中时刻 t 发射脉冲的辐射源。记 $P_k^t=\left(\tau_k^{t,1},\tau_k^{t,2},\cdots,\tau_k^{t,N_k^t}\right)$ 为第 k 个源在时刻 t 之前已发送的脉冲序列，$N_k^t\geqslant 1$ 为已发射脉冲的数目，其中 $\tau_k^{t,1}=\tau_{k,1}$ 为初相。

记交织过程为 $\boldsymbol{P} \triangleq \mathbb{I}_{\prod}\left(P_1, P_2, \cdots, P_K; P_{\mathrm{SW}}\right)$，其产生过程可以描述为：切换过程 P_{SW} 以概率 $\Pr\left(D_t = k \mid D_{t-1} = i\right) = a_{ik}$ 决定在时刻 t 发射脉冲的辐射源 k。然后辐射源 k 在时刻 t 根据该辐射源的初始相位、PRI 参数化模型 Θ_k 和历史脉冲序列 P_k^t 的信息发射一个新的脉冲，该脉冲的观测为该脉冲的 TOA，即 τ_k^{t,N_k^t+1}(在 $\boldsymbol{P}$ 中为 τ_t)。图 4.2 描述了包含两个成分雷达辐射源的交织脉冲序列生成过程。

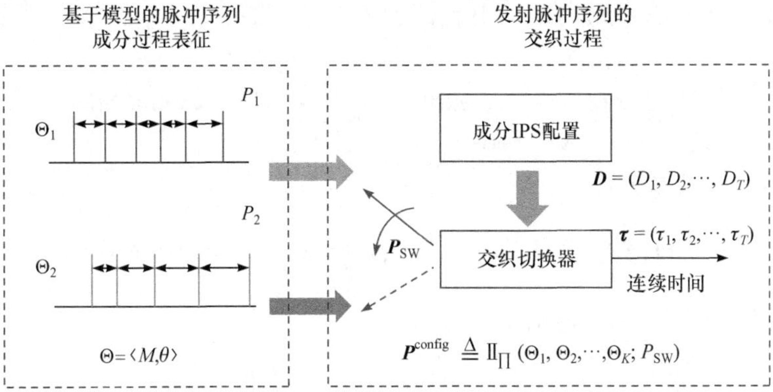

图 4.2　包含两个成分雷达辐射源的交织脉冲序列生成过程

记初相对应的概率为 $\Pr\left(\tau_k^{t,1}\right)$ 且初相和雷达发射信号规律无关，忽略初相对概率计算的影响，本书考虑的四种 PRI 调制类型对应的交织过程可以如下模型进行表述。

1) Θ_k 为高斯抖动调制模型

根据式(2-32)，记 Θ_k 中均值和方差分别为 μ_k, σ_k^2，则 $\tau_k^{t,N_k^t+1} - \tau_k^{t,N_k^t}$ 服从下述分布：

$$\Pr\left(\tau_k^{t,N_k^t+1} - \tau_k^{t,N_k^t} \mid P_k^t; \Theta_k\right) = \frac{1}{\sqrt{2\pi\sigma_k^2}} \exp\left(-\frac{\left(\tau_k^{t,N_k^t+1} - \tau_k^{t,N_k^t} - \mu_k\right)^2}{2\sigma_k^2}\right) \tag{4-1}$$

2) Θ_k 为滑变调制模型

根据式(2-33)，记 Θ_k 的步长为 α_k，噪声 $\omega_k \sim \mathcal{N}\left(0, \sigma_k^2\right)$，假定该发射脉冲不为滑变周期的第一个脉冲，$\tau_k^{t,N_k^t+1} - \tau_k^{t,N_k^t}$ 服从下述分布：

$$\Pr\left(\tau_k^{t,N_k^t+1} - \tau_k^{t,N_k^t} \mid P_k^t; \Theta_k\right) = \frac{1}{\sqrt{2\pi\sigma_k^2}} \exp\left(-\frac{\left(\tau_k^{t,N_k^t+1} - \tau_k^{t,N_k^t} - \alpha_k - \left(\tau_k^{t,N_k^t} - \tau_k^{t,N_k^t-1}\right)\right)^2}{2\sigma_k^2}\right) \tag{4-2}$$

3) Θ_k 为参差调制模型

根据式(2-34)，记 S_k^{t,n_k^t} 为参差对应的高斯 HMM 模型在 P_k^t 中第 $n_k^t, 1 \leqslant n_k^t \leqslant N_k^t$, $1 \leqslant N_k^t$ 个脉冲的状态的随机变量，$\Theta_k = \langle \mathbf{AH}_k, \boldsymbol{B}_k, \boldsymbol{\pi}\mathbf{H}_k \rangle$。$\mathbf{AH} = \left[\mathrm{ah}_{ij}\right]_{\mathrm{MH} \times \mathrm{MH}}$，MH 为状态数目，$\boldsymbol{\pi}\mathbf{H} = \left(\pi\mathrm{h}_1, \pi\mathrm{h}_2, \cdots, \pi\mathrm{h}_{\mathrm{MH}}\right)$ 为初始状态概率分布。$\mathbf{QH} = \left(\mathrm{qh}_1, \mathrm{qh}_2, \cdots, \mathrm{qh}_{\mathrm{MH}}\right)$ 为状态集合。每个状态对应一个均值为 μ_{mh}，方差为 σ_{mh}^2 的高斯模型。这些高斯模型为 $\boldsymbol{B} = \left(\varphi_1, \varphi_2, \cdots, \varphi_{\mathrm{MH}}\right)$，其中 φ_{mh} 对应的分布为：

$$\Pr_{\varphi_{mh}}(x) = \frac{1}{\sqrt{2\pi\sigma_{\mathrm{mh}}^2}} \exp\left(-\frac{\left(x - \mu_{\mathrm{mh}}\right)^2}{2\sigma_{\mathrm{mh}}^2}\right), \quad 1 \leqslant \mathrm{mh} \leqslant \mathrm{MH} \tag{4-3}$$

则 t 时刻 Θ_{k} 的状态为：

$$\Pr\left(S_k^{t,N_k^t} = \mathrm{qh}_i \mid S_k^{t,N_k^t - 1} = \mathrm{qh}_j\right) = \mathrm{ah}_{ji}, \quad 1 \leqslant i, j \leqslant \mathrm{MH} \tag{4-4}$$

对应的 $\tau_k^{t,N_k^t+1} - \tau_k^{t,N_k^t}$ 服从下述分布：

$$\Pr_{\varphi_i}\left(\tau_k^{t,N_k^t+1} - \tau_k^{t,N_k^t} \mid S_k^{t,N_k^t} = \mathrm{qh}_i; \Theta_k\right) = \frac{1}{\sqrt{2\pi\sigma_i^2}} \exp\left(-\frac{\left(\tau_k^{t,N_k^t+1} - \tau_k^{t,N_k^t} - \mu_i\right)^2}{2\sigma_i^2}\right) \tag{4-5}$$

4) Θ_k 为正弦调制

根据式(2-36)，记参数为 $\Theta_k = \left(A_k, f_k, \phi_k, c_k, \sigma_k^2\right)$，$\tau_k^{t,N_k^t+1} - \tau_k^{t,N_k^t}$ 服从下述分布：

$$\begin{aligned} &\Pr\left(\tau_k^{t,N_k^t+1} - \tau_k^{t,N_k^t} \mid P_k^t; \Theta_k\right) \\ &= \frac{1}{\sqrt{2\pi\sigma_k^2}} \exp\left\{-\frac{\left(\tau_k^{t,N_k^t+1} - \tau_k^{t,N_k^t} - A_k \sin\left[2\pi f_k\left(N_k^t + 1\right) + \phi_k\right] - c_k\right)^2}{2\sigma_k^2}\right\} \end{aligned} \tag{4-6}$$

其他调制类型如组变等，可以按照上面的思路进行设计，得到对应的参数化模型。在时刻 t，其他的辐射源都闲置不发射脉冲。对调制类型为参差的辐射源，高斯 HMM 模型状态也不发生切换，停留在该辐射源发射的最近一个脉冲对应的状态。例如辐射源 k 在时刻 t 和 $t+T$ 活跃，连续发射两个脉冲，则无论这两个离散时刻之间的绝对时间长度 $\tau_{t+T} - \tau_t$ 有多大，交织脉冲序列 $\boldsymbol{P}$ 中第 t 和 $t+T$ 个脉冲是来自辐射源 k 的两个连续脉冲，有如下转换关系：

$$\tau_k^{t+T,N_k^t+1} = \tau_{t+T}, \tau_k^{t+T,N_k^t} = \tau_t \tag{4-7}$$

以 K 个成分辐射源全部服从高斯分布为例，给出完整的交织脉冲序列模型：

$$\Pr(\boldsymbol{P})=\Pr(D_1)\Pr\left(\tau_{D_1}^{t,1}\right)\prod_{t=2}^{T}\Pr(D_t=k\mid D_{t-1}=i)\Pr\left(\tau_k^{t,N_k^t+1}-\tau_k^{t,N_k^t}\mid P_k^t;\Theta_k\right) \tag{4-8}$$

在雷达分选应用中，成分过程对应了各个辐射源的 TOA 序列，各个辐射源的 TOA 序列的一阶差分属于特定的概率分布，该概率密度分布可以由对应的参数化模型 Θ_k 表征。在交织雷达脉冲序列 $\boldsymbol{P}$ 中，不同成分辐射源脉冲对应的概率密度分布往往也不同。此外切换过程也和成分辐射源脉冲有关。$\prod=\{1,2,\cdots,K\}$ 为 K 个辐射源的标签，P_{SW} 的初始状态概率分布由每个成分辐射源的初始相位 $\tau_{k,1}$ 决定，即：

$$\Theta_k\pi_{k^*}=\begin{cases}1, & k^*=\underset{1\leqslant k\leqslant K}{\operatorname{argmin}}\,\tau_{k,1}\\ 0, & k^*=\text{其他}\end{cases} \tag{4-9}$$

P_{SW} 的状态转移矩阵 $\boldsymbol{A}=\left[a_{ij}\right]$ 则和每个成分辐射源的脉冲序列 P_k 有关，即将各个辐射源对应的脉冲 TOA $\tau_{k,i}$ 按升序排列，可以得到切换过程的状态序列 D_t。时间间隔 $\tau_{t+T}-\tau_t$ 则是辐射源 k 的一个 PRI 值。辐射源 k 的 PRI 序列，包括每个 PRI 值以及 PRI 序列的时间序列关系由对应的参数化模型控制。

2. 交织脉冲序列

本书记雷达脉冲的交织过程得到的脉冲序列 $\boldsymbol{P}$ 为交织脉冲序列(Interleaved Pulse Sequences, IPS)。$\boldsymbol{P}^{\mathrm{config}}\triangleq\mathbb{I}_{\prod}(\Theta_1,\Theta_2,\cdots,\Theta_K;P_{\mathrm{SW}})$ 记为 $\boldsymbol{P}$ 的 IPS 配置①。从 IPS 配置的定义可以看出，交织脉冲序列主要由三个参数描述，包括交织辐射源数目 K，每个源的参数化模型 $\boldsymbol{\Theta}=\{\Theta_1,\Theta_2,\cdots,\Theta_K\}$ 以及切换过程 P_{SW}，其中切换过程可以由马尔可夫链的状态序列 D_t 代替。IPS 配置来描述交织脉冲序列具有多尺度的特点，能够适应各种类型雷达。

IPS 配置的多尺度主要体现在成分辐射源参数化模型的尺度上。根据 2.2.4 节观测者分析模型序列观测的多尺度结构可知，工作状态和脉冲序列就存在多尺度的映射。例如成分辐射源参数化模型，可以为调制类型级工作状态实现，即每个参数化模型 Θ_k 表征一个概率分布族，此时 IPS 配置的尺度粗。当工作状态为调制参数级工作状态实现时，每个参数化模型表征一个具体的概率分布，此时 IPS 配置的尺度细。可以根据 2.2.4 节工作状态的不同尺度继续划分。

在适应性方面，本章的表征思想可以扩展到其他类型的雷达或者其他雷达工作状态参数如 RF、PW 等的表征)，即通过从侦察接收的角度对具体雷达和参数特性模型进行相应修改调整，然后构建交织序列、脉冲以及分选问题的数学模型。

① 在 IPS 配置的定义中，所有成分辐射源的脉冲序列 P_k 均假定仅包含一个单一的雷达工作状态，即没有状态切换。存在工作状态切换的情况，将在现有 IPS 配置的定义下在第 4.1.2.2 节介绍。

例如火控雷达通常的工作状态特点是数据率高。相较于多功能雷达频繁的状态切换，火控雷达的工作状态也比较稳定。这种类型的雷达可以视为无状态切换的多功能雷达，且工作状态尺度可以视为调制参数级。对主动天线扫描类型的雷达，不同天线扫描模式会影响脉冲幅度的时间序列特征。因此可以基于对应的天线扫描模式构造对应的幅度变化参数化模型，并利用缺失脉冲非理想情况建模表征天线扫描带来的波束缺失、稀疏观测等情况。

4.1.2.2 基于参数化模型的典型场景交织脉冲序列生成

实际分选场景中存在许多复杂的交织脉冲序列情况。本节将基于 IPS 配置的交织过程表征方法，给出两种典型分选应用场景下的交织脉冲序列生成方法描述，其他交织脉冲情况可以在这两种序列情况的基础上进行组合得到。

1. 场景 1：存在 MFR 工作状态切换的雷达脉冲序列交织

本场景描述可如图 4.3 所示，成分辐射源均为带状态切换的多功能雷达。该场景下的交织脉冲序列生成可以考虑以下两种方法。

第一种方法比较直观和经验化。具体地，该方法在假定 IPS 配置中每个参数化模型仅对应一个工作状态的情况下，根据不同的状态交织情况，将长脉冲序列划分成多个交织子序列，交织子序列中每个成分辐射源仅包含一个工作状态的脉冲[①]。记长交织雷达脉冲序列为 $\mathbf{PL}=\left(\boldsymbol{P}_1,\boldsymbol{P}_2,\cdots,\boldsymbol{P}_{n_{\text{sub}}}\right)$，其中 n_{sub} 为交织子序列的数目。则 $\mathbf{PL}$ 对应的参数化模型为 $\mathbf{PL}^{\text{config}}=\left(\boldsymbol{P}_1^{\text{config}},\boldsymbol{P}_2^{\text{config}},\cdots,\boldsymbol{P}_{n_{\text{sub}}}^{\text{config}};\boldsymbol{\tau}^{\text{start}},\boldsymbol{\tau}^{\text{end}}\right)$，其中 $\boldsymbol{P}_n^{\text{config}},1\leqslant n\leqslant n_{\text{sub}}$ 为第 n 个交织子序列的 IPS 配置，$\boldsymbol{\tau}^{\text{start}}=\left(\tau_1^{\text{start}},\tau_2^{\text{start}},\cdots,\tau_{n_{\text{sub}}}^{\text{start}}\right)$ 为所有交织子序列的开始时间。$\boldsymbol{\tau}^{\text{end}}=\left(\tau_1^{\text{end}},\tau_2^{\text{end}},\cdots,\tau_{n_{\text{sub}}}^{\text{end}}\right)$ 为所有交织子序列的结束时间，即子序列 1 开始于 τ_1^{start}，结束于 τ_1^{end}。在每个交织子序列中，不同辐射源按对应的 IPS 配置 $\boldsymbol{P}_n^{\text{config}}$ 产生交织序列。通过 $\boldsymbol{\tau}^{\text{start}},\boldsymbol{\tau}^{\text{end}}$ 表示不同 IPS 配置的切换。

第二种表征方法不是直接对 $\mathbf{PL}$ 进行划分交织子序列表征，而是将每个辐射源的参数化模型修改，使其能够描述成分辐射源的多工作状态及切换。对辐射源 k，其参数化模型修改为 $\Theta_k=\left\{\Theta_k^1,\Theta_k^2,\cdots,\Theta_k^{L_k}\mid\Theta_k^{\text{T}},I_k\right\}$，$\Theta_k^l$ 为第 l 个工作状态，L_k 为辐射源 k 总的工作状态数目，Θ_k^{T} 为控制工作状态转移的参数化模型(如句法模型、马尔可夫模型等)，I_k 为判断是否进行工作状态转移的指示函数，服从某种概

① 对于特定调制类型对应的参数化模型，在序列划分后模型需要进行调整，例如若图 4.3 中状态 A1 为参差模型，如图划分成两段后，后一段序列的参差模型，初始状态需要进行相应修改。且严格意义上，此时的前后两段参数化模型不同，属于两个不同状态。为了描述简便，本书的描述忽略这些微调，将划分造成的结果，作为长交织序列中的不同交织子序列，直接基于子序列表征这些微调造成的区别。

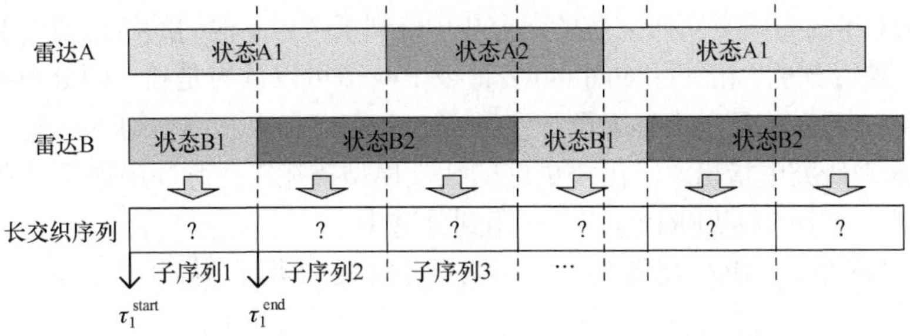

图 4.3　带状态切换的多功能雷达交织过程示意

率分布。假定Θ_k^{T}为一阶马尔可夫链[①]，记$\prod_k=(1,2,\cdots,L_k)$为Θ_k^{T}的状态集合，SS_k^t为表征时刻 t 射源 k 对应马尔可夫链状态的随机变量，状态转移矩阵为$\boldsymbol{Z}_k=\left[z_{ij}^k\right]_{L_k\times L_k}$。则存在状态切换过程下的交织过程可以描述如下：首先在时刻t根据交织过程P_{SW}选择发射脉冲的辐射源k，概率为$\Pr(D_t=k\mid D_{t-1}=i)=a_{ik}$；然后根据$I_k$[②]判断辐射源$k$在时刻$t$是否进行工作状态切换：

若$I_k=0$时不切换工作状态，则K个马尔可夫$\delta_{jj}=1$链模型$\left(\Theta_1^{\mathrm{T}},\Theta_2^{\mathrm{T}},\cdots,\Theta_K^{\mathrm{T}}\right)$有如下状态转移规则：

$$\Pr\left(SS_m^t=i\mid SS_m^{t-1}=j,D_t=k\right)=\delta_{ji},m\in\{1,2,\cdots,K\},\quad i,j\in\prod\nolimits_m \tag{4-10}$$

其中，且对$i\neq j$有$\delta_{ji}=0$。即所有的马尔可夫链不发生状态切换，辐射源k根据当前工作状态对应的参数化模型Θ_k^j发射脉冲。

若$I_k=1$时切换工作状态，则$\left(\Theta_1^{\mathrm{T}},\Theta_2^{\mathrm{T}},\cdots,\Theta_K^{\mathrm{T}}\right)$状态转移规则为：

$$\Pr\left(SS_m^t=i\mid SS_m^{t-1}=j,D_t=k\right)=\begin{cases}z_{ji}^m,m=k\\\delta_{ji},m\neq k\end{cases},\quad m\in\{1,2,\cdots,K\},\quad i,j\in\prod\nolimits_m \tag{4-11}$$

即仅辐射源k在时刻t根据其马尔可夫链状态转移矩阵切换其状态，而其他辐射源停留在旧状态。辐射源k根据当前工作状态对应的参数化模型Θ_k^i发射脉冲。在这里的模型中，**PL** 仅对应一个 IPS 配置$\mathbf{PL}^{\mathrm{config}}\triangleq\mathbb{I}_{\prod}(\Theta_1,\Theta_2,\cdots,\Theta_K;P_{\mathrm{SW}})$。

2. 场景 2：辐射源动态开关机的雷达脉冲序列交织

本场景中的K个辐射源并不总是同时开机，如图 4.4 所示，即侦察接收过程同时开机的辐射源数目为$k,1\leqslant k\leqslant K$。辐射源场景数目动态变化情况下的脉冲分

① 为了描述简便，假定各个成分多功能雷达的状态切换马尔可夫链状态数目相同，且马尔可夫链忽略初始状态概率密度分布的影响，可以很容易扩展到不同状态数目和考虑初始概率密度分布的情况。

② I_k 表示某种决策准则，如根据环境、目标的变化情况是否进行工作状态转换。

选在 2021 年的美国空军研究院的研究中[7]得到了考虑。他们的研究使用 RF、PW 和 DOA 进行分选，相邻脉冲间的 RF 值或 PW 值可以认为是独立同分布的，不具有时间序列关系，且各个辐射源的参数在 RF-PW-DOA 三维空间不重叠。因而，他们在未来研究中指出：①需要更好的数学模型描述雷达脉冲序列所具有的时间序列特征；②把 TOA(PRI)的信息利用到分选中。

根据本书的 IPS 配置定义，雷达侦察接收得到脉冲序列 $\boldsymbol{P}$ 中将存在 $\sum_{k=1}^{K} C_K^k - 1 = 2^K - 1$ 种可能的 IPS 配置情况，其中 $C_K^k = \dfrac{K!}{k!(K-k)!}$ 为组合数公式。辐射源动态开关机会导致交织脉冲序列中源数目 K 随时间动态变化。可以根据不同时间段内包含的辐射源数目，将交织脉冲序列继续细分，划分成多个片段，每个片段对应一个单独的 IPS 配置。如当在包含 K 个辐射源的交织脉冲序列 $\boldsymbol{P}$ 中的第 k 个源在时间 τ_{end}^k 后关机，那么就可以将该脉冲序列描述成两个连续的 IPS 配置，第一个 IPS 配置包含 K 个辐射源，在 $\left(\tau_{\text{end}}^k, \tau_{\text{new}}\right)$ 间结束。第二个 IPS 配置开始于接下来的脉冲 TOA $\tau_{\text{new}}, \tau_{\text{new}} > \tau_{\text{end}}^k$，并包含除第 k 个源之外的 $K-1$ 个辐射源。

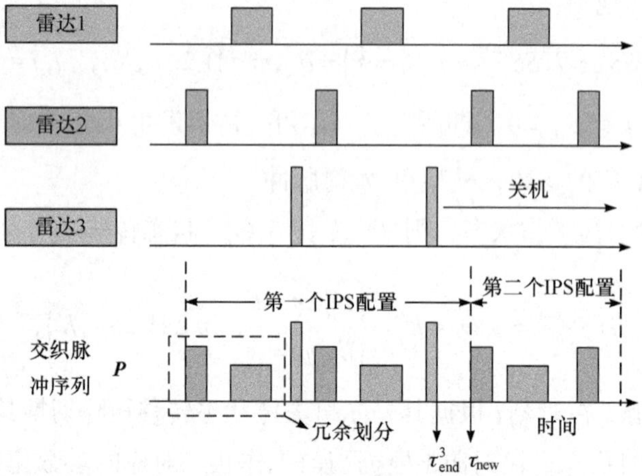

图 4.4　包含两个 IPS 配置的交织脉冲序列

本书的交织脉冲序列建模为后续对分选的数学建模与数学方法构建起到了重要作用。如本书在 4.3 节提出的算法直接利用 PRI 时间序列特征进行分选。该算法可以通过添加信息准则，如 AIC 或者 BIC 等准则在每个分选片段中选取合适的参数化模型与辐射源数目，从而能够一定程度上通过逐处理帧分选的形式将源数目动态变化的情况考虑进来。

4.1.2.3　分选任务建模

基于参数化交织模型，可以给出以 TOA 参数为例描述的雷达辐射源信号分选任务数学建模如下：

侦察方侦收得到的交织脉冲TOA序列为$\boldsymbol{P}=(\tau_1,\ \tau_2,\ \cdots,\ \tau_T)\in\mathbb{R}^{1\times T}$，其中$\tau_t$为第 t 个脉冲的 TOA。$\boldsymbol{P}$ 可以由对应的成分辐射源脉冲序列描述，$\boldsymbol{P}=(P_1,P_2,\cdots,P_K)$，其中$P_k=\tau_{k,i},i=1,2,\cdots,N_k$。$P_k$为$\boldsymbol{P}$中第$k$个辐射源发射的脉冲序列，$P_k$的一阶差分(即第$k$个辐射源的 PRI 序列)可以由一个参数化模型$\Theta_k$表征。因此包含$K$个交织雷达辐射源的脉冲序列$\boldsymbol{P}$。可以基于 IPS 配置的定义，用参数化模型描述为$\boldsymbol{P}_{\mathrm{m}}=\langle\boldsymbol{\Theta},\boldsymbol{D}\rangle$。$\boldsymbol{\Theta}=\{\Theta_1,\Theta_2,\cdots,\Theta_K\}$中成分辐射源的参数化模型集合，$\Theta_k$为其中第$k$个雷达辐射源的参数化模型。$\boldsymbol{P}$对应的辐射源标签序列记为$\boldsymbol{D}=(D_1,D_2,\cdots,D_T)$，$D_t\in\{1,2,\cdots,K\},1\leqslant t\leqslant T$为第$t$个脉冲对应的辐射源标签($D_t$即为 IPS 配置中切换过程$P_{\mathrm{SW}}$的状态序列)。标签序列可以以成分辐射源的形式描述为$\boldsymbol{D}=\{D^1,D^2,\cdots,D^K\}$，其中$D^k$为第$k$个雷达的脉冲在$\boldsymbol{P}$中的脉冲索引。例如包含两个辐射源的交织脉冲序列对应标签序列为$\boldsymbol{D}=(1,2,1,2,1,2)$，则$D^1=(1,3,5)$，$D^2=(2,4,6)$。而$P_1$和$P_2$则分别表示$\tau_{D^1}$和$\tau_{D^2}$。从而分选问题可以描述为一个最大似然问题，对数似然函数定义为：

$$L(\boldsymbol{P},\boldsymbol{\Theta},\boldsymbol{D})=\ln\left[\prod_{k=1}^{K}\prod_{t\in D^k}l(\tau_t,\Theta_k)\right]=\sum_{k=1}^{K}\sum_{t\in D^k}ll(\tau_t,\Theta_k)=-\sum_{k=1}^{K}ll^k\left(\tau_t,D^k,\Theta_k\right)\quad(4\text{-}12)$$

其中，$l(\tau_t,\Theta_k)$为τ_t在模型Θ_k下的似然值，$ll^k\left(\tau_t,D^k,\Theta_k\right)$为第$k$个源的对数似然值。对数似然函数的形式取决于每个辐射源具体的参数化模型。以交织序列中所有成分辐射源都为高斯抖动 PRI 调制类型为例，上述对数似然函数可以写为：

$$L(\boldsymbol{P},\boldsymbol{\Theta},\boldsymbol{D})=\sum_{k=1}^{K}\sum_{t}\ln\mathcal{T}_k\left(\tau_{D^k(t)}-\tau_{D^k(t-1)}\right)\quad(4\text{-}13)$$

其中，$\mathcal{T}_k$为第k个辐射源对应的高斯 PDF，$D^k(t)$表示分配给第k个辐射源的脉冲中的第t个脉冲的索引。

4.1.3　雷达信号分选实现途径

传统的雷达辐射源信号分选识别过程多是采用信号测量得到的脉冲描述字(Pulse Descriptive Word，PDW)数据进行分选。这些研究可以分为仅使用 PRI 参数和使用多维 PDW 参数两类：第一类利用雷达脉冲重复间隔(PRI)的特性进行分选[8-18]，这些方法采用序列搜索的方法，基于累积差值直方图(Cumulative

Difference Histogram，CDIF)[8]、序列差值直方图(Sequential Difference Histogram，SDIF)[9]等统计方法序贯分选属于同一辐射源的信号。随着 Krishnamurthy、Vikram 等人[10]将分选问题建模成固定前视的随机离散时间动态线性模型(Dynamic Linear Model, DLM)，然后使用固定前视(Fixed Look-ahead)和概率教学(Probabilistic Teaching)的卡尔曼滤波进行交织序列中每个辐射源 PRI 值的估计，一系列基于 DLM 的分选方法被提出[11-14]。PRI 变换法是另一类仅使用 PRI 信息进行分选的方法[15-18]。这些利用雷达脉冲重复间隔(PRI)的特性进行分选的方法假定每个交织的辐射源仅发射常数调制的 PRI 序列。当交织辐射源包含不同的 PRI 调制类型时，性能受到损失甚至失效。第二类方法使用多维 PDW 参数进行分选，包括载频(RF)、脉宽(PW)、脉内波形(MOP)、幅度(PA)、到达角(DOA)等。这些方法的依据是不同雷达 PDW 数据在高维参数空间中具有可分性[19-21]。

上述传统分选方法在面对多功能雷达以及认知雷达等先进雷达[22-27]时会遇到如下挑战：①动态变化的雷达辐射源工作模式。相比于早期的雷达，现代雷达的脉冲序列通常包含灵活可变的脉间调制类型[28, 29]。②交织雷达辐射源存在模式切换。多功能雷达通常可以在雷达时间线上调度规划多个不同的雷达工作模式[30-37]，使得来自同一个雷达的脉冲序列包含多个雷达工作模式。③交织序列中可能同时存在多个同型号雷达辐射源。由于同型辐射源的 PDW 参数集合往往相同，仅依靠孤立的脉冲 PDW 值进行分选将会失效。

针对上述挑战，挖掘并利用成分辐射源信号规律的分选算法研究成为一个趋势[1, 7, 38-39]，尤其是随着深度学习和机器学习蓬勃发展，而深度学习因其强大的特征提取能力，被应用到分选任务中[40-43]。国防科技大学的刘章孟和李雪琼在应用深度学习进行分选上做了大量的研究[39, 41-43]，包括使用自动机进行在线脉冲分选[41]，使用循环神经网络迭代挑选来自不同辐射源的脉冲[42]实现分选，使用自编码器将分选任务当作脉冲序列去噪任务[43]来实现分选。相较于传统方法，这些基于深度学习的方法本质上是利用各个成分辐射源的时间序列特征进行分选，尤其是在脉冲序列存在非理想情况的条件下取得了较大的性能提升。

近年来，基于交织脉冲序列中成分辐射源信号的时间序列特征进行分选的理论和模型研究进一步引起研究者的注意。2019 年，美国学者研究了基于 TOA(Time Of Arrival)[44]数据的全高斯抖动 PRI 成分辐射源的分选问题。他们将分选问题建模成最大似然问题，然后在不同路径剪枝策略情况下提出了四种分选算法。他们的研究从理论的角度增进了对雷达分选问题和分选算法的理解，给出了特定分选场景下分选错误率的理论下界。他们的研究为基于成分脉冲序列的时间序列特征进行分选的数学理论分析和算法设计提供了一个很好的方向，但是仍然存在如下一些局限性或困难：①上述方法仅考虑或者可以扩展到存在测量噪声的情况，当遇到输入序列存在虚假或者缺失脉冲等非理想情况时，会因为存在模型失配而性能受损。②当成分雷达模型参数未知时，分选问题为一个组合和连续优化问题，方法实现需要较多计算资源和计算时间。③上述方法中假设所有成分源序列假定服从相同的模型类型，实际的交织雷达脉冲序列中往往各个成分序列的模型类型是不同的。④雷达信号通常在多维参数上联合变化，上述方法主要考虑单参数交织过程分选，需要进一步设计算法以适应先进雷达关联多参数的时序特征分选。

本书将在 4.1.2 节给出的分选任务数学模型基础上，设计系列化的分选新方法:①首先在无先验情况下,设计基于无监督聚类的信号分选方法,利用多维 PDW 参数在高维空间可分的假设对单帧输入序列中的各个辐射源脉冲进行分选，然后基于同一雷达辐射源的发射信号时序特征进行帧间关联，实现多帧关联与分选；②其次在已知待分选交织脉冲序列调制类型与交织辐射源数目先验的情况下，设计通过寻优算法直接求解该分选最大似然问题，完成在给定先验信息情况下的分选；③最后若存在可用待分选辐射源的训练数据，基于数据驱动方式，通过深度神经网络充分捕捉交织脉冲序列中属于同一个辐射源脉冲的时间序列特征，完成各种复杂雷达场景中分选任务对应最大似然问题的求解。

4.2　基于无监督聚类的信号分选方法

本节介绍一种基于无监督聚类的分选算法(Unsupervised Clustering with Adaptive Refinement, UCAR)，该算法基于各个辐射源的多维参数之间在高维空间可分的假设实现分选。

4.2.1　无监督聚类方法原理

4.2.1.1　无监督聚类原理

无监督聚类是一类用于在数据中自动寻找模式的机器学习技术，可以基于对输入变量和输出变量之间的特定假设，自动发掘数据中存在的模式。无监督聚类算法使用的输入数据没有对应的类别标注信息，即输入数据只给出了对应的输入变量(自变量)而没有给出相应的输出变量(因变量)。

从雷达辐射源信号分选的任务来讲，实际复杂电磁环境中待分选的交织脉冲序列样本中辐射源个数未知，各个辐射源的脉冲序列信息也往往未知。因此无监督聚类模型很适合雷达信号分选,几十年来也有许多研究成果围绕无监督信号分选展开。

4.2.1.2　一种典型的无监督聚类算法

AP 算法是一种基于谱聚类的典型无监督聚类方法[45]，其利用数据点之间的距离来表示数据之间的相似性。与基于密度的算法不同，AP 算法认为所有数据都可以被看作是潜在的聚类中心，并且算法在数据之间迭代地交换信息，直到收敛得到最终的聚类中心。具体地，矩阵 $s \in \mathbb{R}^{K \times K}$ 描述了所有需要聚类的 K 个数据间的相似性关系，其第 (l,k) 个元素表示两个脉冲特征向量 $\boldsymbol{x}_l$ 和 $\boldsymbol{x}_k$ 之间的负的欧氏距离：

$$s_{l,k} = s\left(\boldsymbol{x}_l, \boldsymbol{x}_k\right) = -\boldsymbol{x}_l - \boldsymbol{x}_k{}^2, \quad l \neq k \tag{4-14}$$

相似性矩阵的对角线元素 $s_{b,b}$ 被称为参考度值(preference)表示了数据 $\boldsymbol{x}_b$ 作为聚类中心的合适程度。AP 算法初始假设所有数据成为聚类中心的能力相同，因此 $s_{b,b}$ 被初始化成相似度矩阵中所有值的最小值或者中位数。较高的参考度预设值将导致 AP 算法发现更多的簇中心，而较低的值将导致相对少量的簇。

AP 算法通过寻找能够使全局相似性最大的聚类中心。算法迭代过程中数据间传播的两种信息是吸引度 $r\left(\boldsymbol{x}_l, \boldsymbol{x}_k\right)$ 和归属度 $a\left(\boldsymbol{x}_l, \boldsymbol{x}_k\right)$，分别描述了 $\boldsymbol{x}_k$ 适合作为 $\boldsymbol{x}_l$ 中心的程度，以及 $\boldsymbol{x}_l$ 选择 $\boldsymbol{x}_k$ 作为中心的合适程度。AP 算法首先将归属度矩阵初始化为一个零矩阵，然后利用相似性矩阵 s 分别对吸引度 r 和归属度 a 进行更新，其规则如下：

$$a\left(\boldsymbol{x}_l, \boldsymbol{x}_k\right) = \begin{cases} \sum_{i \neq k} \max\{0, r\left(\boldsymbol{x}_i, \boldsymbol{x}_k\right)\}, & l = k \\ \min\left\{0, r\left(\boldsymbol{x}_k, \boldsymbol{x}_k\right) + \sum_{i \neq k} \max\left\{0, r\left(\boldsymbol{x}_i, \boldsymbol{x}_k\right)\right\}\right\}, & l \neq k \end{cases} \tag{4-15}$$

$$r\left(\boldsymbol{x}_l, \boldsymbol{x}_k\right) = s\left(\boldsymbol{x}_l, \boldsymbol{x}_k\right) - \max_{l \neq k}\left\{s\left(\boldsymbol{x}_l, \boldsymbol{x}_k\right) + a\left(\boldsymbol{x}_l, \boldsymbol{x}_k\right)\right\} \tag{4-16}$$

当 AP 算法达到最大迭代次数或 r 和 a 都不再随迭代过程变化时，如果第 l 个样本两个矩阵 r 和 a 对角线位置之和为正，即 $r\left(\boldsymbol{x}_l, \boldsymbol{x}_l\right) + a\left(\boldsymbol{x}_l, \boldsymbol{x}_l\right) > 0$，则 $\boldsymbol{x}_l$ 被认为是一个合适的聚类中心。考虑到简单的更新规则会导致结果的振荡，因此 AP 算法通常采用一个阻尼系数来减缓更新过程：

$$R^{t+1} = \alpha \boldsymbol{R}^{t+1} + (1-\alpha)\boldsymbol{R}^t \tag{4-17}$$

$$A^{t+1} = \alpha \boldsymbol{A}^{t+1} + (1-\alpha)\boldsymbol{A}^t \tag{4-18}$$

其中，$\boldsymbol{R}$ 和 $\boldsymbol{A}$ 分别表示吸引度矩阵和归属度矩阵；α 是阻尼系数；t 是迭代次数。一旦聚类的中心被确定，可以利用相似性矩阵，将所有的非中心样本进行分配。图 4.5 给出了一个二维数据空间中，随着迭代次数的增加，聚类中心和对应数据点的可视化图像，其中每一个颜色表示一个类别，每个大的圆圈表示类别中心，小的实心点表示一个簇内的非中心数据。

AP 无监督聚类算法减弱了聚类算法对先验条件的依赖程度和对输入参数的敏感程度，经过相应改进后可用于辐射源的脉冲描述字向量进行聚类。

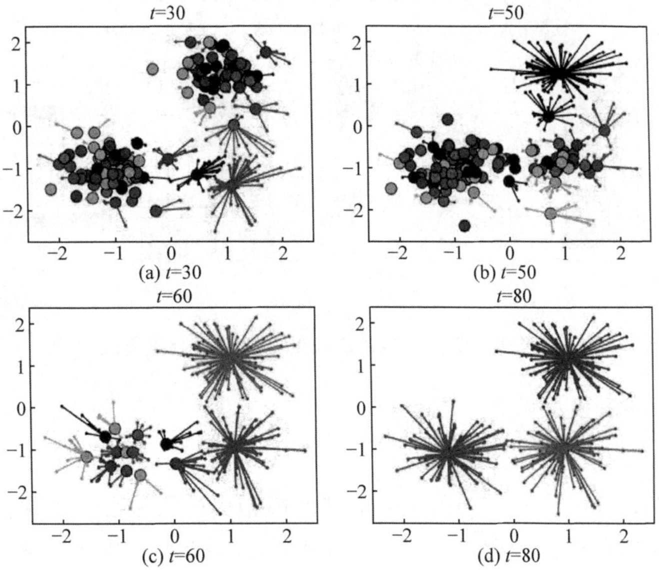

扫码见彩图

图 4.5　AP 算法的迭代过程可视化示意图

4.2.2　基于 UCAR 的无监督聚类分选算法

4.2.2.1　算法总体框架

本节在 AP 聚类的方法基础上提出了一种基于自适应微调的无监督聚类(UCAR)的分选算法。UCAR 算法是一种自下而上的层次化聚类算法，算法总体处理框架如图 4.6 所示，具体包括 AP+聚类算法、已有模板匹配、典型特征微调、序列连续性检测、模板更新等五个步骤。

图中 PDW_X 表示属于某一辐射源的工作状态 X 的 M 维的脉冲描述向量 $\boldsymbol{x}_l$，不同的工作状态用不同的颜色表示。算法工作过程可以描述为：首先，接收机截获的 PDW 数据被划分为固定长度 K 的数据段 $X^{\text{Seg}} \in \mathbb{R}^{K\times M}$，利用 AP+算法对 X^{Seg} 进行初步聚类，每一个聚类簇都被认为是一个状态级的类别；然后，聚类中心之间的相似度度量每一个簇是否已经被记录在模板里，与模板中的条目具有相似特征的簇被认为是已知簇并分配模板中的标签，不相似的簇则被认为是未知簇且需要额外给予新的标签；随后，未知簇依次通过“典型特征微调”和“序列连续性检测”模块，寻找簇间的物理特征和时间序列关系，以确定其是已知辐射源的新状态还是一个新辐射源；最后，将未知簇的信息和标签录入模板。

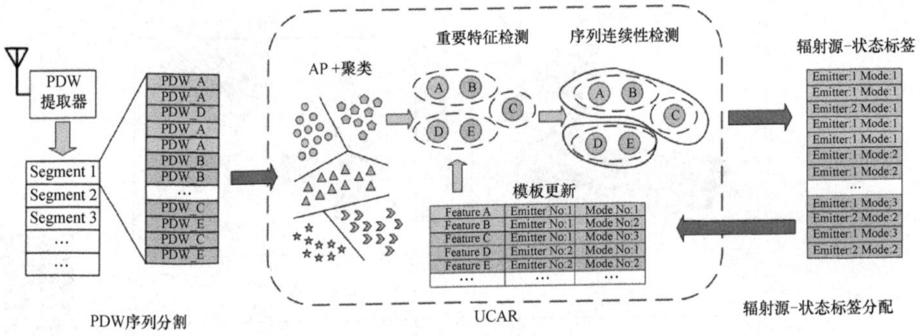

图 4.6　基于 UCAR 算法的辐射源分选流程图

4.2.2.2　算法模块设计

1. AP+聚类算法

4.2.1.2 节给出的 AP 算法由于采取了欧氏距离计算相似性矩阵，这会造成相似度矩阵具有对称性，导致只使用 AP 聚类算法会产生一些具有完全相同聚类中心的多余簇。UCAR 算法提出在 AP 的结果上进行二次合并的 AP+聚类算法，并使用*来区分 AP+算法和 AP 算法的变量和结果。假设 AP 聚类得到的 t 个中心集合被表示为 $C^{\text{AP}}=\{c_1,c_2,\cdots,c_t\}$，其中每个中心是一个 M 维向量，AP+算法首先计算 C^{AP} 中所有中心点两两之间的余弦相似度：

$$s^{\cos(c_m,c_n)}=\frac{c_m,c_n}{c_m c_n} \tag{4-19}$$

如果相似度 $s^{\cos(c_m,c_n)}$ 大于设定的相似性阈值 $\text{Threshold}^{\text{AP+}}$，则将两个中心合并得到新的聚类中心集合 $C^{\text{AP+}}$ 为：

$$C^{\text{AP+}}=C^{\text{AP}}\cup\{c^*\}\setminus\{c_m,c_n\} \tag{4-20}$$

其中，$\cup$ 表示两个集合并，$\setminus$ 表示移除两个集合中公共元素。c^* 是由 c_m 和 c_n 生成的合并中心，其特征是两个特征向量的平均值：

$$c^*(i)=\left(c_m(i)+c_n(i)\right)/2,\quad i=1,2,\cdots,M \tag{4-21}$$

利用式(4-20)和式(4-21)遍历 C^{AP} 中所有的中心，形成有 t^* 个聚类中心集合，直到所有中心间的相似度小于相似性阈值 $\text{Threshold}^{\text{AP+}}$：

$$C^{\text{AP+}}=\left\{c_1^*,c_2^*,\cdots,c_{t^*}^*\right\} \tag{4-22}$$

在聚类中心被确定之后，依然为每个样本分配“簇标签” $\text{Label}_k^*\in\{1,2,\cdots,t^*\}$。通过 AP+聚类得到的每一个簇被看作是一个工作状态，后续任务需要根据中心的

特征值 c^* 依次为每一个簇分配对应的辐射源标签和状态标签。

2. 已有模板匹配

由于聚类算法只能够将数据分簇，簇标签并不具有物理意义，使得同一辐射源的簇标签不能保证在不同批次下共享一个标签。因此需要将簇标签转换成通用标签使得每次聚类得到的相同辐射源相同状态的簇标签一致。

首先，模板的条目设计为一个 $(M+2)$ 维的向量，其中前 M 维记录了中心 c^{tem}，后两维依次记录了该条目的辐射源标签 $L^E\left(c^{\text{tem}}\right)$ 和状态标签 $L^M\left(c^{\text{tem}}\right)$。一般情况下，可以预先载入一些带有已知辐射源标签和状态标签的模板 $\text{Template} \in \mathbb{R}^{t^{\text{tem}} \times (M+2)}$，其中 t^{tem} 表示模板中的条目数，即已知的所有辐射源的总状态数。当无法预先载入有效模板的情况下，可以选择 $C^{\text{AP+}}$ 中的第一个中心 c_1^* 作为模板的第一个条目，其辐射源标签和状态标签都初始化为 1，以构建一个建议的初始模板。然后，对于 AP+算法得到的中心 $c_i^*, i \in \left\{1,2,\cdots,t^*\right\}$，计算其与模板中记录的所有中心的余弦相似度 $s^{\cos\left(c_i^*, c_r^{\text{tem}}\right)}$，其中 $r \in \left\{1,2,\cdots,t^{\text{tem}}\right\}$，寻找相似性最大值对应的模板条目索引：

$$r^* = \arg\max_r \left(s^{\cos\left(c_i^*, c_r^{\text{tem}}\right)} \right) \tag{4-23}$$

当最大的相似度值 $\max\left(s^{\cos\left(c_i^*, c_r^{\text{tem}}\right)} \right)$ 大于匹配阈值 $\text{Threshold}^{\text{Template}}$ 时，认为该中心与模板中的条目 r^* 是一个类别。该簇所有的样本的辐射源标签为 $L^E\left(c_{r^*}^{\text{tem}}\right)$，状态标签为 $L^M\left(c_{r^*}^{\text{tem}}\right)$。否则，中心 c_i^* 被认为是一个未知状态，需要给出额外的辐射源标签和状态标签，并录入模板用于下次匹配。对于未知状态，其可能有两种情况：①已知辐射源的未知状态；②未知辐射源的未知状态。后续两步处理将顺次对上述两种情况进行判定。

3. 典型特征微调

同一辐射源的不同状态往往具有相似且变化比较缓慢的特征，例如 DOA 和 RF。UCAR 算法将这些参数作为区分不同辐射源的“典型特征”，并将不同聚类中心典型特征之间的相对距离定义如下：

$$\text{SubDis}^f\left(c_i^*, c_r^{\text{tem}}\right) = \frac{\left|c_i^{*,f} - c_r^{\text{tem},f}\right|}{\max\left\{\left|c_i^{*,f}\right|, \left|c_r^{\text{tem},f}\right|\right\}} = \frac{\left|c_i^{*,f} - c_r^{\text{tem},f}\right|}{\max\left\{\left|c_i^{*,f}\right|, \left|c_r^{\text{tem},f}\right|\right\}} \tag{4-24}$$

其中，$f \in \{\text{DOA}, \text{RF}, \cdots\}$ 表示典型特征集合。如果 c_i^* 与模板中所有中心的相对距离都大于预设的距离阈值 $\text{Threshold}^{\text{TFR}}$，则 c_i^* 被认为是一个新未知辐射源的未知状态，否则继续下一步的序列连续性检测。

4. 序列连续性检测

在典型特征微调之后，UCAR 算法进一步检查每一个簇内序列的连续性，从而区分具有相邻位置(DOA)和相近工作频率(RF)的不同辐射源。图 4.7 展示了两种不同的脉冲序列关系，其中每一个方块表示一个脉冲，并且不同颜色表示不同聚类簇。本节分别通过簇内检测和簇间检测完成两种序列关系的识别。

簇内检测认为同一辐射源不同工作状态的样本索引是连续的(如图 4.7(a)所示)。考虑到环境中存在不同辐射源脉冲之间的交错，簇内检测只关注某一特定的数据段：如果在以索引 k_{start} 开始的长度为 k_{last} 的窗口中，所有簇标签都相同，则判定该簇是与其典型特征最相似的已知辐射源的未知状态。

当环境中存在多个辐射源时，簇间的连续性检测更加适用。簇间检测假设不同辐射源的两种工作状态的脉冲会交错在一起，导致簇内样本的索引不再连续。如果以 c_i^* 为中心的簇 $\text{Cluster}\left(c_i^*\right)$ 的索引范围中，不包含某一个已知状态 c_r^{tem} (例如图 4.7(b)的框内)的所有样本，则认为 c_i^* 与 c_r^{tem} 是一个辐射源的不同状态，否则认为 c_i^* 是一个新辐射源的新状态。

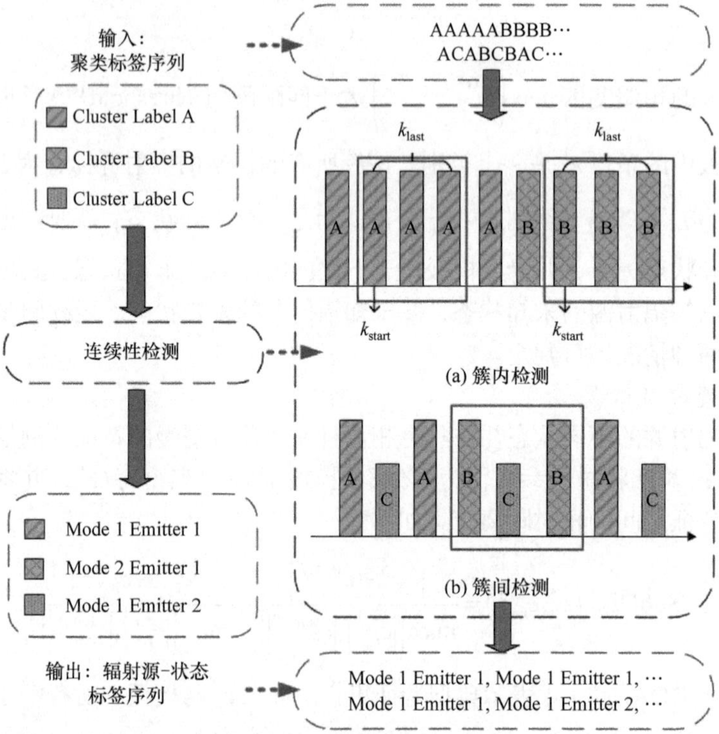

图 4.7　连续性检测示意图

5. 模板更新

一旦簇 Cluster$\left(c_i^*\right)$被认为是一个未知状态，则需要在模板 Template 中添加一个条目，记录当前簇的特征和给予的标签。如果当前簇被判定为已知辐射源的新工作状态，则其继承对应的辐射源标签，并将该辐射源已有的最大工作状态标签上加 1。如果当前簇被判定为新辐射源的新状态，则将模板中最大的辐射源标签加 1，状态标签默认为 1。至此，所有簇和其内部样本都可以根据模板，将其簇标签转换成为对应的辐射源标签，从而完成分选任务。

4.2.3　算法性能验证

4.2.3.1　实验设置介绍

1. 仿真数据集设置

辐射源分选仿真数据集包含了 6 部辐射源，前三部辐射源为只有一个工作状态的普通雷达，后三部辐射源均有多功能雷达，分别具有 2/2/3 个状态，表 4.1 中展示了 6 部辐射源的具体参数和其取值范围。

表 4.1　仿真辐射源的参数设置

	RF		PRI		PW		BW
	调制样式	取值范围(MHz)	调制样式	取值(μs)	调制样式	取值(μs)	取值(MHz)
辐射源 A	抖动	[4100,4200]	固定	[60,70]	固定	[1,7]	0
辐射源 B	滑变	[4200,4250]	参差	[80,90]	抖动	[4,6]	0
辐射源 C	参差	[4120,4180]	滑变	[75,85]	固定	[1,7]	2
辐射源 D	固定	[4150,4150]	固定	[35,40]	固定	[1,7]	0
	滑变	[4130,4170]	参差	[45.55]	抖动	[5,7]	1
辐射源 E	抖动	[4420,4510]	滑变	[40,45]	固定	[1,7]	0
	参差	[4390,4410]	抖动	[40,45]	抖动	[1,2]	1
辐射源 F	滑变	[4300,4350]	固定	[25,30]	固定	[1,7]	0
	固定	[4400,4400]	参差	[25,30]	抖动	[1,3]	0
	抖动	[4350,4450]	滑变	[25,35]	固定	[1,7]	2

仿真实验构建了由表 4.2 所示的四个场景。为了避免辐射源的样本数量对算法效果评估产生影响，每个场景的所有辐射源几乎同时开机，并且每一个状态按照各自的参数发射固定数目(100 个)的脉冲，并将其按照 TOA 进行排序，作为分选实验的测试数据流。加上 TOA 参数，每一个脉冲描述向量的特征维度 $M=5$。

表 4.2 分选测试的仿真场景示意

	场景Ⅰ	场景Ⅱ	场景Ⅲ	场景Ⅳ
辐射源 A	•			•
辐射源 B	•			•
辐射源 C	•			•
辐射源 D		•		•
辐射源 E		•	•	•
辐射源 F			•	•

2. 评价指标

由于 UCAR 算法的分选过程是一个无监督的聚类方法，这里采用调整互信息(Adjusted Mutual Information，AMI)和调整兰德系数(Adjusted Rand index)等两种基于聚类的度量方法来进行算法性能评价。

1) 调整互信息

调整互信息 AMI 描述了 K 个样本的数据集 S 的算法分配结果 $\{V_1,V_2,\cdots,V_C\}$ 与真实数据划分 $\{U_1,U_2,\cdots,U_R\}$ 之间的互信息，其中 C 和 R 表示划分的簇数。U_i 和 V_j 分别表示归属于第 i 簇和第 j 类的数据集合。根据每一个簇中样本可以建立一个列联表(contingency table) $\mathrm{CT}\in\mathbb{R}^{R\times C}$，其中第 (i,j) 个元素 $\mathrm{CT}_{i,j}$ 描述了同时属于 U_i 和 V_j 的样本：

$$\mathrm{CT}_{i,j}=\left|U_i\cap V_j\right| \tag{4-25}$$

两种划分方式的互信息(Mutual Information，MI)为：

$$\mathrm{MI}(U,V)=\sum_{i=1}^{R}\sum_{j=1}^{C}p_{i,j}\log\left(\frac{p_{i,j}}{p_i\times p_j}\right) \tag{4-26}$$

其中，$p_{i,j}=\mathrm{CT}_{i,j}/K$。$p_i$ 和 p_j 分别描述了对应簇或类中的样本数量占总样本数量的比例，即 $p_i=\left|U_i\right|/K$，$p_j=\left|V_j\right|/K$。最终，我们可以将调整互信息 AMI 定义为：

$$\mathrm{AMI}(U,V)=\frac{\mathrm{MI}(U,V)-\mathbb{E}\{\mathrm{MI}(U,V)\}}{F\big(H(U),H(V)\big)-E\{\mathrm{MI}(U,V)\}} \tag{4-27}$$

$F(\bullet)$ 函数可以有多种形式，例如最大值、几何平均和算术平均。对于算术平均值，式(4-27)可以被转换成为：

$$\mathrm{AMI}(U,V)=\frac{\mathrm{MI}(U,V)-\mathbb{E}\{\mathrm{MI}(U,V)\}}{\big(H(U)+H(V)\big)/2-E\{\mathrm{MI}(U,V)\}} \tag{4-28}$$

其中，$H(U)$ 和 $H(V)$ 分别表示两种划分方式的信息熵：

$$H(U)=-\sum_{i=1}^{R}p_i\log(p_i) \tag{4-29}$$

$$H(V)=-\sum_{j=1}^{C}p_j\log(p_j) \tag{4-30}$$

式(4-28)中的 $\mathbb{E}\{\mathrm{MI}(U,V)\}$ 表示互信息的期望：

$$\mathbb{E}\{\mathrm{MI}(U,V)\}=\sum_{i=1}^{R}\sum_{j=1}^{C}\sum_{w=\max(a_i+b_j-K)}^{\min(a_i,b_j)}\frac{w}{K}\log\left(\frac{K\times w}{a_i\times b_j}\right)\frac{a_i!b_j!(K-a_i)!(K-b_j)!}{K!w!(a_i-w)!(b_j-w)!(K-a_i-b_j+w)!} \tag{4-31}$$

其中，a_i 和 b_j 分别为 CT 矩阵的第 i 行和第 j 列所有元素的和。

2) 调整兰德系数

调整兰德系数以二分类的视角对聚类效果进行评价。对于聚类出来的聚类簇集合 $\{V_1,V_2,\cdots,V_C\}$ 和真实类别数集合 $\{U_1,U_2,\cdots,U_R\}$，数据关系可以分为 TP(True Positive)、FP(False Positive)、FN(False Negative)和 TN(True Negative)等四类。TP 代表的是在 U 中是相同类别且在 V 中属于同一个簇的样本数目，其他符号类比定义的情况下，对应的判决结果样本数目分布如表 4.3 所示：

表 4.3　聚类判决结果示意

	相同簇	不同簇
相同类	TP	FN
不同类	FP	TN

兰德系数(Rand index，RI)统计了 TP 和 TN 这些正确决策的比例：

$$\mathrm{RI}(U,V)=\frac{\mathrm{TP}+\mathrm{TN}}{\mathrm{TP}+\mathrm{FP}+\mathrm{FN}+\mathrm{TN}}=\frac{\mathrm{TP}+\mathrm{TN}}{\binom{K}{2}} \tag{4-32}$$

调整兰德系数 ARI 在 RI 的基础上进行调整，使得两个随机划分的评估值接近于 0，对于列联表 CT，ARI 可以被表示成为：

$$\mathrm{ARI}(U,V)=\frac{\mathrm{RI}-\mathbb{E}(\mathrm{RI})}{\max(RI)-\mathbb{E}(\mathrm{RI})}=\frac{\sum_{i=1}^{R}\sum_{j=1}^{C}\binom{ct_{i,j}}{2}-\mathbb{E}(RI)}{\frac{1}{2}\left[\sum_{i=1}^{R}\binom{a_i}{2}+\sum_{j=1}^{C}\binom{b_j}{2}\right]-\mathbb{E}(RI)} \tag{4-33}$$

其中 $\mathbb{E}(RI)$ 表示兰德系数的期望：

$$\mathbb{E}(RI)=\frac{\left[\sum_{i=1}^{R}\binom{a_i}{2}\sum_{j=1}^{C}\binom{b_j}{2}\right]}{\binom{K}{2}} \tag{4-34}$$

由式(4-27)和式(4-28)可知，AMI 的取值范围为 $0\sim1$，ARI 的取值范围为 $-1\sim1$，二者的值越接近于 1，表示算法的划分效果与真实情况越相近。

3. 对比方法

选择以下几种传统聚类分选方法作为对比：

(1) CFS 算法：2014 年由 Alex Rodriguez 提出的一种基于密度峰的算法[46]，其认为聚类中心是一个局部的密度峰，被具有较低局部密度的数据包围，并且与其他具有较高局部密度的数据点之间的距离相对较大。

(2) AP+算法：AP 算法是一种利用数据点之间距离来表示数据之间相似性的谱聚类方法[45]，执行过程中会产生一些具有完全相同聚类中心的多余簇。AP+方法在 AP 的结果上进行二次合并，以克服上述问题。

(3) AP+TFR 算法：本方法将 AP+聚类方法与典型特征微调方法相结合实现分选，与 UCAR 方法相比其缺少了序列连续性检测的部分。

4. 算法参数设置

UCAR 算法中涉及很多阈值。尽管这些阈值需要人为设定，并对测试效果直接产生影响，但是其都具有明确的物理意义，可以根据测试场景和环境进行预设。相关阈值及其在本节仿真实验中的设置如表 4.4 所列。

表 4.4　UCAR 算法阈值及实验中设置数值表

序号	阈值名称	阈值符号	实验中取值	设置依据
1	相似性阈值	$\text{Threshold}^{\text{AP+}}$	0.995	需要将几乎相同聚类中心合并
2	已知模板匹配阈值	$\text{Threshold}^{\text{Template}}$	0.95	出现新辐射源的概率应该小于已有簇的合并概率
3	典型特征微调的距离阈值	$\text{Threshold}^{\text{TFR}}$	0.0125	根据单一辐射源典型特征的最大变化范围和接收机的频带范围
4	序列连续性检测观测窗起始索引	k_{start}	5	考虑接收机截获的脉冲在辐射源出现状态切换时会出现两种状态交错出现的情况
5	序列连续性检测观测窗窗长	k_{last}	5	

4.2.3.2　仿真数据集实验

1. UCAR 算法功能验证

四个场景下不同的分选聚类算法的 AMI 和 ARI 结果如图 4.8 的(a)和(b)所示，可知 UCAR 算法在所有的场景的情况下都取得了几乎完全准确的效果。

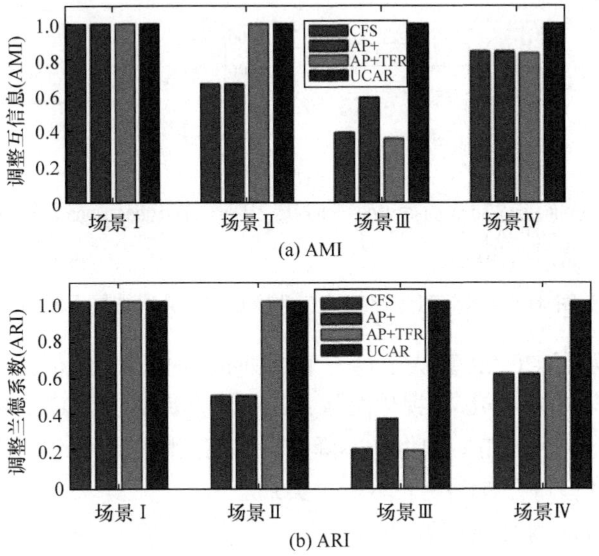

(a) AMI

(b) ARI

扫码见彩图

图 4.8　仿真数据的辐射源分选方法效果

场景Ⅰ中的 3 部辐射源 A、B 和 C 都是只有一个状态的辐射源，所有的算法均获得了可靠的效果。在 UCAR 算法分选过程中，PDW 的 PRI 维度并不参聚类过程，只作为序列连续性检测的参考。

场景Ⅱ中具有两个多功能的辐射源，可以验证典型特征微调操作合并不同状态的作用。图 4.9(a)中单一聚类算法 AP+不能完成有效的分选。图 4.9(b)为以 RF 作为典型特征，经过典型特征微调操作能够有效地将 RF 相近的两个簇合并为一个辐射源，提升了 AP+的分选效果。

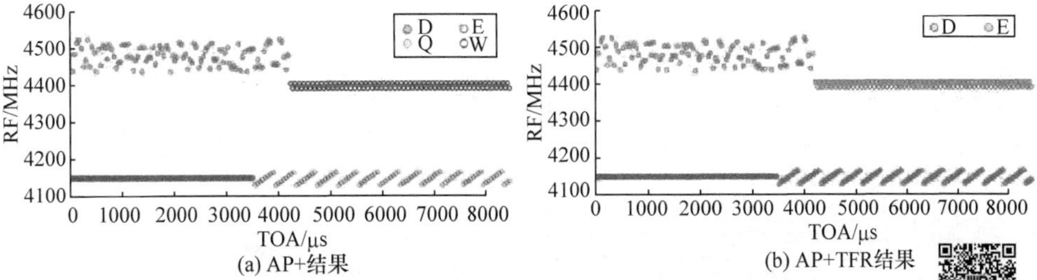

(a) AP+结果

(b) AP+TFR结果

图 4.9　场景Ⅱ下典型特征微调前后分选结果示意图

扫码见彩图

场景Ⅲ中的两个辐射源具有相似的典型特征，可用于验证连续性检测操作的作用。图 4.10(a)中的 AP+TFR 算法将辐射源 E 和辐射源 F 各自的第一个状态区分开，然而由于剩下的 3 个状态簇的 RF 特征几乎一致，被合并成了一个“伪”辐射源。图 4.10(b)中的 UCAR 算法通过数据连续性检测实现脉冲时序关系分析，有效地将不同辐射源的状态分开、相同辐射源的状态合并。

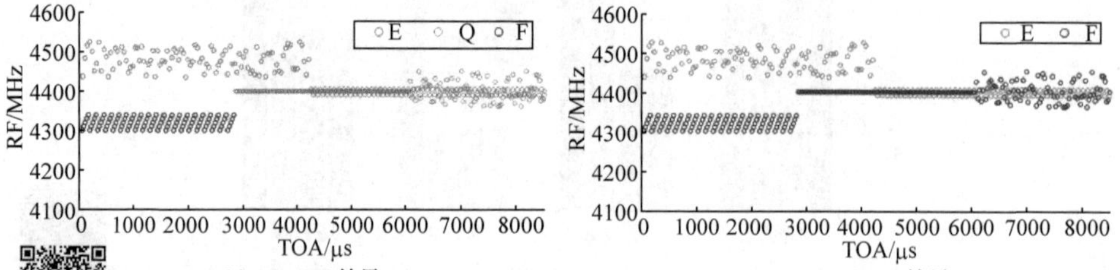

(a) AP+TFR结果　　(b) UCAR结果

扫码见彩图

图 4.10　场景Ⅲ下序列连续性检测前后分选结果示意图

图 4.11 展示了 UCAR 算法中每一个处理步骤时，RF 特征分布的分簇情况以及对应 PDW 样本的 t-SNE 可视化图像，进一步直观演示了 UCAR 算法各个操作步骤的有效性。t-SNE 是一种将样本降维到二维空间的可视化方法，其中每一个点表示一个样本，每一种颜色表示一个类别。

2. 非理想情况对性能的影响

在复杂的电磁环境中实际截获接收的雷达脉冲序列信号会出现测量噪声、脉冲丢失和虚假脉冲等非理想情况。本节仿真了 UCAR 分选算法在可能的非理性情况下实现辐射源脉冲分选的性能。仿真数据的非理想特性按照如下方法进行设置：

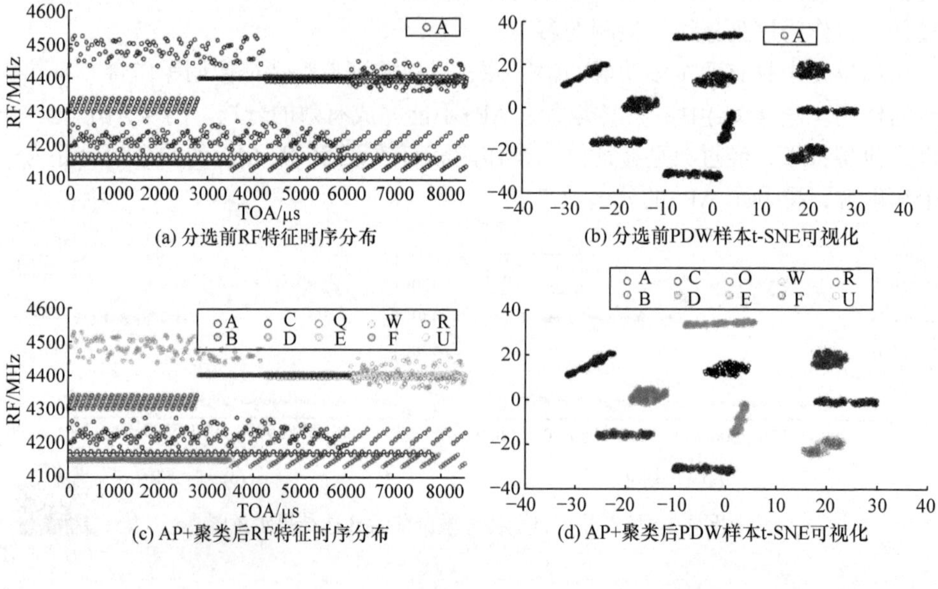

(a) 分选前RF特征时序分布　　(b) 分选前PDW样本t-SNE可视化

(c) AP+聚类后RF特征时序分布　　(d) AP+聚类后PDW样本t-SNE可视化

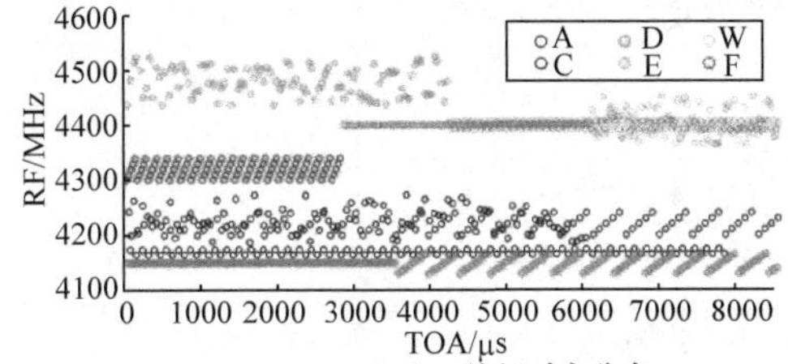

(e) AP+TFR后RF特征时序分布

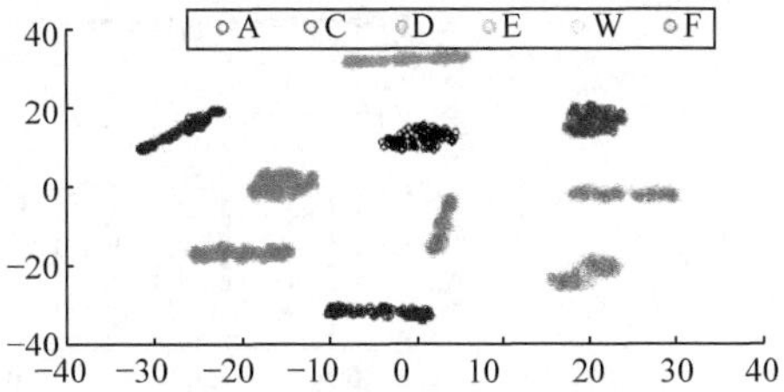

(f) AP+TFR后PDW样本t-SNE可视化

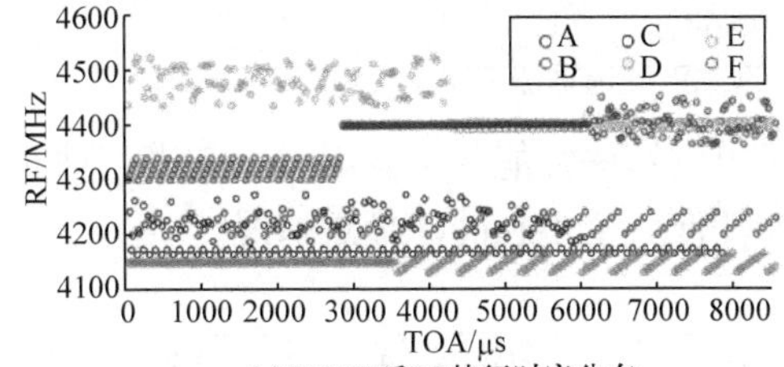

(g) UCAR后RF特征时序分布

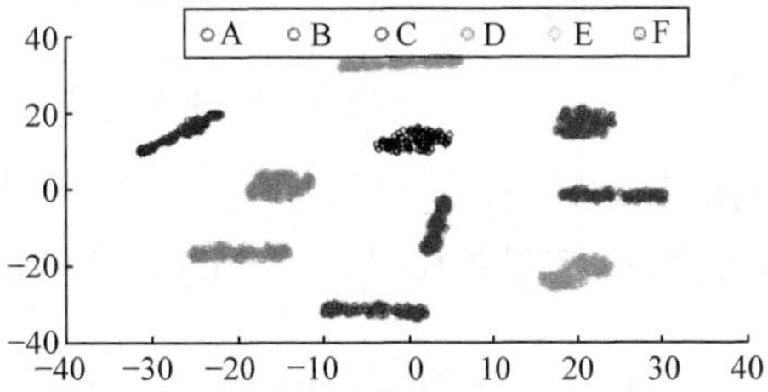

(h) UCAR后PDW样本t-SNE可视化

图 4.11　场景 IV 下 UCAR 分选各流程结果示意图

扫码见彩图

首先对 PDW 数据中的 PR、PW、PRI 参数分别添加最大偏差分别为 ±5MHz 、±0.2μs 和 ±0.5μs 的均匀分布噪声值以模拟测量噪声；然后分别从原始脉冲序列中随机丢弃和向原始脉冲序列中随机插入设置最大非理想比例的脉冲数据来模拟脉冲缺失和虚假脉冲。杂散脉冲的每个参数的特征值在表 4.1 中描述的参数范围内随机生成。

不同非理想情况下 UCAR 算法在场景 IV 中的 AMI 和 ARI 分析性能如图 4.12 所示。图中横坐标表示当前非理想情况与最大非理想情况的比值，即最大缺失脉冲比例为 20%和当前非理想情况为 2%时，横坐标对应比值为 10%。由图可知以下几个结论：①UCAR 算法的效果整体上会随着非理想情况的增加而变差；②测量误差和脉冲缺失对算法效果的影响很小，即使到了预设最大的非理想情况，两个测度值仍然能够大于 0.9,这可以解释为无监督聚类方法能够有效地弥补样本之间差异，从而减弱测量误差带来的影响；③观测窗 k_{start} 设置为不从 1 开始，有效地缓解了脉冲缺失在状态切换时带来的影响；④当虚假脉冲的特征参数和目标辐

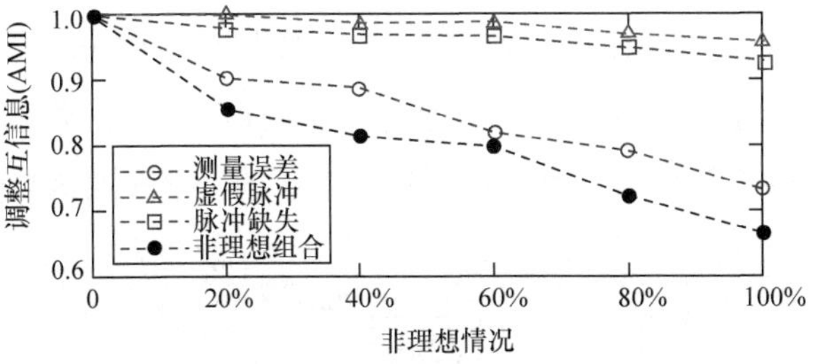

(a) AMI

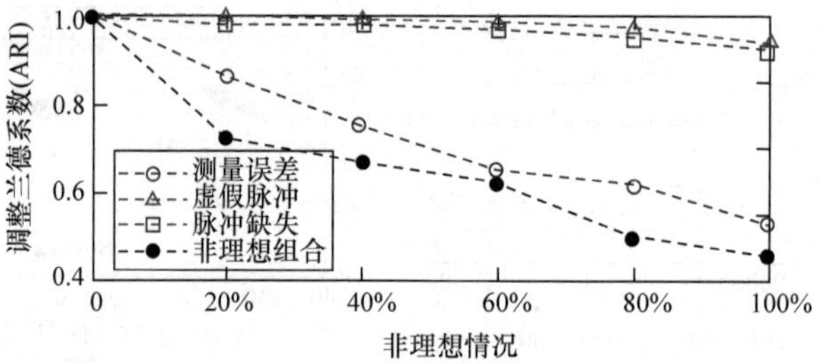

(b) ARI

图 4.12　非理想情况对 UCAR 分选算法的影响

射源脉冲的数值十分接近时，虚假脉冲是限制算法性能的主要因素；⑤当三种非理想情况同时存在时，算法的效果要差于任何一个单独的非理想情况。

4.3　基于参数化模型最大似然估计的信号分选方法

本节介绍基于参数化模型和最大似然估计的信号分选方法，该类方法能够利用 PRI 反映的辐射源脉冲时序特征提升分选性能。

4.3.1　基于参数化模型最大似然估计的分选原理

4.3.1.1　典型 PRI 调制参数化模型的似然计算

交织脉冲序列的产生过程与各个交织辐射源的信号特征直接相关。从模型的角度而言，交织脉冲序列可以看作由交织过程正向生成得到，而分选过程则可以认为是在给定了交织脉冲序列的情况下，反向求解模型参数的过程。最大似然准则实现分选的基本思想是求解在给定交织脉冲序列情况下，使得该脉冲序列出现的可能性最大的模型参数。根据对交织过程的不同先验信息情况，需要求解的参数估计问题复杂度也不同。本章考虑在交织脉冲序列中交织辐射源的数目和对应的 PRI 调制类型已知，但 PRI 调制参数未知条件下对交织脉冲序列进行信号分选与 PRI 调制参数估计的联合处理，是一个组合与连续优化问题。

1. 抖动

抖动 PRI 调制一般分为均匀抖动、高斯抖动和随机抖动，本书主要考虑高斯抖动。高斯抖动调制使 PRI 具有高斯分布，调制参数为均值 μ 和方差 σ^2。由于脉冲序列 $P^J=\left(p_1^J,p_2^J,\cdots,p_N^J\right)$ 的 PRI 值 $p_n^J\ \left(n\in\{1,2,\cdots,N\}\right)$ 都为正值，所以该分布为截断在 0 处的高斯分布。此时高斯抖动 PRI 的概率密度函数(PDF)为：

$$f\left(p_n^J\right)=\frac{1}{\Phi\left(\dfrac{\mu}{\sigma}\right)\sqrt{2\pi\sigma^2}}\exp\left(-\frac{\left(p_n^J-\mu\right)^2}{2\sigma^2}\right) \tag{4-35}$$

其中，p_n^J 为 PRI 值，Φ 为正态累积分布函数。

在雷达应用中，由于 $\mu \gg 0$，$\mu \gg \sigma$，故可以将为 $\Phi\left(\dfrac{\mu}{\sigma}\right)$ 视为 1。模型参数可以通过一个二元组表征如下：

$$\Theta^J = \left\langle \mu, \sigma^2 \right\rangle \tag{4-36}$$

根据抖动 PRI 序列 P^J，模型参数 $\hat{\Theta}^J = \left\langle \hat{\mu}, \widehat{\sigma^2} \right\rangle$ 可以估计得到：

$$\hat{\mu} = \frac{1}{N}\sum_{n=1}^{N} p_n^J \tag{4-37}$$

$$\widehat{\sigma^2} = \frac{1}{N}\sum_{n=1}^{N}\left(p_n^J - \hat{\mu}\right)^2 \tag{4-38}$$

然后根据抖动 PRI 序列和估计的模型参数 $\hat{\Theta}^J$，通过下面的似然计算公式即可得到似然值：

$$ll\left(P^J, \hat{\Theta}^J\right) = \ln\left(\prod_{n=1}^{N}\frac{1}{\sqrt{2\pi\widehat{\sigma^2}}}\exp\left(-\frac{\left(p_n^J - \hat{\mu}\right)^2}{2\widehat{\sigma^2}}\right)\right) \tag{4-39}$$

2. 参差

雷达切换一组离散的、周期性排序的 PRI 值形成参差 PRI 序列。参差 PRI 序列可以用雷达系统内部的离散马尔可夫模型来描述，因此接收到的参差 PRI 序列可被建模为隐马尔可夫模型(HMM)。一个 HMM 可以用三元组表示：

$$\Theta^S = \left\langle \boldsymbol{A}, \boldsymbol{B}, \boldsymbol{\pi} \right\rangle \tag{4-40}$$

其中，$\boldsymbol{A} = \left[a_{xy}\right]_{S\times S}\left(x \in \{1,2,\cdots,S\}, y \in \{1,2,\cdots,S\}\right)$ 是具有 S 个状态的状态转移矩阵，这里 S 个状态即对应参差调制类型的各参差位置；$\boldsymbol{\pi} = \left[\pi_x\right]_{1\times S} = \left[\pi_1, \pi_2, \cdots, \pi_S\right]$ 是初始状态分布概率矩阵；$\boldsymbol{B} = \left[b_{xz}\right]_{S\times M}\left(z \in \{1,2,\cdots,M\}\right)$ 是具有 S 个状态、M 个观测值的观测概率矩阵，这里的观测值表示在参差序列 $P^S = \left(p_1^S, p_2^S, \cdots, p_N^S\right)$ 中出现的 PRI。

参差 PRI 序列 P^S 映射参差模型中的观测序列，假设 $V = \{v_1, v_2, \cdots, v_M\}$ 是所有观测值的集合，对于参差 PRI 序列来讲，状态序列可以表示为 $I = \left(i_1, i_2, \cdots, i_N\right) = (1,2,\cdots,S,1,2,\cdots,S,\cdots)$，并且状态集合可以描述为 $Q = \{q_1, q_2, \cdots, q_S\}$，其中 $q_1 = 1, q_2 = 2, \cdots, q_S = S$。在本书中，$S$ 的范围考虑为 3～4。

参差 PRI 序列 P^S 也被称为模型中的观测序列，模型参数 $\hat{\Theta}^S = \left\langle \hat{\boldsymbol{A}}, \hat{\boldsymbol{B}}, \hat{\boldsymbol{\pi}} \right\rangle$ $\left(\hat{\boldsymbol{A}} = \left[\widehat{a_{xy}}\right]_{S\times S}, \hat{\boldsymbol{\pi}} = \left[\widehat{\pi_x}\right]_{1\times S}, \hat{\boldsymbol{B}} = \left[\widehat{b_{xz}}\right]_{S\times M}\right)$ 可以通过式(4-41)～式(4-46)估计得到：

$$\widehat{a_{xy}} = \frac{\sum_{n=1}^{N-1} \xi_n(x,y)}{\sum_{n=1}^{N-1} \gamma_n(x)} \tag{4-41}$$

$$\widehat{\pi_x} = \gamma_1(x) \tag{4-42}$$

$$\widehat{b_{xz}} = \frac{\sum_{n=1}^{N} \alpha_n(x,z)}{\sum_{n=1}^{N} \gamma_n(x)} \tag{4-43}$$

其中

$$\gamma_n(x) = \begin{cases} 1, & i_n = q_x \\ 0, & i_n \neq q_x \end{cases} \tag{4-44}$$

$$\xi_n(x,y) = \begin{cases} 1, & i_n = q_x, i_{n+1} = q_y \\ 0, & i_n = q_x, i_{n+1} \neq q_y \end{cases} \tag{4-45}$$

$$\alpha_n(x,z) = \begin{cases} 1, & i_n = q_x, p_n = v_z \\ 0, & i_n = q_x, p_n \neq v_z \end{cases} \tag{4-46}$$

然后根据 P^S，$\hat{\Theta}^S$ 和已知的状态序列 I，通过下面的似然计算公式即可以得到似然值：

$$ll\left(P^S, \hat{\Theta}^S\right) = \ln\left(\prod_I f(P^S \mid I, \hat{\Theta}^S) f\left(I, \hat{\Theta}^S\right)\right) \tag{4-47}$$

其中，$f\left(I, \hat{\Theta}^S\right)$ 通过状态转移矩阵 $\hat{\boldsymbol{A}}$ 和状态序列 I 计算得到。$f(P^S \mid I, \hat{\Theta}^S)$ 通过观测概率矩阵 $\hat{\boldsymbol{B}}$，P^S 和 I 计算得到。

4.3.1.2 基于最大似然估计的分选任务建模

基于 PRI 的信号分选任务是利用截获和预分选得到的 TOA 序列，通过时序特征判断交叠脉冲序列中每个脉冲所属的辐射源标签，将该分选问题构建为最大似然问题如下：

假定待分选脉冲序列的辐射源数目 K 已知，且每个辐射源对应的 PRI 调制类型已知，$\tau_{k,i}$ 表示辐射源 $k \in \{1, 2, \cdots, K\}$ 发射第 i 个脉冲的时间戳，$P = \{p_1, p_2, \cdots, p_N\}$ 表示截获的信号 TOA 序列，并做出以下三个假设：

(1) 单一调制：每个源只有一种 PRI 调制类型。

(2) 概率分布未知：每个源 PRI 调制按概率密度分布函数 $\mathcal{T}_k(t)$ 分布，该概率密度分布参数未知。

(3) 独立性：不同辐射源脉冲间是相互独立的，即对于 $k \neq l$ 和 $i \neq j$，$\tau_{k,i} - \tau_{k,i-1}$ 和 $\tau_{l,j} - \tau_{l,j-1}$ 是相互独立的。

对应上述场景及假设下的一个交叠 TOA 序列 $P = \{p_1, p_2, \cdots, p_N\}$，可能的脉冲标签序列集合则为$\{\hat{D}\}=\{\widehat{D_1},\widehat{D_2},\cdots,\widehat{D_{K^N}}\}$。对于每个可能的脉冲辐射源标签序列$\widehat{D_d}\left(d\in\{1,2,\cdots,K^N\}\right)$，可以得到属于每个辐射源的抖动 PRI 序列 P_d^J 和参差 PRI 序列 P_d^S。然后根据式(4-47)和式(4-48)，通过最大似然估计获得具有最大似然值的脉冲标签序列$\widehat{D_m}\left(m\in\{1,2,\cdots,K^N\}\right)$作为分选结果。

$$\widehat{D_m}=\underset{\{\hat{D}\}}{\operatorname{argmax}}\sum_{k=1}^{K}\ln(\prod_i \Pr_k\left(t_k\left(i\right)\right)) \tag{4-48}$$

其中，$\widehat{D_m}$ 为分选结果，$t_k(i)$表示第 k 个辐射源的第 i 个脉冲间隔，$\Pr_k\left(t_k(i)\right)$表示$t_k(i)$属于第 k 个源的概率。

4.3.2　基于参数化模型最大似然估计的分选算法

4.3.2.1　算法总体框架

4.3.1.2 节的分选最大似然问题为连续与组合优化问题，需要同时完成各个辐射源 PRI 调制参数的估计与分选。本节使用穷举法求解这种优化问题，设计了一种基于参数化模型最大似然(ML)估计的信号分选方法(Parametric Model Based Deinterleaving with Maximum Likelihood Solution，PMBD-ML)，并针对复杂电磁环境可能存在的测量噪声、缺失脉冲以及虚假脉冲等非理想条件进行算法适应性改进。方法的总体实现框图 4.13 所示。

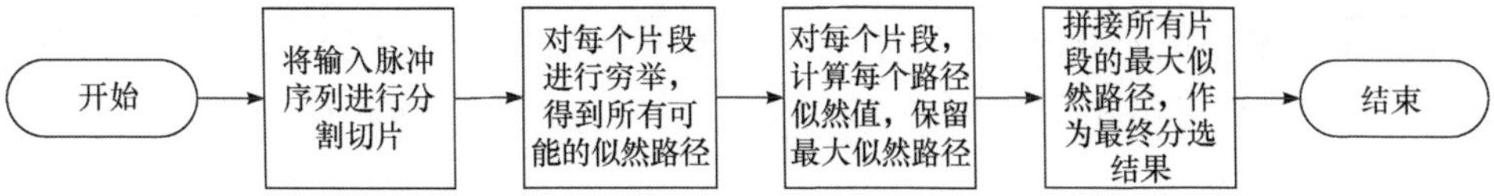

图 4.13　PMBD-ML 算法的实现架构

4.3.2.2　算法模块设计

1. 基于参数化模型最大似然估计的分选算法(A1)

记所提出的 PMBD-ML 算法为 A1。设定缓冲区中提取出长度为 α 的 TOA 序列 P 后，进行如图 4.14 所示的分选处理。

序列 P 被切成等长为 β 的较小片段，对每个片段枚举所有可能的路径(标签序列)，然后计算所有片段和所有可能路径的似然值。保留每个片段的最大似然路径，将这些似然路径的结果拼接，得到输入长 TOA 序列的最终标签序列，从而实现分选。根据估计得到的标签序列可以提取出每个辐射源的脉冲序列。上述过程的算法设计描述如算法 4.1 所示。

扫码见彩图

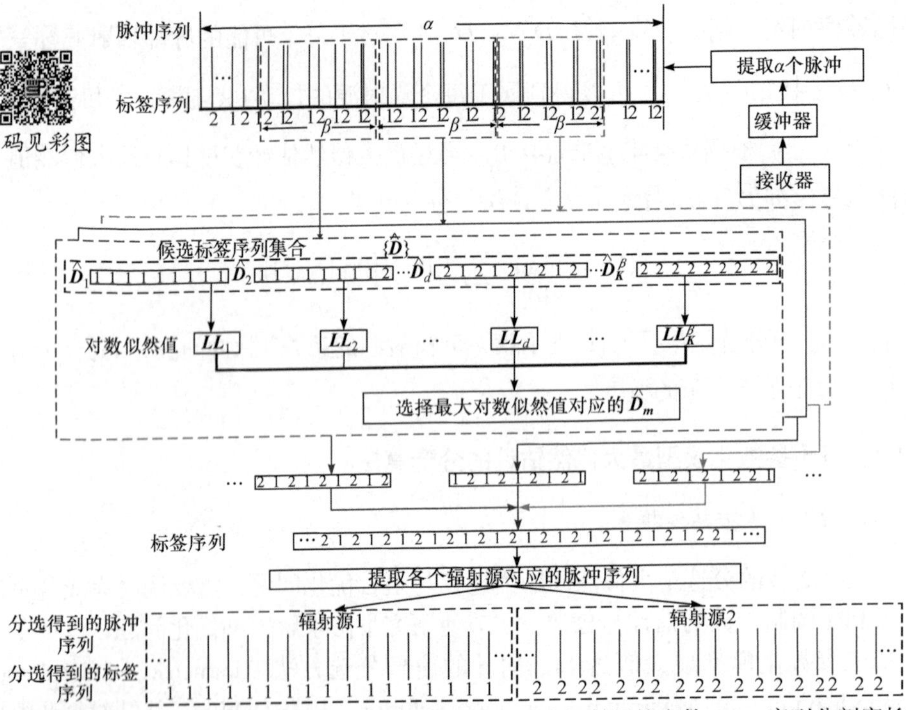

图 4.14　以 $K=2$ 和 $\beta=9$ 为例的 A1 示意图（K：雷达辐射源的个数，β：序列分割窗长）

算法 4.1　基于最大似然解决方案的雷达信号分选(A1)

输入：一个长为 α 的 TOA 输入序列 P，雷达辐射源的个数 K 和 PRI 调制类型

(1) 设置序列分割段长为 β，然后将长 TOA 输入序列 P 分割成等长且为 β 的短序列。

(2) 根据雷达辐射源数目 K 和 β，通过枚举生成所有候选脉冲标签序列集合 $\left\{\widehat{D}\right\}=\left\{\widehat{D_1},\widehat{D_2},\cdots,\widehat{D_{K^\beta}}\right\}$。

(3) • 当 $j=1,2,\cdots,\mathrm{ceil}\left(\dfrac{\alpha}{\beta}\right)$ 时，开始循环

提取第 j 个短 TOA 序列 P_j。

• **当 $d=1,2,\cdots,K^N$ 时，开始循环**

计算脉冲标签序列 $\widehat{D_d}$ 对应的对数似然值。

• **循环结束**

记下最大对数似然值对应的脉冲标签序列 $\widehat{D_m}$，将其作为序列 P_j 的分选结果。

• **循环结束**

(4) 将所有短序列的分选结果级联成一个长标签序列 P，并根据标签序列提取各个雷达辐射源的脉冲序列。

在 A1 中，$\mathrm{ceil}(x)$ 是一个将x转向正无穷的函数。当在计算 A1 的步骤(4)中的

每个可能路径的似然值时，即使使用并行计算，穷举方法的效率也可能过低。可以利用遗传算法[47]以启发式的方式寻找最然路径。在片段长度 β 和辐射源数目 K 下，对于穷举方法，搜索次数为 K^{β}，但对于遗传算法，搜索次数由迭代次数 E 和初始种群大小 F 定义，它等于 $E \bullet F$ 降低了计算复杂度。分选任务中的启发式遗传算法个体设计为代表一个可能的脉冲标签序列 $\widehat{D_d}$，不需要编码，适应度函数是每个可能的脉冲标签序列的似然计算函数，它表示如下：

$$ff = \sum_{k=1}^{K} \sum_{i} \Pr_k\left(t_k(i)\right) \tag{4-49}$$

2. 非理想条件下的分选算法改进

实际电磁环境非常复杂，接收的信号必然受到不同非理想因素的影响，上述基本分选算法(A1)需要针对典型非理想条件进行改进。

1) 针对 TOA 误差测量的改进

影响 TOA 测量准确率的主要因素是接收机电路中的噪声，会以随机误差的形式叠加在 TOA 测量值上。针对 TOA 测量误差的分选算法改进可以允许获得的每个 $\widehat{D_d}\left(d \in \left\{1,2,\cdots,K^N\right\}\right)$ 序列 P_d^S 对测量误差有一定的容差裕度，通过取值区间中心值代替单值取值来实现。具体来说，首先将 PRI 的大致范围按照 2α 宽度分割为多个取值区间集合 $\text{bin} = \left(\text{bin}_1, \text{bin}_2, \cdots, \text{bin}_n\right)$，其中 α 为测量误差极限，且假设 PRI 数值落入区间内任意位置的观测概率相同。如假设 PRI 范围为 $40 \sim 90\mu\text{s}$，TOA 测量准确率为 1μs，设定 $\alpha = 0.5\mu s$，则取值区间为 1μs，PRI 范围调整为 $39.5 \sim 90.5\mu s$，对应平均分割为 51 个取值区间；然后根据生成集合对似然计算得到的序列 P_d^S 进行更新，将原始序列 P_d^S 中的每个 PRI 值替换为其所在区间的中心值，如接收到的序列为 $P_d^S = \left(53.2, 55.4, 58.1, 53.1, 54.9, 57.9\right)$，则更新后的序列为 $P_d^{S'} = \left(53, 55, 58, 53, 55, 58\right)$。

2) 针对缺失脉冲的改进

接收序列中出现缺失脉冲，可能是天线旋转导致脉冲连续丢失(图 4.15(a)所示)或者脉冲同时到达或者重叠导致的散发脉冲丢失(图 4.15(b)所示)，连续缺失的脉冲会导致属于同于辐射源的抖动和参差 PRI 序列中出现一些非常大的 PRI 值(因为 PRI 值通常通过对 TOA 序列进行一阶差分得到)。对于多个辐射源的脉冲同时到达接收机导致的脉冲缺失，由于缺失脉冲的 TOA 与前一个脉冲的 TOA 相似，因此只要能找到缺失脉冲的位置，就可以对缺失脉冲进行恢复。针对缺失脉冲情况提出了算法 A2，如算法 4.2 所示。其中 numLargePRI (基于 P_d^J 或 P_d^S 进行经验设置)是大于阈值 γ 的 PRI 个数。

从理论上讲，对真实缺失脉冲位置进行补偿后的脉冲序列，计算得到的似然值必须大于在非缺失位置进行错误补偿后脉冲序列和没有进行补偿的脉冲序列的似然值。从而，对于每个可能的缺失脉冲标签序列，通过加入相应脉冲的 TOA

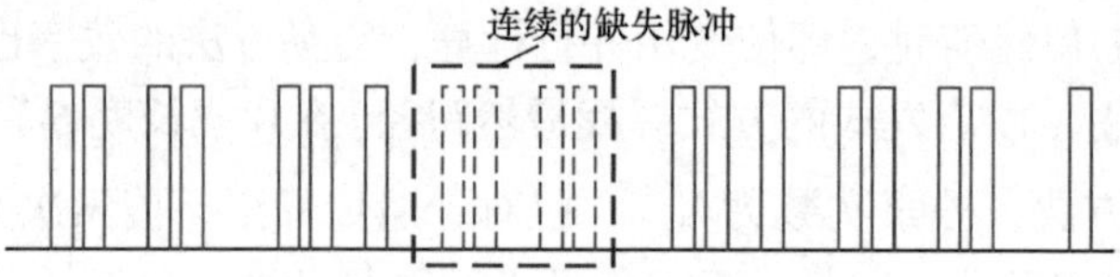

(a) 由天线转动导致的脉冲缺失

扫码见彩图

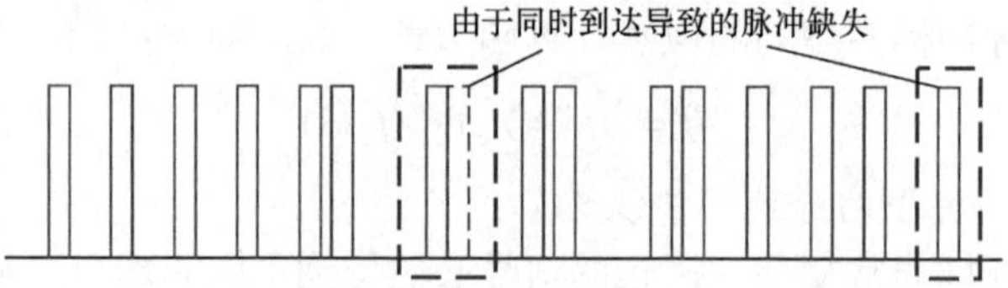

(b) 由几个脉冲同时到达导致的脉冲缺失

图 4.15 脉冲缺失

序列进行补偿，可以得到缺失脉冲的位置与相应路径的似然值。在所有路径中，似然值最大的序列即为发生了缺失脉冲的序列。

算法 4.2 在缺失脉冲情况下的 A1 算法改进(A2)

输入：一个长为 α 的 TOA 输入序列 P，雷达辐射源的个数 K 和 PRI 调制类型

---

(1) 执行 A1 的步骤(1) 和 (2)。

(2) • **当** $j=1,2,\cdots,\text{ceil}\left(\dfrac{\alpha}{\beta}\right)$ **时，开始循环**

提取第 j 个短 TOA 序列 P_j。

如果 脉冲缺失由天线转动导致 **则**

• **当** $d=1,2,\cdots,K^N$ **时，开始循环**

计算脉冲标签序列 $\widehat{D_d}$ 对应的对数似然值：

如果 numLargePRI == 1 **则**

删掉该 PRI 并且生成集合 $\{\hat{l}\}$；

否则 如果 numLargePRI ≥ 2 **则**

删掉这两个 PRIs 并且生成集合 $\{\hat{l}\}$；

结束判断

计算候选状态序列集合 $\{\hat{l}\}$ 中每一个状态序列对应的对数似然值。

• **循环结束**

否则 如果 脉冲缺失由几个脉冲同时到达导致 **则**

生成所有可能缺失脉冲的脉冲标签序列集合。对于每个可能的脉冲标签序列，将每个脉冲相邻脉冲的 TOA 加到 P_j 中，然后计算它们的对数似然值。

结束判断

记下最大对数似然值对应的脉冲标签序列 $\widehat{D_m}$，将其作为序列 P_j

的分选结果。

• **循环结束**

(3) 执行 A1 的步骤(4)。

3) 针对虚假脉冲的改进

接收序列中出现虚假脉冲，可能是脉冲分裂(图 4.16(a))或者电路毛刺(图 4.16(b))造成。为了保持分选的结果不受影响，对分裂的情况需要对分裂后的多个窄脉冲进行合并；对电路毛刺可以通过计算似然值找到这些虚假脉冲的位置后进行删除，对应的改进算法提出了算法 A3，如算法 4.3 所示。

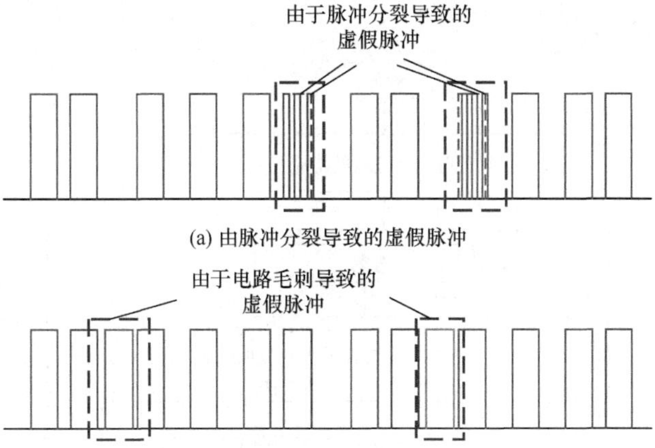

(a) 由脉冲分裂导致的虚假脉冲

(b) 由电路毛刺导致的虚假脉冲

图 4.16　虚假脉冲

扫码见彩图

算法 4.3　在虚假脉冲情况下改进的 A1(A3)

输入：一个长为 α 的 TOA 输入序列 P，雷达辐射源的个数 K 和 PRI 调制类型

如果 虚假脉冲由脉冲分类导致 **则**

(1) 从接收到的 TOA 序列 P 中计算相邻脉冲间隔，找到间隔小于阈值脉冲，记为分裂脉冲。

(2) 从序列 P 中删除分裂脉冲的 TOAs。

(3) 执行 A1 的步骤(1)～(4)。

否则 如果 虚假脉冲由电路毛刺导致 **则**

(1) 执行 A1 的步骤(1) 和 (2)。

(2) 生成候选虚假脉冲序列的集合。

(3)• **当** $j=1,2,\cdots,\text{ceil}\left(\dfrac{\alpha}{\beta}\right)$ **时，开始循环**

提取第 j 个短 TOA 序列 P_j。

生成候选虚假脉冲标签序列集合。对于每个可能的虚假脉冲标签序列，删除相应脉冲的 TOA 并计算它们的对数似然值。

记下最大对数似然值对应的脉冲标签序列 $\widehat{D_m}$ ，将其作为序列 P_j 的分选结果。

- **循环结束**

(4) 执行 A1 的步骤(4)

结束判断

嵌入上述三种非理想改进措施的最大似然分选算法全流程如图 4.17 所示。需要指出，除了脉冲分裂的改进发生在识别前外，其他的改进都是在基于 ML 的分选过程中实现，各个改进之间的顺序也不需要特定设置，只需要在每个改进过程之后进行结果合并即可。

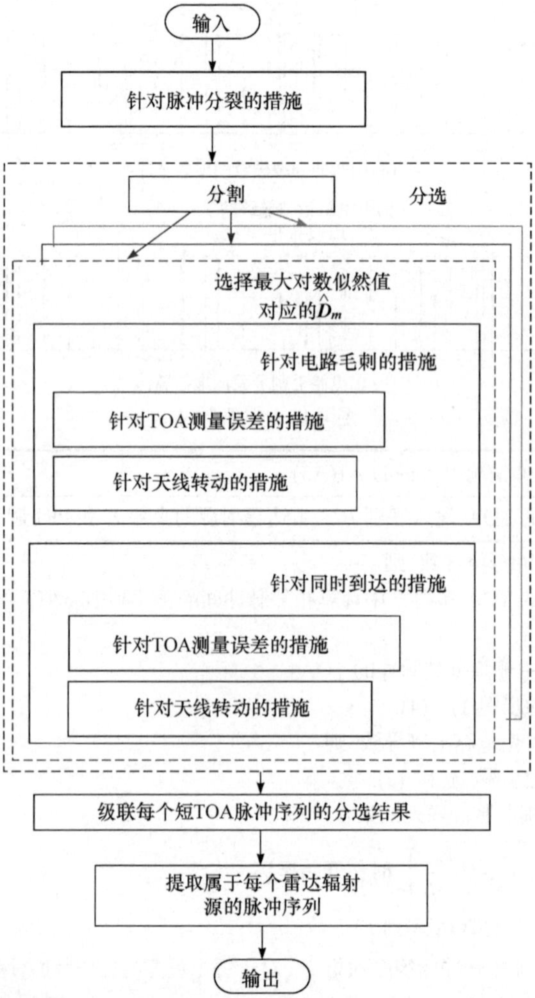

图 4.17　针对非理想情况完成改进的 ML 分选算法流程图

4.3.3 算法性能验证

4.3.3.1 实验设置介绍

1. 数据集设置

本书同时使用了仿真数据集和真实数据集来验证所提出的解决方案的有效性。

仿真数据集的参数设置如表 4.5 所示。仿真实验内容分组如表 4.6 所示，共包括五组实验：实验组 G1 用于验证该解决方案在理想情况下的性能；实验组 G2 开展针对测量误差(ME)情况的改进分选算法性能实验；实验组 G3 用于验证 A2 在不同原因导致脉冲缺失的情况下的有效性；实验组 G4 用于验证 A3 在虚假脉冲情况下的有效性；实验组 G5 验证所提出的分选方案在混合非理想情况下的性能，对应的数据集同时添加高斯测量噪声、缺失脉冲和虚假脉冲。

表 4.5　实验设计参数

实验组号	标准差	缺失比例/%	虚假比例/%	目的 (验证)
G1	—	—	—	理想情况下
G2	0.01–0.1	—	—	TOA 测量误差
G3	—	22～40 (AR) 2～8 (SA)	—	A2
G4	—	—	2～40 (PS) 2～8 (CB)	A3
G5	0.01–0.1	22～40	22～ 40	混合非理想情况下

表 4.6　基础数据集的参数设置

信号类型	μ	σ	PRI 范围/μs	参差点数	β
B1(J + J)	50 70	0.8～4	—	—	50
B2(S + S)	—	—	(50,60) (70,80)	3～4	50
B3(J+ S)	80	0.8～4	(50,60)	3～4	50

*J 和 S 分别代表抖动 PRI 和参差 PRI。μ 和 σ 分别代表抖动 PRI 的均值和标准差，β 是长 TOA 序列的分割窗长。

2. 评价指标

这里选用代表脉冲被正确分类概率的分选准确率指标来评价分选方案的性

能。设 $E_i \in \{1,2,\cdots,K\}$ 表示发出第 i 次（$i \in \{1,2,\cdots,\alpha\}$）脉冲的辐射源，设 $\widehat{E_i} \in \{1,2,\cdots,K\}$ 表示该方案的估计结果，分选准确率的计算定义如下：

$$\mathrm{Acc} = \frac{\sum_{k=1}^{K}\sum_{i=1}^{\alpha} f_{i,k}}{\alpha} \tag{4-50}$$

其中，

$$f_{i,k} = \begin{cases} 1, & \widehat{E_i} = E_i, E_i = k \\ 0, & \text{其他} \end{cases} \tag{4-51}$$

3. 对比方法

选择如下几种基于时间序列的分选方法作为对比方法：

(1) CDIF： 该算法是一种传统的分选算法[8]，通过累积不同阶的直方图得到累积差值直方图。如果累积差值直方图值大于检测阈值，则将相应的差值区间取为潜在的 PRI 值。然后，利用序列搜索算法确定该值是否真实，并提取与真实 PRI 值对应的脉冲序列。

(2) PRI 变换：该传统算法[48]使用一个类复值自相关积分来表示 PRI 谱上的 PRI 值，可以避免次谐波的影响。

(3) DP：这是一种对高斯抖动雷达脉冲序列[1]进行分选的动态规划(DP)方法，文献[1]中包括了针对已知调制类型参数依次改进的四种算法(本书将其记为 A1 至 A4)和针对对于未知参数情况的第五种算法(A5)。DP 方法在对比实验中首先使用 A5 估计每个抖动模型的 PRI 值，然后使用 A2 完成分选。

4.3.3.2 仿真数据集实验

1. 最优窗长的选择

将长 TOA 序列划分为多个长度为 β 的短 TOA 序列，β 值的设置对分选准确率和时间开销都很重要。表 4.7 展示了不同窗长情况下的分选准确率，当窗长分别为 30、40 或 50 时，分选准确率最高。随着 β 的增加，一个窗口内的脉冲数量也增加，并且使用启发式遗传算法很难精确地完成分选。这是因为随着窗口中脉冲数量的增加，有更多的候选脉冲标签序列，即遗传算法中的个体总数多，通过遗传算法很难找到最优解。在后续分选过程中，选择窗口长度为 50，以在保持准确率的同时加快分选处理速度。

表 4.7 不同窗长 β 的分选准确率(%)

窗长	30	40	50	60	70	80	90	100
准确率	99.332	99.332	99.332	94.366	87.696	85.674	82.663	78.671

2. 算法性能验证

实验组 G1 验证 PMBD-ML 在理想条件下的性能，基本数据集的参数设置如表 4.8 所示。辐射源假定为 2 个，包含三种调制类型的信号。抖动 PRI 的标准差在 0.8～4.0 的范围内随机取值。本实验与传统的 CDIF、PRI 变换和 DP 分选方法进行比较。这些对比方法未对参差 PRI 进行针对性设计，主要针对分选信号类型 B1 进行分析。由表 4.8 展示的分选性能结果可知，对于只有抖动 PRI 的信号 B1，PMBD-ML 的分选准确率比 CDIF 和 PRI 变换高约 2.5%，比 DP 高约 6.9%。此外，CDIF 和 PRI 变换对 PRI 抖动非常敏感。随着方差的增加，它们的性能逐渐下降。但当 PRI 的抖动方差达到 4 时，PMBD-ML 的分选准确率仍然较高。

表 4.8　G1 分选性能(%)

方法	$\sigma:0.8$	$\sigma:4$
PMBD-ML	99.33	99.33
CDIF	96.97	84.77
PRI 变换	97.1	84.97
DP	92.65	93.5

不同的非理想条件下 PMBD-ML 的性能仿真结果如图 4.18～图 4.21 所示。

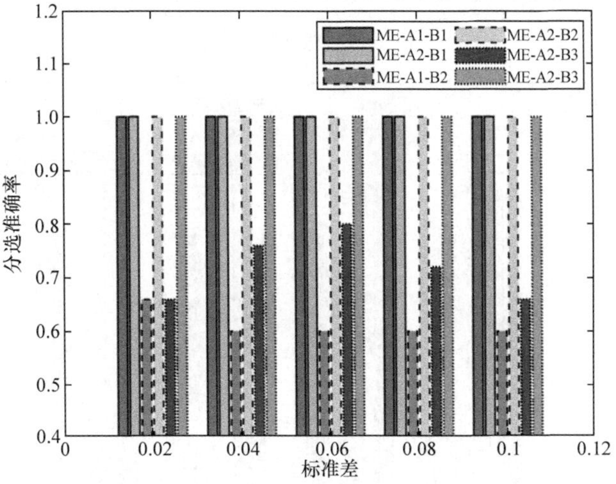

图 4.18　G2 分选性能

在图 4.18 中，ME-A1-B1 表示 A1 在信号类型为 B1 且存在测量误差(ME)的情况下的结果，ME-IMP-B1 表示改进算法在信号类型为 B1 且存在 ME 的情况下的结果。结果表明，A1 很容易受到 TOA 测量误差的影响，其分选准确率比理想条件下的准确率低 35%左右。但改进后的算法在 ME 方面表现出了较强的鲁棒性。

对于不同的信号类型,分选准确率可达到99.33%左右(图4.18中的几条曲线重合)。在图4.19(a)中，AR-A1-B1表示在天线旋转(AR)导致脉冲缺失的情况下，A1对信号类型B1的分选结果。结果表明，在天线旋转导致连续脉冲缺失的情况下，原算法A1对信号类型B1很敏感。也就是说，A1不能正确地分选抖动PRI序列，其分选准确率降低了30%。改进后的算法可以补偿天线旋转引起的脉冲缺失的影

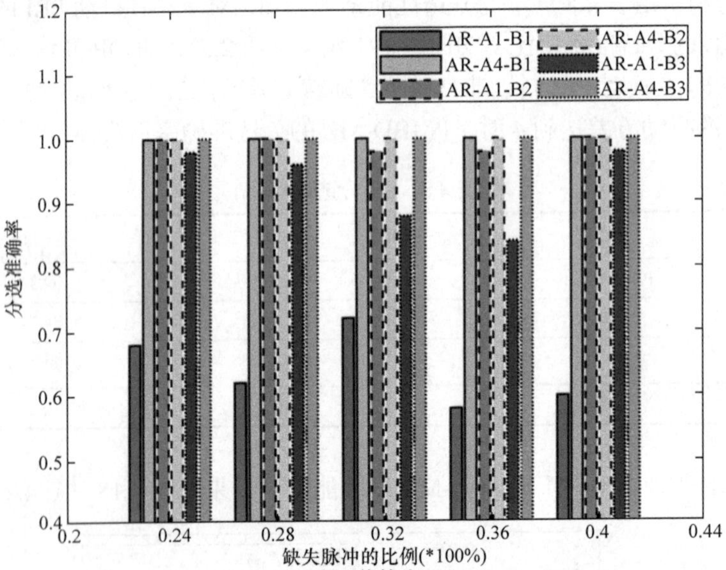

(a) 天线转动(AR)

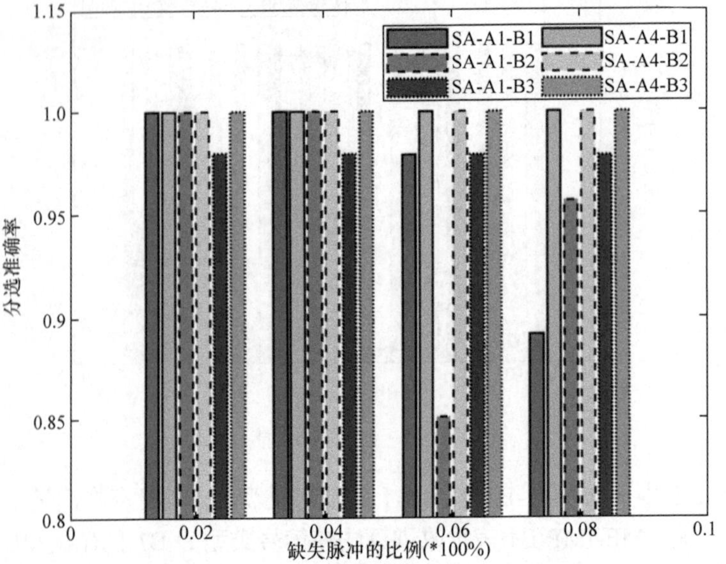

(b) 同时到达(SA)

图4.19　G3分选性能

响，其分选性能不受不同信号类型和缺失比例的影响。A1 及其改进算法 A2 在由于同时到达而导致脉冲缺失的情况下的去交错性能如图 4.19(b)所示，其中 SA-A1-B1 表示 A1 在同时到达(SA)导致脉冲缺失的情况下对信号类型 B1 的分选结果。由于 A1 不能补偿缺失脉冲的影响，它的分选性能下降。相比之下，改进后的算法 A2 仍能保持较高的分选准确率，这也验证了 A2 的有效性。在图 4.20(a)中，PS-A1-B1 表示 A1 在脉冲分裂引起假脉冲的情况下对信号类型 B1 的去交织结果，CB-A1-B1 表示 A1 在电路毛刺(CB)产生假脉冲的情况下获得的信号类型 B1 的分选结果。在虚假脉冲情况下，A1 和 A2 的分选结果如图 4.20 所示。随着虚假脉冲比例的增加，A1 的分选准确率逐渐降低。但改进后的算法可以在不同的虚假比例下可以保持相同的分选性能，验证了 A2 的有效性。

综上所述，虽然 A1 在理想条件下具有良好的性能，但它很容易受到非理想条件的影响。而改进后的算法(A2)对不同非理想条件具有良好的适应性，分选准确率约为 99.33%，验证了改进算法的鲁棒性。

此外，混合非理想条件下的分选性能仿真结果如图 4.21 所示，MIXED-A1-B1 为混合非理想条件下 A1 对信号类型 B1 的分选结果，CDIF-B1, PRI transformation-B1 和 DP-B1 分别为 CDIF、PRI 变换和 DP 在混合非理想条件下对信号类型 B1 的分选结果。由图可知，随着非理想条件的加剧，A1、CDIF、PRI 变换和 DP 的性能逐渐下降。非理想条件下对比方法的分选准确率比理想条件下低 10%~20%左右，表明对比方法很容易受到非理想条件的影响；所提出的改进算法的性能几乎不受影响，即使在高度混合的非理想条件下，其分选准确率也保持在 99%左右。这些结果验证了 A1 在非理想条件下的敏感性和所提出的改进分选算法 A5 的高适应性。

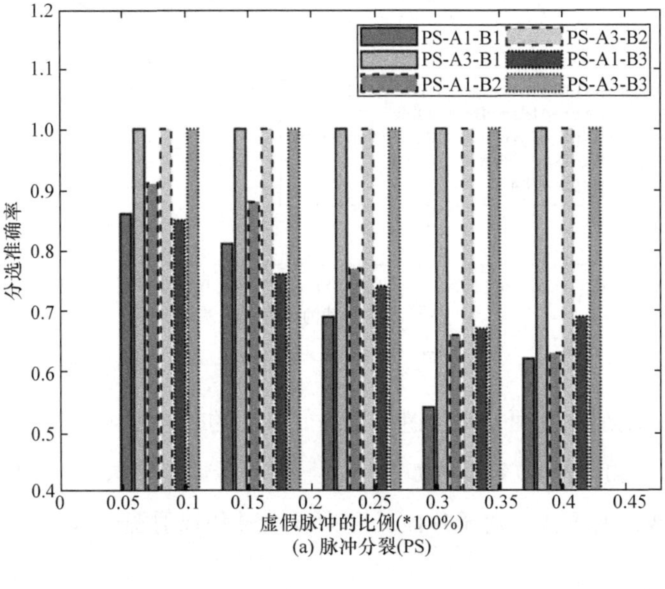

(a) 脉冲分裂(PS)

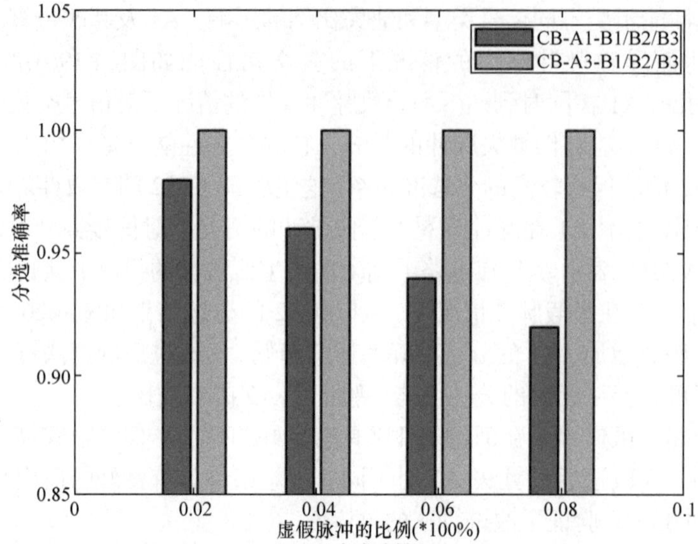

(b) 电路毛刺(CB)

图 4.20　G4 分选性能

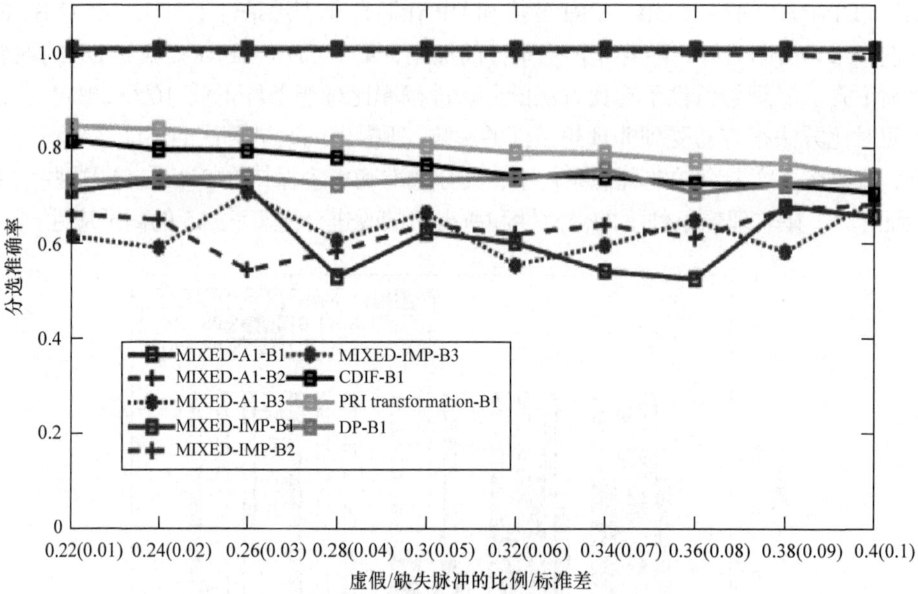

图 4.21　G5 分选性能

算法时间复杂度方面，基于遗传算法的方法的时间复杂度为$O(E \cdot F)$，基于穷举搜索的方法的时间复杂度为$O\left(K^{\beta}\right)$。显然基于遗传算法的方法的时间效率优于基于穷举搜索的方法。对于片段长度为$\beta = 50$和辐射源个数为 2，迭代次数E

和初始种群大小F分别设置为 100 和 1000 的情况，表 4.9 给出了基于穷举搜索的方法和基于启发式遗传算法的方法的计算复杂度。

表 4.9　以 $K=2$ 和$\beta=50$ 为例的计算复杂度

方法	计算复杂度	
基于穷举搜索的方法	K^{β}	2^{50}
基于遗传算法搜索的方法	$E\bullet F$	100000

4.3.3.3　采集数据集实验

采集数据集包含了 J+J、J+S、S+S 这三种信号类型，并存在混合非理想条件包括测量噪声、脉冲缺失和虚假脉冲。采集数据集上的分选实验结果如表 4.10 所示， PMBD-ML 的分选准确率仍然可以高于 84%，同时高达 97%的参差信号分选准确率也证明了它可以用于复杂的PRI调制类型。其他对比方法只能对抖动PRI信号进行分选，分选准确率对比 PMBD-ML 也要低 30%～40%。

表 4.10　真实数据集下不同分选方法比较(%)

Methods	B1(J+J)	B2(S+S)	B3(J+S)
PMBD-ML	89.06	97	84.52
CDIF	50.13	—	—
PRI 变换	50.23	—	—
DP	61.27	—	—

4.4　基于神经机器翻译的信号分选方法

本节介绍一种基于深度学习算法和深度时序网络实现分选的方法。该方法提取交织脉冲序列中各个成分辐射源脉冲间时间序列特征完成分选。

4.4.1　神经机器翻译方法原理

随着深度学习等机器学习方法的发展，一些深度学习模型被用于自然语言处理，出现了许多神经机器翻译(Neural Machine Translation，NMT)网络的研究，且在很多翻译任务上取得了超越传统翻译方法的性能[49-51]。自然语言处理领域的机器翻译是指通过计算机将源域语言句子翻译到目标域与源句子语义等价的目标语言句子的过程，其基本原理为：

记长为T的源句子为：$\boldsymbol{x}=x_1^T=\left(x_1,x_2,\cdots,x_T\right)\in\sum_{\text{source}}$，其中$\sum_{\text{source}}$为源域语

言字母表。要翻译成的目标语言域句子记为 $\boldsymbol{y}=y_1^J=\left(y_1,y_2,\cdots,y_J\right)\in\sum_{\text{target}}$，其中 $\sum_{\text{target}}$ 为目标域语言字母表。在神经机器翻译中，首先将源域句子和目标域句子根据各自的字母表进行 one-hot 编码，以将语言转换成计算机可接收的数值输入。例如源域句子的某个词符(token)在 $\sum_{\text{source}}$ 中的索引为 2，则对应的 one-hot 编码为 $\left[0,1,0,\cdots,0\right]\in\mathbb{R}^{\left|\sum_{\text{source}}\right|\times 1}$，该向量仅有第二个位置为 1，其余位置均为 0。神经机器翻译的目的是计算给定源域句子情况下的目标域句子的条件概率 $\Pr\left(\boldsymbol{y}\mid\boldsymbol{x}\right)$，使用神经网络建模该概率分布。即：

$$\Pr\left(\boldsymbol{y}\mid\boldsymbol{x}\right)=\prod_{j=1}^{J}\Pr\left(y_j\mid y_1^{j-1},\boldsymbol{x}\right) \tag{4-52}$$

不同的 NMT 方法区别很大一部分在于对分布 $\Pr\left(y_j\mid y_1^{j-1},\boldsymbol{x}\right)$ 的建模方式。最典型的神经机器翻译模型为如图 4.22 所示[52]的编码器-解码器(Encoder Decoder)结构。图中 $s,/s\in\sum_{\text{target}}$ 分别表示开始符和终止符，用于控制目标语言的翻译开始和结束。因为通常 $T\neq J$，所以需要人为控制翻译的开始和结束。解码器在工作时首先接收到输入 s，开始逐个解码并序贯输出目标语言词符。在输出到 $/s$ 之后，解码器停止输出，翻译结束。

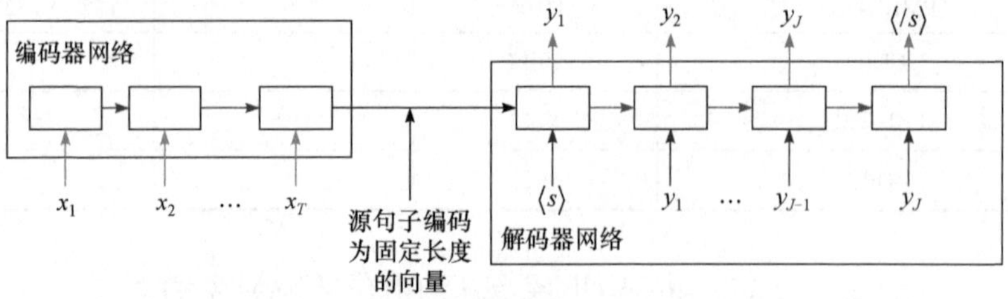

图 4.22　经典编码器-解码器结构

NMT 解码是一个复杂的任务，考虑长度为 J 的输出长度，则总的搜索空间为 $\left|\sum_{\text{target}}\right|^J$。因此需要采取合适的解码方法，常用的解码方法包括贪心搜索和集束搜索两种[49, 53]。

两种搜索方法都从左到右对解码问题进行因式分解。通过条件概率 $\Pr\left(y_j\mid y_1^{j-1},\boldsymbol{x}\right)$ 计算部分翻译前缀，即在每个解码迭代轮次 $j,1\leqslant j\leqslant J$，比较长度为 j 的各个部分假设解码路径，然后这些假设路径中的一部分被保留，用于下一个迭代轮次的计算。解码算法在达到终止符 $/s$ 或达到最大解码轮次之后停止计算。

贪心搜索中解码器每个时间步 j 保留该时刻可能性 p_{score} 最大的单条假设路

径。其中 $\mathrm{proj}_w(\boldsymbol{o})$ 为映射函数，将 $\boldsymbol{o}=\left(o_1,o_2,\cdots,o_{\left|\sum_{\mathrm{target}}\right|}\right)$ 映射到第 w 个元素，即 $\mathrm{proj}_w(\boldsymbol{o})=o_w,1\leqslant w\leqslant\left|\sum_{\mathrm{target}}\right|$。集束搜索中每个迭代轮次保留前 a 个可能性 p_{score} 最大的假设路径作为下一时刻的候选路径，然后在下一时刻根据 $\sum_{\mathrm{target}}$ 计算新的所有可能的假设路径对应的可能性。一直迭代直到某一轮中这 a 个假设路径中可能性最大的路径达到终止符 $/s$。除了循环神经网络之外，还有许多其他神经机器翻译结构被提出，如卷积神经机器翻译网络[54]，基于自注意力机制的 Transformer 网络[55]等。

由上可知，神经机器翻译的基本原理和分选相似，均是最大化目标序列与输入序列的条件概率。相较于人为设置的参数化模型，深度神经网络的表征能力更强，更能够表征任意复杂的概率密度分布。从而很自然地考虑基于神经机器翻译的基本原理，在有一定程度训练数据的基础上训练深度神经网络用于分选。基于 NMT 的分选实现原理如图 4.23 所示，将输入脉冲序列中的每个脉冲“翻译”成对应的辐射源标签。

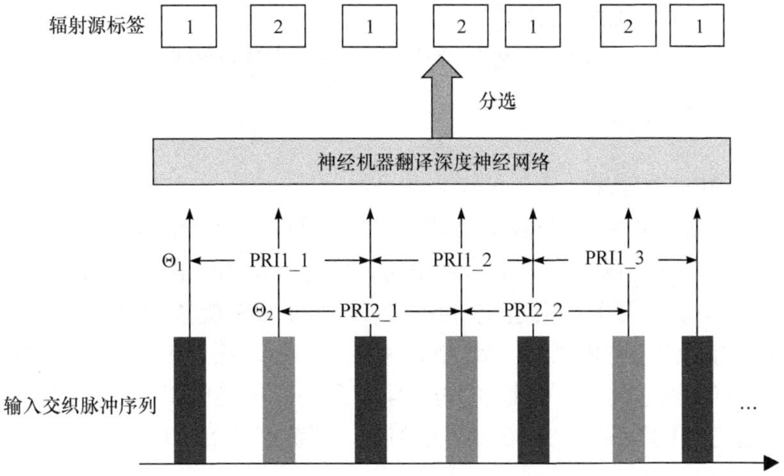

图 4.23 基于 NMT 的分选网络

4.4.2 基于神经机器翻译的分选算法

4.4.2.1 算法总体框架

本节设计的基于 NMT 网络的分选算法框架如图 4.24 所示。

训练阶段中，该方法首先基于 IPS 配置的定义和交织脉冲序列的情况构建对应的训练样本，然后通过设定的序列损失函数，最小化网络输出和真实标签之间的损失值，通过反向传播算法实现 NMT 网络的训练，最终使得 NMT 网络从训练数据中学习到 $\boldsymbol{\Theta}$ 和切换过程的特征。测试阶段中，直接调用训练好的 NMT 网络实现对包含任意 IPS 配置数目的测试样本进行分选，通过每个输出脉冲的辐射源标签分析对序列分选性能进行计算评估。

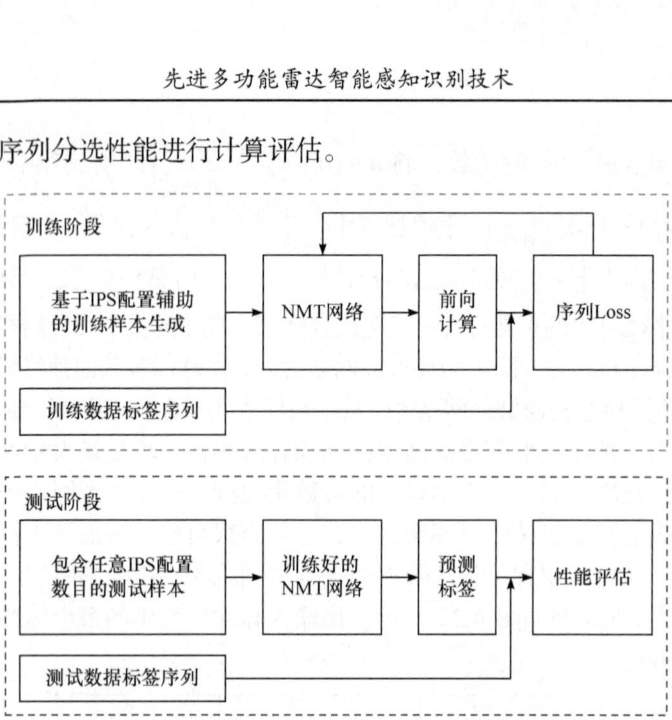

图 4.24 基于 NMT 的分选网络训练和测试

4.4.2.2 算法模块设计

1. 基于 IPS 配置辅助的训练样本生成

基于交织脉冲序列 $\boldsymbol{P}$ 的 IPS 配置定义，可以设计统一的数据准备方法用于训练 NMT 模型。分选场景中交织脉冲序列 $\boldsymbol{P}$ 中存在的 IPS 配置数目往往是动态变化的(如辐射源动态开关机会造成侦收脉冲序列的 IPS 配置数目动态变化)，那么 $\boldsymbol{P}$ 中所有可能出现的 IPS 配置都需要被拼接来构造训练样本。通过将这些 IPS 配置拼接，NMT 模型就能够在训练的时候学习到各种可能的 IPS 配置的内部特征以及 IPS 配置之间的特征。从而在测试的时候，训练好的 NMT 模型就可以适应 IPS 配置数目动态变化的交织脉冲序列样本。

本书在 4.1.2 节给出了两种典型交织序列的 IPS 配置映射，本节给出这两种典型交织场景下的训练样本准备方法。对于更复杂的交织情况，可以基于这两种基本场景生成方法组合得到。

1) 交织场景 1：存在状态切换的多功能雷达交织样本产生

本场景的交织脉冲序列中，成分辐射源均为多功能雷达，成分辐射源中的一个或者多个在发射脉冲序列时切换其雷达工作状态，造成对应的脉冲序列中包含多个不同雷达工作状态的状态片段。假定交织脉冲序列中存在 K 个多功能雷达辐射源，每个辐射源存在 $L_k, 1 \leqslant L_k < +\infty$ 个可能的工作状态，每个雷达工作状态可以由一个参数化模型表征 $\Theta_k^m, 1 \leqslant m \leqslant L_k$。考虑每个时刻每个辐射源发射 L_k 个工作状

态中的一个，那么对交织脉冲序列 $\boldsymbol{P}$ 而言，对应交织脉冲序列存在中所有可能的 IPS 配置数目为 $\prod_{k=1}^{K} L_k$。当存在模式切换时，本书设计的两种训练数据准备方法如图 4.25 所示。

根据图 4.25 中的第一种数据准备方法，首先产生各个辐射源各自的模式切换 PRI 序列，并转换成 TOA 序列。在一个模式切换序列中，L_k 个模式不重复出现，模式切换顺序随机。然后给每个成分辐射源随机生成一个对应的初始相位，将对应的 TOA 序列加上该初始相位。最后基于各个成分辐射源脉冲的 TOA 进行排序，得到交织脉冲序列及对应的标签序列。在标签序列中，同一个辐射源的不同工作状态对应的脉冲，对应的标签为辐射源标签。如辐射源 A 对应的来自工作状态 A1，A2，A3 的脉冲均标记为辐射源标签“A”。

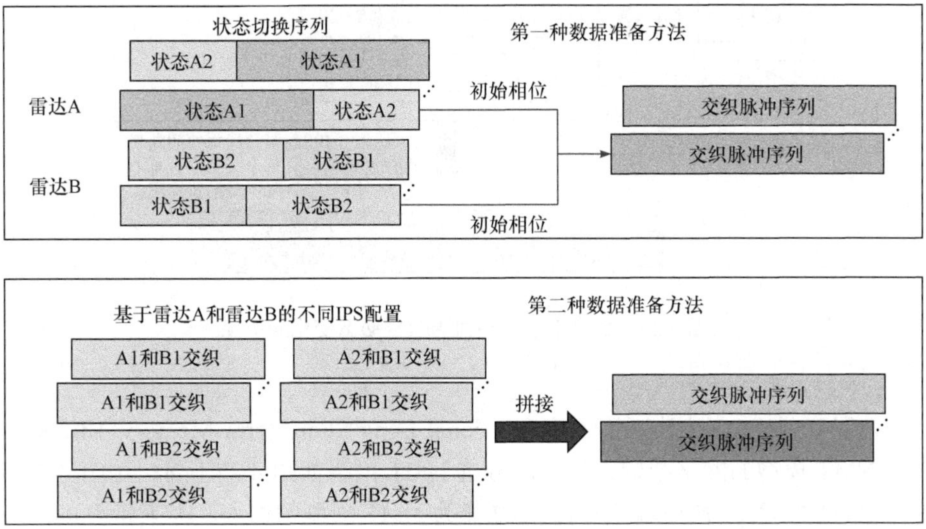

图 4.25　两种数据准备方法

在第二种数据准备方法中，首先产生 $\prod_{k=1}^{K} L_k$ 种 IPS 配置对应的交织脉冲序列 $\boldsymbol{P}$。然后拼接 $\prod_{k=1}^{K} L_k$ 种 IPS 配置对应的交织脉冲序列，形成带状态切换的交织脉冲序列，拼接顺序任意生成。且在一个带状态切换的交织脉冲序列中，每个 IPS 配置仅需出现一次。

2) 交织场景 2：场景活跃辐射源数目动态变化的交织样本产生

本场景考虑场景中活跃的辐射源数目动态变化的情况，即存在辐射源动态开关机情况。假定场景中总的辐射源数目 K 固定且已知，但每个时刻活跃的辐射源数目

$k,1 \leqslant k \leqslant K$ 未知。基于 IPS 配置的定义，交织脉冲序列 $\boldsymbol{P}$ 中存在 $\sum_{k=1}^{K} C_K^k - 1 = 2^K - 1$ 种可能的 IPS 配置情况，其中 k 在1到 K 中动态变化。参考场景 1 中第二种数据准备方法,按任意顺序不重复地拼接这 $2^K - 1$ 种可能的 IPS 配置对应的交织脉冲样本，得到场景 2 下的训练样本。在测试时，训练好的模型可以适应 k 动态变化的情况，即各个测试样本中辐射源数目 k 未知，且不同测试样本中 k 值可变。图 4.26 描述了场景 2 对应的训练样本准备方法。

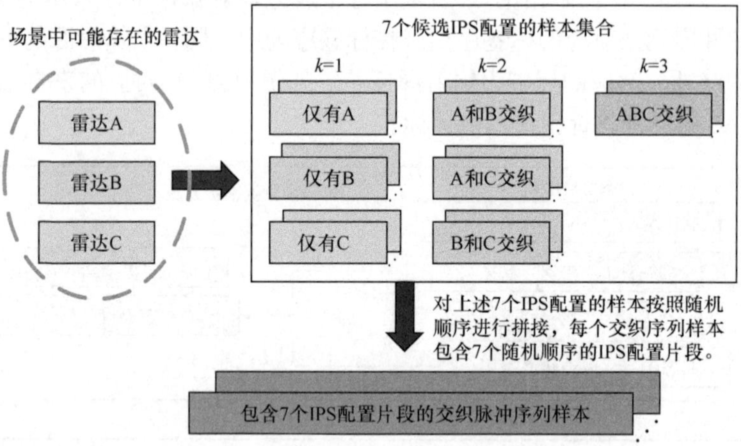

图 4.26　场景中活跃辐射源数目动态变化的情况

2. NMT 网络构建

选取双向长短时记忆网络(Bi-directional Long Short Term Memory, Bi-LSTM)作为 NMT 模型的网络结构，设计的分选 NMT 网络如图 4.27 所示。由于交织脉冲序列 $\boldsymbol{P}$ 的 TOA 为非递减序列，不能作为 NMT 模型的输入。本书将 $\boldsymbol{P}$ 的 TOA 一阶差分用于 NMT 网络输入，记为 $\overline{\boldsymbol{P}} = (p_1, p_2, \cdots, p_{T-1})$。由于进行了一阶差分，$\boldsymbol{P}$ 中最后一个脉冲没有对应的一阶差分结果，因此对应的标签进行了舍弃。基于 NMT 的分选方法目标是根据输入 $\overline{\boldsymbol{P}}$ 给出对应的辐射源标签序列输出 $\hat{\boldsymbol{D}} = \left(\hat{D}_1, \hat{D}_2, \cdots, \hat{D}_{T-1}\right)$。

记训练数据集为 $\mathcal{D} = \left\{\mathbf{P} = \left\{\overline{\boldsymbol{P}}_1, \overline{\boldsymbol{P}}_2, \cdots, \overline{\boldsymbol{P}}_N\right\}, \boldsymbol{D} = \left\{\boldsymbol{D}_1, \boldsymbol{D}_2, \cdots, \boldsymbol{D}_N\right\}\right\}$，$\mathcal{D}$ 中包含 N 个交织脉冲序列样本，其中 $\overline{\boldsymbol{P}}_i = (p_1, p_2, \cdots, p_{T-1})$ 为第 i 个样本。网络的第一个 LSTM 层在输入脉冲序列中从前向和后向两个方向迭代计算，得到前向(forward)和后向(backward)隐藏层向量 $\boldsymbol{H}^f = \left(\boldsymbol{h}_1^f, \boldsymbol{h}_2^f, \cdots, \boldsymbol{h}_T^f\right)$ 和 $\boldsymbol{H}^b = \left(\boldsymbol{h}_1^b, \boldsymbol{h}_2^b, \cdots, \boldsymbol{h}_T^b\right)$：

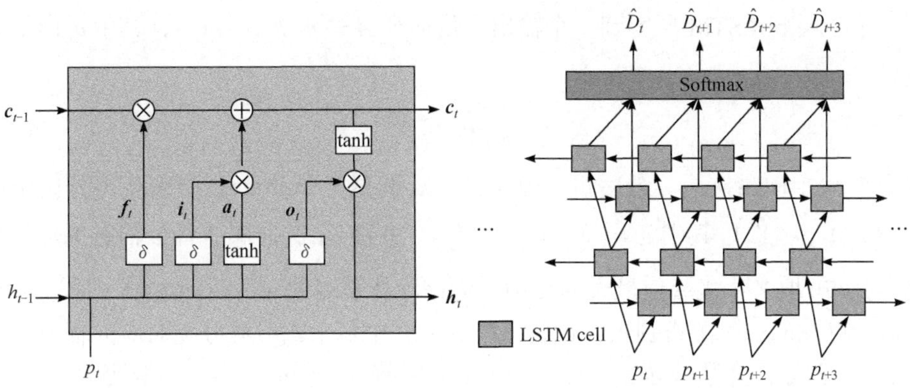

(a) LSTM cell内部结构　　(b) Bi-LSTM网络结构

图 4.27　本书所使用的 NMT 网络结构

$$\boldsymbol{h}_t^f = \mathrm{LSTM}\left(p_t, \boldsymbol{h}_{t-1}^f\right), t = 1, \cdots, T-1 \tag{4-53}$$

$$\boldsymbol{h}_t^b = \mathrm{LSTM}\left(p_t, \boldsymbol{h}_{t-1}^b\right), t = T-1, T-2, \cdots, 1 \tag{4-54}$$

其中 LSTM 表示 LSTM 层函数，上标 f 和 b 表示前向和后向向量，LSTM 层函数由以下函数实现：

$$\boldsymbol{f}_t = \sigma\left(\boldsymbol{W}_f p_t + \boldsymbol{R}_f \boldsymbol{h}_{t-1} + \boldsymbol{b}_f\right) \tag{4-55}$$

$$\boldsymbol{i}_t = \sigma\left(\boldsymbol{W}_i p_t + \boldsymbol{R}_i \boldsymbol{h}_{t-1} + \boldsymbol{b}_i\right) \tag{4-56}$$

$$\boldsymbol{a}_t = \tanh\left(\boldsymbol{W}_a p_t + \boldsymbol{R}_a \boldsymbol{h}_{t-1} + \boldsymbol{b}_a\right) \tag{4-57}$$

$$\boldsymbol{o}_t = \sigma\left(\boldsymbol{W}_o p_t + \boldsymbol{R}_o \boldsymbol{h}_{t-1} + \boldsymbol{b}_o\right) \tag{4-58}$$

$$\boldsymbol{c}_t = \boldsymbol{c}_{t-1} \times \boldsymbol{f}_t + \boldsymbol{a}_t \times \boldsymbol{i}_t \tag{4-59}$$

$$\boldsymbol{h}_t = \tanh\left(\boldsymbol{c}_t\right) \times \boldsymbol{o}_t \tag{4-60}$$

其中，$\boldsymbol{W}$ 和 $\boldsymbol{R}$ 表示输入和循环权重，$\boldsymbol{b}$ 为对应的偏置，$\boldsymbol{f}_t, \boldsymbol{i}_t, \boldsymbol{o}_t$ 和 $\boldsymbol{a}_t$ 分别为遗忘门向量、输入门向量、输出门向量以及输入向量。$\boldsymbol{c}_t$ 为 LSTM 单元的状态，$\times$ 表示向量元素之间逐点相乘。然后将 $\boldsymbol{H}^f$ 和 $\boldsymbol{H}^b$ 拼接，得到隐藏层向量 $\boldsymbol{H} = \left[\boldsymbol{H}^f; \boldsymbol{H}^b\right]$。该向量包含了每一个脉冲 p_t 处关于整个脉冲序列的序列特征。

同样的，第二个 bi-LSTM 层在隐藏层向量 $\boldsymbol{H}$ 的基础上计算隐藏层向量：

$$\tilde{\boldsymbol{h}}_t^f = \mathrm{LSTM}\left(\boldsymbol{h}_t, \tilde{\boldsymbol{h}}_{t-1}^f\right), \quad t = 2, \cdots, T-1 \tag{4-61}$$

$$\tilde{\boldsymbol{h}}_t^b = \mathrm{LSTM}\left(\boldsymbol{h}_t, \tilde{\boldsymbol{h}}_{t-1}^b\right), \quad t = T-1, T-2, \cdots, 2 \tag{4-62}$$

然后拼接 $\tilde{\boldsymbol{H}}^f$ 和 $\tilde{\boldsymbol{H}}^b$ 来获得隐藏层向量 $\tilde{\boldsymbol{H}} = \left[\tilde{\boldsymbol{H}}^f; \tilde{\boldsymbol{H}}^b\right]$。

第二层 bi-LSTM 层得到一个输出向量序列 $\boldsymbol{A}=\left(\boldsymbol{a}_1,\boldsymbol{a}_2,\cdots,\boldsymbol{a}_T\right)$，其中 $\boldsymbol{a}_t$ 由下式给出：

$$\boldsymbol{a}_t=\boldsymbol{W}_{ha}\left[\tilde{\boldsymbol{h}}_t^f\oplus\tilde{\boldsymbol{h}}_t^b\right]+\boldsymbol{b}_a \tag{4-63}$$

其中 $\oplus$ 表示向量拼接。最后每个输出向量 $\boldsymbol{a}_t$ 将送入 softmax 层来获得分选结果 $\hat{\boldsymbol{Y}}=\left(\hat{Y}_1,\hat{Y}_2,\cdots,\hat{Y}_T\right)$，其中 $\hat{Y}_t=\left(\hat{y}_{t,1},\hat{y}_{t,2},\cdots,\hat{y}_{t,K}\right)$ 为第 t 个脉冲属于各个辐射源标签的概率分布。取 $\hat{Y}_t$ 中概率值最大的类别作为该脉冲预测的辐射源标签 $\hat{D}_t$。通过对 $\boldsymbol{P}$ 中可能存在的辐射源类别进行识别，然后将 $\boldsymbol{P}$ 中每个辐射源分配对应的辐射源标签，就完成了信号分选的任务。记真实标签 D_t 通过 one-hot 编码之后记为 $D_t^{\text{onehot}}=\left(d_{t,1},d_{t,2},\cdots,d_{t,K}\right)$。

3. 序列 Loss 设计

网络训练时要在 N 个训练样本上最小化错误分类 $\bar{E}$：

$$\bar{E}=\frac{1}{N}\sum_{i=1}^{N}\left(-\frac{1}{T_i}\sum_{t=1}^{T_i}\sum_{k=1}^{K}d_{t,k}\log\left(\hat{y}_{t,k}\right)\right)+\frac{\lambda}{2}\boldsymbol{\omega}_2^2 \tag{4-64}$$

其中，$T_i, i=1,2,\cdots,N$ 为第 i 个交织脉冲序列样本对应的脉冲数目。$(\lambda/2)\boldsymbol{\omega}_2^2$ 为正则化项，用于缓解过拟合，其中 $\boldsymbol{\omega}$ 为权重向量，λ 为正则化系数。神经网络参数在训练开始时随机初始化为 0 到 1 之间的数，在迭代过程中通过反向传播算法优化神经网络参数。

4.4.3 算法性能验证

4.4.3.1 算法性能验证

1. 数据集设置

本节考虑五种常见的 PRI 调制类型表征雷达脉冲序列的时间序列特征，包括高斯抖动 PRI、参差 PRI、滑变 PRI、正弦 PRI 以及均匀抖动 PRI，共产生三类数据集。

第一类数据集考虑固定模型参数的常规雷达或者单功能雷达交织脉冲数据。在交织脉冲序列中每个雷达辐射源对应的参数化模型已知，需要估计其对应的辐射源标签序列。第一类数据集包含五个子数据集，每个子数据集对应一个特定的 IPS 配置。每个 IPS 配置包括各个成分辐射源的参数化模型与各个辐射源对应的初始相位取值集合。在各个子数据集中，总的交织辐射源数目 $K=3$。这五个子数据集对应的调制类型组合分别为全高斯抖动(即三个辐射源均为高斯抖动调制类型，以此类推)、全参差、全滑变、全正弦以及全均匀抖动。

第二类数据集考虑带状态切换的多功能雷达脉冲序列分选。基于 4.4.2 节中所述两种不同的状态切换数据生成方法，产生三个子数据集，包括两个训练子数据集和一个测试子数据集。在两个训练子数据集中，考虑两个多功能雷达，每个多功能雷达的三个工作状态均为调制类型级工作状态。测试子数据集中，每个成分辐射源在发射脉冲序列中任意调度其工作状态，即每个成分辐射源脉冲序列中包含的工作状态类别数和工作状态片段数可变。

第三类数据集考虑分选场景中活跃辐射源动态开关机的情况。第三类数据集包含两个子数据集，分别为训练子数据集和测试子数据集。在本场景中，考虑场景中总的辐射源数目为 $K=3$，则交织辐射源脉冲序列中存在 $2^3-1=7$ 种 IPS 配置情况。测试子数据集中，设置活跃辐射源数目 $k=1,2,3$，用于评估在不同数目活跃辐射源情况下的分选性能。

上述三类数据集具体的 IPS 配置设置将在对应的实验部分给出。仿真数据中考虑真实电磁环境中传播和侦察接收处理中引入的两种非理想情况：第一个非理想情况是零均值，方差为 σ^2 的高斯噪声，表征 TOA 测量误差；第二个非理想情况为信号传播过程中引入的缺失脉冲情况。

2. 评价指标

选择脉冲级分选准确率作为分选性能评价指标，该指标为：

$$\text{acc}=\frac{1}{N}\sum_{i=1}^{N}\frac{1}{T_i}\sum_{t=1}^{T_i}\hat{D}_t=D_t \tag{4-65}$$

$$\hat{D}_t=D_t=\begin{cases}1, & \text{当}\hat{D}_t=D_t\\ 0, & \text{其他}\end{cases} \tag{4-66}$$

其中，N 表示测试样本数目，D_t 和 $\hat{D}_t$ 分别为第 t 个脉冲对应的真实类别标签和预测类别标签，T_i 为第 i 个测试样本中包含的脉冲数目。

3. 对比方法

选择两种基于 PRI 时间序列特征进行分选的研究作为对比方法：

(1) 基于动态规划求解最大似然问题的分选算法(Dynamic Programming based Maximum Likelihood, DPML)。文献[1]中使用 DPML 分选成分辐射源为高斯抖动 PRI 的交织脉冲序列，提出了四种计算复杂度依次降低的分选算法，还设计了当成分辐射源的参数化模型未知时，从交织脉冲序列中估计成分辐射源抖动均值与方差的算法。

(2) 基于去噪自编码器(Denoising Auto-Encoder, DAE)的分选算法。文献[43]脉冲将分选问题建模成序列去噪问题，使用 DAE 完成分选。

4. 算法参数设置

实验用序列样本考虑了调制类型级和调制参数级两种辐射源工作状态实现尺度。对调制类型级工作状态实现，每个辐射源的工作状态对应的 PRI 调制参数从对应的参数集合中均匀采样。具体的调制参数取值集合在表 4.11 中列出[28]。

实验用 NMT 分选模型包含两层 bi-LSTM 层，隐藏层结点数均为 128，使用序列输出模式，bi-LSTM 层后接一个结点数 500 的全连接层，在这一层后使用系数为 0.25 的 Dropout 层以避免过拟合。

表 4.11 调制类型级设置中的调制参数取值区间

调制类型	调制参数	取值区间
高斯抖动	均值	和不同辐射源的 PRI 取值区间一样
	方差	所有源：[0,5]
正弦	均值	和不同辐射源的 PRI 取值区间一样
	偏差	所有源：[10%,20%]
滑变	步长	所有源：[5,15]
	滑变点数	所有源：[4,8]
参差	参差点数	所有源：[4,8]
均匀抖动	均值	和不同辐射源的 PRI 取值区间一样
	偏差	所有源：[10%,15%]

4.4.3.2 仿真数据集实验

1. 基础场景实验结果与分析

本节评估本章提出的 NMT 方法在测量噪声与缺失脉冲两种非理想情况下的分选性能。测量噪声假定为零均值，方差为 δ^2 的高斯分布。设置测量噪声的标准差(Standard Deviation, STD)从 0 增加到 5μs，步进为 0.5μs，共计 11 种噪声情况。设置缺失脉冲比例从 0%按 5%的步进增加到 50%，共计 11 种不同的缺失脉冲情况。在每个非理想条件下，分别测试五种 IPS 配置的分选性能，即全高斯抖动、全参差、全正弦、全滑变以及全均匀抖动。辐射源数目固定为 $K=3$，工作状态的实现包含调制类型级与调制参数级两级。以测量噪声为例说明非理想情况下的训练和测试过程。每个噪声情况下每个设置的 IPS 配置产生 2000 个交织脉冲序列样本，以 70%、15%、15%的比例划分成训练、验证和测试集。将所有噪声情况对应的训练集和验证集用于网络训练，然后在每一个单独的噪声情况下进行网络测试。每个 IPS 配置得到 11 个噪声情况对应的分选结果。

实验结果如图 4.28 所示，随着非理想条件的恶化，分选性能逐渐降低。相较于测量噪声情况，缺失脉冲情况对分选的性能影响更大。在调制类型级工作状态实现中，全参差和全均匀抖动的 IPS 配置情况分选性能要低一些。全高斯抖动 IPS 配置分选结果受测量噪声与缺失脉冲的影响较小。在缺失脉冲情况下，随着脉冲缺失比例从 0%增加到 50%，全高斯抖动 IPS 配置分选的性能从 98.07%降低到 93.69%。而对全滑变 IPS 配置，性能降低剧烈，从 96.62%降低到 65.58%。在调制参数级工作状态实现中，在缺失脉冲的情况下性能下降相对温和。在调制类型级工作状态实现中，NMT 模型需要学习每个辐射源所对应的一组概率密度分布函数，要更为复杂。在调制参数级实现中，随着缺失脉冲比例从 0%增加到 50%，全高斯抖动的分选性能从 99.37%降低到 95.83%，而全滑变的分选性能从 92.55%降低到 75.26%。

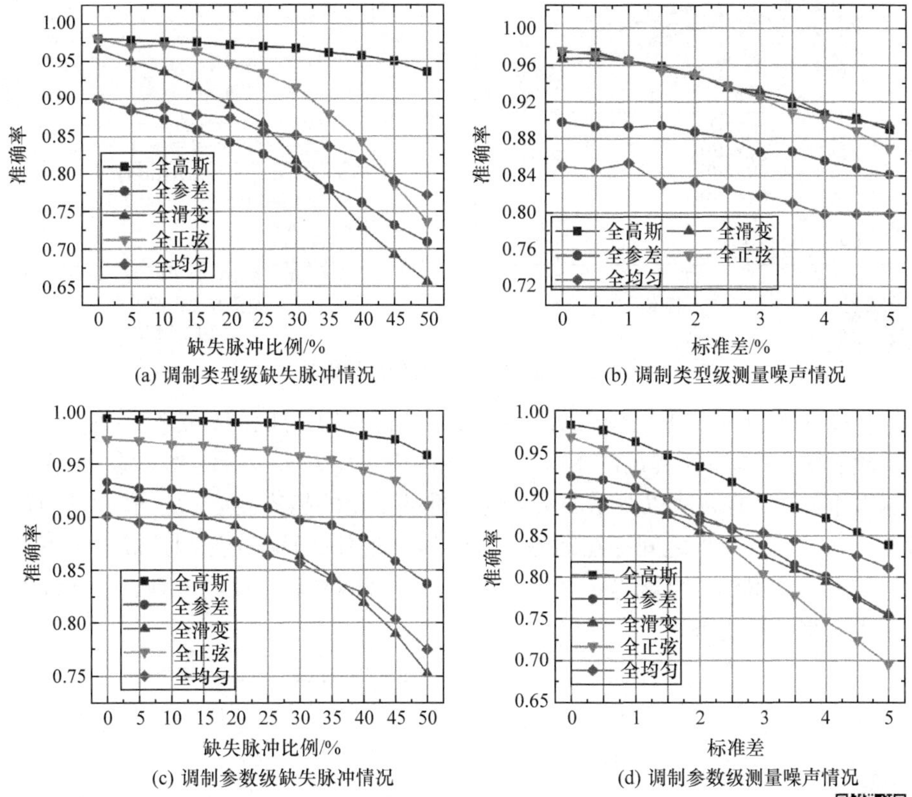

(a) 调制类型级缺失脉冲情况　(b) 调制类型级测量噪声情况

(c) 调制参数级缺失脉冲情况　(d) 调制参数级测量噪声情况

图 4.28　对非理想情况的分选性能

扫码见彩图

下面给出本章所提出的 NMT 分选方法与对比方法的比较。对比方法均在调制参数级状态实现中完成分选，因此考虑文献[1]中的交织辐射源设置情况。交织脉冲序列包含三个成分辐射源，均为高斯抖动调制，三个辐射源对应的高斯抖动均值与方差分别为 50,72,84 和 $0.8^2,0.4^2,0.04^2$。实验结果在图 4.29 中展示，可以看出所提出的方法性能在测量噪声与虚假脉冲情况下，都显著超越了对比方法的性能。

基于时间序列特征的分选是一个复杂的数学问题。在文献[1]中对全高斯抖动PRI的IPS配置情况进行了严格的数学分析，得到了该IPS配置情况下的理论错误下界。本章在文献[1]研究的基础上，比较本章所提出的NMT算法和对比方法分选性能相较于理论错误下界的距离。考虑如下IPS配置，两个成分辐射源，每个成分辐射源均采用高斯抖动PRI，抖动均值分别为1和π，每个辐射源的标准差从10^{-3}增加到10^{-1}。在200个初始相位随机采样生成的交织脉冲样本中计算分选错误率并取平均，得到在不同辐射源标准差情况下的分选错误率。

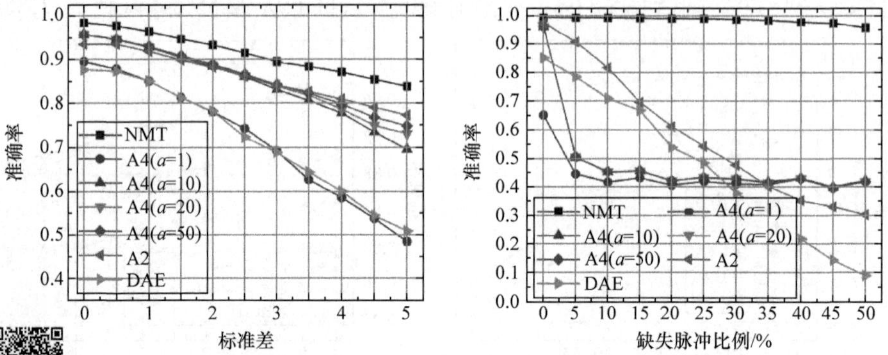

(a) 测量噪声情况　　(b) 缺失脉冲情况

扫码见彩图

图 4.29　非理想情况的分选性能比较

如图 4.30 所示，黑色线表示IPS配置中辐射源1对应的分选错误率，灰色线表示辐射源2。本章所提出的NMT方法相较于对比方法错误概率更低，更接近理论错误下界。所有方法以及错误下界随标准差变化的趋势接近。从图中可以看到，所有方法和误差下界之间存在间隔。该间隔可能由以下两个原因造成：①下界是通过暴力求解得到，可能是一个松散的下界；②图中算法仅能达到近似最优的结果，无法得到最优解。

扫码见彩图

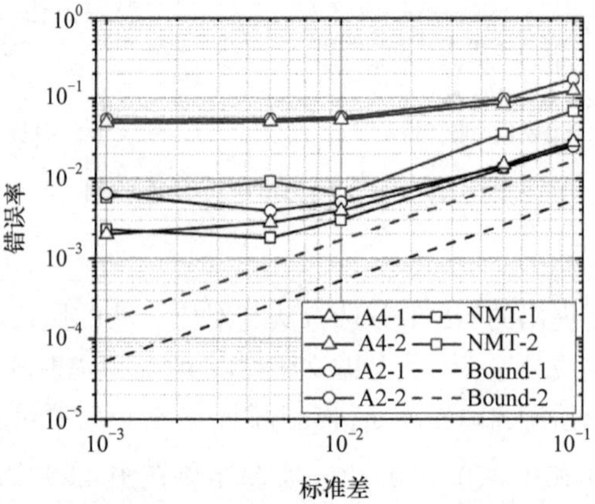

图 4.30　算法性能与理论错误下界

最后本章比较算法复杂度。记交织脉冲序列中交织脉冲数目为T，成分辐射源数目为K。NMT 算法和 DPML-A4 算法的时间复杂度为$O(T)$。对 DPML-A2 而言，近似的时间复杂度为$O\left(T\left(\frac{M}{\rho}\right)^{K}\right)$，其中$M$为算法设置的辐射源超时参数，$\rho$为平均脉冲间隔。不同算法的分选时间在图 4.31 中给出，各个算法的运行环境为 Intel(R) Core (TM) i9-10850H CPU 以及 NVIDIA GeForce RTX 3080 GPU。在 5000 个长度 200 的交织脉冲序列上记录分选算法时间，然后进行平均，得到一个样本的平均分选时间。从图中可以看出，在 CPU 计算环境下本章所提出的算法耗时优于 DPML 算法，而且可以进一步通过 GPU 进行加速计算。在 DPML 算法中，A2 算法在每一步保留不存在辐射源超时情况的最大似然路径，因此耗时最长。对 A4 算法而言，算法运行时间随保留的最大似然路径数a呈线性变化的趋势。

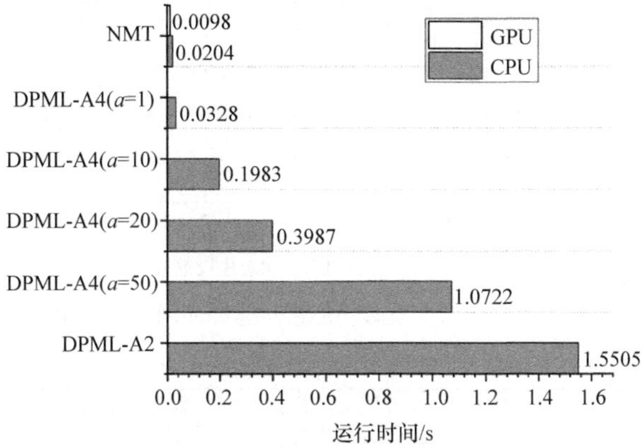

图 4.31　不同算法的平均分选时间

2. 复杂场景实验结果与分析

1) 状态切换多功能雷达脉冲序列分选

考虑两个多功能雷达，每个多功能雷达各自包含三个雷达工作状态。这六个工作状态均为调制类型级实现。两个多功能雷达各自的三个状态分别对应高斯抖动 PRI、参差 PRI 以及滑变 PRI。每个雷达的 PRI 取值区间分别设置为$[51,100]\mu s$和$[101,150]\mu s$，两个相同调制类型的状态，除了 PRI 取值区间不同，其他调制参数取值空间相同。

本节设置的两个多功能雷达可以在它们各自发射的雷达脉冲序列中调度任意数目的状态类别和状态片段数目。从而对应的交织脉冲序列相较于常规雷达或无状态切换的情况要更复杂。使用 4.4.2 节所描述的两种训练数据准备方法得到本节的训练数据。

图 4.32 展示了两种数据产生方式下的测试分选性能。其中 Train1-Test1 表示训练集和测试集均由第一种数据准备方法产生，以此类推。两种数据产生方法在发射的状态片段数目可变情况下都能取得非常好的分选结果。通过第二种数据产生方法训练出的模型取得的分选性能更好。在各种状态片段数设置下，第二种数据产生方法对应的结果均大于 98%，而第一种数据产生方法对应的结果在 96%～97.5%之间。在第二种数据产生方法中，直接拼接各种可能的 IPS 配置样本，因此能够提供更精细、质量更高的训练数据。图 4.33 展示了两个状态片段对应的一个交织样本及其对应的分选结果。

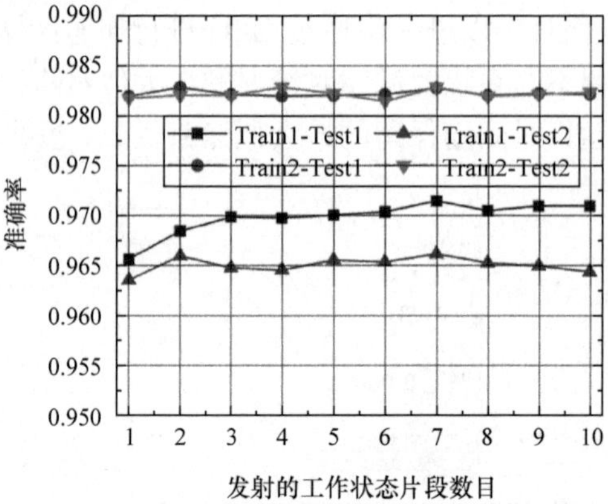

图 4.32　状态切换多功能雷达脉冲序列分选结果

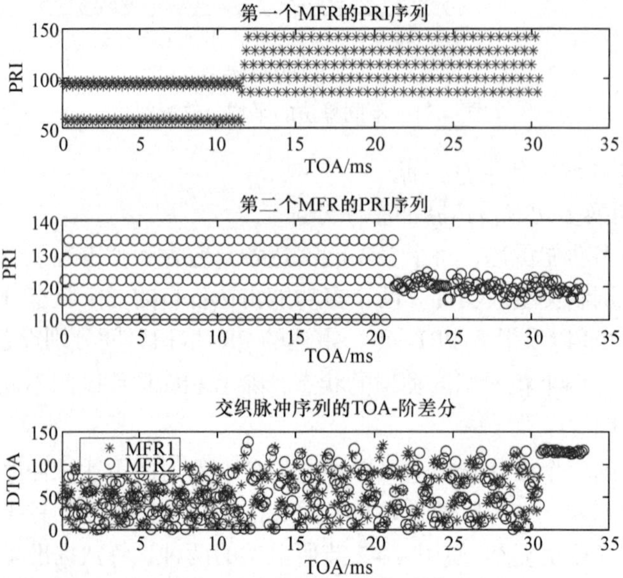

(a) 状态切换脉冲序列

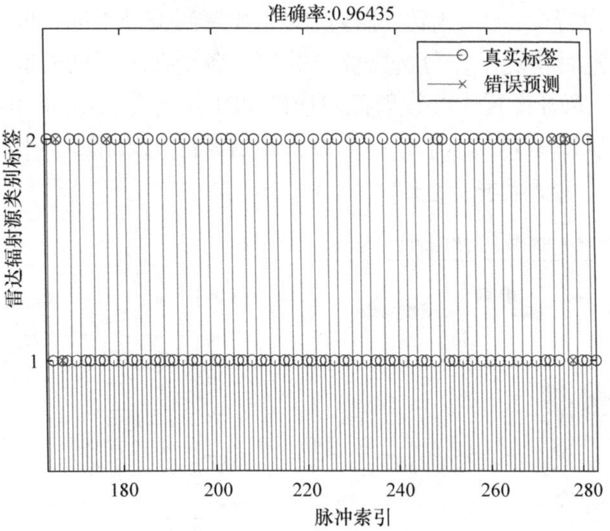

(b) 分选结果

扫码见彩图

图 4.33　两个状态片段的多功能雷达脉冲序列分选结果

2) 活跃辐射源开关机情况下的分选

在动态环境中，可能存在的最大辐射源数目可以认为是固定的，但每个时刻活跃的辐射源数目可以动态变化。NMT 分选方法只需要一个模型即可适应测试场景中 2^K-1 种可能出现的 IPS 配置情况。在测试阶段，设置活跃辐射源数目从 1 变化到 K，得到 K 个测试结果。每个辐射源发射一个调制类型级实现的工作状态。设定 $K=3$，给场景中这 K 个辐射源设置六种对应的调制类型组合情况，如表 4.12 所示。

表 4.12　$K=3$ 时的六种 PRI 调制类型组合设置

设置编号	雷达编号	PRI 调制类型	PRI 取值区间
1	1	高斯抖动	$U(51,100)$
	2	参差	
	3	滑变	
2	1～3	全高斯抖动	雷达 1：$U(51,100)$ 雷达 2：$U(101,150)$ 雷达 3：$U(151,200)$
3		全参差	
4		全滑变	
5		全正弦	
6		全均匀抖动	

在第一个设置中，三个辐射源各自的 PRI 调制类型不同，但是设置 PRI 取值区间相同。在这种情况下，分选需要更关注于各个源之间的时间序列特征。对于其他五种设置，每种设置中各辐射源对应的 PRI 调制类型相同，但取值区间不同。在不同的交织脉冲序列样本中，各个成分辐射源的初始相位从 $[0,10]\mu s$ 按均匀分布采样获得。分选结果展示在图 4.34 中。

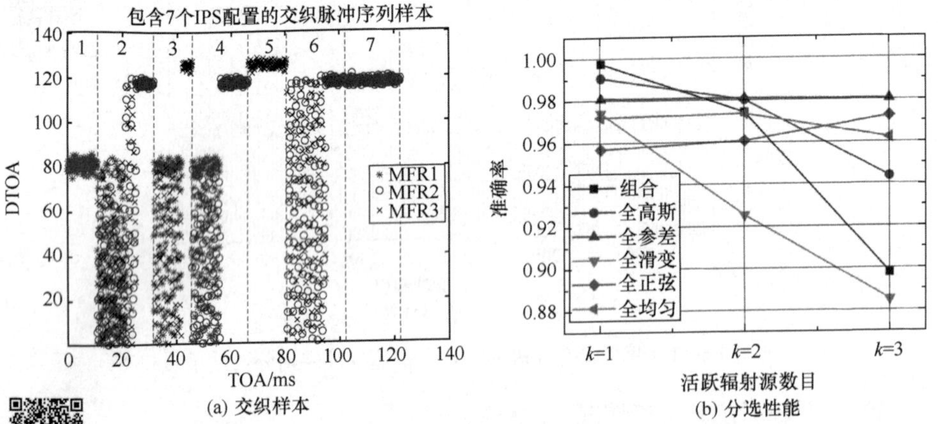

扫码见彩图

图 4.34　活跃辐射源数目动态变化情况下的分选结果

图 4.34(a)展示了一个包含 7 个 IPS 配置的训练样本。7 个 IPS 配置通过虚线隔开，并在对应区域的上方标记有编号。通过将测试情况中可能出现的各种 IPS 配置拼接，可以促使模型学习配置内和配置间特征，从而可以适应测试阶段交织脉冲序列中动态变化的 IPS 配置组合情况。图 4.34(b)展示了 6 种调制类型组合设置在不同活跃辐射源数目情况下的分选结果，均在 88%以上。通常来说随着交织辐射源数目的增加，分选性能会下降。这里性能下降的速度比较温和。例如仅组合和全滑变情况存在较为明显的性能下降，而其他情况的下降相对较少。

4.4.3.3　采集数据集实验

实际采集数据中总共有四个辐射源，记为 A，B，C，D，对应的调制类型为抖动、抖动、参差和参差。其中对于参差的辐射源，存在切换其参差值集合的情况，即存在调制参数切换。交织脉冲数据通过人工分析，给每一个脉冲标注对应的辐射源标签，得到六个场景共 207 个交织序列样本。数据中存在虚假和缺失脉冲情况，且脉冲缺失现象严重。将交织样本按不同比例抽取训练和测试集，得到测试样本脉冲级分选准确率随训练样本比例变化的情况。实验中各个场景对应的交织辐射源设置，和对应训练样本比例的分选性能如表 4.13 所示。

表 4.13　采集数据实验

场景	雷达	训练样本比例/%								
		10	20	30	40	50	60	70	80	90
1	A+C	0.876	0.856	0.889	0.923	0.847	0.880	0.870	0.818	0.934
2	A+B	0.721	0.823	0.862	0.903	0.922	0.909	0.916	0.921	0.960
3	C+D	0.545	0.669	0.638	0.697	0.750	0.743	0.756	0.781	0.768
4	A+D	0.774	0.759	0.807	0.828	0.839	0.883	0.891	0.890	0.934
5	A+B+C	0.641	0.717	0.752	0.787	0.762	0.909	0.913	0.932	0.950
6	A+C+D	0.511	0.651	0.745	0.773	0.892	0.883	0.91	0.945	0.962
平均准确率		0.630	0.718	0.762	0.800	0.835	0.874	0.884	0.911	0.933

从表中可以看出，随着训练样本的增多分选准确率逐步增加，在使用 40%数据进行训练时，脉冲级准确率就能超过 80%。其中场景 3 的准确率相对较低。仔细分析辐射源 C 和 D 的数据后发现，这两个雷达发射的参差 PRI 值集合存在一部分重叠，且切换的规则也相同，因而在场景 C 中进行分选，准确率相对于其他场景要低。表中的平均准确率为对所有测试样本的准确率取平均。表中各个场景的测试样本数目不相等，因此根据各个场景的平均值直接取平均计算得到的准确率和表中给出的平均准确率不相等。

4.5　本 章 小 结

本章研究了先进体制雷达辐射源交织脉冲序列的建模表征与分选问题建模与求解。交织脉冲序列的建模表征方面，本章提出的多雷达辐射源信号交织过程参数化表征方法，可以从数学上对交织脉冲序列进行描述，能够表征各种复杂情况下的雷达交织脉冲序列。分选问题建模与求解方面，本章将分选问题建模成最大似然问题，提出了基于 UCAR 的无监督聚类分选算法、直接求解最大似然问题和基于深度学习的三种信号分选方法，并在辐射源分选的仿真数据集和实测数据集上对各个算法进行了验证，证明了算法的有效性。UCAR 方法在 AP 聚类方法的基础上，结合辐射源 PDW 各特征间的关系和物理意义进行聚类分选。直接求解最大似然问题的分选方法基于穷举或启发式搜索求解组合与连续优化问题实现分选。基于深度学习的分选方法从训练数据中学习各个辐射源的时间序列特征进行分选。

参 考 文 献

[1] Young J, Høst-Madsen A, Nosal E. Deinterleaving of mixtures of renewal processes[J]. IEEE

Transactions on Signal Processing, 2019, 67(4): 885-898.

[2] Landwehr N. Modeling interleaved hidden processes[C]. Proceedings of 25th International Conference on Machine Learning, Helsinki, Finland, 2008: 520-527.

[3] Sanjeev A, Kannan R. Learning mixtures of arbitrary Gaussians[C]. Proceedings of the Thirty-third Annual ACM Symposium on Theory of Computing. Hersonissos, Greece, 2001: 247-257.

[4] Dasgupta S. Learning mixtures of Gaussians[C]. Proceedings of 40th Annual Symposium on Foundations of Computer Science, New York, USA, 1999: 634-644.

[5] Batu T, Guha S, Kannan S. Inferring mixtures of Markov chains[C]. Proceedings of the International Conference on Computational Learning Theory, Berlin Springer, 2004.

[6] Seroussi G, Szpankowski W, Weinberger M J. Deinterleaving finite memory processes via penalized maximum likelihood[J]. IEEE Transactions on Information Theory, 2012, 58(12): 7094-7109.

[7] Scherreik M, Rigling B. Online estimation of radar emitter cardinality via Bayesian nonparametric clustering[J]. IEEE Transactions on Aerospace and Electronic Systems, 2021, 57(6): 3791-3800.

[8] Mardia H K. New techniques for the deinterleaving of repetitive sequences[J]. IEE Proceedings F (Radar and Signal Processing), 1989, 136: 149-154.

[9] Milojević D J, Popović B M. Improved algorithm for the deinterleaving of radar pulses[J]. IEE Proceedings F (Radar and Signal Processing), 1992, 139: 98-104.

[10] Moore J B, Krishnamurthy V. Deinterleaving pulse trains using discrete-time stochastic dynamic-linear models[J]. IEEE Transactions on Signal Processing, 1994, 42(11): 3092-3103.

[11] Conroy T, Moore J B. The limits of extended Kalman filtering for pulse train deinterleaving[J]. IEEE Transactions on Signal Processing, 1998, 46(12): 3326-3332.

[12] Logothetis A , Krishnamurthy V. An interval-amplitude algorithm for deinterleaving stochastic pulse train sources[J]. IEEE Transactions on Signal Processing, 1998, 46(5): 1344-1350.

[13] Orsi R J, Moore J B , Mahony R E. Spectrum estimation of interleaved pulse trains[J]. IEEE Transactions on Signal Processing, 1999, 47(6): 1646-1653.

[14] Conroy T L , Moore J B. On the estimation of interleaved pulse train phases[J]. IEEE Transactions on Signal Processing, 2000, 48(12): 3420-3425.

[15] Hassan H E. Deinterleaving of radar pulses in a dense emitter environment[C]. Proceedings of 2003 International Radar Conference (IEEE Cat. No.03EX695). Huntsville,Canada, 2003: 389-393.

[16] Ray P S. A novel pulse TOA analysis technique for radar identification[J]. IEEE Transactions on Aerospace and Electronic Systems, 1998, 34(3): 716-721.

[17] Hassan H E. Joint deinterleaving/recognition of radar pulses[C]. Proceedings of 2003 International Radar Conference (IEEE Cat. No.03EX695), Hilton Adelaide South Australia, 2003: 177-181.

[18] Zhang G, Zhang X , Chang S. A PRI jitter signal sorting method based on cumulative square sine wave interpolating[C]. Proceedings of 2013 International Conference on Mechatronic Sciences, Electric Engineering and Computer (MEC), Shenyang, China, 2013: 921-924.

[19] Davies C L , Hollands P. Automatic processing for ESM[J]. IEE Proceedings F

(Communications, Radar and Signal Processing), 1982, 129: 164-171.

[20] Wilkinson D R , Watson A W. Use of metric techniques in ESM data processing[J]. IEE Proceedings F (Communications, Radar and Signal Processing), 1985, 132: 229-232.

[21] Chan Y T, Chan F , Hassan H E. Performance evaluation of ESM deinterleaver using TOA analysis[C]. Proceedings of 14th International Conference on Microwaves, Radar and Wireless Communications, Gdamsk, Poland, 2002: 341-350.

[22] Visnevski N A. Syntactic Modeling of Multi-function Radars[D]. Hamilton, Ontario, Canada: McMaster University, 2005.

[23] Wang A, Krishnamurthy V. Signal interpretation of multifunction radars: Modeling and statistical signal processing with stochastic context free grammar[J]. IEEE Transactions on Signal Processing, 2008, 56(3): 1106-1119.

[24] Haykin S. Cognitive radar: A way of the future[J]. IEEE Signal Processing Magazine, 2006, 23(1): 30-40.

[25] Charlish A, Hoffmann F, Oegen C, et al. The development from adaptive to cognitive radar resource management[J]. IEEE Aerospace & Electronic Systems Magazine, 2020, 35(6): 8-19.

[26] Gurbuz S Z, Griffiths H D, Charlish A, et al. An overview of cognitive radar: Past, present, and future[J]. IEEE Aerospace and Electronic Systems Magazine, 2019, 34(12): 6-18.

[27] Greco M, Gini F, Stinco P, et al. Cognitive radars: On the road to reality: Progress thus far and possibilities for the future[J]. IEEE Signal Processing Magazine, 2018, 35(4): 112-125.

[28] Kauppi J P, Martikainen K , Ruotsalainen U. Hierarchical classification of dynamically varying radar pulse repetition interval modulation patterns[J]. Neural Networks, 2010, 23(10): 1226-1237.

[29] Wiley R G, Ebrary Inc. ELINT: The Interception and Analysis of Radar Signals[M]. Boston: Artech House, 2006.

[30] Boers Y, Driessen H, Zwaga J. Adaptive MFR parameter control: fixed against variable probabilities of detection[J]. IET Radar, Sonar & Navigation, 2006, 153(1): 2-6.

[31] Miranda S, Baker C, Woodbridge K, et al. Knowledge-based resource management for multifunction radar: A look at scheduling and task prioritization[J]. IEEE Signal Processing Magazine, 2006, 23(1): 66-76.

[32] Miranda S L C, Baker C, Woodbridge K, et al. Comparison of scheduling algorithms for multifunction radar[J]. IET Radar, Sonar & Navigation, 2007, 1(6): 414-424.

[33] Winter É , Baptiste P. On scheduling a multifunction radar[J]. Aerospace Science and Technology, 2007, 11(4): 289-294.

[34] Mir H S , Guitouni A. Variable dwell time task scheduling for multifunction radar[J]. IEEE Transactions on Automation Science and Engineering, 2014, 11(2): 463-472.

[35] Stailey J E , Hondl K D. Multifunction phased array radar for aircraft and weather surveillance[J]. Proceedings of the IEEE, 2016, 1044(3): 649-659.

[36] Weber M E, Cho J Y N , Thomas H G. Command and control for multifunction phased array radar[J]. IEEE Transactions on Geoscience and Remote Sensing, 2017, 55(10): 5899-5912.

[37] Miranda S L C, Baker C J, Woodbridge K, et al. Fuzzy logic approach for prioritisation of radar tasks and sectors of surveillance in multifunction radar[J]. IET Radar, Sonar & Navigation, 2007,

1(2): 131-141.
[38] 隋金坪. 雷达辐射源信号分选研究进展[J]. 雷达学报, 2021: 1-16.
[39] 李雪琼. 基于机器学习的雷达辐射源分选与识别技术研究[D]. 长沙: 国防科技大学, 2020.
[40] Ata A W, Abdullah S N. Deinterleaving of radar signals and PRF identification algorithms[J].IET Radar, Sonar & Navigation, 2007, 1: 340-347.
[41] Liu Z M. Online pulse deinterleaving with finite automata[J]. IEEE Transactions on Aerospace and Electronic Systems, 2019: 1-1.
[42] Liu Z M, Yu P S. Classification, denoising and deinterleaving of pulse streams with recurrent neural networks[J]. IEEE Transactions on Aerospace and Electronic Systems, 2019, 55(4): 1624-1639.
[43] Li X, Liu Z, Huang Z. Deinterleaving of pulse streams with denoising autoencoders[J]. IEEE Transactions on Aerospace and Electronic Systems, 2020, 56(6): 4767-4778.
[44] Li X R, Jilkov V P. Survey of maneuvering target tracking. Part I. Dynamic models[J]. IEEE Transactions on Aerospace and Electronic Systems, 2003, 39(4): 1333-1364.
[45] Frey B J, Dueck D. Clustering by passing messages between data points[J]. Affinity Propagation, 2007, 315(5814): 972-976.
[46] Rodriguez A , Laio A. Clustering by fast search and find of density peaks[J]. Science, 2014, 344(6191): 1492-1496.
[47] Whitley D. A genetic algorithm tutorial[J]. Statistics and Computing, 1994, 4(2): 65-85.
[48] Nelson D. Special purpose correlation functions for improved signal detection and parameter estimation[C]. Proceedings of 1993 IEEE International Conference on Acoustics, Speech, and Signal Processing. Minneapolis, Minnesota, USA, 1993: 73-76.
[49] Stahlberg F. Neural machine translation: A review[J]. Journal of Artificial Intelligence Research, 2020, 69: 343-418.
[50] 冯洋, 邵晨泽. 神经机器翻译前沿综述[J]. 中文信息学报, 2020, 34(7): 1-18.
[51] Goodfellow I, Bengio Y , Courville A. Deep Learning[M]. Cambridge, MA, USA: MIT Press, 2016.
[52] Sutskever I, Vinyals O, Le Q V. Sequence to sequence learning with neural networks[J]. 28th Annual Conference on Neural Information Processing Systems, Montreal, Canada, 2014.
[53] Bahdanau D, Cho K, Bengio Y. Neural machine translation by jointly learning to align and translate[C]. International Conference on Learning Representations, San Diego, USA, 2015.
[54] Gehring J, Auli M, Grangier D, et al. Convolutional sequence to sequence learning[C]. Proceedings of 34th International Conference on Machine Learning, Sydney, Australia, 2017: 1243-1252.
[55] Vaswani A, Noam S, Parmar N, et al. Attention is all you need[C]. Proceedings of the 31st International Conference on Neural Information Processing Systems. Long Beach, California, USA, 2017.

第 5 章　多功能雷达信号脉内调制识别技术

先进多功能雷达可以灵活地程控实现多种复杂的脉内调制类型，使得脉内调制类型识别成为雷达辐射源感知识别中的一个重要基础任务。本章针对实际电子侦察系统面临的接收信号低信噪比、小样本条件以及多信号时频交叠三种困难条件，介绍几种基于深度学习网络实现多功能雷达信号调制识别的新方法。

5.1　多功能雷达脉内调制识别技术概述

本节为雷达脉内调制识别技术概述，首先介绍雷达脉内调制识别的基本任务内涵，然后给出多功能雷达信号脉内调制识别的具体任务建模，最后在梳理雷达信号脉内调制识别技术研究情况基础上，给出本书所列三种脉内调制识别方法的设计思想和应用场景说明。

5.1.1　雷达脉内调制识别任务内涵

雷达信号识别是电子侦察的重要组成部分，在电子支援设备(Electronic Support，ES)、电子情报(Electronic Intelligence，ELINT)系统和雷达威胁告警系统(Radar Warning Receiver，RWR)等电子侦察设备中具有广泛应用[1, 2]。先进多功能雷达可敏捷编程实现多种复杂调制的雷达发射信号波形，给雷达信号脉内调制方式识别带来新的挑战。

具体地，现代战场中针对先进多功能雷达的脉内调制识别任务需要解决以下几方面的挑战：①低 SNR 条件下的雷达信号识别。LPI 信号应用是先进多功能雷达的主要技术特征之一，这要求识别算法在低信噪比下也能够很好地完成脉内调制识别任务。②小样本条件下的信号调制类型识别。当前大量基于有监督机器学习的智能化方法的训练都需要大量有标记数据样本，并且所得模型泛化能力不足，需要研究可在少量标注样本条件下工作且保证模型泛化性能的信号识别方法。③时频域交叠多信号的调制类型识别。现代电磁环境中的辐射源数量不断增加以及大时宽带宽雷达信号得到广泛应用，电子侦察系统截获到时域和频域交叠脉冲的概率大大增加，需要研究交叠多信号中各个脉冲分量的脉内调制识别方法。

5.1.2 雷达脉内调制识别任务建模

雷达脉内调制识别的任务建模应该包括脉内波形调制方式模型、交叠信号表征生成模型和基本时频分析方法等三个部分。

5.1.2.1 脉内调制样式

雷达辐射源通过对脉内信号进行频率或相位调制，生成不同调制方式的发射波形。不同的脉内调制类型对应有其特定的调制参数，本节给出六种常见的脉内调制类型和其对应的调制参数。

1) 简单脉冲信号

一个固定射频载波的发射脉冲，表达式为：

$$s(t)=\mathrm{AM}\times\mathrm{rect}\left(\frac{t}{T}\right)\exp\left(\mathrm{j}2\pi f_c t\right) \tag{5-1}$$

其中，$\mathrm{rect}(\bullet)$表示一个矩形函数，AM 表示幅度，T 表示脉宽，f_c表示载频。

2) 线性调频(Linear Frequency Modulation， LFM)信号

LFM 信号的瞬时频率在一个脉宽内会随时间线性变化，信号表达式为：

$$s(t)=\mathrm{AM}\times\mathrm{rect}\left(\frac{t}{T}\right)\exp\left(\mathrm{j}2\pi\left(f_c t+\frac{1}{2}kt^2\right)\right) \tag{5-2}$$

其中，调频斜率 k 是影响 LFM 调制类型不同脉内调制样式的主要参数。

3) 非线性调频(Non-Linear Frequency Modulation，NLFM)信号

NLFM 信号一个脉宽内的瞬时频率与时间呈非线性关系，表达式为：

$$s(t)=\mathrm{AM}\times\mathrm{rect}\left(\frac{t}{T}\right)\exp\left(\mathrm{j}\psi(t)\right) \tag{5-3}$$

其中，$\psi(t)$是一个和 t 相关的非线性函数，其决定了频率随时间的变化情况。

4) Costas 跳频信号

Costas 信号将脉宽为 T 的脉冲信号分成 N 段，每段对应由 Costas 编码控制的频率，信号的数学表达式是：

$$s(t)=\mathrm{AM}\times\sum_{n=0}^{N-1}p_n\left(t-nT_s\right) \tag{5-4}$$

其中，p_n 表示第 n 个子脉冲的信号，T_s 为子脉冲宽度：

$$p_n(t)=\begin{cases}\exp\left(\mathrm{j}2\pi f_n t\right), & t\in\left[0,T_s\right]\\ 0, & 其他\end{cases} \tag{5-5}$$

其中，带宽为 B，码元为 θ_n 的 Costas 编码信号子脉冲对应的频率为：

$$f_n = \left(f_c - \frac{B}{2}\right) + \frac{B(\theta_n - 1)}{(N-1)} \tag{5-6}$$

Costas 信号的码长 N 、码元宽度 T_s 和带宽 B 是脉内样式的调制参数。

5) Baker 码信号

Baker 码信号是一种脉内二相编码，表达式可写成：

$$s(t) = \text{AM} \times \exp\left(\text{j}\left(2\pi f_c t + \varphi(t)\right)\right) \tag{5-7}$$

其中，$\varphi(t)$ 表示相位调制函数。二相编码可用一个二进制序列 $C_n = \exp(\text{j}\varphi(t)) \in \{1,-1\}$ 表示，其中 1 表示相位 $\varphi(t)=0$，-1 表示相位 $\varphi(t)=\pi$。所以上式可以被转化成：

$$s(t) = \text{AM} \times \sum_{n=0}^{N-1} C_n \times v(t - nT_s) \times \exp(\text{j}2\pi f_c t) \tag{5-8}$$

其中，T_s 为码元宽度，子脉冲信号函数 $v(t)$ 可以表示为：

$$v(t) = \begin{cases} 1, & t \in [0, T_s] \\ 0, & \text{其他} \end{cases} \tag{5-9}$$

码长 N 和码元宽度 T_s 是脉内样式的调制参数。

M 码也是一种二相编码信号，其信号表达式与式(5-7)一致，其中 $\varphi(t)$ 的具体取值由一组 0 和 1 构成的 M 码来确定。当码值为 1 时，相位为 0；反之相位为 π。码长决定了 M 码波形相位的形式。

6) Frank 码信号

Frank 码是一种相位编码信号，其每个脉冲被分成 N 组，每组进一步被分成 N 个子脉冲，子脉冲的相位序列可以通过如下矩阵表示：

$$\begin{bmatrix} 0 & 0 & \cdots & 0 \\ 0 & 1 & \cdots & (N-1) \\ 0 & 2 & \cdots & 2(N-1) \\ \vdots & \vdots & \ddots & \vdots \\ 0 & (N-1) & \cdots & (N-1)^2 \end{bmatrix} \tag{5-10}$$

矩阵中的每一个元素值表示基本相移 $(2\pi / N)$ 的乘积系数，第 (m,n) 个元素对应相移可以写成：

$$\varphi_{m,n} = \frac{2\pi}{N}(m-1)(n-1), \quad m,n \in \{1,2,\cdots,N\} \tag{5-11}$$

子码数 N 和码长 N^2 是影响 Frank 码脉内调制样式的主要参数。

5.1.2.2　交叠信号建模

假设K个独立雷达同时发射信号，接收机天线上截获的信号很可能在时域和频域发生交叠[3]。此时，基带内交叠信号的表达式为[4]：

$$y_{\text{overlapping}}=\sum_{i=1}^{K}S_i\left(nT\right)+\omega\left(nT\right)=\sum_{i=1}^{K}h_iA_i\mathrm{e}^{\mathrm{j}\left(2\pi\Delta f_i\left(nT\right)+\varphi_i+\theta_i\right)}+\omega\left(nT\right)\tag{5-12}$$

其中，T是采样间隔，$S_i\left(nT\right)$表示来自第i个发射机的离散时间复合雷达信号样本，$\omega\left(nT\right)$表示零均值和方差δ的加性高斯白噪声。第i个信号源发射信号$S_i\left(nT\right)$所经历的信道系数为h_i，非零常数信号包络为A_i，载波频率为$\Delta f_i\left(nT\right)$，接收信号相比于发射信号的相位抖动和相位偏移分别由φ_i和θ_i给出。

基于式(5-12)的定义，截获交叠信号的复合信噪比和功率比定义如下：

$$\mathrm{SNR}=10\cdot\lg\frac{\sum_{i=1}^{K}\left|h_iA_i\right|^2}{\delta^2}\tag{5-13}$$

$$\mathrm{PR}=20\cdot\lg\frac{A_i}{A_n}\tag{5-14}$$

由于K个成分信号相互独立，可能出现的交叠信号辐射源组合情况总数由下式计算：

$$\mathrm{Comb}_{\text{overlapping}}=\sum_{q=1}^{K}\mathrm{C}_K^q\tag{5-15}$$

其中，C_K^q表示K中的q个组合，q表示成分信号类型的数量。

5.1.2.3　脉冲时频分析

本章采用时频变换处理将脉内波形转换为时频图作为辐射源信号脉内调制样式检测和识别任务的输入。常用的时频变换方法有：短时傅里叶变换(Short-Time Fourier Transform，STFT)、小波变换(Wavelet Transform，WT)、Wigner Ville 分布(Wigner Ville Distribution，WVD)和 Choi-Williams 分布(Choi-Williams Distribution，CWD)等。STFT 方法不能同时获得较高的时间和频率分辨率；WT 方法中固定母小波的选取无法适应多种不同类型的脉内波形信号；WVD 方法得到的时频图受到交叉项的影响比较严重；CWD 方法能够有效抑制 WVD 方法的交叉项，并同时保持时域和频域的高分辨率。图 5.1 展示了六种典型脉内调制类型的脉冲在 10dB 信噪比时的 CWD 时频图。

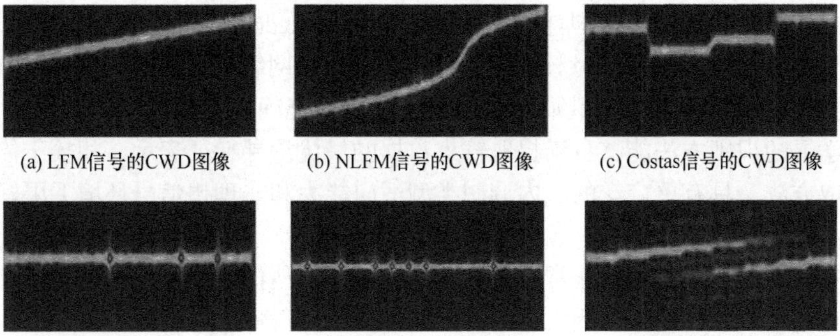

(a) LFM信号的CWD图像　(b) NLFM信号的CWD图像　(c) Costas信号的CWD图像

(d) Baker码信号的CWD图像　(e) M码信号的CWD图像　(f) Frank码信号的CWD图像

图 5.1　六种典型脉内调制类型的脉冲 CWD 时频图

5.1.3　雷达脉内调制识别技术途径分析

早期的雷达信号脉内调制类型识别方法主要针对信号时域特征进行分析。识别算法利用雷达信号的时域采样数据获取信号的瞬时频率，进而通过分析雷达信号瞬时频率的变化特性获得脉内调制类型。基于时域特性的雷达信号脉内调制方式识别方法包括相位差分法[5]、瞬时自相关法[6, 7]等，这些算法计算复杂度低、易于工程实现，被广泛应用于雷达侦察设备中。

时域分析方法难以获得信号瞬时频率变化特性，不能满足现代雷达侦察设备所面临复杂脉内调制类型所带来的挑战。研究者们开始在变换域中开展雷达信号脉内调制识别算法研究。该类方法利用不同调制类型雷达信号在变换域中的可分性进行特征提取，然后利用各种分类算法实现雷达信号脉内调制方式识别。这类脉内调制方式识别算法可分为基于传统特征提取的识别方法[8-12]和基于深度学习的识别方法[13-17]。

基于传统特征提取的信号识别方法由特征提取和分类识别两步实现。文献[12]利用 Choi-Williams 分布获取雷达信号的时频图像，并结合奇异值分解和线性判别分析获得时频图像的特征值，最后利用最小距离准则实现雷达信号的调制方式识别。文献[13]利用短时 Ramanujan 傅里叶变换(Short-Time Ramanujan Fourier Transform，ST-RFT)提取雷达信号的时频分布，然后利用伪 Zernike 矩提取时频图中图片的无偏特征，最终实现脉内调制类型识别。传统特征提取方法依赖专家经验，对日益丰富复杂的雷达发射信号类型的适应能力较差；此外这些特征受噪声影响较为严重，不能满足更低信噪比下的脉内调制类型识别任务。

基于深度学习的脉内调制类型识别方法则多以雷达信号的时频图像为输入，引入近年来发展迅速的深度学习技术实现自动脉内调制识别。文献[13]将 Choi-Williams 分布变换获取的雷达信号时频图像，输入卷积神经网络实现了对包括 BPSK、LFM、Costas 编码信号、Frank 编码信号和多时编码信号(T1~T4)在内的 8

种脉内调制类型的识别。文献[14]利用减小干扰分布(Reduced Interference Distribution，RID)变换获得雷达信号的时频图像，基于卷积神经网络和深层编码器完成 12 种调制类型的识别，算法在信噪比为−6 dB 时的平均正确识别率达到了 95.5%。基于深度学习的识别方法能够自动提取输入数据的最优深层特征表示，相较于传统特征提取方法，具有更广泛的脉内调制类型适应能力和非理想信号环境下更好的鲁棒性。

首先，实际电磁环境非常复杂，且随着 LPI 雷达信号的广泛部署，侦收得到的雷达信号 SNR 往往很低，也给传统电子侦察设备带来了挑战。为了提升在低 SNR 条件下的信号调制识别性能，研究者从信号数据增强和识别网络设计两个方面展开研究。信号数据增强研究主要对原始输入波形信号或时频变换后得到的信号时频图像进行增强处理，如滤波降噪以提升数据质量。文献[18]采用二维平滑滤波器来消除噪声，使得 SNR=−2dB 时的 P4 编码信号识别错误率从 16.97%降低到 4.5%。文献[19]对时频图像进行维纳滤波去除噪声。文献[20]基于分析时频图中噪声的统计特征，设计滤波器对图片进行平滑滤波。对 8 种常见的 LPI 雷达信号在 SNR=−8dB 时的识别精度从 76%提高到 84%。识别网络设计研究主要考虑深度学习网络模型的设计。文献[21]提出了一种基于卷积去噪自编码器(Convolutional Denoising Autoencoder，CDAE)和深度卷积神经网络(Deep Convolutional Neural Network，DCNN)的 LPI 雷达信号脉内调制类型识别方法。CDAE 网络提取时频信号的鲁棒特征后由 DCNN 分类网络对 12 种雷达信号进行分类，大幅提升了低 SNR 条件下 LPI 雷达信号调制类型识别性能，在 SNR 为−10dB 的情况下的识别准确率接近 90%。

其次，由于侦察方和雷达方始终处于非合作场景，因此实际侦收得到的雷达信号可能存在可用标注样本少的情况。针对标注样本信号稀少条件下的辐射源信号调制类型识别问题，研究者借鉴人类本身能够只利用少量甚至一个样本归纳每一个类别信息并推理出其他样本是否属于该类别的能力，研究小样本学习(Few-Shot Learning，FSL)方法用于信号识别。文献[22]在特征上加入权重掩膜，希望模型能够更加关注目标信号的分布区域，并且分别通过神经网络自学习和无监督分割两种途径，提出了注意力关系网络(ARN)和基于前景分割的(FG-FSL)两种小样本识别方法。文献[23]通过网络结构搜索得到一个更好的特征提取网络，以在小样本条件下提升识别效果。

最后，电磁环境日益复杂，环境中存在的辐射源数目激增，造成环境电磁信号密度大。多个不同辐射源脉冲同时到达接收机的可能性也提升。这多个脉冲可能在时域、频域以及时频域存在一定程度交叠。针对这些信号也需要考虑进行识别处理。针对时频域交叠情况下的雷达信号脉内调制方式识别问题，已有研究路线主要包括基于多分量信号分离识别和基于深度学习技术识别两种。基于多分量信号分离识别，首先通过信号处理技术对来自多个辐射源的信号成分进行分离，然后对每一个分量进行调制类型识别。信号分离方法主要包括参数化时频分析[24, 25]、时频图像处理[26-31]和盲源分离[29, 30]等方法。文献[31]利用分数阶傅里叶变换将接收到的雷达信号分解为多个分量，然后基于卷积神经网络和融合特征分离识别 9 种交叠的雷达信号(NS、LFM、BPSK、Costas、Frank、P1~P4)。文献[32]利用回归变分模式分解分离接收信号，然后分别基于深度置信网络(Deep Belief Network，DBN)和融合网络识别主要分量。该方法可以分离识别 8 种重叠的雷达信号(LFM、BPSK、Costas、Frank、P1～P4)，在信噪比为 0 dB 时的多分量雷达信号平均识别正确率为 94%。基于信号分离思想的多分量雷达信号脉内调制类型识别方法通常：①需要大量的迭代和搜索过程，计算量较大；②识别效果因为分离方法在低信噪比环境下的分离能力较差而受到了限制；③需要已知交叠信号个数的前提条件，难以满足未知信号个数下的雷达脉内调制识别问题。基于深度学习技术的识别方法研究中，研究者利用深度学习替代传统信号分离过程，避免信号分离过程带来的高计算量，提升识别系统实时性，同时由于深度学习的自动特征提取能力，也能够提高识别准确率。有学者借鉴深度学习领域中的单张图像多目标识别方法，提出了很多图像检测和多标签图像分类方法[25, 33-36]；也有研究者基于深度学习的图像检测方法提出了多分量雷达信号各个分量的检测识别及参数估计方法。

本章针对上述雷达信号脉内调制类型识别任务的三个主要难点，给出几种智能化的识别新方法。

5.2　低信噪比条件下的脉内调制类型识别方法 (LDCUnet-DCNN)

本节介绍一种基于局部密集连接 Unet 的 LPI 雷达信号调制类型识别算法 LDCUnet-DCNN 算法，该算法通过重构信号的特征信息，在信噪比低、调制样式复杂以及调制参数灵活情况下能够准确识别雷达脉内调制类型。

5.2.1　低信噪比下的脉内调制类型识别任务

电子侦察系统所处的真实场景中，往往要求识别系统在雷达距离远、侦收信号弱以及发射低截获概率波形调制的条件下，实现脉内调制类型的准确识别。图 5.2 展示了不同信噪比下 LFM 脉冲 CWD 时频图，可知在低信噪比条件下的信号时频特征更加模糊，脉内调制类型识别任务难度大大增加。

降噪和信号重构是减轻噪声影响和保留前景物体特征的两种常用方法[6]，如奇异值分解[37-42]、经验模式分解[43-45]和小波变换[46-50]等。这类方法一般使用子空间算法和信号不同领域的先验信息，并迭代区分确定性信号和噪声，可以大大改

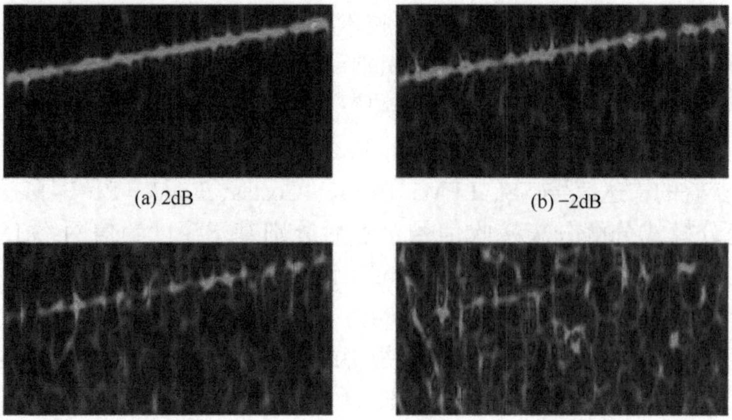

(a) 2dB　(b) −2dB　(c) −6dB　(d) −10dB

图 5.2　不同信噪比下 LFM 脉冲 CWD 时频图

善信号的质量。但是，这类方法可能会失去在感知上的细节并受到伪影的影响，在实际应用中也存在泛化性较差的困难。因此，生成对抗网络(Generative Adversarial Network，GAN)等深度学习方法可以尝试被用来恢复和重建信号特征，提高低信噪比下的脉内调制识别方法性能。

5.2.2　生成对抗网络的基本原理

5.2.2.1　生成对抗网络简述

深度学习技术的发展[51-54]为信号重构领域的新方法提供了新的方案，生成对抗网络(GAN)是其中的典型代表。Goodfellow 等人[55]首先介绍了 GAN，其基本原理是两个并存的网络之间的对抗：一个生成器将随机噪声作为输入，并在判别器的监督下生成合成样本，通过学习训练数据的基本分布，生成与输入数据集无异的数据样本分布。在图像重构领域，GAN 实现了前所未有的图像逼真度[56]；在超分辨率领域，文献[57]通过结合对抗性损失和内容损失提出了超分辨率 GAN(SRGAN)，采用了残差学习来缓解梯度问题。

5.2.2.2　Unet 的网络架构介绍

Unet 网络是由 Ronneberger 等人在进行语义分割任务中提出的模型。该模型最大的特点是创造性地提出了跨层连接结构，它可以将来自编码器的特征图融合到解码过程中，使得解码器能够在解码恢复过程中得到图像更多的维度、位置等信息，在图像语义分割和图像去噪等领域中有很大的优势。文献[58]中首次提出了基于 U-net 的方法，进一步提高了特征表示能力，并在语义分割[59-61]、物体检测[62]图像翻译领域[63-65]中被广泛利用。文献[63]提出的 pix2pix 框架通过 U-net 结构代替生成器，为有监督的图像翻译问题提供了一个通用解决方案，文献[65]应用 U-net 将低质量的 CT 图像翻译成对应的高质量图像。

U-net 网络架构如图 5.3 所示，包括编码和解码两部分。

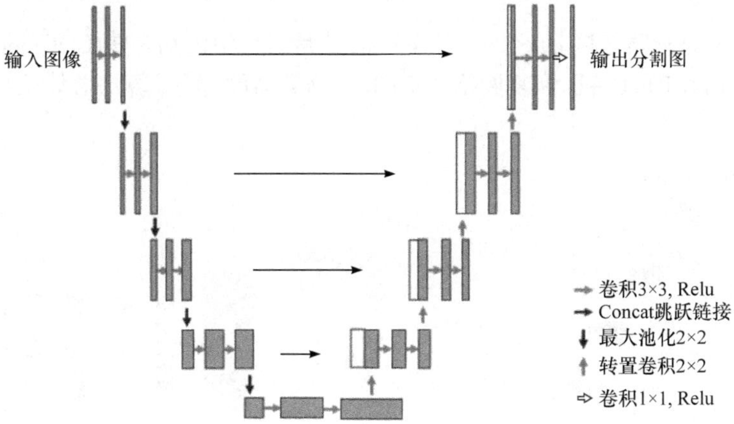

图 5.3　Unet 架构示意图

Unet 结构的编码部分，主要由卷积层和池化层组成，每经过一个池化操作，图像尺寸就改变一个尺度，通过下采样对源图像特征提取 Unet 结构的解码部分，通过上采样对图像进行复原。解码过程中的上采样次数与编码下采样操作一一对应，并且在对应上采样和下采样之间存在特征提取通道数相同、被称为跨层连接的融合通道。编码器的低级细粒度特征和解码器的高级粗粒度语义特征可以通过跨层连接结合起来，使得图像在解码恢复的过程中能够充分获得细粒度信息。

U-net 的网络训练使用了一个基于特征图的像素级交叉熵损失函数(Pixel-WiseSoftmax)，定义如下：

$$P_k(x)=\exp\left(a_k(x)\right)/\left(\sum_{k'=1}^{K}\exp\left(a_{k'}(x)\right)\right) \tag{5-16}$$

其中，$a_k(x)$表示特征通道为k，像素位置为x时通过激活函数后的值，其中$x\in\Omega$，$\Omega\in Z^2$，K表示最大类别数，于是，$P_k(x)$表示x这个像素点的输出在类别k时候的 Softmax 的激活值。交叉熵能量函数可写成：

$$E=\sum_{x\in\Omega}w(x)\log\left(p_{l(x)}(x)\right) \tag{5-17}$$

其中，$l(x)$代表像素点的真实类别标签，$w(x)$是权重函数。

5.2.3　一种基于局部密集连接 Unet 的 LPI 雷达信号调制类型识别算法(LDCUnet-DCNN)

5.2.3.1　算法总体框架

基于局部密集连接 Unet 的 LPI 雷达信号调制类型识别算法(LDCUnet-DCNN)主要分为 LDCUnet 特征恢复网络和 DCNN 分类器两部分，算法总体架构如图 5.4 所示。

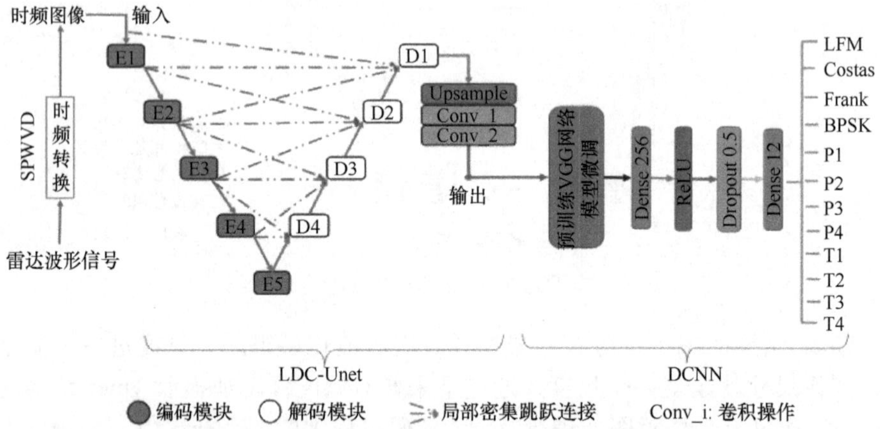

图 5.4　基于 LDC-Unet 的 LPI 雷达信号调制类型识别框架

LDCUnet-DCNN 算法首先通过 SPWVD 变换将雷达信号转换为二维时频图像信号，然后通过 LDC-Unet 网络进行时频特征重构从而恢复时频聚集特性，减少图像受噪声扰动的影响，最后通过预训练的 VGG 分类网络对经过特征增强的时频图像信号完成调制类型识别。

5.2.3.2　算法模块设计

1. LDCUnet 特征恢复网络

LDC-Unet 网络结构在编码器中采用残差块架构替代 Unet 基础架构的卷积层。残差模块的引入使得编码提取特征时，损失的部分信息可以通过残差结构中的残差连接补充得到，并且更容易优化以增强模型训练的稳定性。

图 5.5 是编码模块中的残差模块结构设计。LDC-Unet 中残差模块相对于初始残差模块的改进主要包括：去掉了初始残差模块中的 BN 层，避免在图像去噪和超分辨任务中破坏原始图像中的对比度等信息；在残差块的跨层连接中采用一个步长为 2 的卷积替代，使 Unet 架构中编码层可以通过下采样提取特征。编码模块和解码模块的详细参数如表 5.1LDC-Unet 网络模块的参数设置。

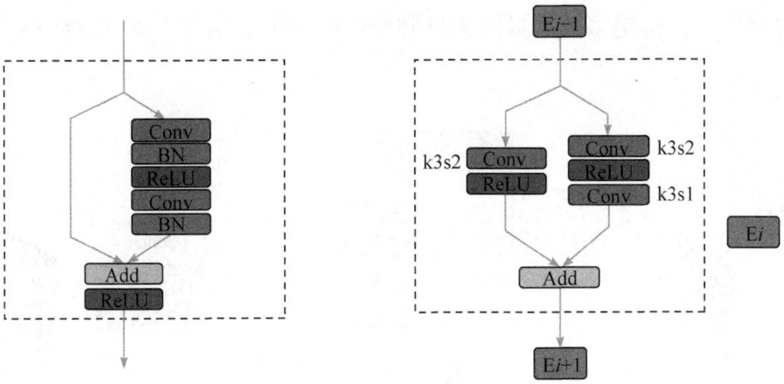

(a) 初始残差模块　　(b) LDC-Unet编码结构中残差模块

图 5.5　残差模块设计结构图

表 5.1　LDC-Unet 网络模块的参数设置

模块/层	输出尺寸	通道数(n)	步长(s)	卷积核尺寸(k)
E1	64 × 64 × 64	64	—	—
E2	32 × 32 × 128	128	—	—
E3	16 × 16 × 256	256	—	—
E4	8 × 8 × 256	256	—	—
E5	4 × 4 × 512	512	—	—
D4	8 × 8 × 192	—	—	—
D3	16 × 16 × 256	—	—	—
D2	32 × 32 × 256	—	—	—
D1	64 × 64 × 256	—	—	—
Upsample	128 × 128 × 256	—	2 × 2	—
Conv_1	128 × 128 × 64	64	1	4 × 4
Conv_2	128 × 128 × 3	3	1	4 × 4

2. LDC-Unet 中的局部密集跨层连接结构

Unet 网络中初始的跨层连接是仅将编码层 E3 的浅层特征与解码层 D3 的深层特征直接相加。这种做法无法充分利用编码层中不同分辨率下的多尺度特征，图像的细粒度细节信息和粗粒度的语义信息得不到很好的融合，并且这种纯跨层连接的方式还可能导致编码和解码中不相似特征的融合，可能会对实验结果产生不好的影响。LDC-Unet 结合全连接网络的思想对初始 Unet 的跨层连接进行改进，设计了一种局部密集跨层连接结构，使得图像在解码恢复过程中能够充分利用不同编码模块产生的多尺度特征，获得更多的细粒度信息和更全的多尺度信息，如图 5.6 所示。

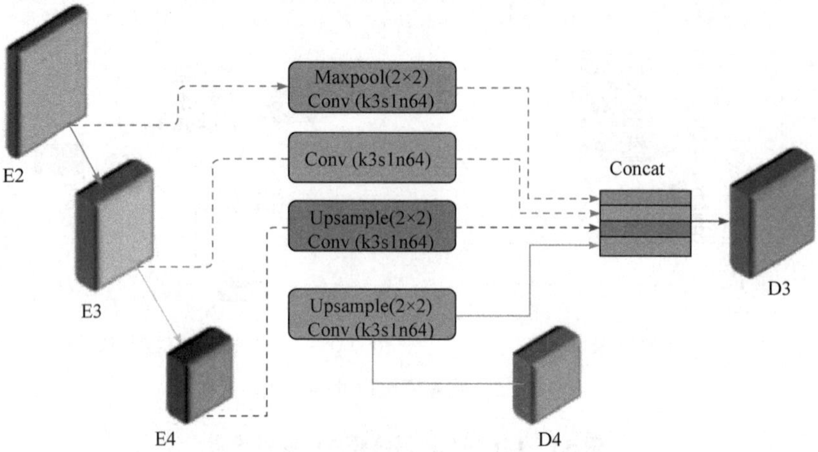

图 5.6　LDC-Unet 网络中的跨层连接结构

通过该跨层连接结构，每个解码模块不仅直接接收同尺度下来自编码模块的特征图信息，还能获得上下局部编码模块的低层次特征图的空间信息和高层次特征图的位置信息。例如解码模块 D3 不仅融合了相同分辨率下的编码模块 E3 的特征，还以最大池化以及上采样的方式连接了不同尺度的编码模块 E2 和 E4 的特征。

我们还在跨层连接中统一了特征图数量，以去除冗余信息并避免不相似特征的融合问题。当编码得到的特征图的分辨率和特征通道数统一后，网络通过初始 Unet 的特征通道维度拼接的方式，将低层的细粒度信息和深层语义信息进行融合。之后再通过卷积层进行卷积和非线性层处理，得到一个完整的解码恢复模块。

若定义 i 为编码器中下采样模块索引值，N 为总的编码模块数，则解码模块可由下式计算：

$$\begin{cases} D_i = E_i, \quad i = N \\ D_i = P\left(\left[Q\left(S\left(E_{i-1}\right)\right), Q\left(E_i\right), Q\left(T\left(E_{i+1}\right)\right), U\left(T\left(D_{i+1}\right)\right)\right]\right), \quad i = 1,2,\cdots,N-1 \end{cases} \tag{5-18}$$

其中，函数 $Q(\cdot)$ 表示编码模块的输出，$U(\cdot)$ 表示解码模块的输出，$P(\cdot)$ 表示特征聚合操作，由卷积层和非线性 Relu 激活函数组成，$S(\cdot)$ 和 $T(\cdot)$ 则分别代表上采样和下采样过程，$[\cdot]$ 为特征拼接。

当时频图像经过 LDC-Unet 网络的噪声滤除和特征增强作用后，通过一个预训练的 DCNN 网络作为分类器完成最终的 LPI 雷达信号调制类型识别任务，完整实现过程如图 5.7 所示：

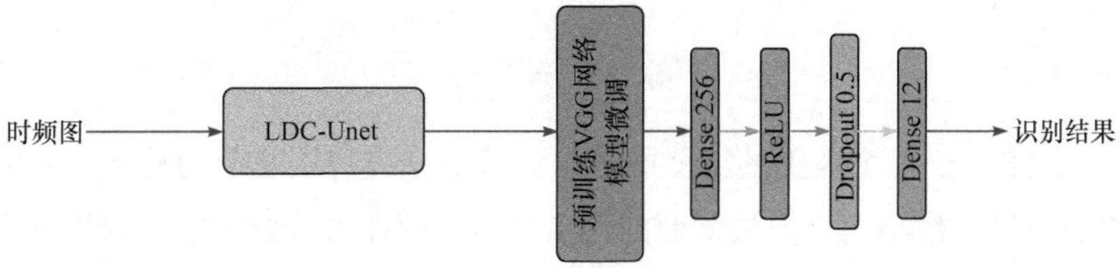

图 5.7　基于 LDC-Unet 和 DCNN 的 LPI 雷达信号调制类型识别

5.2.3.3　算法实现方法

为了同时兼顾类内距离和类间距离，LDCUnet-DCNN 算法采取联合监督损失的方式来训网络，并通过随机梯度下降法优化网络参数。联合监督损失由多分类交叉熵损失和自正则损失通过一定的权重组成，计算公式如下：

$$l = l_s + \lambda l_{\text{reg}} = -\sum_{i=1}^{m} \log \frac{e^{W_{y_i}^{\top} x_i + b_{yi}}}{\sum_{j=1}^{n} e^{W_j^{\top} x_i + b_j}} + \lambda \sum_{i=1}^{m} \left| x_i - c_{yi} \right| \tag{5-19}$$

其中，λ 控制两者的权重，如果 λ 设置为 0，则该损失函数退化为普通的交叉熵损失。

在多分类任务训练中通常使用交叉熵函数计算模型前向传播和真实标签的差异。交叉熵函数主要展示两个不同概率分布的差异度，其在多分类任务中的计算公式如下：

$$l_s = -\sum_{i=1}^{m} \log \frac{e^{W_{y_i}^{\top} x_i + b_{yi}}}{\sum_{i=1}^{n} e^{W_{y_i}^{\top} x_i + b_{yi}}} \tag{5-20}$$

其中，$\frac{e^{W_{y_i}^{\top} x_i + b_{yi}}}{\sum_{i=1}^{n} e^{W_{y_i}^{\top} x_i + b_{yi}}}$ 是 Softmax 函数，$x_i \in R^d$ 表示第 i 个输入特征图，y_i 则表示它所对应所属类别的概率，d 是特征维度，$W_{y_i} \in R^d$ 表示最后一个全连接层权重 $W \in R^{d \times n}$ 的第 i 列值，$b \in R^d$ 则代表相应的偏置参数，m 和 n 分别为批处理样本的数量和分类类别数。它的作用是将输入 $W_{y_i}^{\top} x_i + b_{yi}$ 进行标准化，求得每个输入所对应类别的概率大小，为计算交叉熵损失做铺垫。

交叉熵损失函数采取了类间竞争的机理，在类间差异大的分类任务中效果比较理想。但交叉熵损失只关注标签预测的准确性，对于相同标签的类内个体差异没有较好的认知，因此可能学不到好的类内特征。为了提升类内个体差异大时的识别性能引入自正则损失函数：

$$l_{\text{reg}} = \sum_{i=1}^{m} \left| x_i - c_{yi} \right| \tag{5-21}$$

其中，c_{yi} 表示第 yi 个类别的特征中心，x_i 表示全连接层之前的特征，m 为批处理样本的数量。最小化该损失函数的含义就是希望在每批样本中，同类别个体距离对应的特征中心更近，从而达到减小类内距离的目的。特征中心 c_{yi} 的更新方式如下：

$$\Delta c_j = \frac{\sum_{i=1}^{m} \zeta\left(y_i = j\right) \cdot \left(c_j - x_i\right)}{1 + \sum_{i=1}^{m} \xi\left(y_i = j\right)} \tag{5-22}$$

$$c_j = c_j - \beta \Delta c_j \tag{5-23}$$

其中，$\zeta(\cdot)$ 在条件满足时取值为 1，否则取值为 0。β 为更新权重，取值为 0 到 1。可以看到当更新特征中心时，只有在当前类别 c_j 和特征中心对应的类别 c_{yi} 一致时才对特征中心进行更新，即特征中心的更新只局限于同一类内的样本信号，不会被其他类别样本影响。

对应上述联合监督损失的训练过程可以如算法 5.1 基于联合监督损失的 DCNN 训练过程展示：

算法 5.1 基于联合监督损失的 DCNN 训练过程

输入：训练数据 $\{x_i\}$，初始化卷积参数 θ_c，损失层参数 W 和 $\{c_j \mid j = 1, 2, \cdots, n\}$，超参数权重为 β，λ 和 μ，迭代次数设置为 $k \leftarrow 0$。
输出：参数 θ_c

(1) while 未收敛 do：
(2) $k \leftarrow k+1$。
(3) 通过公式 $\ell^k = \ell_s^k + \lambda \ell_{\text{reg}}^k$ 计算联合损失。
(4) 通过公式 $\dfrac{\partial \ell^k}{\partial x_i^k} = \dfrac{\partial \ell_s^k}{\partial x_i^k} - \lambda \dfrac{\partial \ell_{\text{reg}}^k}{\partial x_i^k}$ 计算反向传播误差 $\dfrac{\partial \ell^k}{\partial x_i^k}$。
(5) 通过计算 $W^{k+1} = W^k - \mu^k \cdot \dfrac{\partial \ell^k}{\partial W^k} = W^k - \mu^k \cdot \dfrac{\partial \ell_s^k}{\partial W^k}$ 更新参数 W。
(6) 通过计算 $c_j^{k+1} = c_j^k - \beta \Delta c_j^k$ 更新参数 c_j。
(7) 通过计算 $\theta_c^{k+1} = \theta_c^k - \mu_k \sum_{l}^{m} \dfrac{\partial \ell^k}{\partial x_i^k} \cdot \dfrac{\partial x_i^k}{\partial \theta_c^k}$ 更新参数 θ_c。
(8) 结束 while 循环。

5.2.4　算法性能验证

本节实验通过 LDCUnet-DCNN 在仿真数据集上进行测试，与两种方法进行了低信噪比下的识别功能对比，从信噪比和泛化性方面进行了性能验证。

5.2.4.1　实验设置介绍

仿真数据集包括 12 种不同调制类型的 LPI 雷达信号，分别为 LFM、Costas、Baker、Frank、P1-P4、T1-T4。为了分析模型的泛化性能，仿真参数在设定区间内按均匀分布采样得到仿真样本，详细设置见表 5.2。样本信号的 SNR 取值从−20dB 至 10dB 的范围内以 2dB 步进进行设置，每个 SNR 条件下产生了 300 个样本，其中 200 个用于模型训练，100 个用于模型测试。

表 5.2　测试集和训练集不同参数设置

雷达信号	调制参数类型	训练集参数	测试集参数
LFM	B	[1/20～1/10]fs	[1/16～1/8]fs
BPSK	Lc	[7，11，13]	[11，13]
Costas	FH sequence	[4，5，6]	[3，4，5]
Frank，P1-P4	Ncc	[4，5，6]	[3，4，5]
T1-T4	fc	[1/8～3/16]fs	[1/6～1/4]fs

在模型训练过程中，首先使用 MSE 损失函数和 Adam 优化算法对用于去噪和特征增强的 LDC-Unet 网络进行训练，然后再将用于信号识别的数据集通过 LDC-Unet 模型进行去噪和特征增强处理，接下来利用 DCNN 分类网络完成最终的 LPI 雷达信号脉内调制类型识别任务。在该方法中，对 DCNN 的训练采用了本节提出的联合监督损失和 RMSprop 优化算法，学习率设置为 10^{-4}。

5.2.4.2　功能验证实验

LDCUnet-DCNN 算法的功能验证结果如图 5.8 所示。图中给出 LDCUnet-DCNN 算法、SEGAN-DCNN 算法[19]和 IMRCDAE 算法[50]针对 12 类仿真 LPI 雷达信号的识别准确率与 SNR 的关系曲线。

由图 5.8 可知，LDCUnet-DCNN 算法可以实现低信噪比条件下的 LPI 雷达信号调制类型识别，并且性能随着 SNR 降低而下降的速度明显低于另外两种算法，在 SNR 为−10dB 时，对 LPI 雷达信号的整体识别率仍然高于 91%，拥有更好的识别能力和抗噪性能。

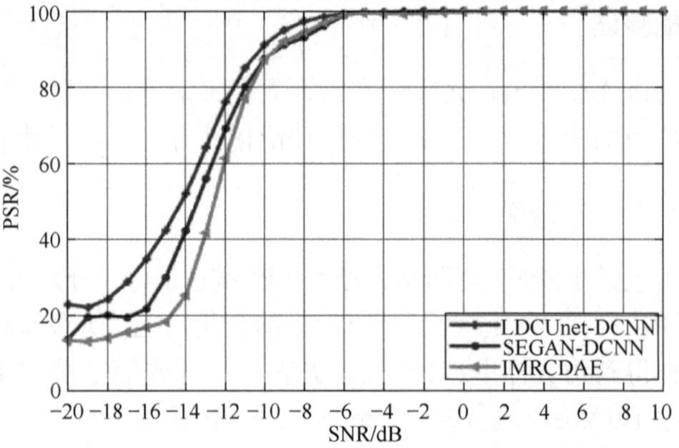

扫码见彩图

图 5.8 LDCUnet-DCNN 算法与其他算法性能对比

5.2.4.3 性能验证实验

1. 信噪比对性能的影响

LDCUnet-DCNN 算法对 12 种仿真 LPI 雷达信号在不同 SNR 下的识别实验结果如图 5.9 所示。算法在 SNR 为–10dB 时的整体识别准确率大于 90%，个别信号(如 LFM、Baker 等)的识别性能即使在 SNR 降至–14dB 仍能保持很高的识别准确率，对识别效果最差的 Frank 码信号的识别准确率也达到了 79%。多相码信号识别性能差些的原因在于其都是由线性频或者步进频近似得到，时频能量聚集特性比较类似，在低 SNR 下很难区分。

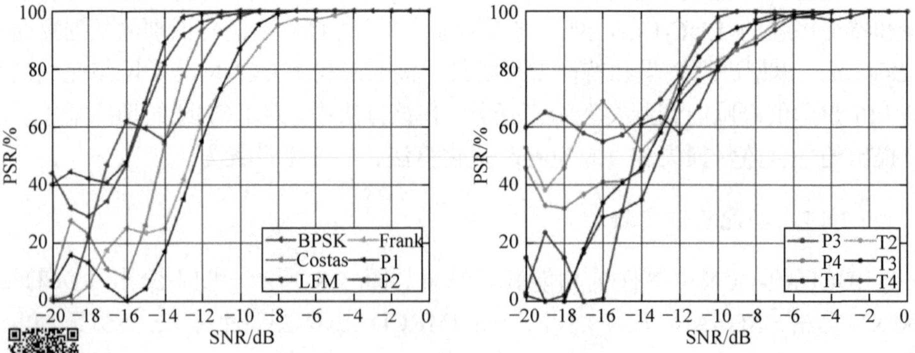

扫码见彩图

图 5.9 LDCUnet-DCNN 在不同 SNR 下针对 LPI 雷达信号的识别曲线图

特征增强网络 LDC-Unet 有效性的验证结果如图 5.10 和图 5.11 所示。图 5.10 显示了使用 LDC-Unet 预训练后的分类结果更佳。图 5.11 中经过 LDC-Unet 网络处理前后的时频图像对比结果，LDC-Unet 网络能够有效恢复低 SNR 下被噪声淹没的时频聚集特性，重构时频能量聚集特征。综上可知，特征增强网络 LDC-Unet

能够在噪声信号中提取出具有鲁棒性的特征从而显著提升算法在低 SNR 下的识别性能。

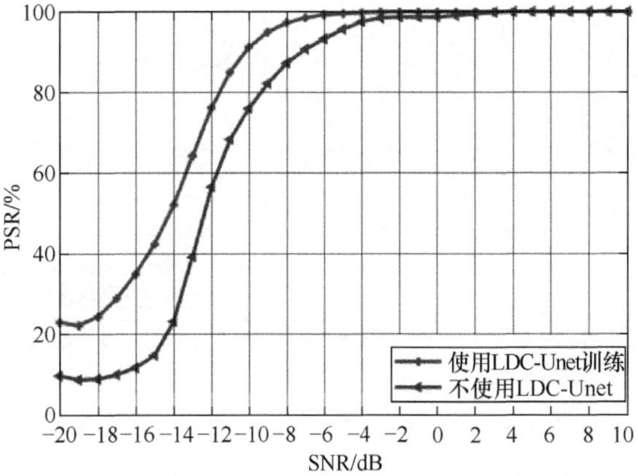

图 5.10 采用 LDC-Unet 训练对模型性能的影响

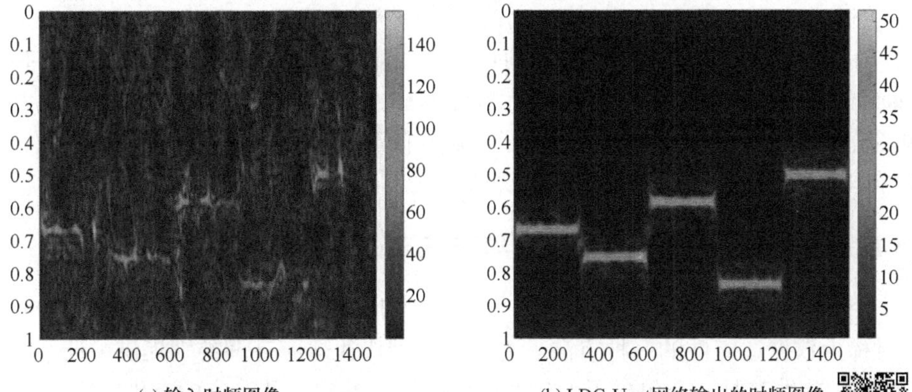
(a) 输入时频图像
(b) LDC-Unet网络输出的时频图像

图 5.11 SNR 为−10dB 时 LDC-Unet 网络的处理前后结果对比

扫码见彩图

2. 泛化性能分析

按照表 5.2 测试集和训练集不同参数设置生成了与训练样本参数不同的测试集样本数据，用于进行模型泛化性能仿真。图 5.12 展示了该模型针对 LPI 雷达信号在不同测试条件下的泛化性能实验结果。如图可知，在 SNR 大于−4dB 时，识别准确率依然能够维持在较高水平；当 SNR 低于−6dB 时，由于模型训练出现过拟合的情况，下降幅度比较明显；当 SNR 为−10dB 时，模型对测试集中不同参数信号样本的总体识别准确率已经低于 80%。

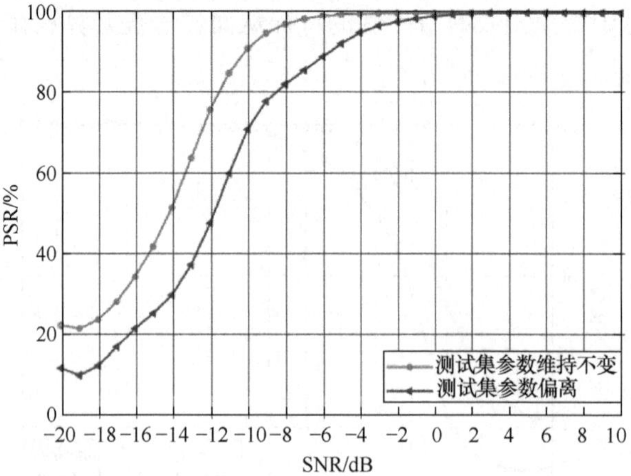

图 5.12　LDCUnet-DCNN 算法针对测试集信号参数变化时的识别结果

5.3　小样本条件下脉内信号调制样式识别方法(FG-FSL)

本节介绍一种基于前景分割的小样本识别方法(Fore-Ground Few-Shot Learning， FG-FSL)，该方法通过无监督方法搜索图像的前景，将输入信号的时频图分割成目标信号和其他信号两个区域，同时完成去噪和特征提取，进而完成小样本条件下的雷达信号调制样式识别。

5.3.1　脉内调制类型识别的小样本学习任务建模

小样本学习(Few-Shot Learning， FSL)方法是以迁移学习为基础，增强神经网络对稀少数据适应性的一种方法。为了给模型快速适应查询类别提供可迁移的知识，FSL 首先需要一个包含了大量的有标签样本基础集及对应的类别空间γ_{ba}，以补充支持集所不能提供的广义信息。另外，FSL 还需要一个少量由标签样本构成的支持集和对应类别无标签样本组成的查询集(即测试集)。支持集和查询集共享一个相同的查询类别空间γ_{que}。基础集的类别空间一般与查询类别空间不相交，即$\gamma_{ba} \cap \gamma_{\text{que}} = \varnothing$，但是二者处于相同的“域(domain)”。在一个具体的 FSL 任务中，如果查询类别空间γ_{que}中，包含了N_s个类别且支持集中每个类别有K_s个标记的样本，当前问题被称作一个“N_s-way-K_s-shot”任务。

对应雷达信号调制样式识别任务，可以将常见脉内调制样式及其样本可以作为基础集，稀有脉内样式的少量有标注样本作为支持集，将脉内调制样式小样本学习的过程映射为如下的 “训练”和“推理”两阶段进行实现：①训练阶段：通过包含了I个样本的基础集$D_{ba} = \left\{ \boldsymbol{X}_i^{\text{TF}}, \boldsymbol{Y}_i^{\text{TF}} \right\}, i \in \{1,2,\cdots,I\}$训练一个可迁移的模型，其中 $\boldsymbol{X}_i^{\mathrm{TF}}$ 和 $\boldsymbol{Y}_i^{\mathrm{TF}}$ 分别表示第 i 个脉内波形时频图样本和脉内样式类别标签。②推理阶段：利用支持集 $D_{\mathrm{sup}}=\left\{\boldsymbol{X}_j^{\mathrm{TF}},\boldsymbol{Y}_j^{\mathrm{TF}}\right\},j\in\{1,2,\cdots,N_s\times K_s\}$ 对训练阶段得到的模型进行调整，以完成查询集 $D_{\mathrm{que}}=\left\{\boldsymbol{X}_c^{\mathrm{TF}},\boldsymbol{Y}_c^{\mathrm{TF}}\right\},c\in\{1,2,\cdots,C\}$ 中样本的预测，为每一个查询样本 $\boldsymbol{X}_c^{\mathrm{TF}}$ 给出对应的预测标签 $\hat{\boldsymbol{Y}}_c^{\mathrm{TF}}$ ，其中 C 是查询集中样本的个数。任务最终的识别效果通过比较 $\hat{\boldsymbol{Y}}_c^{\mathrm{TF}}$ 和真实标签 $\boldsymbol{Y}_c^{\mathrm{TF}}$ 之间的差异进行评估。

5.3.2　小样本学习基本原理

5.3.2.1　小样本学习问题简述

对于一个深度神经网络来说，好的特征提取直接决定了分类识别效果。传统的神经网络通过大量数据和详细优化学习能够辅助分类的特征提取方式，即网络的权重。在训练样本极少的情况下，现有的机器学习算法普遍无法取得良好的样本外表现。训练样本少的情况下很容易陷入对小样本的过拟合以及对目标任务的欠拟合。如果从少量的样本中，也能够提取足以区分类别的特征，即可缓解神经网络对数据量的依赖。

Few-Shot Learning(小样本学习)依赖一个具有大量有标签样本的多类别基础集，以学习其通用的“可迁移”的特征；然后利用只有少量样本的支持集，在可迁移的特征上学习适用于当前小样本识别的“任务”级特征。即其可以通过将有限的监督信息(小样本)与先验知识(无标记或弱标记样本、其他数据集和标签、其他模型等)结合，使得模型可以有效地学习小样本中的信息。现有的 FSL 主要应用在监督学习实现分类和回归问题，示例应用包括图像分类、短文本情感分类和对象识别等。

5.3.2.2　经典小样本学习方法

1. 基于微调的小样本识别方法

深度学习方法中的多层次特征的理论已经被广泛地认可和接受：①神经网络的浅层提取“基础特征”，例如输入图像的边缘和轮廓信息；②深层网络提取抽象的特征，例如图像的各个局部的流型分布；③最后的全连接分类层将特征进行组合完成最终的分类。通过大型数据集学习好的预训练模型已经具有提取浅层基础特征和深层抽象特征的能力，在此基础上对模型进一步调整，将能节省时间资源和计算资源，并且缓解模型不收敛、参数难以优化的问题。

基于微调(Fine-tuning)的方法即是基于上述理论。具体地，我们可以构建一个和支持集十分相似的基础集，作为预训练的大型数据集；保留并冻结除了最后一个分类层的其他所有网络结构及其权重，作为一个特征提取器，依次提取基础特征和抽象特征；最后在支持集样本的特征上，重新训练一个与查询类别数量相匹配的分类层，以完成模型的微调。图 5.13 描述了上述基于微调方法的处理流程，其中只有灰色虚线表示的连接权重需要在支持集上进行重新训练。其他所有的权重都是在预训练过程中训练并固定的。

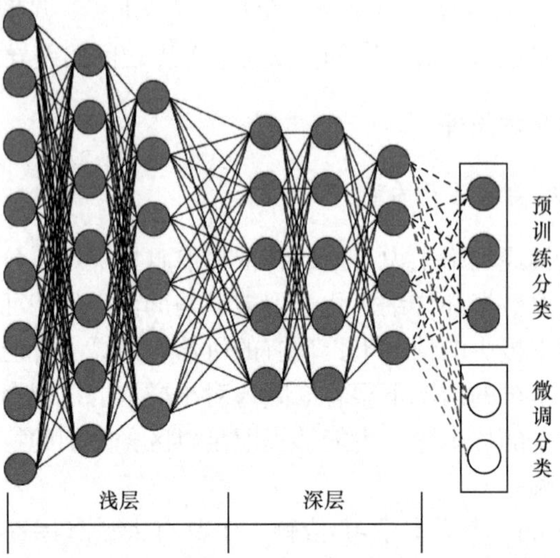

图 5.13　基于微调的小样本识别方法

基于微调的方法操作操作简单，可行度高；但是其十分依赖预训练模型的可靠程度。如果基础集和支持集相差较大或者基础集中的类别数不够充分，预训练模型提取的抽象特征不再有类别区分能力，这会导致后续微调过程的失效。

2. 基于元学习的小样本识别方法

基于元学习(Meta Learning)方法，也被称为“Learning to learn”，是一种试图教会模型如何自我学习的方法。一般元学习方法都包含两个神经网络(或者其他模型)：“学生网络”和“教师网络”。学生网络与传统的分类神经网络完全一致，在预先设定好的参数上，根据当前分类任务的有标签的数据对网络进行更新优化。然而，教师网络旨在多个分类任务中寻找一个最优的模型的参数，使其能够在多个分类任务的自学习下，达到总体的最优。显然，教师网络为学生网络提供了一个先验条件，使其能更加快速地获得更好的效果。图 5.14 给出了基于元学习的小样本识别方法示意图。

基于模型无关的自适应元学习方法(Model-Agnostic Meta-Learning，MAML)，是一个被广泛应用的方法。MAML 只是一个处理框架，其内部的学生网络和教师网络可以是任何模型。MAML 中学生网络的初始化权重是教师网络学习的目标。在每一个片段中，学生网络以教师网络的输出作为初始化权重，并被限制只利用少量的标记数据，通过一步或者几步的优化适应当前任务。

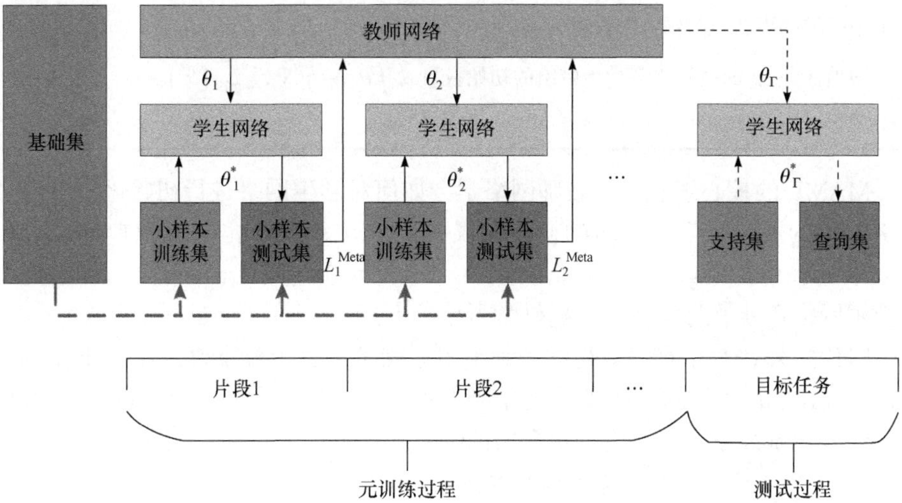

图 5.14　基于元学习的小样本识别算法

算法 5.2 描述了 MAML 算法的整体流程。对于每一个片段任务，学生网络首先复制了上一时刻教师网络得到的权重 θ_{t-1}，作为当前任务的初始化权重。然后利用当前任务中，有标记的小样本训练集调整模型，进行第一次梯度更新，得到训练好的学生网络权重 θ_t^*。然后，学生网络的样本进行预测，并计算整个任务 Π_t 损失 $\sum L_{\Pi_t}\left(\theta_t^*\right)$。这个损失被用来进行第二次梯度更新，得到下一任务学生网络的初始化权重 θ_t。在每次训练过程中，存在两次梯度更新，分别完成当前任务内部学生网络的更新和多任务间教师网络的更新。在推理过程中，只利用教师网络输出的权重和当前的支持集样本，对学生网络进行快速更新。训练过程中的学生网络在小样本训练集上优化的权重 θ_t^* 并不在推理过程中使用，其只为训练教师模型提供损失和更新的梯度。

算法 5.2　MAML 算法

输入：片段任务集合 $\{\Pi_t\}, t\in\{1,2,3,\cdots,\Gamma\}$，其中 Γ 为片段任务的数目；

学生网络和教师网络的学习率 η^α 和 η^β

(1) 初始化学生网络的权重 θ_0

(2) 当 $t \leqslant \Gamma$ 时：

(3) 从片段任务集合中，抽取任务 Π_t

(4) 复制上一任务教师网络的输出权重 θ_{t-1} 作为当前学生网络的权重 θ_{t-1}^*

(5) 对 Π_t 中的每一个有标签的样本 $\left\{\boldsymbol{X}_i^{\text{TF}}, \boldsymbol{Y}_i^{\text{TF}}\right\}$；

(6) 计算其在当前任务中的梯度 $\nabla L\left(\theta_{t-1}^{*}\right)$

(7) 根据梯度更新当前任务的权重 $\theta_{t}^{*}=\theta_{t-1}^{*}-\eta^{\alpha}\nabla L\left(\theta_{t}^{*}\right)$

(8) 根据任务 Π_t 的损失更新学生网络的初始权重 $\theta_{t}=\theta_{t-1}-\eta^{\beta}\nabla_{\theta}\sum L_{\Pi_t}\left(\theta_{t}^{*}\right)$

(9) 结束

MAML 的核心思想是让教师网络学会如何对学生网络进行初始化，然而决定网络效果的不只是学生网络的初始化权重，学习率和搜索方向同样十分重要。Meta-SGD(Model-Agnostic Meta Learning with Stochastic Gradient Descent)算法希望教师网络还能够为学生网络提供学习率的支持。

除此之外，对于难以取得的类别给出正确结果也十分重要，在元迁移(Meta-Transfer)学习的 Meta-SGD 算法的基础上引入了迁移学习的思想，将这些“难类别”组成“难片段”，并进行更多次的学习。

3. 基于度量学习的小样本识别方法

基于度量学习的小样本识别方法是以“样本对”作为输入，学习衡量两个样本的相似性关系，用于判别其是否属于一个类别。在推理过程中不需要额外的更新，以完全前馈的方式完成识别任务。基于度量学习的方法也采用了片段的训练方式：在每一次迭代任务中，算法先从基础集中抽取与查询类别数相同数目的类别，构成对应的小样本训练集和小样本测试集，然后小样本测试集上的损失为模型训练提供梯度。然而，在度量学习的小样本方法中，小样本训练集不单独参与训练，只作为样本对的参考样本。

原型网络(Prototype Network，PN)是一种简单且高效的基于度量学习的小样本识别方法。其目的是构建并学习到一个嵌入空间，在这个嵌入空间中，可以通过一种固定的度量方式，来衡量所有的样本之间的关系。

在一个片段的任务中，PN 通过一个共享的特征提取模块 F 将所有的小样本训练集映射到一个嵌入空间中。在这个空间中，每一个样本 X 都由一个一维向量 $F\left(X\right)\in D$ 表示，其中 D 为一维向量的维度。PN 将每一个类别 k 的所有有标记的样本在嵌入空间中的特征向量的均值作为这个类别的原型向量：

$$p\left[n\right]=1/\left|D_{\text{sup}}\left[n\right]\right|\sum_{x_i^{\text{TF}}}F\left(X_i^{\text{TF}}\right) \tag{5-24}$$

其中，$D_{\text{sup}}\left[n\right]$ 表示支持集中所有属于类别 n 的样本子集。通过一个固定的度量函数 d 和 softmax 操作，PN 算法估计查询样本的属于类别 n 的概率：

$$P\left(Y_c^{\text{TF}}=n|X_c^{\text{TF}}\right)=\exp(-\frac{d\left(F\left(X_c^{\text{TF}},p\left[n\right]\right)\right)}{\sum_{n'}\exp\left(-d\left(F\left(X_c^{\text{TF}}\right),p\left[n'\right]\right)\right)} \tag{5-25}$$

其中，$d(a,b)$表示a,b之间的距离，一般使用欧氏距离，以保证在嵌入空间内样本的均值到所有样本点的距离最近。训练过程的损失函数为：

$$\text{Loss}_{\text{PN}} = -\log P(Y_c^{\text{TF}} = n \mid X_c^{\text{TF}}) \tag{5-26}$$

图 5.15 描述了基于 PN 网络的小样本识别算法。其中每一个颜色表示一种类别。在嵌入空间中，每一个对应类别颜色的实线圈点表示该类别的支持样本的特征，图中空间只展示了 5 个类别，每个类别有 4 个支持样本。每一个黑颜色的点表示该类别的原型，虚线圈的点表示查询样本，其通过欧氏距离来衡量和所有类别原型之间的距离，并利用最近邻的准则为查询样本分类。

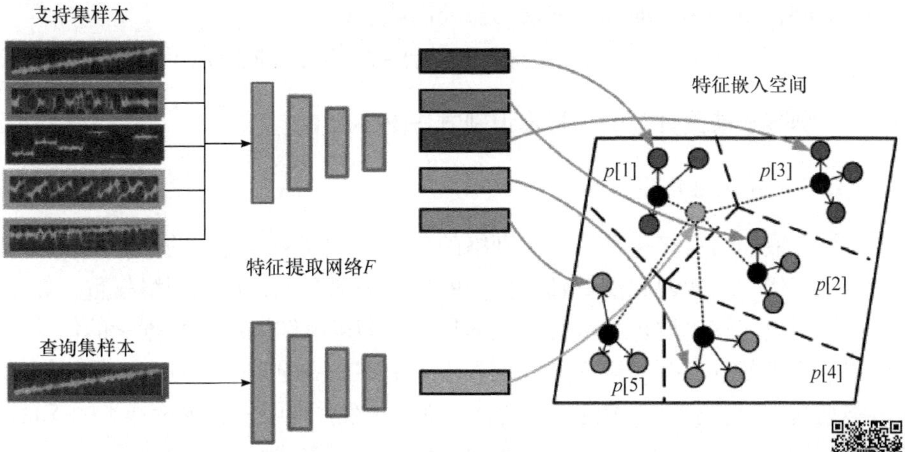

图 5.15　基于 PN 的小样本识别算法

扫码见彩图

4. 基于生成式模型的小样本识别方法

生成式模型认为同一个类别的所有样本都是通过一个共享的潜变量 z 得到的，这个潜变量描述了该类别的固有信息。变分自编码器 VAE 是一种基于变分贝叶斯推断的生成式网络结构，其以概率的方式对潜变量 z 进行描述，并且利用两个神经网络建立两个概率密度分布模型以模拟样本的扩展过程：①编码器用于原始输入数据的变分推断，生成潜变量 z 的变分概率分布，称为推断网络；②解码器根据生成的潜变量变分概率分布，通过重采样，还原生成原始数据的近似概率分布，称为生成网络。图 5.16 展示了 VAE 的框架图。

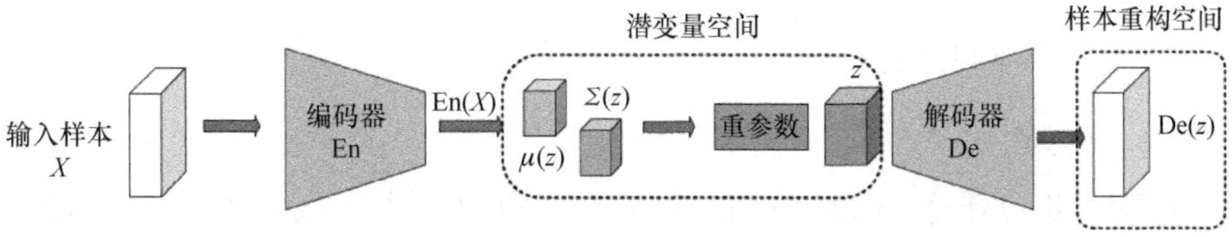

图 5.16　VAE 的示意图

VAE 的编码器希望通过输入样本 X，寻找潜变量 z 的真实条件概率分布 $P(z \mid X)$。根据贝叶斯公式：

$$P(z|X)=\frac{P(X|z)P(z)}{P(X)} \tag{5-27}$$

然而，$P(X)=\int P(X|z)P(z)\mathrm{d}z$，需要对所有潜变量进行计算，不能直接求解。得益于神经网络具有较强的拟合能力，编码器通过一个权重为 ϕ 的神经网络 $Q_{\phi}(z \mid X)$ 作为一个代理分布用来近似 $P(z \mid X)$，并且以最小化两个分布之间 KL 散度为目标优化网络，可以证明，最小化 KL 散度等价于最大化变分下界(evidence lower bound，ELBO)，即神经网络的损失函数为：

$$\mathrm{Loss}=\mathrm{KL}(Q_{\phi}(z \mid X) \| P(z))-E_{z}\left[\log P(X \mid z)\right] \tag{5-28}$$

5.3.3 一种基于前景分割的小样本识别方法(FG-FSL)

5.3.3.1 算法总体框架

特征提取能力直接决定了神经网络的分类识别效果。传统的神经网络通过大量数据进行优化，学习到能够辅助分类的特征提取方式，形成网络权重。如果从少量样本中也能够提取足以区分类别的特征，即可缓解网络对数据量的依赖。本节介绍了基于前景分割的小样本识别方法(FG-FSL)。通过一个具有大量标记样本的多类别基础集，学习通用的“可迁移”特征；然后利用只有少量样本的支持集，在可迁移特征的基础上学习适用于当前小样本识别的“任务”级特征。

图 5.17 描述了 FG-FSL 算法的框架图，算法由三个模块组成：①分割网络，通过无监督的分割方法[66-70]从时频图中衡量像素点之间的连通性，为原始样本空间中的每一个样本 X_i^{TF} 生成对应的前景掩膜 $M_i=\mathrm{Ma}\left(X_i^{\mathrm{TF}}\right)$，构建分割掩膜空间。②特征提取和融合网络，通过两个神经网络 $F_{\mathrm{oi}}(\bullet)$ 和 $F_{\mathrm{ma}}(\bullet)$，分别从 X_i^{TF} 和 M_i 中提取细粒度信息和结构化信息并将其融合，希望在融合后的特征空间内，扩大类别间的差异性，增加类内样本的凝聚性。③相似性网络，成对读取支持集和查询集的样本特征并且给出相似性评分。由上述说明可以看出 FG-FSL 将加权掩膜的生成过程与 RN 基础模型的训练分离，确保掩膜具有关注目标信号区域能力。本节后续部分将分别对上述三个模块进行详细的解释。

5.3.3.2 算法模块设计

1. 分割网络

分割网络的任务是为每一张输入的时频图 X^{TF}，生成对应的分割掩膜 $\mathrm{Ma}(X^{\mathrm{TF}})$，在 $\mathrm{Ma}(X^{\mathrm{TF}})$ 的作用下，原始图像可以被分割成两个区域 $\mathrm{FG}(X^{\mathrm{TF}})$ 和

$BG(X^{TF})$ 使得：

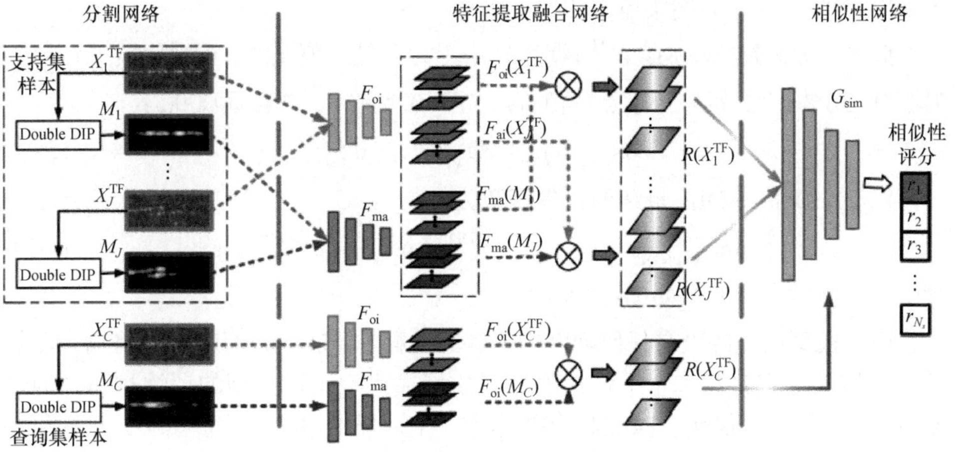

图 5.17　FG-FSL 小样本识别算法框架图

$$X^{TF} \approx Ma(X^{TF}) \odot FG(X^{TF}) + (1 - Ma(X^{TF})) \odot BG(X^{TF}) \tag{5-29}$$

无监督分割方法认为图像中的每一个区域的纹理和结构都具有内在相关性，即同一区域内像素的熵要小于不同区域之间像素的交叉熵。本节选用耦合式深度图像先验网络(Double Deep Image Prior，Double-DIP)[66]来进行分割。Double-DIP 分割网络依赖以随机噪声作为输入的深度图像先验网络(Deep Image Prior，DIP)[66]，其认为图像本身就具有一定程度的先验信息。这些信息蕴含在图像本身的结构中。Double-DIP 将三个 DIP 作为子网络，分别用于生成 $FG(X^{TF})$ 、$BG(X^{TF})$ 和 $Ma(X^{TF})$ ，其结构如图 5.18 所示。

Double-DIP 单独进行优化，其优化目标包含三个损失函数：重构损失、排斥损失和正则化损失。假设当前三个 DIP 网络输出后融合的图像为 $\hat{X}$ ：

$$\hat{X} = Ma(X^{TF}) \odot FG(X^{TF}) + (1 - Ma(X^{TF})) \odot BG(X^{TF}) \tag{5-30}$$

算法希望生成的输出 $\hat{X}$ 与原始图像 X^{TF} 尽可能地相似，其重构损失 Loss_{gen} 为：

$$\text{Loss}_{\text{gen}} = \left\| X^{TF} - \hat{X} \right\| \tag{5-31}$$

排斥损失 Loss_{gen} 希望 $FG(X^{TF})$ 和 $BG(X^{TF})$ 尽可能没有重叠部分，即两个对应的 DIP 网络之间的梯度没有相关性：

$$\text{Loss}_{\text{gen}} = \sum\sum \left\| \tanh\left(\lambda_{FG} \left| \nabla FG\left(X^{TF}\right)\right|\right) \odot \tanh\left(\lambda_{FG} \left| \nabla BG\left(X^{TF}\right)\right|\right) \right\| \tag{5-32}$$

其中，λ_{FG} 和 λ_{BG} 分别为两个固定的超参数，$\nabla FG(X^{TF})$ 和 $\nabla BG(X^{TF})$ 分别表示两个 DIP 网络以 X^{TF} 为期望输出的梯度。

此外，考虑到掩膜 $Ma(X^{TF})$ 期望每一个元素是二值化的，正则化损失 $Loss_{reg}$ 强制其 DIP 输出的所有像素点的值都趋向于 0 或者 1，并且远离 0.5：

$$Loss_{reg} = (\sum |\, Ma\left(X^{TF}\right) - 0.5\,|)^{-1} \tag{5-33}$$

综上，Double-DIP 最终的损失函数为：

$$Loss_{DoubleDIP} = Loss_{gen} + \gamma^{DDIP} Loss_{exc} + \zeta^{DDIP} Loss_{reg} \tag{5-34}$$

其中，γ^{DDIP} 和 ζ^{DDIP} 是两个权重常数。

由于模型的训练没有任何辅助信息和其他样本，Double-DIP 方法将输入图像进行旋转、垂直镜像和水平镜像变换以扩展输入，丰富模型的训练过程并通过 Adam 算法[71]进行优化。Double-DIP 作为一个即插即用的无监督模块，只提供输入样本的掩膜，不与后续的特征提取和融合网络、相似性网络一起训练，且不会改变原有 RN 的训练过程。

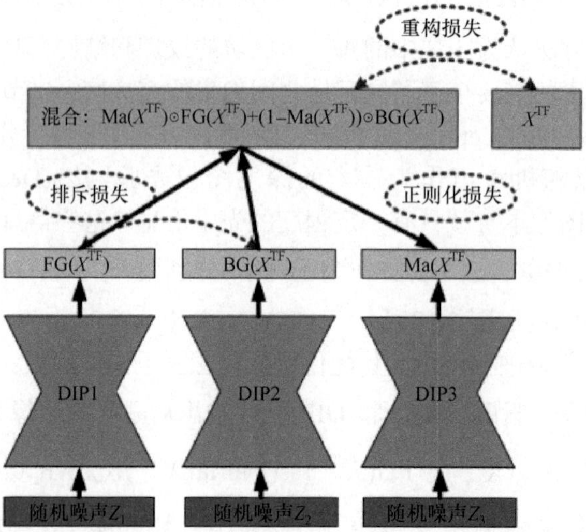

图 5.18 Double-DIP 的分割网络结构图

2. 特征提取和融合网络

两个特征提取网络 $F_{ma}(\cdot)$ 和 $F_{oi}(\cdot)$ 分别从分割掩膜 $Ma\left(X^{TF}\right)$ 和原始图像 X^{TF} 中提取不同的信息。掩膜 $Ma\left(X^{TF}\right)$ 包含了信号波形时频图的结构信息，描述了目标信号在时频图上的分布区域。原始时频图 X^{TF} 中包含了目标信号的细粒度信息，描述了在信号目标区域内的特征。FG-FSL 算法将 $F_{ma}(\cdot)$ 和 $F_{oi}(\cdot)$ 设定为相同的网络结构，其输出的特征图也具有相同的大小，特征融合模块直接将两者的特征值按照像素进行点乘，得到融合特征 $R(X^{\mathrm{TF}})$：

$$R\left(X^{\mathrm{TF}}\right)=F_{\mathrm{oi}}\left(X^{\mathrm{TF}}\right)\odot F_{\mathrm{ma}}\left(\mathrm{Ma}(X^{\mathrm{TF}})\right) \tag{5-35}$$

融合特征 $R\left(X^{\mathrm{TF}}\right)$ 可以被看作是两个独立的概率分布的乘积。$F_{\mathrm{ma}}\left(\mathrm{Ma}(X^{\mathrm{TF}})\right)$ 的每一个像素点描述了原始图像中该像素属于目标辐射源信号区域的概率，$F_{\mathrm{oi}}\left(X^{\mathrm{TF}}\right)$ 描述了该像素点的具体数值。

3. 相似性网络

相似性网络的结构与 RN 一致，用于评估支持样本和查询样本对 $\{X_j^{\mathrm{TF}},X_c^{\mathrm{TF}}\}$ 的相似性分数：

$$r_{j,c}=\left(G_{\mathrm{sim}}\left(\mathrm{Con}\left(E_{K_s}\left(R\left(X_j^{\mathrm{TF}}\right)\right),R\left(X_c^{\mathrm{TF}}\right)\right)\right)\right) \tag{5-36}$$

其中，G_{sim} 表示相似性网络，其优化的目标函数可以写为：

$$\arg\min_{F_{\mathrm{oi}},F_{\mathrm{ma}},G_{\mathrm{sim}}}\sum_{j}^{J}\sum_{c}^{C}\left(r_{j,c}-\delta\left(Y_j^{\mathrm{TF}}-Y_c^{\mathrm{TF}}\right)\right) \tag{5-37}$$

5.3.4　算法性能验证

本节实验通过 FG-FSL 分别在仿真和采集数据集上进行测试，与有监督方法、小样本方法和两种改进方法进行了功能对比，从信噪比和数据集方面对性能的影响进行了验证，并通过可视化验证了分割网络的性能。

5.3.4.1　实验设置

1. 数据集设置

为了通过实验证明 FG-FSL 算法的效果，本节在一个细粒度脉内调制信号的仿真数据集上进行评估。每一个类别表示一种由脉内调制类型及其调制参数决定的脉内调制样式。整个数据集中包含了 60 个类别，覆盖了 LFM、Costas、Frank 码和 Baker 码，四种常见的脉内调制类型。所有样式调制参数的范围如表 5.3 所示，其中 $U(a,b)$ 表示 $[a,b]$ 范围内的均匀分布。每一个类别包含 50 个样本，每一个样本是由从脉冲上升沿开始以 8 μs 为长度的波形的时频图，脉宽不足 8 μs 的波形用零补齐。为了简化、统一模型样本输入的大小并且降低模型提取特征的难度，将每一张时频图下采样成 84×84 像素大小。

对于一个 N_s-way-K_s-shot 任务，本节首先从 60 个类别中随机抽取 N_s 个类别构建查询空间，剩余的所有类别和标记样本形成基础集用于训练模型。对于每一个查询类别，随机抽取 K_s 个样本作为标记样本构建支持集。然后，从每类剩下的样本中随机抽取 20 个样本，构建包含了($20\times N_s$)个样本的查询集。为了使测试的结果更有普遍性，对于每一种任务，本节进行了 100 次实验。每次实验重新构建基础集、支持集和查询集，并统计所有($2000\times N_s$)个查询样本的识别效果。除了基础集和支持集中的标记样本外，不再提供其他有关于数据的先验知识。此外，本节还分析了算法对信噪比 SNR 为−10dB～0dB 数据的效果，以评估其对非理想情况的鲁棒性。为了与其他典型的小样本识别方法进行对比，本节采用了常见的 5-way-1-shot，5-way-5-shot，10-way-1-shot 和 10-way-5-shot 四种设置。

表 5.3 脉内调制样式识别的仿真信号参数设置

	参数名称	参数范围
通用参数	采样频率 f_s 脉宽	100MHz 1～8μs
LFM	载频 f_c 带宽	0～500MHz $\Delta f=U(1/16,1/3)f_s$
Costas	起始频率 f_0 子脉冲个数 跳频带宽 子脉冲宽度	50MHz 3～5 $\Delta f=U(1/30,1/6)f_s$ $\Delta\tau=1\sim3\mu s$
Frank	载频 f_c 步长	0～500MHz 4，6，8
Baker	载频 f_c 编码位数 信号编码长度 循环相位码	0～500MHz 7，11，13 80～240 1～3

本节还在采集数据上对 FG-FSL 方法进行测试分析。实测数据集共包含 10 个类别，通过 5 种脉内调制类型进行调制，其中 5 个类别的脉内调制类型与仿真数据一致，包含 3 种调制类型：Baker 码、线性调频和 Frank 码。另外的 5 个类别具有与仿真数据不一致的 2 种调制类型，包含：不同调制参数的 M 码和非线性调频。每个类别间的调制参数存在差异，对应不同的脉内调制样式。

2. 参数模型设置

FG-FSL 算法是在关系网络 RN 的基础上改进的，它们共享相同的基础网络结构。特征提取网络 F(•)包含了 4 个卷积块，每一个卷积块包含了两个 64 通道、卷积核大小为 3×3 的卷积层，一个批归一化 BN 层和一个 ReLU 的非线性激活函数层。相似性网络 $G_\Phi(\cdot)$ 和 $G_{\text{sim}}(\cdot)$ 有两个卷积块，第一个卷积块有 128 个通道，用于将支持样本和查询样本的特征图在通道维度合并。相似性网络的最后添加了一个全连接层，来获得模型相似性分数的输出。

FG-FSL 算法中，前景分割模块的 Double-DIP 算法网络采用了文献[72]描述的网络结构，每一个 DIP 网络是一个 U-NET[73]，依次连接了四个下采样子网络和四个上采样子网络。下采样子网络包括两个卷积层和一个最大池化层；上采样子网络包括一个反卷积层和两个卷积层。掩膜和原始图像的特征提取网络 $F_{\text{ma}}(\bullet)$ 和 $F_{\text{oi}}(\bullet)$ 都与 $F(\bullet)$ 结构相同。前景分割模块单独进行无监督的训练，以式(5-37)为损失函数，使用 Adam[71]算法按照 0.001 的学习率进行训练，其中权重参数分别被设置为：$\gamma^{\text{DDIP}}=0.001$，$\zeta^{\text{DDIP}}=0.01$。上述的三种方法的特征提取网络、注意力网络和相似性网络中的权重都采用端到端的训练方式，使用式(5-33)和式(5-40)的目标函数和对应的损失对模型中的所有参数产生梯度。

5.3.4.2　功能验证实验

1. 仿真数据算法性能对比

表 5.4 记录了本节所描述的算法分别在−6dB 信噪比的条件下 5-way-1-shot，5-way-5-shot，10-way-1-shot 和 10-way-5-shot 四种任务中，对细粒度脉内样式的识别准确率，其中带有加粗和下划线符号的准确率表示该任务下最优和次优的效果。所有的算法被分成了 5 块。第一块的结果显示了利用 CNN[74]进行传统有监督学习的方法和基于 CNN 进行微调方法(CNN Fine-Tuning)的效果。从中可以看出基于微调的方法虽然能够提高模型对少量样本情况的适应性，但仍然存在着严重的过拟合问题。第二块展示了基于元学习的 FSL 方法的效果，其中 Meta-SGD 在 1-shot 时展现了更好的效果，说明同时学习模型的初始化权重和更新方向的元学习方法更加适应小样本情况下的时频图。当样本数较多时，Meta-Transfer 的效果更好，这意味着尽管对更加复杂的样本加强学习能够有效提升准确率，但是需要更多的标记样本。表 5.4 中的第三和四块分别描述了基于度量的 FSL 方法和 FG-FSL 方法。在 4 个任务上，FG-FSL 算法都获得了最优或次优的准确率。当支持样本数只有 1 时，FG-FSL 展现了更好的效果；因为可以将 FG-FSL 的方法看作是直接利用无监督分割获取加权掩膜的方法，在样本数量较少的时候具有优势。

表 5.4　仿真数据的脉内调制样式小样本识别方法效果

	5-way-1-shot	5-way-5-shot	10-way-1-shot	10-way-5-shot
CNN	0.3256	0.5690	0.2691	0.4225
CNN Fine-Tuning	0.3752	0.6664	0.2932	0.6127
MAML[75]	0.8107	0.9159	0.6683	0.7342
Meta-SGD[76]	0.8531	0.9112	0.7189	0.7667
Meta-Transfer[77]	0.8250	0.9147	0.6801	0.8316

续表

	5-way-1-shot	5-way-5-shot	10-way-1-shot	10-way-5-shot
MN[78]	0.8343	0.9104	0.7159	0.8362
PN[79]	0.8506	0.9372	0.7440	0.8754
RN[80]	0.8942	0.9443	0.7898	0.8861
CARN	0.9040	0.9547	0.8153	0.9015
SARN	0.9100	**0.9591**	0.8247	**0.9124**
FG-FSL	**0.9160**	0.9573	**0.8361**	0.9039

2. 采集数据算法性能对比

本节模拟了以仿真数据作为基类数据集训练模型，并在实测数据构成的支持集和查询集上进行测试的过程，以说明本节所提出的算法在不同数据域之间的迁移性。本节采用了与表 5.4 相同的训练环境和模型，即基础集是在信噪比为−6dB 情况下的 50 种脉内调制样式数据集合。表 5.5 记录了本节提出的三种算法和其他对比算法在四个实验设置下、100 次实验中所有实测数据的推理结果。

表 5.5　实测数据的脉内调制样式小样本识别方法效果

	5-way-1-shot	5-way-5-shot	10-way-1-shot	10-way-5-shot
CNN	0.2560	0.5312	0.2388	0.4962
CNN Fine-Tuning	0.2985	0.5780	0.2530	0.4965
MAML[75]	0.7432	0.8435	0.5196	0.6080
Meta-SGD[76]	0.7791	0.8667	0.5582	0.6361
Meta-Transfer[77]	0.8213	0.8787	0.6484	0.6848
MN[78]	0.8469	0.9152	0.6335	0.6868
PN[79]	0.8607	0.9390	0.6886	0.7185
RN[80]	0.8877	0.9475	0.6857	0.7140
CARN	0.8933	0.9337	0.6903	0.7391
SARN	0.9039	0.9646	0.7013	0.7431
FG-FSL	0.9251	0.9632	0.7271	0.7445

从表中可以看出，所提出的方法在所有设置下依然获得了最优和次优的效果。对比表 5.5 和表 5.4 中的结果，在 5-way 的任务中基于微调的方法和基于元学习的方法的性能对比仿真实验都有所下降，这是因为仿真数据的“先验知识”与实测数据没有完全匹配；因此训练得到的模型特征提取、微调、初始化和梯度下降的方式都有所偏差，导致模型识别效果变差。这说明在小样本条件下，直接提取每一个样本内部的本质特征比较困难。然而，基于度量的方法展示了更好的迁移性。这是因为对于具有明显连通域形状特征的时频图样本，度量匹配的方式更关

注类别间的差异化信息，使得识别结果更加可靠。

在 10-way 的任务中，所有算法的效果相较于仿真测试数据(表 5.4)都有十分明显的下降。这是因为查询类别中包含了基类中没有的调制类型。这些调制类型的信号在时频图上的分布与基类完全不同，训练模型学习到的“可迁移”信息不再可靠。对于基于微调的方法，可以发现相较于原始的 CNN 模型[74]其在实测数据下的提升远小于仿真数据。在 10-way-5-shot 的设置下，微调操作甚至几乎没有任何提升，这说明基于微调的方法更需要测试环境和训练环境相匹配。此外，支持集中样本数目增加为模型带来的提升也没有仿真数据明显，这是由于支持集给出的少量数据无法弥补不同测试数据域之间的差异，导致效果提升不明显。

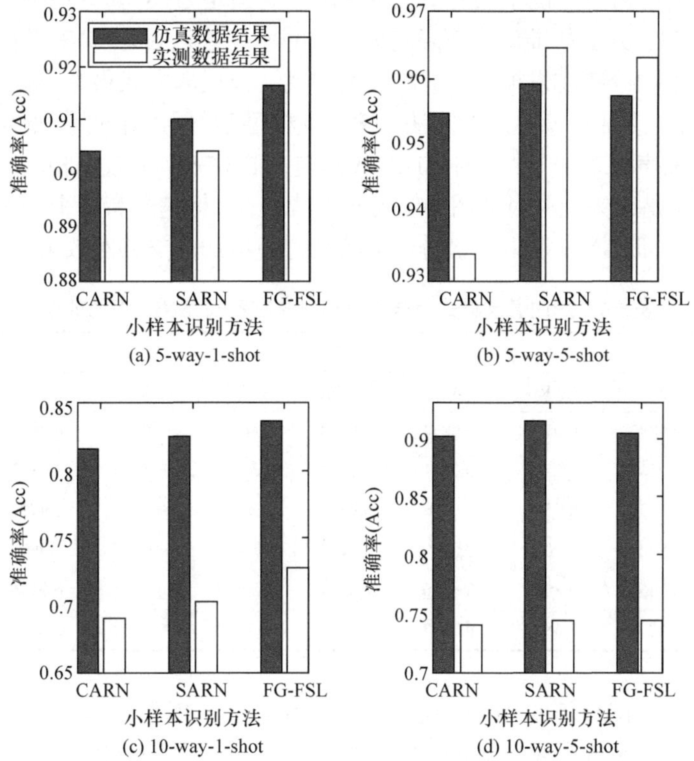

图 5.19　仿真数据和实测数据的脉内调制样式小样本识别结果对比

图 5.19 展示了本节所提出的三种方法在仿真数据和实测数据上四个任务的结果对比图。从中可以看出在 5-way 任务下，三种方法的实测结果都接近甚至超过仿真结果，这可能是因为实测数据的 SNR 大于−6dB，使得目标信号在空间中的分布更加明显，更加容易提取目标信号的特征。尽管在 10-way 的设置下，三种算法的效果都明显降低，但是综合表 5.5 可以看出在 1-shot 的设置下，FG-FSL

算法依然分别获得了最好的效果。综上，本节对基于度量学习的小样本识别算法在脉内调制样式的识别过程中的训练环境给出参考建议：①基础类尽可能地包含测试环境中可能出现的粗粒度脉内调制类型；②基础类中的信号背景环境，应该尽可能地与测试环境一致，以减弱数据中无关特征之间的差异。

5.3.4.3 性能验证实验

1. 信噪比对性能的影响

考虑到不同的 SNR 会对时频图的清晰度产生影响，表 5.6 给出了 5-way-1-shot 和 5-way-5-shot 任务下，RN 和 FG-FSL 方法在不同 SNR 条件下的结果。随着 SNR 的降低，准确率均有明显的下降，尤其是当 SNR 小于−6dB 时，RN 相较于 FG-FSL 方法的准确率下降趋势更加明显。这是因为 SNR 越低，目标信号在时频图上的分布越发模糊，只使用简单的特征提取方式很难寻找并学习目标信号本质特征。然而，所提出的方法能够迫使模型学习目标信号分布区域的特征，从而减弱了噪声带来的干扰。当 SNR 较高时，FG-FSL 的效果相较于 RN 几乎没有提升。这是因为此时时频图的结构非常清晰，目标信号特征十分明显，RN 的特征提取模块即可有效获取有区分性的特征，新增加的支路对效果提升不明显。

表 5.6 脉内调制样式小样本识别方法在不同 SNR 下的效果

SNR	5-way-1-shot				5-way-5-shot			
	RN[80]	CARN	SARN	FG-FSL	RN[80]	CARN	SARN	FG-FSL
0dB	0.9880	0.9860	0.9874	**0.9903**	0.9892	0.9937	0.9896	0.9886
−2dB	0.9667	0.9767	0.9741	**0.9797**	0.9736	0.9860	0.9862	**0.9885**
−4dB	0.9434	0.9513	0.9506	**0.9568**	0.9596	0.9742	**0.9792**	0.9753
−6dB	0.8924	0.9040	0.9100	**0.9160**	0.9443	0.9547	**0.9591**	0.9573
−8dB	0.7861	0.8060	0.8106	**0.8123**	0.8790	0.8975	**0.9106**	0.8957
−10dB	0.6798	0.6840	**0.7007**	0.6896	0.7812	0.7919	**0.8098**	0.7933

上述模型测试环境的 SNR 均与训练环境相同，然而基础集和查询集环境的差异性也会给算法效果带来影响。图 5.20(a)、(b)和(c)分别分析了 5-way-5-shot 任务中，FG-FSL 方法在 0dB、−4dB 和−8dB 三种不同 SNR 下训练的模型在不同 SNR 下的推理效果，其中横坐标表示查询集的 SNR，不同颜色表示不同 SNR 的基础集。从中可以直观地看出，训练数据的 SNR 越小，其在不同 SNR 下的测试效果越稳定。尽管在−8dB 下训练的模型在 0dB 情况下的测试效果略低于直接在 0dB 下训练的情况，但是其在较低的 SNR 下的效果更加鲁棒。此外，从算法间的横向对比中可以发现一个现象：当测试的 SNR 小于训练的 SNR 时，FG-FSL 方法的效果更好。这说明没有无监督生成掩膜的方法在测试环境差于训练环境时更加可靠。

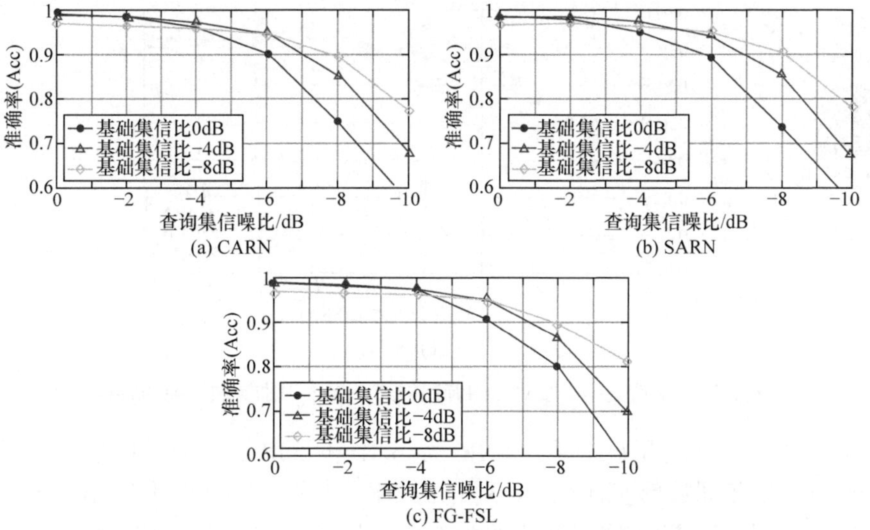

图 5.20　不同 SNR 下训练模型的脉内调制样式小样本识别方法效果

综上，本节为算法在实际情况下的应用提出了一个建议：尽可能地使模型在极端的非理想条件下进行训练，尽管训练效果可能不够完美，但是其测试的稳定性和鲁棒性更强。

2. 数据集对样本性能的影响

图 5.21(a)和(b)分别描述了当 SNR 为−6dB 和−8dB 时，5-way 任务中，支持集中每个类别的样本(shot)数量对效果的影响，与 CARN 和 SARN 方法进行了对比。因为标记样本提供了更多描述查询类别的信息，所以随着样本数量的增加，准确率逐渐提高。但是，当标记样本数达到一定值时，准确率将会趋于平缓。SNR 越低，准确率达到稳定值所需的样本数量就越多。例如：当 SNR 为−6dB 时，只需要 4 个样本准确率就基本稳定，然而在−8dB 的情况下，需要 6 个样本。不同 SNR 下，不同算法随支持样本数增加的变化趋势也不同。当 SNR 较低时，在样本数较少的情况下，FG-FSL 效果随 shot 数量增加的提升更加明显，并且更快达到准确率的稳定值。

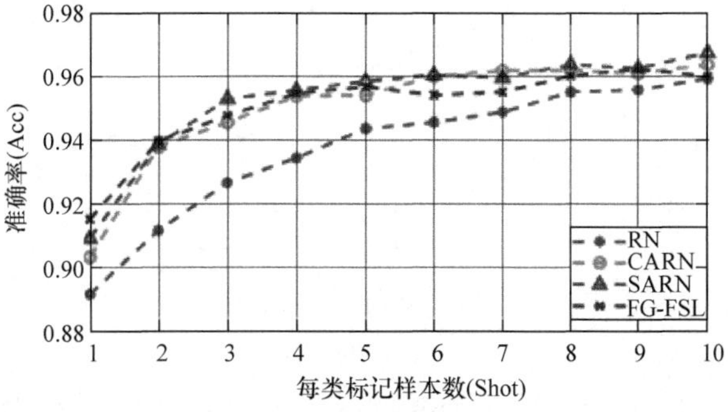

(a) −6dB

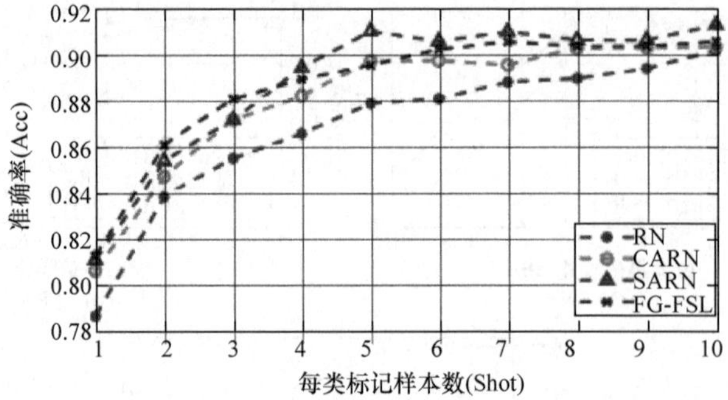

扫码见彩图

(b) −8dB

图 5.21　支持集样本数对脉内调制样式小样本识别算法性能的影响

图 5.22(a)和(b)分别显示了当 SNR 为−6dB 和−8dB 时，每类只有一个支持样本的情况下，不同数量查询类别(way)的准确率。本节从 2 个类别到 10 个类别依次进行了测试。为了说明算法效果的普适性，对于每一种情况的每次实验都重新从数据集中抽取对应数目的类别和样本构建查询空间，并将 100 次的实验结果进行平均，得到算法最终的效果。显然，准确率会随着查询空间的增大而降低。当类别

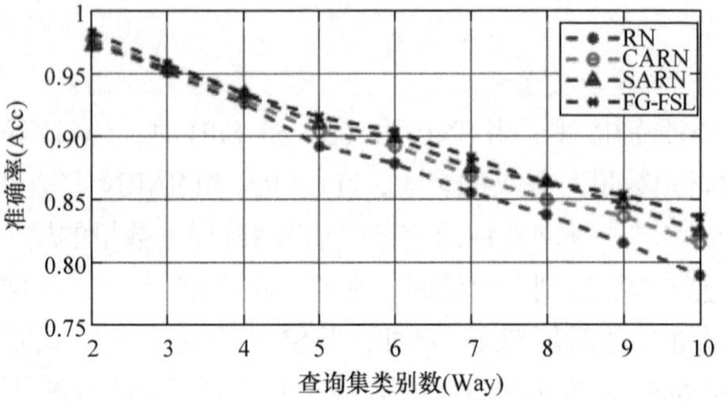

(a) −6dB

扫码见彩图

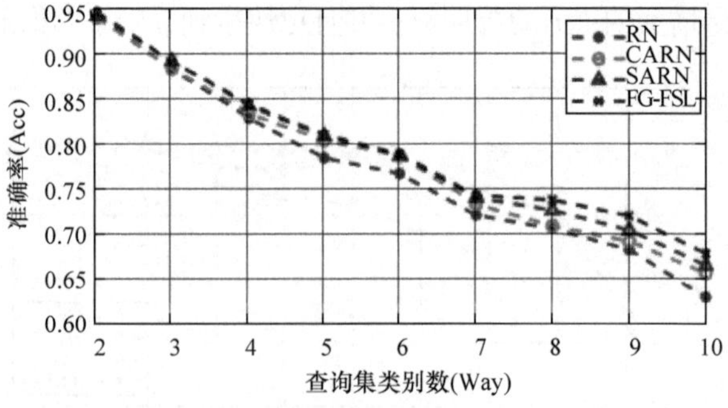

(b) −8dB

图 5.22　查询类别数对脉内调制样式小样本识别算法性能的影响

数增加时，FG-FSL 的效果相较于 RN 的提升更大、浮动更小，更能适应多类别的分类。此外，相较于支持样本数对性能的影响，查询类别数对性能的影响显然更大，这意味着在小样本任务中，仅仅新增一个类别可能会给效果带来很大的负面影响。

3. 算法主要模块性能可视化

为了证明 Double-DIP 算法在时频图前景分割任务中的有效性，本节将该算法与其他的主流分割方法进行了比较。图 5.23(a)至(f)展示了 5 种不同分割方法分别对第一列的 4 个−6dB 的原始样本生成的分割掩膜。从中可以看出，二值化的方法并不能获得完整的目标信号分布区域。U2-NET[68]作为一种先进的基于预训练的分割方法丢失了很多前景信息。与前两种方法相比，UISB(Unsupervised Image Segmentation by Backpropagation)[70]可以获取更多的前景区域，但同时也混杂了更多的背景噪声。ReDO(ReDrawing of Objects)[69]更加适应有连通区域的前景，其在处理 LFM 和 Baker 码的时频图时效果很好，然而不能较好地对 Costas 和 Frank 码进行分割。第六列展现了所使用的 Double-DIP(DDIP)[66]方法的效果，显然其在前景和背景之间找到了一个有效的权衡，并且可以适应不连通的前景图像。图 5.23 (g)至(l)展示了 Double-DIP 算法在不同的 SNR 下的分割效果。虽然随着 SNR 的降低，分割掩膜变模糊，但是模糊的区域可以通过颜色表征为灰色的中间值过渡，而不是极端二值化的黑色或者白色，这大大增加了其对非理想情况的鲁棒性。

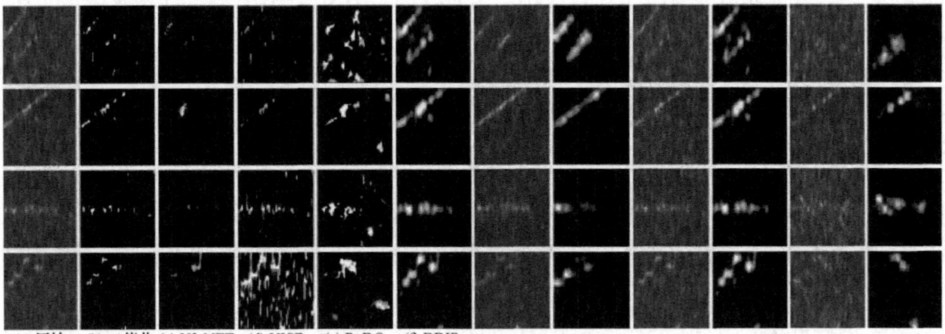

图 5.23　前景分割算法的结果示例图

FG-FSL 特征融合效果：本节以 5-way-1-shot 任务为例，将查询样本特征融合前后的特征图进行可视化，并且展现了其在空间中的分布。首先，将特征图依次进行平铺，将三维张量转换成一个向量。然后，使用 t-SNE[81]可视化方法将其映射到一个二维空间。在这个空间中，每个样本对应一个点。图 5.23 (a)显示了查询集所有样本的原始图像 X^{TF} 的可视化结果，其中不同颜色表示不同类别。从中可以看出 5 个类别的 100 个样本在输入空间内交错在一起。图 5.24(b)和(c)分别展示了原始图像和分割掩膜分别通过特征提取得到 $F_{\mathrm{oi}}(X^{\mathrm{TF}})$ 和 $F_{\mathrm{ma}}\left(\mathrm{Ma}(X^{\mathrm{TF}})\right)$ 的分布，尽管一些类别(例如黄色和紫色)可以被区分，但是仍然有一些类别的样本交错在一起(例如红色和绿色)。图 5.24 (d)描述了融合特征 $R(X^{\mathrm{TF}})$ 的可视化结果，显然与前三中样本分布相比其类别间更加具有区分性。

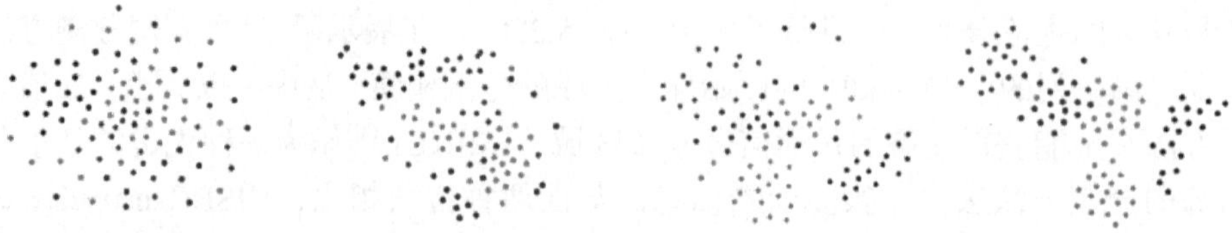

(a) 原始图像X^{TF}　(b) 原始图像的特征$F_{\mathrm{er}}(X^{\mathrm{TF}})$　(c) 分割掩膜的特征$F_{\mathrm{ma}}(\mathrm{Ma}(X^{\mathrm{TF}})$　(d) 融合特征$R(X^{\mathrm{TF}})$

图 5.24　FG-FSL 的融合特征可视化图

扫码见彩图

5.4　时频交叠条件下的脉内调制类型识别方法(RAUnetGAN-MIML)

本节介绍一种基于多示例多标签学习(MIML)的交叠波形调制类型识别(OLWR)实现方法，该方法通过残差注意力的 UnetGAN 网络对信号时频图进行高质量重构，并生成多样化的示例表示，进而利用 MIML 网络实现时频交叠雷达信号的脉内调制类型识别。

5.4.1　时频交叠条件下的脉内调制类型识别任务

在现实世界的应用中，多语义目标通常同时被标注多个标签[82]。该多语义目标可以被视为由多个示例组成的包。例如，在景观分类中的每幅图像中的部分区域作为示例，可以被标记为“海”或“海滩”，这些多个标签是在图像层面，即包上分配的。

这些复杂对象的内在结构可以从 MIML 原理的角度来看待，这也是 OLWR 任务的一个直观解决方案。本节将 S 表示为示例空间，W 表示类标签的集合。训练数据集 $\left\{S^j,W^j\right\}_{j=1}^{J}$，由 J 个示例包组成，其中每个包 S^j 表示为 h 个示例 $\left\{I_1^j,I_2^j,\cdots,I_h^j\right\}$。而 W^j 是所有与 S^j 相关的候选标签 $\left\{w_1^j,w_2^j,\cdots,w_l^j\right\}$ 的子集，其中 l 是候选单一标签 W^j。当 S^j 被分配到第 K 个标签时，$w_l^j=-1$，否则，$w_l^j=-1$。从形式上看，目的是学习一个目标函数 $f_{\mathrm{MIML}}:S\to W$，从既定函数 $f_{\mathrm{MIML}}(S)\in\{-1,1\}$ 中为 S^j 输出一个标签向量。

5.4.2　多示例多标签学习方法的基本原理

针对交叠信号识别,早期提出的多分类方法(MCL)将具有不同成分调制类型组合的交叠信号视为不同的类别，因而标签集的数量随着候选类的增加而呈指数级扩展，且难以解决 OLWR 的泛化问题，因为训练集总是难以穷尽各种可能的交叠调制类型组合。随后出现的多标签学习方法(MLL)可以给每个分量信号打上标签,并给输出向量分配相应的多个标签,但它把交叠信号看作一个单一的示例，而忽略了交叠信号中不同成分的语义信息。后来多示例学习方法(MIL)首先引入了包学习的理念，关注局部语义信息，从示例层面到包层面进行细粒度识别，MIL 的主要局限是无法处理交叠的信号，因为它只对单一成分进行标注。多示例多标签学习方法结合了 MLL 和 MIL 方法各自的优点[83]，希望找出局部语义和标签之间的映射关系,从而可以用来对待分类的样本进行多标签分类[84]。在 MIML 理论中，一幅图像可以由一包示例表示，这个图像与多个标签相关。Feng 等人通过将卷积神经网络(CNN)与 MIML 原理相结合建立了 DeepMIML 网络[85]。Song 等人[86]提出了一个用于 MIML 图像分类的多模态 CNN (MMCNN-MIML)，它利用类标签之间的相关性，将类别对应的文本的上下文与视觉示例结合起来，以帮助分类。

在交叠信号识别研究中，早期使用统计特征进行分类识别[87, 88]。这些方法的泛化和抗干扰性能较差。随后，基于深度学习的自动特征提取网络被普遍应用于交叠信号识别。如 Liu 等人提出了一种重复选择策略，通过反复利用 CNN 对时频图进行分割并对选择区域进行分类[89]。Si 等人和 Qu 等人都采用卷积神经网络作为基本结构，并分别与 sigmoid 函数和深度 Q-learning 网络构造多标签分类器[19, 90]。Ren 等人通过基于注意力机制的 ResNeXt[91]将交叠信号的多域特征，包括时间、频率、自相关和时频域[92]结合起来，将每个交叠信号视为一个新的类别进行多分类。在文献[4]中，MIML-DCNN 框架首次提出，基于 MIML 原理完成 OLWR 任务，在−6dB 的信噪比下，可以获得 83%的总体准确率。该框架使用 VGG16[93]作为特征提取的基础架构，并使用深度 MIML 分类器来预测多个交叠成分的调制类型。表 5.7 列出了上述从不同角度构建 OLWR 任务的主流方法及比较。为了提高上述基于 MIML 的框架的性能，可以从以下两个方面进一步研究：①考虑采取 GAN 生成去噪模型以提升低信噪比条件下的识别性能；②结合注意力机制和残差结构辅助的特征表示和分类器可以帮助网络集中于样本的显著区域并捕捉重要的内容信息以获得更好的识别性能。

表 5.7　对不同任务的不同方法的总结

方法类别	办法	参考文献	限制条件
MCL	统计学特征，最大似然准则	2016～2017, Huang 等[87, 88]	难以适应 OLWR/泛化和抗干扰性能差
	TFA，图像分割，CNNs	2018, Liu 等[89]	计算资源消耗大/难以适应极端低的信噪比
	TFA，CNNs	2021, Ren 等[92]	将交叠信号视为一个新的类别/难以适应极端低的信噪比
MLL	TFA，CNNs	2021, Si 等[90]	忽略了本地语义信息/难以适应极端低的信噪比
	TFA，CNNs，Q-learning 网络	2020, Qu 等[19]	忽略了本地语义信息/难以适应极端低的信噪比
MIML	TFA，CNNs	2020, Pan 等[4]	难以适应极端的低信噪比

5.4.3　一种基于残差注意力 Unet 和 MIML 的时频交叠信号调制识别方法(RAUnetGAN-MIML)

5.4.3.1　算法总体框架

本节介绍一种基于残差注意力的 Unet 和 MIML 的时频交叠 LPI 信号调制识别框架 RAUnetGAN-MIML，如图 5.25 所示。该框架首先用平滑 Pseudo Wigner-Ville 分布(SPWVD)变换将截获的交叠信号转变成时频图像(TFI)。随后，利用具有残差注意力的 U-net GAN 结构(RAUGAN)来重构低质量的时频图像。然后用一个具有非对称卷积的示例生成模块生成不同的示例。最后在自适应阈值校准模块中，用优化后的阈值实现 MIML(RAMIML)分类器。

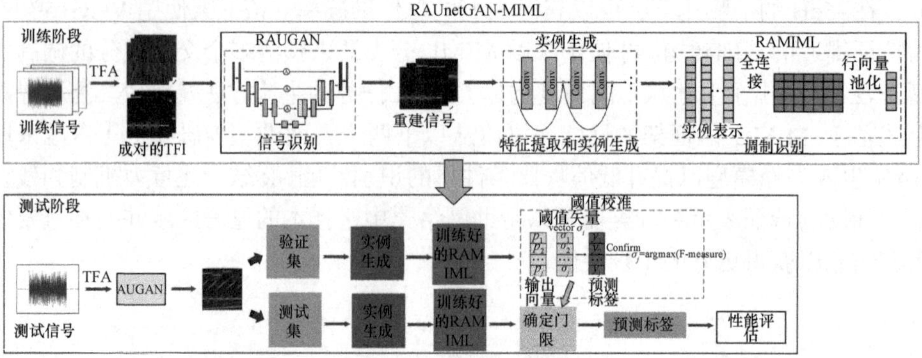

图 5.25　所提出框架的流程图

在训练阶段，单一类型的调制波形首先被转换为成对的 TFI，通过残差注意力 U-net GAN(RAUGAN)模块重构低信噪比的信号图像。随后，通过示例生成模块获得不同的示例表示。最后，通过残差注意力(RAMIML)分类器进行包级预测。在测试阶段，通过 RAUGAN 重构交叠的信号后，测试数据集被分为验证集和测试集，分别用于阈值校准和标签预测。

5.4.3.2 算法模块设计

1. 残差注意力 U-net GAN(RAUnetGAN)模块

GAN 为生成具有视觉质量并且看起来很真实的图像提供了一种可行方法[57]。RAUGAN 用 U-net 作为生成器，以便在高信噪比(HS)的监督下重构低信噪比(LS)信号的时频图像。这个过程通常可以被描述为两个相似结构分布之间的回归任务。I^{LS} 是其高信噪比对应的低信噪比版本。

扫码见彩图

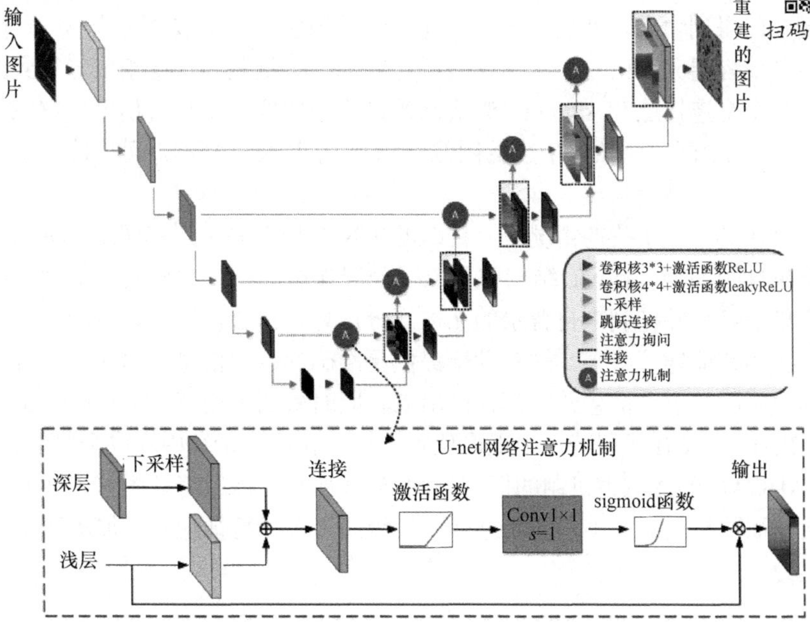

图 5.26 残差注意力 U-net 生成器的结构

I^{HS} 只在训练阶段可用，生成对抗网络的目标函数由博弈论通过最小−最大优化方程可以得到很好解释[94]。

$$\min_{G}\max_{D} L_{GAN} \tag{5-38}$$

其中，L_{GAN} 是对抗损失，由以下公式给出：

$$L_{\text{GAN}} = \mathrm{E}_{I^{\text{HS}} \sim P_{\text{train}}\left(I^{\text{HS}}\right)}\left[\log D\left(I^{\text{HS}}\right)\right] + \mathrm{E}_{I^{\text{LS}} \sim P_G\left(I^{\text{LS}}\right)}\left[\log\left(1 - D\left(G(I^{\text{LS}})\right)\right)\right] \tag{5-39}$$

两个对立网络的目标函数是相互依赖的，通过达到纳什均衡实现网络收敛[95]。生成对抗网络目标函数的核心思想是，生成器 G 试图模仿输入数据来欺骗判别器 D，而 D 负责区分生成样本和真实样本的类别。在这种情况下，经过训练的 G 可以学会生成接近真实的图像，从而难以被 D 判断。

RAUGAN 的最终目标是训练一个生成函数，从低信噪比的图像中估计出高信噪比的图像。图 5.26 显示了 RAUGAN 中生成器 G 的结构，其中 Conv 表示卷积层，s 表示步长。具体来说，RAUGAN 采用编码器-解码器架构(即 U-net)，通过编码器部分获得高分辨率的掩码并提取语义特征，而解码器部分则通过编码的特征重构信号图像。六个级联卷积层分布在 U-net 的两侧，以确保输入和输出图像的大小相同。

判别器网络首先将低信噪比时频图连接起来，并通过通道对高信噪比时频图进行调节以得到输入。然后使用五个连续的卷积层，卷积核大小为 3×3。除第一层外，其他各层分别由一个 ReLU 激活函数和一个批归一化层组成。得到的特征图后是两个全连接层和 sigmoid 激活函数计算相似度，使高置信度的图像预测尽可能地接近 1，同时将低置信度的图像预测为 0。因此，判别器可以确定重构的时频图是否停留在高信噪比。

在存在噪声和干扰的情况下，传统的 CNN 难以关注到特征图的有效区域。为了解决这个问题，U-net 结构中采取了跨层连接和注意力机制以帮助捕捉特征图的突出信息，并抑制来自背景的无关部分信息。跨层连接可以将深层次的特征与浅层次的特征连接起来，这有助于提供更准确的位置信息。而注意力机制可以捕捉到深层次的语义信息并将其强调出来，同时减弱无用背景信息的干扰。具体来说，RAUGAN 在浅层特征中提取位置信息，在深层特征中提取全局信息。

RAUGAN 的注意力机制的框图如图 5.26 所示。深层特征图首先被上采样到与浅层特征图相同的大小，然后进行元素级联以进行特征融合。加法注意力机制可表述为：

$$W_a = \eta_2\left(\mathrm{j}\left(\left(\eta_1\left(x^d + x^s\right)\right) + b_\phi\right)\right) \tag{5-40}$$

其中，W_a 是注意力系数，η_1 和 η_2 分别对应 ReLU 和 sigmoid 激活函数。b_ϕ 表示偏差项。x^d 和 x^s 分别表示深层和浅层特征图。

损失函数方面，仅使用对抗性损失，无法从低信噪比图像中精确重构高信噪比图像。还需要设计相应的生成损失函数，以衡量生成器的训练好坏。具体来说，在时频图中目标信号覆盖整个图像的比例低，约为 10%～15%。即信号区域在整个视频中是稀疏的且时频图中的稀疏性、语义相关性与自然景观图像中的稀疏性、语义相关性不同。我们采取像素级重构损失来衡量生成性能[96, 97]。像素级均方误差损失定义为：

$$l_{\mathrm{MSE}} = \frac{1}{H_i W_i D_i} \sum_{x=1}^{H_i} \sum_{y=1}^{W_i} \left(\varphi_i \left(I_{x,y}^{\mathrm{HS}} - \varphi_i \left(G \left(I_{x,y}^{\mathrm{LS}} \right) \right) \right) \right)^2 \tag{5-41}$$

RAUGAN 利用带有非对称卷积卷积核的 ResNet34 作为特征提取网络，用于提取深层次的特征并形成示例。其中，H_i、W_i 和 D_i 分别代表第 i 个卷积块中特征图的高度、宽度和深度，φ_i 表示中间层的某个输出。这些损失函数可能会导致生成模糊的结果，因为为了维护图像的全局结构，往往会损失细节和造成失真。已有研究表明，通过将额外的损失与目标函数相结合是前述问题的有效解决方案[63, 98]。因此，本节引入了固定的内容损失来捕捉时频图中的高频内容，同时保持图像的峰值信噪比(PSNR)。内容损失包含了平均绝对误差(MAE)，对惩罚不同频率成分的表现有突出的作用。利用平均绝对误差还可以确保生成图像与原信号图像的稀疏性一致。目标高信噪比图像 I^{HS} 和输入低信噪比图像 I^{LS} 之间的内容损失表示如下：

$$L_{\mathrm{Content}} = \frac{1}{H_i W_i D_i} \sum_{x=1}^{H_i} \sum_{y=1}^{W_i} \left\| \varphi_i \left(I_{x,y}^{\mathrm{HS}} - \varphi_i \left(G \left(I_{x,y}^{\mathrm{LS}} \right) \right) \right) \right\|_1 \tag{5-42}$$

最终的生成损失可以表示为：

$$\begin{aligned} L_{\mathrm{gen}} &= l_{\mathrm{MSE}} + l_{\mathrm{Content}} \\ &= \lambda_1 \frac{1}{H_i W_i D_i} \sum_{x=1}^{H_i} \sum_{y=1}^{W_i} \left(\varphi_i \left(I_{x,y}^{\mathrm{HS}} - \varphi_i \left(G \left(I_{x,y}^{\mathrm{LS}} \right) \right) \right) \right)^2 \\ &\quad + \lambda_2 \frac{1}{H_i W_i D_i} \sum_{x=1}^{H_i} \sum_{y=1}^{W_i} \left\| \varphi_i \left(I_{x,y}^{\mathrm{HS}} - \varphi_i \left(G \left(I_{x,y}^{\mathrm{LS}} \right) \right) \right) \right\|_1 \end{aligned} \tag{5-43}$$

其中，λ_1 和 λ_2 是非负超参数，在网络训练前通过超参数优化过程进行优化。

2. 示例生成模块

示例生成单元使用三个不同大小的卷积核(1×3，3×3，3×1)的并行形式，产生了不同的示例。通过非对称卷积丰富了特征空间，加强了方形卷积核的主要部分[99]，进一步提高了示例表示的多样性[86, 99]。AlexNet[100]、VGGNet[93]、ResNet[101]等在公开数据集上训练好的经典网络被广泛应用于特征提取，本模块选择 ResNet34 以减少梯度消失和梯度爆炸等问题，替换了后续卷积层中的非对称卷积核，并利用构建的信号数据集更新参数。

对于输入特征图 $I \in R^{H \times W \times C}$，有三个卷积核 $K_* \in R^{U \times V \times C}$，其中 K_* 表示上述三种不同的核大小。这些大小兼容的核被应用于相同的输入和滑动窗口，并具有相同的步长，以产生相同分辨率的输出。然后将不同核的输出特征图在相应的位置上相加，得到预期的输出张量，其表示方法如下：

$$O = O_{K_1} + O_{K_2} + O_{K_3} = I \times K_1 + I \times K_2 + I \times K_3 \tag{5-44}$$

其中，I 是输入矩阵，O_{K_1}、O_{K_2} 和 O_{K_3} 是不同卷积层的输出。为了避免过拟合和加速收敛，本节增加了一个批归一化层。通过堆叠 2 维示例特征得到最终的 3 维示例的特征，如图 5.27 所示。每个示例的大小为 14×14×256，其中 256 表示示例的数量，14×14 表示 I 的形状 $I_i^j\left(i \in \{1,2,\cdots,256\}\right)$。

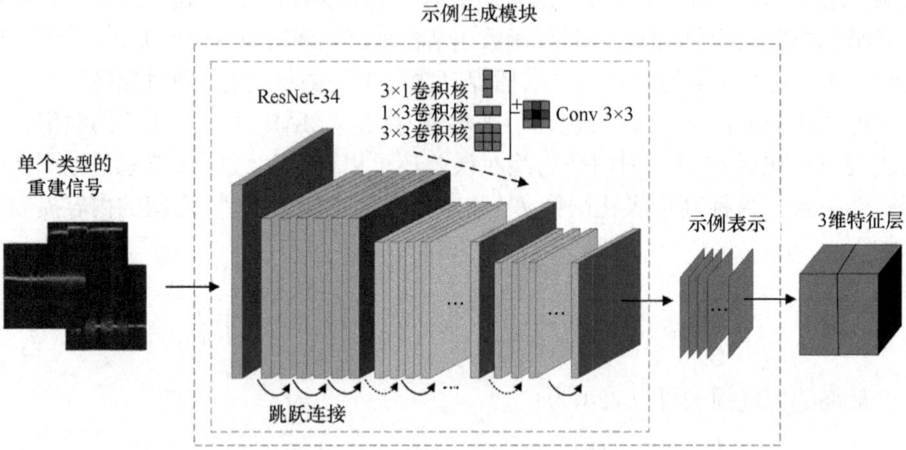

图 5.27　示例生成模块的结构

3. 残差注意力 MIML(RAMIML)分类器

残差注意力 MIML(RAMIML)分类器首先将提取的示例表征串联成一个原始的三维特征层，然后通过级联注意力机制使模型关注特征分布区域，最后通过全连接层和按列池化获得不同类别的一维概率输出，如图 5.28 中所示。在 MIML 分类器中采用的级联注意力机制结构由一个通道注意力机制和一个空间注意力机制组成。给定一个中间特征图 $F \in R^{H \times W \times C}$ 作为输入，分布得到通道注意力特征图 $M_c \in R^{1 \times 1 \times C}$ 和空间注意力特征图 $M_s \in R^{H \times W \times 1}$。

对于通道注意力机制过程，输入的特征图在空间维度上进行聚合，生成一个通道权重描述符号，并关注给定输入图像的重要部分[102]。两个通道描述符 $F_{\text{avg}}^c \in R^{1 \times 1 \times C}$，$F_{\max}^c \in R^{1 \times 1 \times C}$ 分别描述了平均池化和最大池化捕捉的可区分的物体特征。然后，它们被一个简单的反向传播结构的多层感知器所跟踪。每个描述符应用于网络后，输出的特征向量通过元素相加合并为通道注意图 M_c。最后，残差模块与通道关注机制相结合。综上所述，通道注意力模块的输出特征图可以表示为：

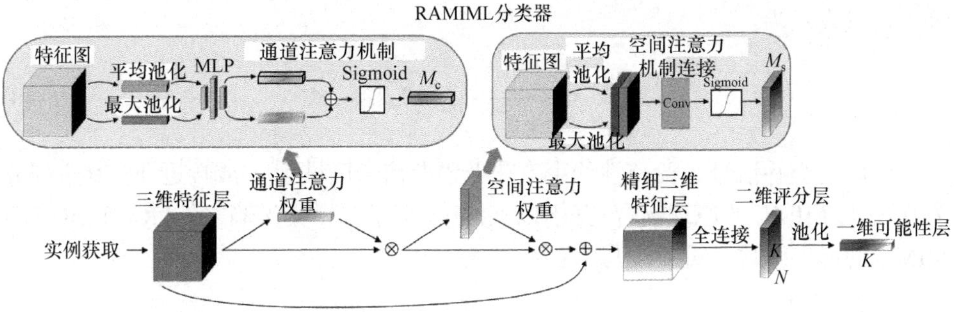

图 5.28　RAMIML 分类器的实现

$$
\begin{aligned}
O_c &= (M_c(F)+1)\times F \\
&= \left[\sigma\left(\delta\left(\text{Avg}(F)+\text{Max}(F)\right)\right)+1\right]\times F = \left[\sigma\left(\delta(F_{\text{avg}}^c + F_{\max}^c)\right)+1\right]\times F
\end{aligned} \tag{5-45}
$$

其中，$\delta(\bullet)$ 和 $\sigma(\bullet)$ 分别表示 ReLU 函数和 sigmoid 函数。

与通道注意力机制不同，空间注意力关注的是 ROI 所在的特征图[63]。类似地，利用通道维度上的平均池化和最大池化，分别产生两个二维空间描述符号 $F_{\text{avg}}^s \in 1\times H\times W, F_{\max}^s \in 1\times H\times W$。将两个描述符串联起来后，再通过卷积层得到空间注意图 M_s。最后，将残差块应用于空间注意力模块，输出的特征图可表示为：

$$
\begin{aligned}
O_s &= (M_s(F)+1)\times F \\
&= \left[\sigma\left(f^{5\times5}\left(\left[\text{Avg}(F);\text{Max}(F)\right]\right)\right)+1\right] = \left[\sigma\left(f^{5\times5}\left(\left[F_{\text{avg}}^s;F_{\max}^s\right]\right)\right)+1\right]\times F
\end{aligned} \tag{5-46}
$$

其中，$\sigma(\bullet)$ 表示 sigmoid 函数，$f^{5\times5}$ 表示卷积核大小为 5×5 的卷积层。

为了同时部署通道注意力和空间注意力，本节将这两种结构级联起来，以获得相互补充的特征图。通过通道和空间维度的多尺度描述符，本节可以得到独特的 3 维特征层，具体表示如下：

$$
O_{\text{overall}} = \left(\text{Ms}\left(\left(\text{Mc}(F)+1\right)\times\text{Fin}\right)+1\right)\times\left[\left(\text{Mc}(F)+1\right)\times\text{Fin}\right] \tag{5-47}
$$

其中，Fin 代表网络的输入特征。在得到三维特征层后，应在包层上计算每个时频图的预测标签向量。如图 5.28 所示，三维特征层被送入后面的全连接层，生成大小为 $N\times K$ 的二维分层。这个过程可以解释为：每行表示第 i 个示例在位置 (i, j) 的第 j 个标签上的分数[4]。接下来是一个按行的最大全连接层，以产生大小为 $K\times l$ 的一维概率层，等于待分类调制类型的数量。相应的，包级预测是由最大得分得到的。为了将预测的输出值映射到 $[0,1]$，本节使用 sigmoid 函数，第 j 个标签的输出可以表示为：

$$p\left(x_j=\frac{1}{1+\mathrm{e}^{-x_j}}\right), j\in 1,2,\cdots,K \tag{5-48}$$

考虑到交叠信号，稀疏性约束意味着预期信号区域为 1 或接近 1，其余部分为 0，这与 MIML 的原理吻合。基于以上讨论，除了二元交叉熵之外，RAUnetGAN-MIML 的损失函数又重新改写为：

$$L_{\text{sparse}}=-\sum_{i=1}^{K}\alpha_1\left[y_i^m\log\left(p_i^m\right)+\left(1-y_i^m\right)\log\left(1-p_i^m\right)\right]+\alpha_2\left\|p_i^m\right\|_1+\frac{\alpha_3}{2}\left\|\theta\right\|_2 \tag{5-49}$$

其中，p_i^j 表示图像 S^j 和第 i 个标签之间的输出向量，y_i^j 表示 S^j 的真实标签。加权超参数 α_1 、α_2 和 α_3 是非负标量，α_2 是稀疏因子，α_3 是控制模型复杂性的正则项。这里所有的超参数都是通过交叉验证确认的。

预测的输出向量 $p=[p_1,p_2,\cdots,p_k]$ 由 sigmoid 激活函数得到。然后本节需要通过阈值来判断预测标签 $L=[L_1,L_2,\cdots,L_K]\in\{0,1\}^K$ 。在没有先验信息的情况下，阈值通常被设定为 0.5；但是，在应用于不同场景时，它们可能会发生改变[103-105]。为了输出交叠信号中每个成分的预测概率，本节对每个成分信号采用不同的阈值。本节引入指标 F-measure[106]，因此阈值 σ 可表示为：

$$\sigma=\operatorname{argmax}\frac{2\sum_{q=1}^{K}\sum_{j=1}^{J}t_{jq}T_{jq}}{\sum_{q=1}^{K}\sum_{j=1}^{J}t_{jq}+\sum_{q=1}^{K}\sum_{j=1}^{J}T_{jq}} \tag{5-50}$$

其中，$t=[t_{j1},t_{j2},\cdots,t_{jq}]$ 和 $T=[T_{j1},T_{j2},\cdots,T_{jq}]$ 分别表示训练样本 S^j 中第 q 个标签的输出标签和真实标签向量。基于上述描述，RAUnetGAN-MIML 的整个训练过程可以总结为算法 5.3 所示。

算法 5.3 RAUnetGAN-MIML 的训练

输入：成对的低信噪比和高信噪比信号样本，I_{LS} 和 I_{HS} ，重构的高信噪比信号样本 I_G^{HS} ，RAMIML 模块的训练次数 E

输出：预测的标签 $L=[L_1,L_2,\cdots,L_K]$

(1) 初始化 RAUnetGAN-MIML 的参数 θ 。

(2) 通过 E 次循环，训练 RAUGAN：

(3) 　　对第 k 个步骤：

(4) 　　从分布 p_{train} 采样 m 个高信噪比样本。

(5) 　　从噪声样本先验 p_G 采样 m 个低信噪比样本 。

(6) 　　通过损失函数 L_{GAN} 梯度更新判别器。

$$\nabla_{\theta_D}\frac{1}{m}\sum\log D(I^{\mathrm{HS}})+\log(1-D(G(I^{\mathrm{LS}})))$$

(8)　从生成的集合 I_G^{HS}，采样 n 个生成的交叠信号样本。

(9)　通过损失函数 L_{gen} 梯度更新生成器。

$$\nabla_{\theta_G}\frac{1}{n}\sum\lambda_1\frac{1}{H_iW_iD_i}\sum_{x=1}^{H}\sum_{y=1}^{W}\left(I_{x,y}^{\mathrm{HS}}-G\left(I_{x,y}^{\mathrm{LS}}\right)\right)^2+\lambda_2\frac{1}{H_iW_iD_i}\sum_{x=1}^{H}\sum_{y=1}^{W}\left\|I_{x,y}^{\mathrm{HS}}-G\left(I_{x,y}^{\mathrm{LS}}\right)\right\|_1$$

(10)　结束

(11) 生成重构的高信噪比信号样本及其对应示例：$I_G^{\mathrm{HS}}=\mathrm{RAUnetGAN}(I^{\mathrm{LS}},\ I^{\mathrm{HS}})$，$O_G^{\mathrm{HS}}=$示例生成模$(I_G^{\mathrm{HS}})$

(12) 通过 E 次循环，计算损失函数 L_{sparse} 梯度训练分类器：

$$-\nabla_\theta\sum_{i=1}^{K}\log(p_i^m)[y_i^m\log(p_i^m)+(1-y_i^m)\log(1-p_i^m)+\alpha_2\left\|p_i^m\right\|_1]+\frac{\alpha_3}{2}\|\theta\|_2)$$

(13) 预测输出向量：$p=\mathrm{RAMIML}(O_G^{\mathrm{HS}})$，并通过阈值判断得到预测标签 $L=[L_1,L_2,\cdots,L_K]\in\{0,1\}^K$

(14) 结束

5.4.4 算法性能验证

本节实验通过 FG-FSL 分别在仿真和采集数据集上进行测试，与四种先进方法进行了功能对比，从信噪比、PR 和时空交叠情况对性能的影响进行了验证，并通过可视化验证了重构模块的性能。

5.4.4.1　实验设置

1. 数据集设置

为了证明 RAUnetGAN-MIML 算法的效果，本节在一个包含典型的 LPI 雷达调制信号(LFM、Barker 码、Frank 码和 Costas 码)的仿真数据集上进行评估。需要注意的是，$U(\bullet)$表示均匀分布，采样频率 $f_s=150\mathrm{kHz}$。本节在从–20dB 到 0dB，步长为 2dB 的信噪比下，每个信噪比下 200 个样本，仿真生成单一和交叠类型的信号。并在–20dB 和 20dB 时为不同的单一调制类型的信号生成 200 个信号样本，用来训练 RAUGAN 适应低信噪比条件。模型仿真信号经过 SPWVD 转为时频图并将重构的图像调整为 224×224×3 的大小，以匹配 ResNet34 的输入。为了验证仅使用单一调制类型信号训练情况下 RAUnetGAN-MIML 框架对交叠信号的适应性。本节共生成了 11 种的交叠方式的信号进行测试，按 80%和 20%比例随机划分测试和验证数据集，其中验证集用于优化决策阈值向量。

2. 算法参数设置

对于 RAUGAN 模块，生成器和判别器交替更新[94]。RAUGAN 通过使用 Adam

进行训练，批大小为 8。最初的学习率设定为 0.0002，每 100 次迭代后减少 10%。RAMIML 使用随机梯度下降法(SGD)进行，学习率为 0.01，动量为 0.8，权重衰减为 10^{-6}。本节进行了 200 个 epochs 的学习，学习率在 10 个 epochs 后下降到当前值的 10%。通过交叉验证选择 RAUnetGAN-MIML 的超参数。用于 RAUGAN 生成性损失的参数λ_1和λ_2分别被设定为 0.01 和 1.0。对于 RAMIML，稀疏 MIML 损失函数的参数α_1、α_2和α_3分别为 1.0、5×10^{-6}和 10^{-5}。

3. 评估指标

RAUnetGAN-MIML 框架的 RAUnetGAN 和 MIML 分类器两个部分分别进行评估。

1) PSNR 和结构相似性(SSIM)指标

PSNR：PSNR 被广泛用于衡量对应图像像素的差异[107, 108]。其公式可表示为：

$$\mathrm{PSNR}=10\lg\frac{\left(2^n-1\right)^2}{\mathrm{MSE}} \tag{5-51}$$

$$\mathrm{MSE}=\frac{1}{H\times W}\sum_{i=1}^{H}\sum_{j=1}^{W}\left(X\left(i,j\right)-Y\left(i,j\right)\right)^2 \tag{5-52}$$

SSIM：SSIM 是评价给定的两幅图像的整体结构的相似性，它首次在[107]中提出，可以表示为：

$$\mathrm{SSIM}=\frac{\left(2\mu_x\mu_y+c_1\right)\left(2\sigma_{xy}+c_2\right)}{\left(\mu_x{}^2+\mu_y{}^2+c_1\right)\left(\sigma_x^2+\sigma_y^2+c_2\right)} \tag{5-53}$$

$$c_m=\left(k_m\times\left(2^n-1\right)\right)^2 \tag{5-54}$$

其中，μ_x、μ_y、σ_x^2和σ_y^2分别是图像I_x和I_y的均值和方差。常数C_m可以防止分母接近于 0 而导致的运算不稳定。当 m 等于 1 和 2 时，系数k_m的值分别为 0.01 和 0.03。I_x和I_y的协方差由σ_{xy}给出。

2) 多标签准确率($\mathrm{Acc_{all}}$)指标。

$\mathrm{Acc_{all}}$：多标签准确率($\mathrm{Acc_{all}}$)比较测试样本的预测标签y_i和真实标签Y_i来评估全部标签的匹配率。这个指标定义为：

$$\mathrm{Acc_{all}}=\frac{1}{n}\sum_{i=1}^{n}\left[\left|Y_i=y_i\right|\right]\left[\left|Y_i=y_i\right|\right]=\begin{cases}1, & \text{if } Y_i=y_i\\ 0, & \text{otherwise}\end{cases} \tag{5-55}$$

$\mathrm{Acc_{each}}$：单一标签准确率($\mathrm{Acc_{each}}$)被定义为评估预测标签y_{ij}和真实标签Y_{ij}之间单一信号标签的识别性能，其定义为：

$$\mathrm{Acc}_{\mathrm{each}}=\frac{1}{n}\sum_{i=1}^{n}\left[\left|Y_{ij}=y_{ij}\right|\right] \tag{5-56}$$

对于 SSIM，它越接近 1，性能越好。对于其他三个指标，数值越高，性能越好。

5.4.4.2　功能验证实验

为了验证调制类型数目 K 对性能的影响，根据调制类型的数量将数据集分层切片进行训练和测试。该策略根据 K 值使用不同的方案来分配信号样本，并逐渐增加具有更多信号组合的新子集来设计数据集。例如，信号数据集由 K 个子集组成，分别用于训练和测试，这意味着交叠的信号可能包含来自所有调制类型的任何组合。当 K 等于 3 时，数据集将仅包括 1、2 和 3 种组合调制类型。本节提出的方法使用仅包含单一调制类型的样本进行训练，然后在交叠的信号样本进行测试。测试数据集中测试样本所包含信号成分调制类型的数量可变，由 RAUnetGAN-MIML 和几种对比算法的结果，可得识别性能如表 5.8 所示。

表 5.8　对不同数量的成分调制类型进行实验

方法	0dB			−6dB			−10dB		
	K=2	K=3	K=4	K=2	K=3	K=4	K=2	K=3	K=4
RAUnetGAN-MIML	0.9833	0.9751	0.9742	0.9691	0.9488	0.9436	0.9452	0.9389	0.9273
MIML-DCNN	0.9635	0.9535	0.9497	0.9453	0.9025	0.8323	0.7257	0.6755	0.6415
Seg-MCL	0.9631	0.9513	0.9203	0.8841	0.8667	0.7942	0.7041	0.6446	0.6034
MLL-DCNN	0.3951	0.2525	0.1968	0.372	0.2346	0.1726	0.3401	0.2286	0.1568
CB-MLL	0.265	0.2283	0.1576	0.2519	0.1867	0.1031	0.1984	0.1633	0.0674

其中四个对比方法包括：MIML-DCNN[4]基于深度学习模型 VGG16[93]建立。基于 MLL 的深度 CNN(MLL-DCNN)方法也采用了 VGG16 作为基本结构[93]。Seg-MCL 是一种基于网格分割的 MCL 方法，通过连续选择适当的网格大小来确认最佳网格大小。这确保了交叠的时频图被分割成只包含一种类型的信号，并且分割的网格被设定为一个固定的大小[89]。因此，OLWR 任务被转化为一个单输入单输出的问题，即 MCL 分类。基于累积量的 MLL(CB-MLL)方法采用高阶矩和累积量作为不同的特征来计算不同调制信号之间的相似度[87]。随后，采用反向传播神经网络来完成多标签分类。

与其他方法相比，RAUnetGAN-MIML 在所有组合上都获得了最好的识别性能。考虑到调制类型的最大数量为 4 种，在信噪比为−10dB 时，RAUnetGAN-MIML 比 MIML-DCNN 和 Seg-MCL 分别获得了近 28.6%和 32.3%的改进。而在信噪比为 0dB 时，RAUnetGAN-MIML 的表现仍然比 MIML-DCN 好近 2.5%。MLL-DCNN 和 CB-MLL 的性能最差，因为 MLL 忽略了各个信号成分在时频平面的位置信息，并混合了不同标签对应的视觉信息。

为了进一步验证 RAUnetGAN-MIML 的优点，将该框架的性能与[109-111]中介绍的方法进行比较。文献[109]和文献[110]都使用 CNN 进行特征提取，其中文献[109]采用了一个 SSD 和一个辅助分类器来实现两级分类，而文献[110]使用了一个多层感知器。而文献[111]将统计特征与图像特征相结合，并使用 Elman 神经网络进行分类。图 5.29 显示了所比较的 LWR 方法的总体精度，与其他方法相比，RAUnetGAN-MIML 在低信噪比下性能提升巨大，而在高信噪比下也有很好的表现。

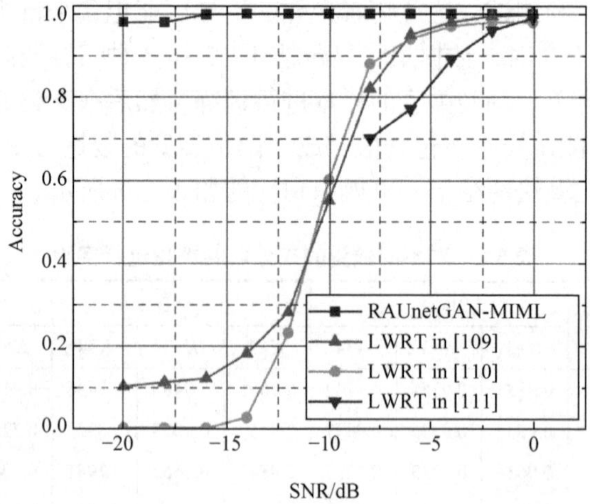

图 5.29　RAUnetGAN-MIML 与文献[66]、[67]、[112]中提出的 LWRT 之间的识别性能比较

5.4.4.3　性能验证实验

1. 信噪比和 PR 对性能的影响

本节实验验证所提方法在较低信噪比条件下实现对时域交叠信号的性能，识别结果如图 5.30 所示。可以发现，RAUnetGAN-MIML 优于其他对比方法，而且随着调制类型数量的增加，$\mathrm{Acc}_{\mathrm{all}}$ 显示出相对稳定的曲线。与 MIML-DCNN 相比，RAUnetGAN-MIML 通过不对称卷积和级联的残差注意力模块提取多尺度特征，识别效果更好。当交叠信号包含更多交叠的调制类型数目时，MLL-DCNN、CB-MLL 和 Seg-MCL 这些对比方法性能远差于 RAUnetGAN-MIML。其中 CB-MLL 提取了交叠信号的手工特征，效果显然最差。MLL-DCNN 对每个成分信号的调制类型进行独立处理，忽略了整个时频图的多尺度局部与全局语义信息。MLL 的这些缺点使得图片示例和标签之间的映射出现模糊。Seg-MCL 的性能受到可用先验的限制，因为网格的大小极大影响对时频图像的分割，且模型的复杂度会随着调

制类型数目的增多呈指数增加。

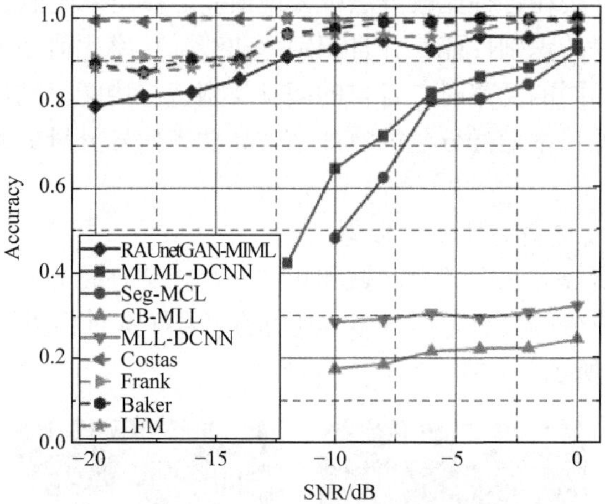

(a) ACC_{all}和ACC_{each}对SNR的影响

扫码见彩图

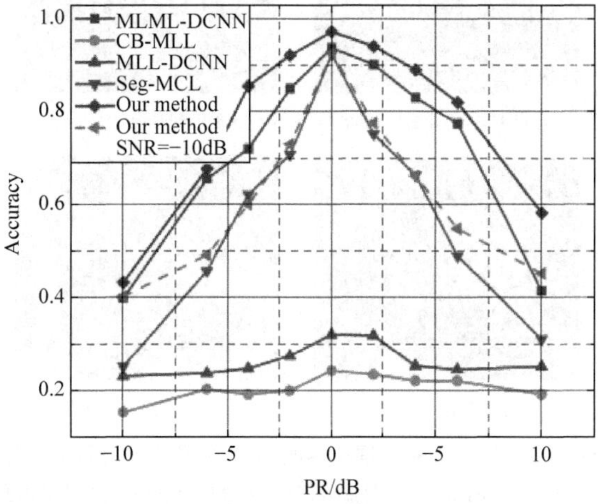

(b) ACC_{all}对PR的影响

图 5.30　RAUnetGAN-MIML 和对比方法在不同信噪比(a)和功率比(b)下的识别性能比较

其中实线表示 RAUnetGANMIML 的 Acc_{all}，虚线表示 Acc_{each}

如图 5.30(a)显示，在信噪比>−18dB 时，RAUnetGAN-MIML 的识别性能可以达到 80%。随着信噪比的下降，准确率也保持在一个相对较高的水平。RAUnetGAN-MIML 的 Acc_{all} 值并没有随着信噪比的变化而发生明显变化。

交叠信号中不同分量信号的功率比(PR)也是影响识别性能的重要因素。根据 5.1.2.2 节给出的功率比定义，仿真验证所提方法在不同功率比情况下的性能。实验中信噪比值固定为−10dB，每次选择一种信号类型，产生 200 个信号样本，功率比在[−10，−6，−4，−2，0，2，−4，6，10]dB 的范围内变化。图 5.30(b)显示了不同功率比下的识别性能，RAUnetGAN-MIML 在所有功率比下性能均优于其他算法。CB-MLL 方法在各种比较方法中表现最差。在功率比值为 0dB 时，所有方法都达到各自最好的识别性能，并且识别率曲线随功率比值 0dB 呈现近似对称。各成分信号拥有相同的功率时，各自的调制类型特征均能得到良好表示。而当功率差异出现时，低功率信号分量的特征会被高功率信号分量的特征所掩盖，导致整体准确性下降。

2. 信号的时频交叠对性能的影响

本实验验证所提方法在信号时域和频域均存在交叠时的识别性能。设计包含三种成分和两种成分的交叠信号样本。典型的信号样本时频图如图 5.31 所示。实验结果如图 5.32 所示。

扫码见彩图

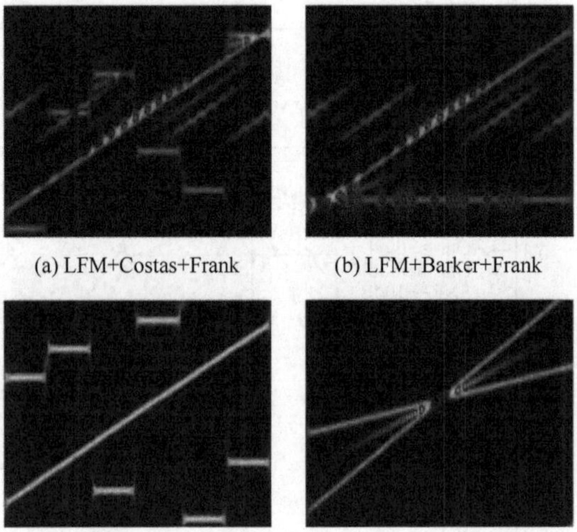

(a) LFM+Costas+Frank　(b) LFM+Barker+Frank

(c) LFM+Costas　(d) LFM+LFM

图 5.31　在信噪比为 10dB 时，通过 SPWVD 获得的多分量交叠信号的时频图

其中(a)和(b)显示的是具有三种成分信号，(c)和(d)显示的是双成分类型信号

从图 5.32(a)中可以看出，识别性能随着样本中包含分量信号数目的增加而下降。在三个分量信号情况下，RAUnetGAN-MIML 在−20dB 信噪比情况下性能可以达到 80%左右。当分量信号的数量为 2 时，同 SNR 下准确率得到 10%左右的改善。此外从表 5.11 和图 5.32(a)可以看出，在信噪比为[−10，0]dB 的范围内，时域和频域交叠信号的识别结果与仅时域交叠情况的结果接近。

图 5.32(b)显示了对比方法在包含两个分量信号情况下的性能。对比方法在信噪比[−4，−2，0]dB 的范围内与 RAMIML 性能接近，但对比方法的性能随信噪比降低而急剧下降。此外对比方法的需要使用交叠的信号进行网络训练，而本节所提出的方法仅使用只包含单一分量的未交叠信号样本进行训练，然后可以对交叠信号中的各个分量信号进行调制类型识别。因此本节提出的方法也具有更高的实用性。

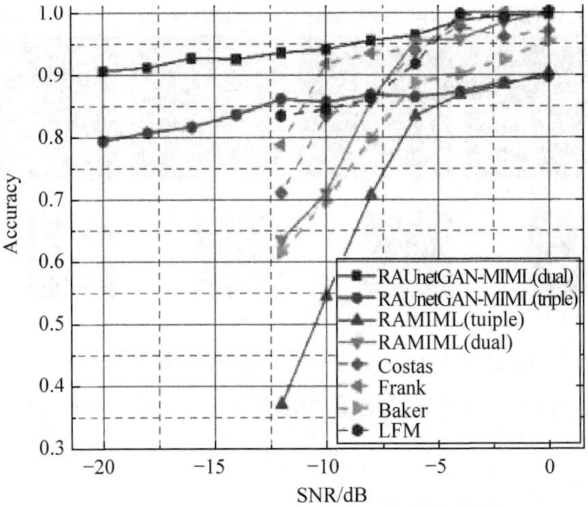

(a) 不同信噪比下的识别性能

扫码见彩图

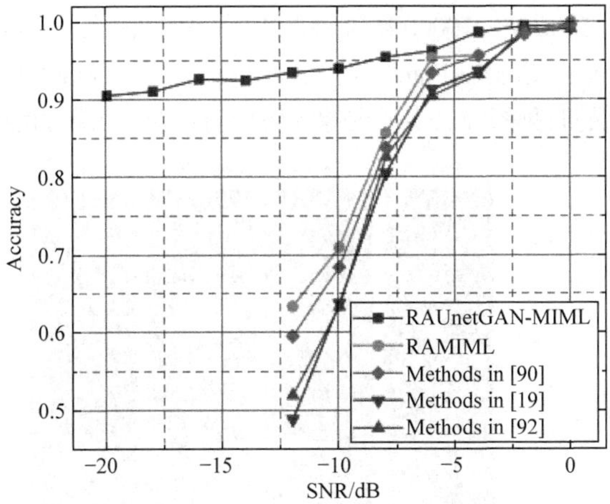

(b) 对比方法的识别性能

图 5.32　所提方法在多分量时频交叠信号上的识别性能(a)和在双成分情况下的对比实验(b)

其中实线表示三种信号分量情况下 RAMIML 的 Acc_{all}，虚线表示 Acc_{each}

3. 生成模块的重构性能

为了衡量所提出的信号生成模块能力，本节计算了生成图像的 PSNR 和 SSIM，以验证具有特定损失函数的对比方法性能，结果总结在表 5.9 中。在大部分信号数据集上，提出的 RAUGAN 具有最高 PSNR 和 SSIM。首先将 RAUGAN 与 RAU-net 进行比较，后者的结构来自于生成器。RAUGAN 的表现优于 RAU-net。在图 5.33 中以 Barker 码信号为例，展示信号生成方法生成的时频图像清晰度。使用 MSE 作为的重构损失的方法产生的时频图像模糊，而使用 L_{gen} 作为重构损失产生的图像结果清晰。L_{gen} 适度地惩罚了虚假图像和真实图像之间的差异，然后调整这些差异以合成最终的输出图像，并取得了最好的生成性能。

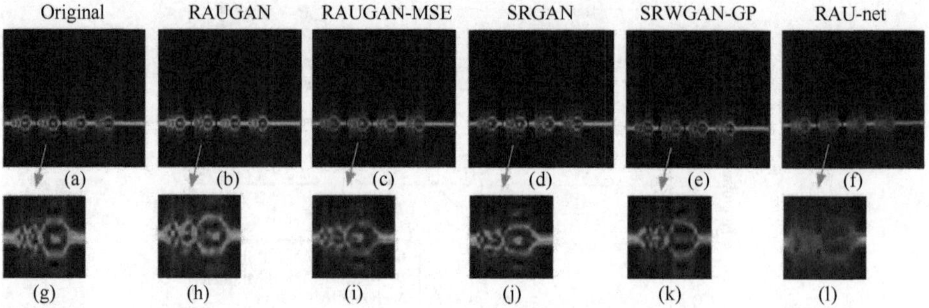

图 5.33 RAUGAN(b，g)、ROUGAN-MSE(c，h)、SRGAN(d，i)和 SRWGAN(e，j)的重构信号图像和相应的原始图像

扫码见彩图

图 5.34 展示了不同训练迭代 epoch 时生成样本的性能。其中每一行代表 500 次、1000 次、2000 次、5000 次、10000 次训练迭代下的示例图像的生成过程，每一列分别表示用 Barker、Costas、Costas+Frank、LFM+Barker+Costas+Frank(LBCF)作为标签通过信号生成模块得到的时频图像。生成图像的质量随着迭代次数的增加而逐渐提高。

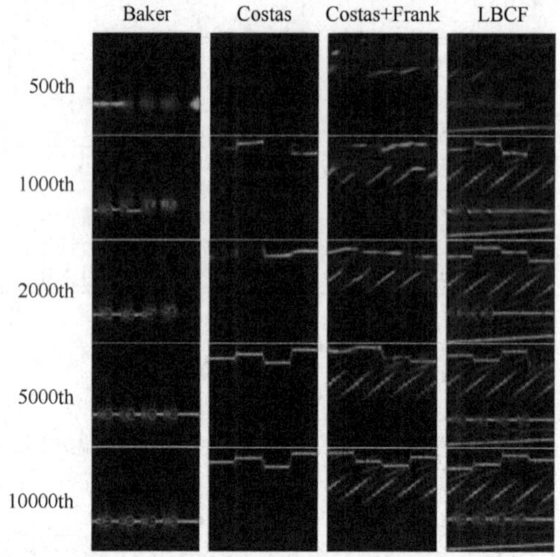

扫码见彩图

图 5.34 生成的 LPI 雷达信号的视觉样本

表 5.9 RAUGAN、RAUGAN-MSE、SRGAN、SRWGAN-GP 和 RAU-Net 的生成性能比较

评价指标	PSNR					SSIM				
	RAUGAN	RAUGAN-MSE	SRGAN	SRWGAN-GP	RAU-net	RAUGAN	RAUGAN-MSE	SRGAN	SRWGAN-GP	RAU-net
Barker	24.21	24.01	23.12	24.24	21.25	0.8423	0.8384	0.8214	0.8452	0.8186
Costas	25.04	25.20	23.99	24.86	20.59	0.9056	0.9117	0.8723	0.8861	0.8799
Costas+Frank	20.91	19.36	17.45	18.56	18.36	0.7426	0.7245	0.6831	0.7025	0.7375
LFM+Barker+Costas+Frank	18.44	17.89	17.12	17.54	17.27	0.4490	0.4219	0.4027	0.4080	0.4438

5.5 本章小结

本章引入深度学习模型实现复杂雷达信号脉内调制识别，设计了分别针对低信噪比条件、小样本条件和波形时频交叠条件下的三种雷达信号脉内调制识别算法。LDCUnet-DCNN 算法可以在低信噪比条件下，通过恢复信号特征信息准确识别雷达信号脉内调制类型。FG-FSL 算法可以在小样本条件下，利用无监督方法搜索图像前景，通过将时频图分割成目标信号和其他信号两个区域后实现调制识别。RAUnetGAN-MIML 算法在波形时频交叠条件下，利用 RAUnetGAN 重构得到高质量的时频图像完成信号去噪，再基于训练好的 MIML 网络对时频交叠信号中的各个成分信号实现脉内调制类型识别。

参考文献

[1] Latombe G, Granger E,Dilkes F A. Fast learning of grammar production probabilities in radar electronic support[J]. IEEE Transactions on Aerospace and Electronic Systems, 2010, 46(3): 1262-1289.

[2] Gupta M, Hareesh G,Mahla A K. Electronic warfare: Issues and challenges for emitter classification[J]. Defence Science Journal, 2011, 61(3): 228-234.

[3] Huang S, Jiang Y, Qin X, et al. Automatic modulation classification of overlapped sources using multi-gene genetic programming with structural risk minimization principle[J]. IEEE Access, 2018, 6: 48827-48839.

[4] Pan Z, Wang S, Zhu M, et al. Automatic waveform recognition of overlapping LPI radar signals based on multi-instance multi-label learning[J]. IEEE Signal Processing Letters, 2020, 27: 1275-1279.

[5] Wang H, Diao M, Gao L. Low probability of intercept radar waveform recognition based on dictionary leaming[C]. 10th International Conference on Wireless Communications and Signal Processing (WCSP), Hangzhou, China: 2018: 1-6.

[6] Fan G, Li J, Hao H. Vibration signal denoising for structural health monitoring by residual convolutional neural networks[J]. Measurement, 2020, 157: 107651.

[7] Amar A, Leshem A, van der Veen A J. A low complexity blind estimator of narrowband polynomial phase signals[J]. IEEE Transactions on Signal Processing, 2010, 58(9): 4674-4683.

[8] 孟凡杰，唐宏，王义哲. 基于多特征融合的雷达辐射源信号识别[J]. 计算机仿真, 2016(3): 18-22.

[9] Ma X, Liu D, Shan Y. Intra-pulse modulation recognition using short-time ramanujan Fourier transform spectrogram[J]. EURASIP Journal on Advances in Signal Processing, 2017, 2017(1): 42.

[10] Ravi K T, Rao K D. Automatic intrapulse modulation classification of advanced LPI radar waveforms[J]. IEEE Transactions on Aerospace Electronic Systems, 2017, 53: 901-914.

[11] Fan X, Li T, Su S. Intrapulse modulation type recognition for pulse compression radar signal[J].

Journal of Applied Remote Sensing, 2017, 11(3): 035018.

[12] 符颖, 王星, 周东青. 基于模糊函数 SVD 和改进 S3VM 的雷达信号识别[J]. 计算机工程与应用, 2017(6): 264-270.

[13] Zhang M, Diao M, Guo L. Convolutional neural networks for automatic cognitive radio waveform recognition[J]. IEEE Access, 2017(5): 11074-11082.

[14] Gao L, Zhang X, Gao J. Fusion image based radar signal feature extraction and modulation recognition[J]. IEEE Access, 2019(7): 13135-13148.

[15] Kong S H, Kim M, Hoang M. Automatic LPI radar wave form recognition using CNN[J]. IEEE Access, 2018, (6): 4207-4219.

[16] Wang X, Huang G, Zhou Z, et al. Radar emitter recognition based on the short time Fourier transform and convolutional neural networks[C]. 2017 10th International Congress on Image and Signal Processing, BioMedical Engineering and Informatics (CISP-BMEI), 2017: 1-5.

[17] Zhang M, Diao M, Gao L, et al. Neural networks for radar waveform recognition[J]. Symmetry, 2017, 9(5): 75.

[18] Konopko K, Grishin Y P, Jańczak D. Radar signal recognition based on time-frequency representations and multidimensional probability density function estimator[C]. 2015 Signal Processing Symposium (SPSympo), 2015: 1-6.

[19] Qu Z, Mao X, Deng Z. Radar signal intra-pulse modulation recognition based on convolutional neural network[J]. IEEE Access, 2018, 6: 43874-43884.

[20] Wang C, Wang J, Zhang X. Automatic radar waveform recognition based on time-frequency analysis and convolutional neural network[C]. 2017 IEEE International Conference on Acoustics, Speech and Signal Processing (ICASSP), 2017: 2437-2441.

[21] Qu Z, Wang W, Hou C, et al. Radar signal intra-pulse modulation recognition based on convolutional denoising autoencoder and deep convolutional neural network[J]. IEEE Access, 2019, 7: 112339-112347.

[22] Zhang Z, Li Y, Gao M. Few-shot learning of signal modulation recognition based on attention relation network[C]. 2020 28th European Signal Processing Conference (EUSIPCO), 2021: 1372-1376.

[23] Zhai Q, Li Y, Zhang Z, et al. Adaptive feature extraction and fine-grained modulation recognition of multi-function radar under small sample conditions[J]. IET Radar, Sonar & Navigation, 2022, 16(9): 1460-1469.

[24] Lu W, Xie J, Wang H, et al. Parameterized time-frequency analysis to separate multi-radar signals[J]. Journal of Systems Engineering Electronics, 2010, 28: 493-502.

[25] Ren S, He K, Girshick R, et al. Faster R-CNN: Towards real-time object detection with region proposal networks[J]. IEEE Transactions on Pattern Analysis and Machine Intelligence, 2017, 39(6): 1137-1149.

[26] Chen S, Dong X, Xing G, et al. Separation of overlapped non-stationary signals by ridge path regrouping and intrinsic chirp component decomposition[J]. IEEE Sensors Journal, 2017, 17(18): 5994-6005.

[27] 梁红, 胡旭娟, 朱云周. 基于RSPWVD的多分量FM信号盲分离[J]. 火力与指挥控制, 2008,

33(11): 92-94.

[28] 刘歌, 汪洪艳, 张国毅. 基于时频图像处理方法的多分量信号分离[J]. 电子信息对抗技术, 2017, 32(2): 13-18.

[29] Zhu H, Zhang S, Zhao H. Single-channel source separation of multi-component radar signal based on EVD and ICA[J]. Digital Signal Processing, 2016, 57: 93-105.

[30] Zhu H, Zhang S, Zhao H. Single-channel source separation of multi-component radar signal with the same generalized period using ICA[J]. Circuits, Systems, and Signal Processing, 2016, 35(1): 353-363.

[31] Gao J, Shen L, Gao L. Modulation recognition for radar emitter signals based on convolutional neural network and fusion features[J]. Transactions on Emerging Telecommunications Technologies, 2019, 30(12): e3612.

[32] Gao J, Shen L, Gao L, et al. A rapid accurate recognition system for radar emitter signals[J]. Electronics, 2019, 8(4): 463.

[33] Wei Y, Xia W, Lin M, et al. HCP: A flexible CNN framework for multi-label image classification[J]. IEEE Transactions on Pattern Analysis and Machine Intelligence, 2016, 38(9): 1901-1907.

[34] Cabral R, De La Torre F, Costeira J P, et al. Matrix completion for weakly-supervised multi-label image classification[J]. IEEE Transactions on Pattern Analysis and Machine Intelligence, 2015, 37(1): 121-135.

[35] Liu M, Luo Y, Tao D, et al. Low-rank multi-view learning in matrix completion for multi-label image classification[C]. AAAI Conference on Artificial Intelligence, 2015: 2778-2784.

[36] Zhang B, Wang Y, Chen F. Multilabel image classification via high-order label correlation driven active learning[J]. IEEE Transactions on Image Processing, 2014, 23(3): 1430-1441.

[37] Zhao M, Jia X. A novel strategy for signal denoising using reweighted SVD and its applications to weak fault feature enhancement of rotating machinery[J]. Mechanical Systems and Signal Processing, 2017, 94: 129-147.

[38] Jha S K, Yadava R D S. Denoising by singular value decomposition and its application to electronic nose data processing[J]. IEEE Sensors Journal, 2011, 11(1): 35-44.

[39] He Y, Gan T, Chen W, et al. Adaptive denoising by singular value decomposition[J]. IEEE Signal Processing Letters, 2011, 18(4): 215-218.

[40] Rajwade A, Rangarajan A, Banerjee A. Image denoising using the higher order singular value decomposition[J]. IEEE Transactions on Pattern Analysis and Machine Intelligence, 2013, 35(4): 849-862.

[41] Bydder M, Du J. Noise reduction in multiple-echo data sets using singular value decomposition[J]. Magnetic Resonance Imaging, 2006, 24(7): 849-856.

[42] Guo Q, Zhang C, Zhang Y, et al. An efficient SVD-based method for image denoising[J]. IEEE Transactions on Circuits and Systems for Video Technology, 2016, 26(5): 868-880.

[43] Lei Y, Lin J, He Z, et al. A review on empirical mode decomposition in fault diagnosis of rotating machinery[J]. Mechanical Systems and Signal Processing, 2013, 35(1): 108-126.

[44] Blanco-Velasco M, Weng B, Barner K E. ECG signal denoising and baseline wander correction

based on the empirical mode decomposition[J]. Computers in Biology and Medicine, 2008, 38(1): 1-13.

[45] Flandrin P, Gonçalvès P, Rilling G. Detrending and denoising with empirical mode decompositions[C]. 2004 12th European Signal Processing Conference, 2004: 1581-1584.

[46] Antonini M, Barlaud M, Mathieu P, et al. Image coding using wavelet transform[J]. IEEE Transactions on Image Processing, 1992, 1(2): 205-220.

[47] Pan Q, Zhang L, Dai G, et al. Two denoising methods by wavelet transform[J]. IEEE Transactions on Signal Processing, 1999, 47(12): 3401-3406.

[48] Alfaouri M, Khaled D. ECG signal denoising by wavelet transform thresholding[J]. American Journal of Applied Sciences, 2008, 5(3): 276-281.

[49] Pasti L, Walczak B, Massart D L, et al. Optimization of signal denoising in discrete wavelet transform[J]. Chemometrics and Intelligent Laboratory Systems, 1999, 48(1): 21-34.

[50] Ergen B. Signal and Image Denoising Using Wavelet Transform[M]. Rijeka: IntechOpen, 2012: 495-514.

[51] Schmidt U, Roth S. Shrinkage fields for effective image restoration[C]. 2014 IEEE Conference on Computer Vision and Pattern Recognition, 2014: 2774-2781.

[52] Lempitsky V, Vedaldi A,Ulyanov D. Deep Image Prior[C]. 2018 IEEE/CVF Conference on Computer Vision and Pattern Recognition, 2018: 9446-9454.

[53] Goodfellow I, Bengio Y, Courville A. Deep Learning[M]. Cambridge: The MIT Press, 2016.

[54] Lecun Y, Bengio Y, Hinton G. Deep learning[J]. Nature, 2015, 521(7553): 436-444.

[55] Goodfellow I J, Pouget-Abadie J, Mirza M, et al. Generative adversarial networks[C]. Proceedings of the 27th International Conference on Neural Information Processing Systems, 2014: 2672-2680.

[56] Karras T, Aila T, Laine S, et al. Progressive growing of GANs for improved quality, stability, and variation[C]. International Conference on Learning Representations, Vancouver, 2018.

[57] Ledig C, Theis L, Huszár F, et al. Photo-realistic single image super-resolution using a generative adversarial network[C]. 2017 IEEE Conference on Computer Vision and Pattern Recognition (CVPR), 2017: 105-114.

[58] Ronneberger O, Fischer P, Brox T. U-Net: Convolutional networks for biomedical image segmentation[C]. Medical Image Computing and Computer-Assisted Intervention(MICCAI), Cham: Springer International Publishing, 2015: 234-241.

[59] Yu C, Wang J, Peng C, et al. Learning a discriminative feature network for semantic segmentation[C]. 2018 IEEE/CVF Conference on Computer Vision and Pattern Recognition, 2018: 1857-1866.

[60] Hyun C, Kim H, Lee SM, et al. Deep learning for undersampled MRI reconstruction[J]. Physics in Medicine & Biology, 2018, 63(13): 135007.

[61] Laina I, Rieke N, Rupprecht C, et al. Concurrent segmentation and localization for tracking of surgical instruments[C]. Medical Image Computing and Computer-Assisted Intervention(MICCAI), Cham: Springer International Publishing, 2017: 664-672.

[62] Lin T Y, Dollár P, Girshick R, et al. Feature pyramid networks for object detection[C]. 2017 IEEE Conference on Computer Vision and Pattern Recognition (CVPR), 2017: 936-944.

[63] Isola P, Zhu J Y, Zhou T, et al. Image-to-Image translation with conditional adversarial networks[C]. 2017 IEEE Conference on Computer Vision and Pattern Recognition (CVPR), 2017: 5967-5976.

[64] Wang T C, Liu M Y, Zhu J Y, et al. High-resolution image synthesis and semantic manipulation with conditional GANs[C]. 2018 IEEE/CVF Conference on Computer Vision and Pattern Recognition, 2018: 8798-8807.

[65] Armanious K, Jiang C, Fischer M, et al. MedGAN: Medical image translation using GANs[J]. Computerized Medical Imaging and Graphics, 2020, 79: 101684.

[66] Gandelsman Y, Shocher A, Irani M. "Double-DIP": Unsupervised image decomposition via coupled deep-image-priors[C]. Proceedings of the IEEE/CVF Conference on Computer Vision and Pattern Recognition (CVPR), 2018: 11026-11035.

[67] Ji X, Vedaldi A, Henriques J. Invariant information clustering for unsupervised image classification and segmentation[C]. 2019 IEEE/CVF International Conference on Computer Vision (ICCV), 2019: 9864-9873.

[68] Qin X, Zhang Z, Huang C, et al. U2-Net: Going deeper with nested U-structure for salient object detection[J]. Pattern Recognition, 2020, 106: 107404.

[69] Chen M, Artieres T, Denoyer L. Unsupervised object segmentation by redrawing[C]. Neural Information Processing Systems, 2019: 12726-12737.

[70] Kanezaki A. Unsupervised Image Segmentation by Backpropagation[C]. 2018 IEEE International Conference on Acoustics, Speech and Signal Processing (ICASSP), 2018: 1543-1547.

[71] Diederik K, Jimmy B. Adam: A method for stochastic optimization[J]. International Conference on Learning Representations, 2014.

[72] Swami A, Sadler M. Hierarchical digital modulation classification using cumulants[J]. IEEE Transactions on Communications, 2000, 48(3): 416-429.

[73] Pan Z, Wang S, Li Y. Residual attention-aided U-Net GAN and multi-instance multilabel classifier for automatic waveform recognition of overlapping LPI radar signals[J]. IEEE Transactions on Aerospace Electronic Systems, 2022, 58: 4377-4395.

[74] Orduyilmaz A, Yar E, Kocamis M, et al. Machine learning-based radar waveform classification for cognitive EW[J]. Signal, Image and Video Processing, 2021, 15(8): 1653-1662.

[75] Finn C, Abbeel P, Levine S. Model-agnostic meta-learning for fast Adaptation of deep networks[J]. Proceedings of the 34th International Conference on Machine Learning, 2017: 1126-1135.

[76] Li Z, Zhou F, Chen F, et al. Meta-SGD: Learning to learn quickly for few shot learning[J/OL]. (2017-09-28)[2023-02-03]https://arxiv.org/abs/1707.09835.

[77] Sun Q, Liu Y, Chua T S, et al. Meta-transfer learning for few-shot learning[C]. 2019 IEEE/CVF Conference on Computer Vision and Pattern Recognition (CVPR), 2019: 403-412.

[78] Vinyals O, Blundell C, Lillicrap T, et al. Matching networks for one shot learning[C]. Proceedings of the 30st International Conference on Neural Information Processing Systems, 2016: 3637-3645.

[79] Snell J, Swersky K, Zemel R. Prototypical networks for few-shot learning[C]. Proceedings of the 31st International Conference on Neural Information Processing Systems, 2017: 4080-4090.

[80] Sung F, Yang Y, Zhang L, et al. Learning to compare: Relation network for few-shot learning[C].

2018 IEEE/CVF Conference on Computer Vision and Pattern Recognition, 2018: 1199-1208.
[81] Laurens M, Geoffrey H. Viualizing data using t-SNE[J]. Journal of Machine Learning Research, 2008, 9: 2579-2605.
[82] Vong C M, Wong P K, Ip W F. A new framework of simultaneous-fault diagnosis using pairwise probabilistic multi-label classification for time-dependent patterns[J]. IEEE Transactions on Industrial Electronics, 2013, 60(8): 3372-3385.
[83] Bernhard S, John P, Thomas H. Multi-Instance Multi-Label Learning with Application to Scene Classification[M]. Cambridge: MIT Press, 2007: 1609-1616.
[84] Chen Z, Chi Z, Fu H, et al. Multi-instance multi-label image classification: A neural approach[J]. Neurocomputing, 2013, 99: 298-306.
[85] Feng J, Zhou Z. Deep MIML network[C]. Proceedings of the Thirty-First AAAI Conference on Artificial Intelligence, 2017: 1884-1890.
[86] Song L, Liu J, Qian B, et al. A deep multi-modal CNN for multi-instance multi-label image classification[J]. IEEE Transactions on Image Processing, 2018, 27(12): 6025-6038.
[87] Huang S, Yao Y, Xiao Y, et al. Cumulant based maximum likelihood classification for overlapped signals[J]. Electronics Letters, 2016, 52(21): 1761-1763.
[88] Huang S, Yao Y, Wei Z, et al. Automatic modulation classification of overlapped sources using multiple cumulants[J]. IEEE Transactions on Vehicular Technology, 2017, 66(7): 6089-6101.
[89] Liu Z, Li L, Xu H, et al. A method for recognition and classification for hybrid signals based on deep convolutional neural network[C]. 2018 International Conference on Electronics Technology (ICET), 2018: 325-330.
[90] Si W, Wan C, Deng Z. Intra-pulse modulation recognition of dual-component radar signals based on deep convolutional neural network[J]. IEEE Communications Letters, 2021, 25(10): 3305-3309.
[91] Xie S, Girshick R, Dollár P, et al. Aggregated residual transformations for deep neural networks[C]. 2017 IEEE Conference on Computer Vision and Pattern Recognition (CVPR), 2017: 5987-5995.
[92] Ren Y, Huo W, Pei J, et al. Automatic modulation recognition for overlapping radar signals based on multi-domain SE-ResNeXt[C]. 2021 IEEE Radar Conference (RadarConf21), 2021: 1-6.
[93] Simonyan K, Zisserman A. Very deep convolutional networks for large-scale image recognition[J]. International Conference on Learning Representations, 2015.
[94] Goodfellow I, Pouget-Abadie J, Mirza M, et al. Generative adversarial networks[J]. Communications of the ACM, 2020, 63(11): 139-144.
[95] Yan P, He F, Yang Y, et al. Semi-supervised representation learning for remote sensing image classification based on generative adversarial networks[J]. IEEE Access, 2020, 8: 54135-54144.
[96] Dong C, Loy C C, He K, et al. Image super-resolution using deep convolutional networks[J]. IEEE Transactions on Pattern Analysis and Machine Intelligence, 2016, 38(2): 295-307.
[97] Shi W, Caballero J, Huszár F, et al. Real-time single image and video super-resolution using an efficient sub-pixel convolutional neural network[C]. 2016 IEEE Conference on Computer Vision and Pattern Recognition (CVPR), 2016: 1874-1883.

[98] Pathak D, Krähenbühl P, Donahue J, et al. Context encoders: Feature learning by inpainting[C]. 2016 IEEE Conference on Computer Vision and Pattern Recognition (CVPR), 2016: 2536-2544.

[99] Ding X, Guo Y, Ding G, et al. ACNet: Strengthening the kernel skeletons for powerful CNN via asymmetric convolution blocks[C]. 2019 IEEE/CVF International Conference on Computer Vision (ICCV), 2019: 1911-1920.

[100] Krizhevsky A, Sutskever I, Hinton G E. ImageNet classification with deep convolutional neural networks[J]. Communications of the ACM, 2017, 60(6): 84-90.

[101] He K, Zhang X, Ren S, et al. Deep residual learning for image recognition[C]. 2016 IEEE Conference on Computer Vision and Pattern Recognition (CVPR), 2016: 770-778.

[102] Zhang Y, Li K, Li K, et al. Image super-resolution using very deep residual channel attention networks[C]. Vision – ECCV 2018, Cham: Springer International Publishing, 2018: 294-310.

[103] Quevedo J R, Oscar L, Antonio B. Multilabel classifiers with a probabilistic thresholding strategy[J]. Pattern Recognition, 2012, 45(2): 876-883.

[104] Gharroudi O, Elghazel H, Aussem A. Ensemble multi-label classification: A comparative study on threshold selection and voting methods[C]. 2015 IEEE 27th International Conference on Tools with Artificial Intelligence (ICTAI), 2015: 377-384.

[105] Ioannou M, Sakkas G, Tsoumakas G, et al. Obtaining bipartitions from score vectors for multi-label classification[C]. 2010 22nd IEEE International Conference on Tools with Artificial Intelligence, 2010: 409-416.

[106] Zhu M, Li Y, Pan Z, et al. Automatic modulation recognition of compound signals using a deep multi-label classifier: A case study with radar jamming signals[J]. Signal Processing, 2020, 169: 107393.

[107] Wang Z, Bovik A C, Sheikh H R, et al. Image quality assessment: From error visibility to structural similarity[J]. IEEE Transactions on Image Processing, 2004, 13(4): 600-612.

[108] Yang C, Ma C,Yang M. Single-image super-resolution: A benchmark[C]. Computer Vision – ECCV 2014, Cham: Springer International Publishing, 2014: 372-386.

[109] Hoang L M, Kim M, Kong S H. Automatic recognition of general LPI radar waveform using SSD and supplementary classifier[J]. IEEE Transactions on Signal Processing, 2019, 67(13): 3516-3530.

[110] Kong S H, Kim M, Hoang L M, et al. Automatic LPI radar waveform recognition using CNN[J]. IEEE Access, 2018, 6: 4207-4219.

[111] Zhang M, Liu L, Diao M. LPI radar waveform recognition based on time-frequency distribution[J] Sensors, 2016, 16(10): 1682.

[112] Hamschin B, Ferguson J, Grabbe M. Interception of multiple low-power linear frequency modulated continuous wave signals[J]. IEEE Transactions on Aerospace Electronic Systems, 2017, 53: 789-804.

第 6 章　多功能雷达行为层次化识别技术

先进多功能雷达几乎可以在瞬时完成对多个雷达控制参数的重新配置，进而以时空复用的形式同时执行多个不同的雷达任务,形成不同的雷达系统整体行为。对雷达系统行为的感知识别是雷达电子侦察系统实现先进多功能雷达智能化感知识别中的核心任务。本章在先进体制雷达行为观测分析模型基础上，介绍了通过截获脉冲序列的逐层向上识别推理，实现多功能雷达系统行为识别的系列方法。

6.1　多功能雷达行为识别技术概述

本节首先介绍基于层次化模型实现多功能雷达行为识别的基本任务内涵，然后给出多功能雷达行为识别整体任务及脉冲级状态标签序列识别子任务的具体任务建模，最后在梳理多功能雷达行为识别技术研究情况基础上，给出本书基于序列到序列(Sequence to Sequence Label，Seq2seq)思路所提两种多功能雷达行为层次化识别方法的设计思想和技术特点。

6.1.1　行为层次化识别任务内涵

先进多功能雷达系统行为感知识别的任务要求是基于侦收得到的雷达脉冲序列，经过“自底向上”处理后获取雷达行为等高层次抽象信息。按照 2.1.3 节给出的“MFR 系统行为实现过程的层次化框架”和 2.2.1 节给出的“MFR 系统行为观测模型”描述，上述多功能雷达行为感知识别任务可以按照层次化思想进行解决方案设计。本章给出的层次化感知识别框架如图 6.1 所示，包括符号-脉冲层中的状态符号序列识别和符号层中的行为识别算法两个级联子任务。

如图 6.1 所示，雷达方发射脉冲序列对应的工作状态符号序列是“1, 2, 1, 1”，四状态序列组合对应的符号层行为为“搜索”。侦察方在符号-脉冲层中的状态符号序列识别子任务是基于接收到的实际脉冲序列，完成上述“符号-脉冲层”状态符号序列的识别推理。当具备雷达脉冲序列和状态符号对应关系的先验知识时，侦察方可以得到准确的状态符号识别结果；当未知雷达脉冲序列和状态符号对应关系时，侦察方只能基于 2.2.4 节中定义的最小可分辨单元，针对一组具有特定调制规律的脉冲串进行状态符号推理，识别结果相对于雷达方调度所用状态符号序

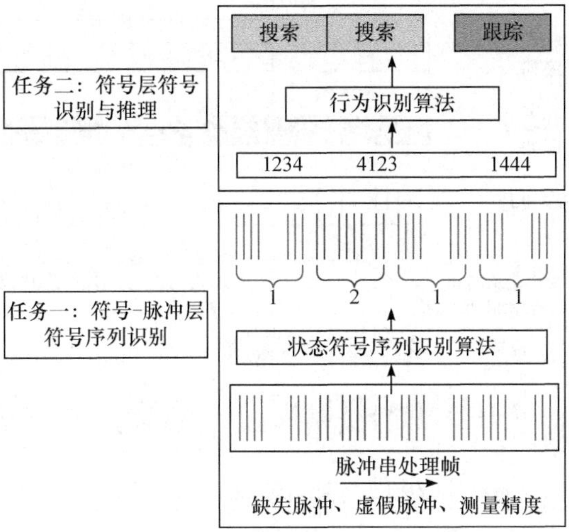

图 6.1　多功能雷达系统行为感知识别任务的层次化框架

列存在差异。随后符号层符号中的行为识别与推理子任务基于“符号-脉冲层”的符号序列识别结果，将一组有序排列的状态符号识别成对应的雷达系统行为，对应上述“1、2、1、1”的四状态组合，需要将其映射为符号层中系统行为“搜索”。

6.1.2　行为层次化识别任务建模

6.1.2.1　行为层次化识别任务的整体模型

1. 符号-脉冲层状态符号序列识别子任务

为了对状态符号序列识别子任务进行描述，首先结合图 6.2 给出一组“自底向上”的对象定义。

定义 6.1　雷达脉冲 $\boldsymbol{p}$ ： $\boldsymbol{p}\in\mathbb{R}^{M}$ ，一个雷达脉冲由 M 个状态参数进行描述 $\boldsymbol{p}=\left(p_1,p_2,\cdots,p_M\right)^{\top}$ 。

定义 6.2　雷达工作状态脉冲序列 $\boldsymbol{P}$ ： $\boldsymbol{P}\in\mathbb{R}^{M\times T}$ ，一个包含 T 个脉冲的有序脉冲序列记为 $\boldsymbol{P}=\left(\boldsymbol{p}_1,\boldsymbol{p}_2,\cdots,\boldsymbol{p}_T\right)$ ，其中 $t=1,2,\cdots,T$ 为离散时间，表示每个脉冲之间的相对顺序。

定义 6.3　雷达工作状态片段 $\boldsymbol{P}$ ： $\boldsymbol{P}\in\mathbb{R}^{M\times n}$ ，一个雷达工作状态脉冲序列 $\boldsymbol{P}$ 中的脉冲子序列 $\boldsymbol{P}_{i,n}=\left(\boldsymbol{p}_i,\boldsymbol{p}_{i+1},\cdots,\boldsymbol{p}_{i+n-1}\right)$ ，其中 $1\leqslant i\leqslant T-n+1,n\leqslant T$ 。每个片段属于一个特定的雷达工作状态类别，不同的片段可能属于相同的雷达工作状态类别。

定义 6.4　工作状态标签序列 $\boldsymbol{D}$ ：一个存储 $\boldsymbol{P}$ 中每个脉冲对应的雷达工作状态类别标签的数据结构 $\boldsymbol{D}=\left(D_1,D_2,\cdots,D_T\right)$ ，每个标签 $D_l,1\leqslant l\leqslant T$ 对应一个脉冲

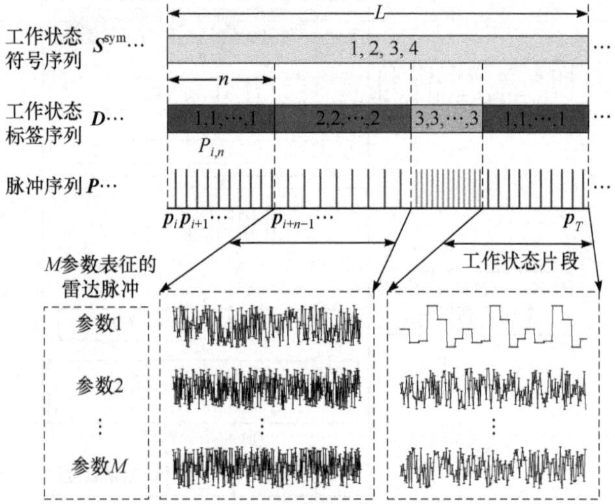

图 6.2　状态符号序列识别中的客体对象定义图

$\boldsymbol{p}_t$。需要指出，侦察方给出的工作状态标签序列 $\boldsymbol{D}$ 可能存在不属于真实工作状态片段 $\boldsymbol{P}$ 的多余脉冲，即识别过程把接收信号中的虚假脉冲判定赋值了同一个状态标签。

定义 6.5　雷达工作状态符号序列 $\boldsymbol{S}^{\mathrm{sym}}$：一个包含 J 个雷达工作状态片段和 K 个雷达工作状态类别的工作状态符号序列是一个存储雷达工作状态类别符号的数据结构 $\boldsymbol{S}^{\mathrm{sym}}=\left(S_1^{\mathrm{sym}},S_2^{\mathrm{sym}},\cdots,S_J^{\mathrm{sym}}\right)$，其中符号 $S_j^{\mathrm{sym}},1\leqslant j\leqslant J$ 代表了 $\boldsymbol{P}$ 中一个工作状态片段的工作状态类别。如图 6.2 中的符号序列“1, 2, 3, 1”包含了来自三个不同工作状态类别的四个片段。

基于上述定义，状态符号序列识别子任务的目的可以描述为：构建或者学习得到从脉冲序列空间 $\mathcal{P}$ 到符号序列空间 $\mathcal{S}^{\mathrm{sym}}$ 的映射函数 f_{sym}： $f_{\mathrm{sym}}:\mathcal{P}\to\mathcal{S}^{\mathrm{sym}}$。其中输入为脉冲序列 $\boldsymbol{P}=\left(\boldsymbol{p}_1,\boldsymbol{p}_2,\cdots,\boldsymbol{p}_T\right)\in\mathbb{R}^{M\times T}$，输出为状态符号序列 $\boldsymbol{S}^{\mathrm{sym}}=\left(S_1^{\mathrm{sym}},S_2^{\mathrm{sym}},\cdots,S_J^{\mathrm{sym}}\right)$。状态符号序列的准确识别是后续符号层识别推理的基础。例如国防科技大学刘海军和欧健等人各自的博士论文中均指出，随着雷达字提取错误率提升，后续的雷达行为识别准确率降低[1, 2]。

通常状态符号序列识别子任务可以由图 6.3 所示的两步级联操作实现：

第一级处理为脉冲级状态标签序列识别。学习第一个映射 $f_{\mathrm{p}}:\mathcal{P}\to\mathcal{S}^{p}$，将脉冲序列空间 $\mathcal{P}$ 映射到脉冲级状态标签序列空间 $\mathcal{S}^{p}$，即将输入脉冲序列 $\boldsymbol{P}$ 识别成对应的脉冲级状态标签序列 $\boldsymbol{D}=\left(D_1,D_2,\cdots,D_T\right)$。具体的问题建模与求解思路参见 6.1.2.2 节。

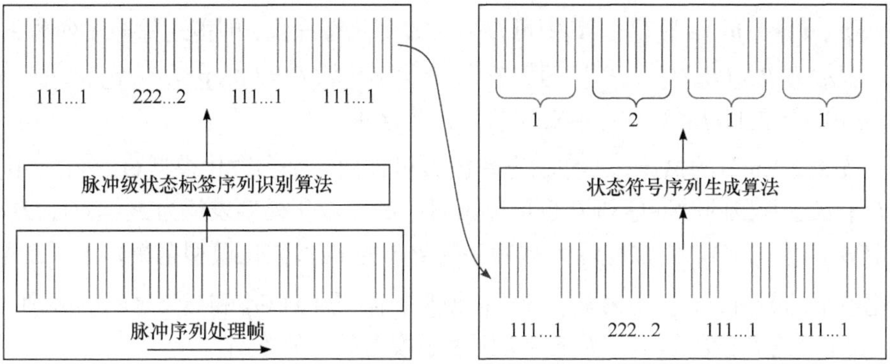

图 6.3　级联实现状态符号序列识别任务

第二级处理状态符号序列生成。学习第二个映射 $f_{\text{p-s}}:\mathcal{S}^{p}\rightarrow\mathcal{S}^{\text{sym}}$，将脉冲级状态标签序列空间 $\mathcal{S}^{p}$ 映射到状态符号序列空间 $\mathcal{S}^{\text{sym}}$，即由标签序列 $\boldsymbol{D}$ 生成状态符号序列 $\boldsymbol{S}^{\text{sym}}$。由于各个状态对应的单一状态片段长度这一先验信息可能未知，状态符号转换算法设计需要考虑各个状态的类别对应脉冲数目已知和未知两种情况。

2. 符号层符号行为识别与推理任务

行为识别与推理子任务目的可以描述为：构建或者学习得到从符号序列空间 $\mathcal{S}^{\text{sym}}$ 到行为空间 $\mathcal{S}^{\text{mode}}$ 的映射函数 f_{cmode}：$f_{\text{cmode}}:\mathcal{S}^{\text{sym}}\rightarrow\mathcal{S}^{\text{mode}}$。其中输入为状态符号序列 $\boldsymbol{S}^{\text{sym}}$，输出为行为类别标签 cmode，输出求解对应下述最大条件概率计算：

$$\widehat{\text{cmode}}=\underset{\text{cmode}\in\sum_{\text{mode}}}{\operatorname{argmax}}\ \Pr\left(\text{cmode}\mid\boldsymbol{S}^{\text{sym}}\right)\tag{6-1}$$

其中，cmode 为 $\boldsymbol{S}^{\text{sym}}$ 对应的行为类别标签。如果考虑序列到序列的识别方案，上述最大条件概率计算对应为：

$$\widehat{\mathbf{cmod}}=\underset{\text{cmod}_i\in\sum_{\text{mode}},i=1,2,\cdots\left|\boldsymbol{S}^{\text{sym}}\right|}{\operatorname{argmax}}\ \Pr\left(\mathbf{cmod}\mid\boldsymbol{S}^{\text{sym}}\right)\tag{6-2}$$

其中，$\mathbf{cmod}=\left(\text{cmod}_1,\text{cmod}_2,\cdots,\text{cmod}_{|\text{Sym}|}\right)$，$\text{cmod}_i$ 为第 i 个状态符号对应的行为类别标签，$\left|\boldsymbol{S}^{\text{sym}}\right|$ 表示状态符号序列的长度。即识别每一个状态符号对应的雷达行为类别，以在雷达行为发生切换时进行快速识别。

6.1.2.2　脉冲级状态标签序列识别子任务建模

对应 6.1.2.1 小节给出的系列定义，子任务的输入为接收到的雷达脉冲序列为

$\boldsymbol{P}=\left(\boldsymbol{p}_1,\boldsymbol{p}_2,\cdots,\boldsymbol{p}_T\right)\in\mathbb{R}^{M\times T}$，其中可以包含 L 个状态片段，即雷达脉冲序列为 $\boldsymbol{P}$ 也可以表示为 $\boldsymbol{P}=\left(P_1,P_2,\cdots,P_L\right)$，其中第 l 个状态片段 $P_l=\left(\boldsymbol{p}_i,\boldsymbol{p}_{i+1},\cdots,\boldsymbol{p}_{i+n-1}\right),1\leqslant i\leqslant T-n+1,n\leqslant T,1\leqslant l\leqslant L$ 为 $\boldsymbol{P}$ 中对应包含 n 个脉冲。

按照 2.1.5 节的描述，工作状态片段 P_l 可以由一个参数化模型 $\Theta_{\boldsymbol{P}}^l$ 表征，则包含 L 个状态片段的脉冲序列 $\boldsymbol{P}$ 也可以由对应的参数化模型表征为 $\boldsymbol{P}_m=\langle\boldsymbol{\Theta}_{\boldsymbol{P}},\boldsymbol{D}\rangle$。其中 $\boldsymbol{\Theta}_{\boldsymbol{P}}=\left\{\Theta_{\boldsymbol{P}1},\Theta_{\boldsymbol{P}2},\cdots,\Theta_{\boldsymbol{P}K}\right\}$ 为脉冲序列 $\boldsymbol{P}$ 对应的参数化模型全集，$K\leqslant L$ 为参数化模型的数目，$\Theta_{\boldsymbol{P}k}$ 为第 k 个参数化模型。需要注意 $\Theta_{\boldsymbol{P}}^l$ 和 $\Theta_{\boldsymbol{P}k}$ 之间的区别，上标 l 表示状态片段的索引，而下标 k 则表示模型编号的索引。

记 $\boldsymbol{D}=\left(D_1,D_2,\cdots,D_T\right)$ 为 $\boldsymbol{P}$ 对应的状态标签序列，其中 $D_t\in\left\{1,\cdots,K\right\},1\leqslant t\leqslant T$ 为 $\boldsymbol{P}$ 中第 t 个脉冲对应的状态类别标签。同样的，$\boldsymbol{D}$ 可以以状态片段的形式表征为 $\boldsymbol{D}=\left\{D^1,D^2,\cdots,D^K\right\}$。其中 D^k 为 $\boldsymbol{P}$ 中第 k 个模型分配的脉冲索引，即 $\boldsymbol{P}$ 中由第 k 个模型生成的脉冲对应的索引。对应的记 P^k 为第 k 个模型生成的脉冲。例如标签序列为 $\boldsymbol{D}=\left(1,1,1,2,2,2\right)$，则 $D^1=\left(1,2,3\right)$，$D^2=\left(4,5,6\right)$，P^1 表示前三个脉冲，P^2 表示后三个脉冲。

至此，工作状态标签序列识别任务的目的是基于 $\boldsymbol{P}$ 预测 $\hat{\boldsymbol{D}}=\left(\hat{D}_1,\hat{D}_2,\cdots,\hat{D}_T\right)$，给每个脉冲一个状态类别标签。即脉冲级状态标签序列识别任务是最大化条件概率：

$$\hat{\boldsymbol{D}}=\underset{\boldsymbol{D}}{\operatorname{argmax}}\operatorname{Pr}\left(\boldsymbol{D}\mid\boldsymbol{P},\boldsymbol{\Theta}_{\boldsymbol{P}}\right)\tag{6-3}$$

上述最大化条件概率的具体计算求解可以按照状态先验已知和未知两种极端先验信息情况进行研究。状态先验信息已知是大部分国内外已有研究所考虑的情况，具体是指状态集合 $\sum_{\mathrm{st}}=\left\{1,2,\cdots,K\right\}$ 和状态与脉冲序列的映射关系已知，即已知工作状态(或雷达字)先验信息的情况下完成对雷达字符号的提取[1-5]；先验信息未知则指状态集合 $\sum_{\mathrm{st}}=\left\{1,2,\cdots,K\right\}$ 和状态与脉冲序列的映射关系均未知，此时需要挖掘雷达脉冲序列中的频繁出现片段间规律，已经成为近些年关注和研究的热点问题[3, 4]。

6.1.3 雷达行为层次化识别实现途径分析

在多功能雷达的层次化结构与句法模型表征的基础上，国内外有许多学者开展了早期的雷达行为层次化识别研究[1,5-23]，具体研究工作同样可以按图 6.1 划分的符号-脉冲层元素符号识别、基于符号序列雷达系统行为推理两个阶段的研究进行梳理总结。

第一阶段任务为符号-脉冲层元素的符号识别，该任务输入是雷达脉冲，输出是雷达字[6, 16, 18, 5, 24]。早期 Visnevski Nikita 使用隐马尔可夫模型从脉冲序列提取雷达字[5]。国防科技大学刘海军的博士论文及相关研究[2, 15, 16]在多功能雷达句法模型与识别方面开展了较多工作，如提出一种数据库等级、脉冲等级和编码序列等级三级匹配的雷达字提取算法[15, 16]。王勇军[6]在此基础上提出一种改进的事件驱动雷达字提取方法，能够适应虚假脉冲和缺失脉冲环境。

第二阶段任务为基于符号序列的雷达系统行为推理，该任务输入是雷达字序列，输出雷达行为及句法模型转移概率。文献[7]、[8]基于维特比算法估计雷达行为，然后使用期望最大(Expectation-Maximization，EM)算法估计马尔可夫调制随机上下文无关文法(Stochastic Context Free Grammar, SCFG)中的状态转移矩阵、先验分布以及文法的生成规则概率。空军工程大学的代鹂鹏[11,12,14]采用 EM 算法估计 SCFG 产生式概率和状态转移概率。国防科技大学的欧健等人[25,26]提出用预测状态表示(PSR)模型进行 MFR 行为识别。

上述已有研究均需要 MFR 的先验信息，在早期的多功能雷达如“Mercury”或“Pluto”型号能够取得比较好的效果，但对先进 MFR 存在一些不适应。近来，研究者广泛开展利用有监督学习和无监督学习方法[27-30]对符号-脉冲层元素脉间调制类型的规律进行识别的研究。

在有监督学习方面，Kauppi[28]人为设计了专门用于雷达脉间调制类型识别的特征提取与分层分类算法。随着深度学习的发展，如卷积神经网络(CNN)，循环神经网络(RNN)等，相较于传统手工特征提取方法取得了更好的识别性能。国防科技大学和电子科技大学的学者[29,31,32]研究使用 CNN 进行 PRI 脉间调制识别，取得了显著的性能提升。RNN 提取时序特征的能力能够适应不同时间长度的输入数据，因而处理雷达脉冲流数据更为合适。刘章孟、李雪琼等人[30,33]使用 RNN 进行脉间调制类型的识别。在无监督学习方面，国防科技大学马爽[34]将生物数据处理中的序列比对算法引入雷达数据处理，提出了基于序列相似性分析的多功能雷达搜索规律重建方法。海军航空大学的关欣等人[35]通过分析电子扫描雷达的工作状态序列的序列特点，对两个电子扫描雷达工作状态序列提取公共特征。国防科大的方旖等人[19]基于贝叶斯准则提出了一种无监督工作状态切换点检测算法，该方法基于离散的脉冲描述字进行处理，对具有连续取值空间的捷变调制脉冲序列以及环境非理想因素适应性需要进一步研究。

实际电磁环境中，一方面电子侦察系统接收雷达脉冲序列往往是连续到达且含有非理想特性，一段输入脉冲序列往往包含多个雷达工作状态的脉冲。另一方面，当前新体制雷达多采用载频捷变和 PRI 抖动的随机调制来增强抗干扰性能。而下一代雷达系统认知雷达[36,37]则具有脉冲-脉冲或者脉冲组-脉冲组级别的捷变能力、复杂度和灵活性进一步提升。许多研究者开始研究基于机器学习或者深度学习算法进行工作状态识别任务[38]，以数据驱动的方式从复杂、存在非理想情况的大量数据中学习各个工作状态的特征。这些研究主要考虑静态识别场景，基于序列识别到对应单一类别标签(Sequence to One Label, Seq2one)的思路进行识别。针对实际侦察场景中连续到达的雷达脉冲序列，基于 Seq2one 思路状态标签序列识别主要包括图 6.4 所示的两类解决方案。

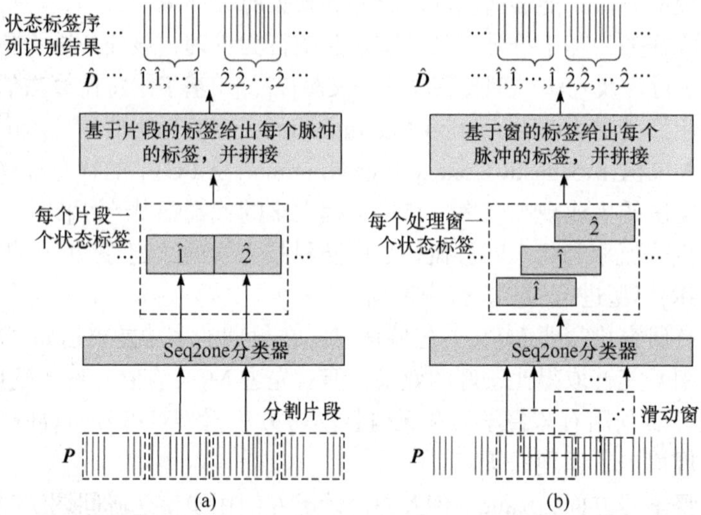

图 6.4　传统 Seq2one 方法进行脉冲级工作状态标签序列识别的示意图

第一类方法基于不重合片段分割进行识别。参看图 6.4(a)，该方法首先对输入脉冲序列进行不重合的分割，然后对每个分割的片段进行状态识别，并将片段中的所有脉冲分配对应的状态标签。最后将各个不重合片段脉冲对应的标签序列按顺序拼接，得到输入脉冲序列的脉冲级识别结果。即使在有状态先验信息的情况下，本方法也很难事先输入序列进行完美分割，导致识别结果容易存在许多分类错误。

第二类方法基于滑窗法实现自适应分割与脉冲级识别。参看图 6.4(b)，该方法通过自定义的窗长和滑窗步长进行滑窗操作，首先对每个窗中的脉冲序列进行 Seq2one 识别，得到窗内脉冲对应的状态标签，然后在滑窗完成后对所有窗的结果进行综合分配和拼接，每个脉冲的最终状态标签由所有覆盖该脉冲处理窗所得状态标签进行投票得到。此外对于落在状态切换区域附近的窗，可以通过设置阈值的方式对这些窗的结果进行拒绝。

虽然上述分割识别与滑窗识别的方法都可以得到脉冲级状态识别结果，它们的识别粒度均是片段级别。即在片段数据上进行 Seq2one 状态识别，识别粒度粗，对长序列计算复杂度大且整体识别率不高。针对上述方法存在的不足，本书按照序列到序列(Sequence to Sequence Label，Seq2seq)的思路，实现多功能雷达行为层次化识别，两种具体实现方法可如图 6.5 所示。

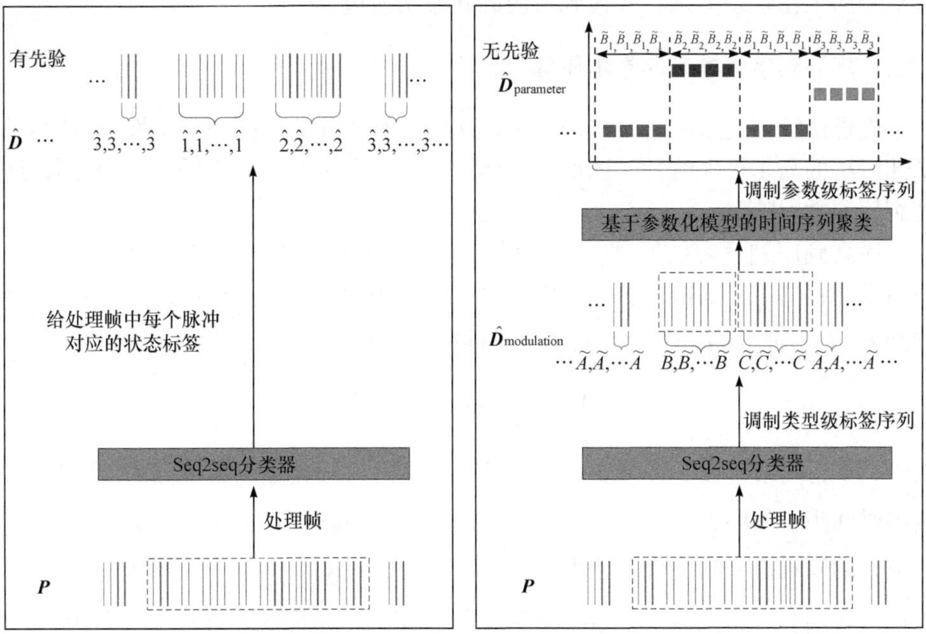

(a)　(b)

图 6.5　两种先验信息情况下状态标签序列识别流程

当状态标签的先验知识已知时，图 6.5(a)描述的序列到序列方法(Sequence to Sequence, Seq2seq)可以实现状态标签序列识别任务。训练好的 Seq2seq 网络能够聚焦于同时提取整个输入脉冲序列中的状态内和状态间特征，给出每个脉冲对应的状态标签。本方法采用的 Seq2seq 网络相较于传统 Seq2one 的识别方法，具有识别粒度细、计算复杂度低、识别准确率高等优点。

当状态标签的先验知识未知时，图 6.5(b)描述的 Seq2seq 识别网络与基于模型的雷达时间序列聚类算法级联可以实现状态标签序列识别任务。本方法利用第 2 章提出的最小可分辨单元(雷达状态)映射一组多维脉冲参数上特定调制类型和调制参数组合的脉冲序列的概念，将状态标签序列识别任务变成调制类型不同或调制类型相同但调制参数不同的脉冲片段的识别与切换检测问题来实现，具有盲辨识、参数化模型可解释、状态行为切换点响应辨识粒度可控且速度快等优点。

6.2　基于序列到序列学习的工作状态序列识别方法

本节介绍一种基于序列到序列学习思想的工作状态标签序列识别方法

(HSSLSTM)，该方法可以输入包含多个连续工作状态的脉冲序列，输出每一个脉冲对应的工作状态类别，并得到对应的状态切换边界。

6.2.1　序列到序列学习的基本原理

先进体制雷达层次化结构的各个层次均具有较强的时间序列特性，可能服从未知阶次的马尔可夫特性。因而先进体制雷达各个层次的识别任务，均可通过序列到序列学习映射。

序列到序列学习的原理是学习得到一个从输入序列空间 $\mathcal{X}$ 到输出空间 $\mathcal{Y}$ 的映射函数：$f_{\text{Seq2seq}}:\mathcal{X}\to\mathcal{Y}$。以使得对应输入序列 $\boldsymbol{X}=(\boldsymbol{x}_1,\boldsymbol{x}_2,\cdots,\boldsymbol{x}_T)\in\mathcal{X}$ 和输出序列 $\boldsymbol{Y}=(\boldsymbol{y}_1,\boldsymbol{y}_2,\cdots,\boldsymbol{y}_J)\in\mathcal{Y}$ 之间满足条件概率最大[39-41]：

$$\hat{\boldsymbol{Y}}=\underset{\boldsymbol{Y}\in\mathcal{Y}}{\arg\max}\, r(\boldsymbol{Y}\mid\boldsymbol{X},\boldsymbol{\theta}) \tag{6-4}$$

其中，$\boldsymbol{\theta}$ 为网络参数。图 6.6 描述了几种典型的序列到序列学习范式，图中输入输出时间步 j 和 t 对齐。图 6.6(a)通过最大化条件概率 $\Pr(\boldsymbol{y}_j\mid\boldsymbol{x}_t,\boldsymbol{\theta})$ 学习一对一的映射，例如对每个脉冲进行分类，仅考虑当前输入 $\boldsymbol{x}_t$ 对标签 $\boldsymbol{y}_j$ 的影响。图 6.6(b)中通过 $\Pr(\boldsymbol{y}_j\mid\cdots,\boldsymbol{x}_{t-1},\boldsymbol{x}_t,\boldsymbol{x}_{t+1},\cdots,\boldsymbol{\theta})$ 对 $\boldsymbol{x}_t$ 进行识别时考虑其相邻样本。图 6.6(c)通过考虑 $\Pr(\cdots,\boldsymbol{y}_{j-1},\boldsymbol{y}_j,\boldsymbol{y}_{j+1},\cdots\mid\boldsymbol{x}_t,\boldsymbol{\theta})$，在输入 $\boldsymbol{x}_t$ 时能对输出时刻 j 的上下文进行识别。考虑 $\Pr(\boldsymbol{y}_{j-w},\cdots,\boldsymbol{y}_j,\boldsymbol{y}_{j+w},\cdots\mid\boldsymbol{x}_t,\boldsymbol{\theta})$，则输出时刻 j 会存在 $2w+1$ 个结果，通过结果投票得到对时刻 j 的最终预测。图 6.6(d)直接建模 $\Pr(\cdots,\boldsymbol{y}_{j-1},\boldsymbol{y}_j,\boldsymbol{y}_{j+1},\cdots\mid\cdots,\boldsymbol{x}_{t-1},\boldsymbol{x}_t,\boldsymbol{x}_{t+1},\cdots,\boldsymbol{\theta})$，是前面三个范式的综合。

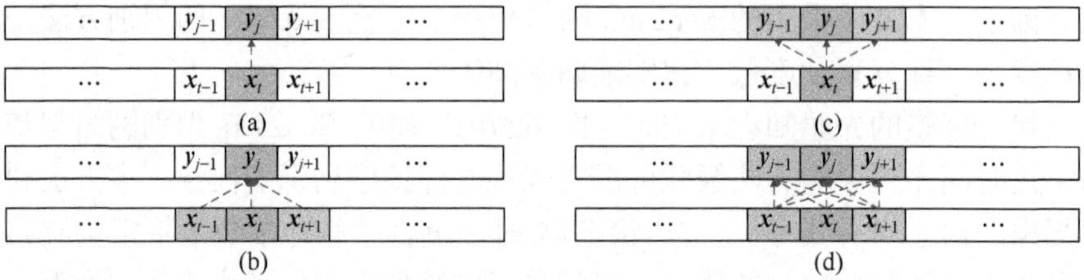

图 6.6　几种序列到序列学习范式($T=J$)

图 6.6 仅为一些典型的学习范式，序列到序列学习形式非常灵活，例如考虑条件概率 $\Pr(\boldsymbol{y}_j,\boldsymbol{y}_{j+1},\cdots\mid\cdots,\boldsymbol{x}_{t-1},\boldsymbol{x}_t,\boldsymbol{\theta})$，则序列到序列学习的目的是基于历史输入，识别(预测)当前和未来时刻的输出序列。序列到序列学习中，根据输入序列空间 $\mathcal{X}$ 和输出序列空间 $\mathcal{Y}$ 的不同，输入 $\boldsymbol{x}_t$ 和标签 $\boldsymbol{y}_j$ 的形式也很灵活。对先进体制雷达而言，其层次化结构的各个层次均具有较强的时间序列特性，例如服从任意阶

次的马尔可夫特性。因而先进体制雷达各个层次的识别任务，均可通过序列到序列学习映射。后面将考虑最复杂的序列到序列学习范式，即图 6.6 所考虑的 $\Pr\left(\cdots,\boldsymbol{y}_{j-1},\boldsymbol{y}_j,\boldsymbol{y}_{j+1},\cdots\mid\cdots,\boldsymbol{x}_{t-1},\boldsymbol{x}_t,\boldsymbol{x}_{t+1},\cdots,\boldsymbol{\theta}\right)$。此时 $\boldsymbol{x}_t$ 对应一个输入脉冲，$\boldsymbol{y}_j$ 为对应的状态类别标签，且 $\boldsymbol{x}_t$ 和 $\boldsymbol{y}_j$ 在时间上对齐，即 $t=j$。

6.2.2　基于层次化序列到序列学习的状态标签序列识别

6.2.2.1　总体流程

本章将序列到序列学习引入至雷达行为识别，构建层次化序列到序列长短时记忆网络(Hierarchical Sequence to Sequence Long Short Term Memory, HSSLSTM)的雷达状态标签序列识别框架如图 6.7 所示。

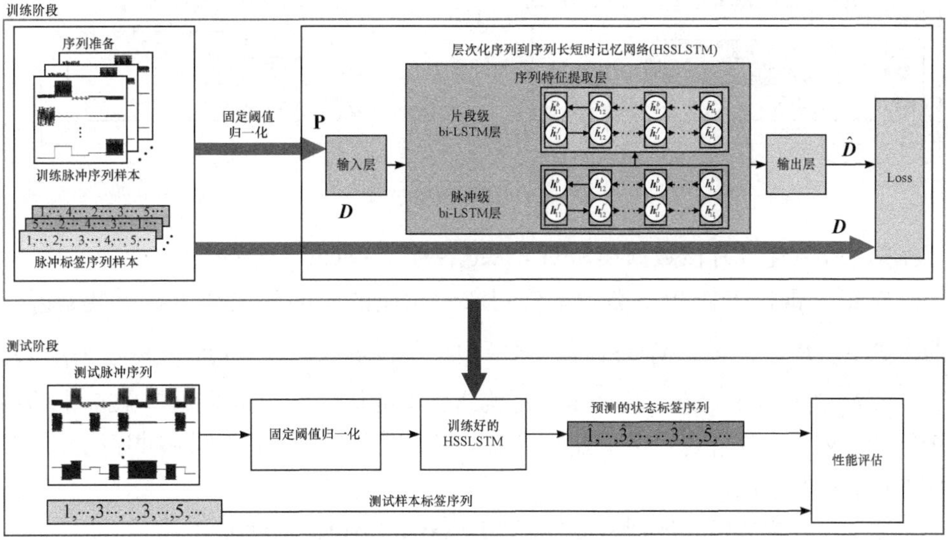

图 6.7　基于序列到序列学习的脉冲级工作状态识别框架流程图

该框架的训练过程包含训练数据序列准备、固定阈值归一化、HSSLSTM 网络训练步骤三个步骤；训练好的 HSSLSTM 网络可以在应用时基于经过固定阈值归一化之后的测试数据，给出每个脉冲对应的工作状态标签。

6.2.2.2　训练数据序列准备

考虑到真实雷达调度工作状态过程中的复杂性，训练数据序列准备步骤用于产生包含任意数目的状态类别，每个类别包含任意数目的状态片段，不同的状态类别包含脉冲数目动态变化的高质量训练样本数据，以保证模型得到有效训练，并支持贴近实际测试场景构建，以对模型性能进行充分测试验证。

HSSLSTM 识别框架中的序列准备步骤包含了图 6.8 所示的四个连续子步骤：①片段数据集生成；②符号序列数据集生成；③脉冲序列数据集生成；④标签序列数据集生成。

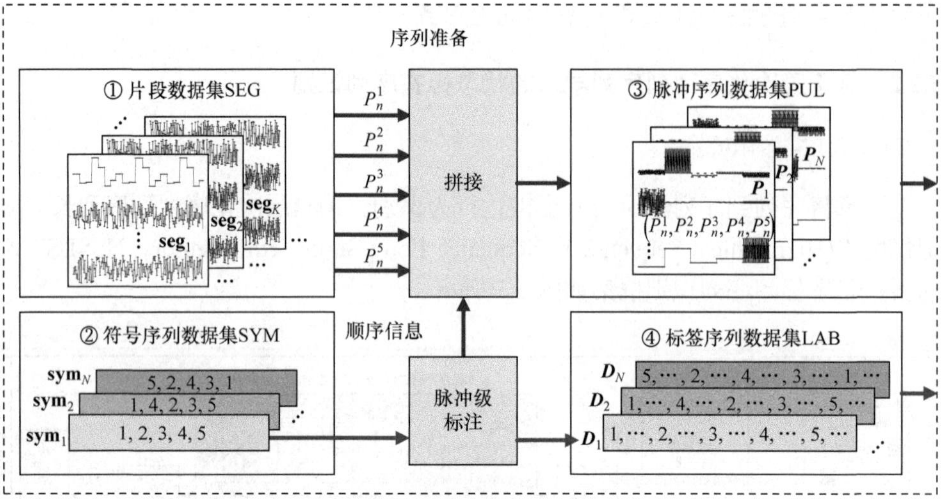

图 6.8　序列准备过程

第一步：生成片段数据集 $\mathrm{SEG}=\{\mathbf{seg}_1,\mathbf{seg}_2,\cdots,\mathbf{seg}_K\}$。

对每个雷达工作状态类别 k 分别产生对应的脉冲片段样本数据集 $\mathbf{seg}_k=\left\{P_1^k,P_2^k,\cdots,P_{N_k}^k\right\}$，其中 N_k 为状态类别 k 对应的样本数，$P_n^k=\left(\boldsymbol{p}_1^{k,n},\boldsymbol{p}_2^{k,n},\cdots,\boldsymbol{p}_{L_n}^{k,n}\right)$，$1\leqslant n\leqslant N_k$ 为第 n 个状态片段样本，L_n 为该样本的长度①。片段数据集 SEG 中的每个脉冲序列样本仅包含一个单独的状态类别，同一个状态的不同脉冲序列样本对应的调制参数不同。

第二步：生成符号序列数据集 $\mathrm{SYM}=\{\mathbf{sym}_1,\mathbf{sym}_2,\cdots,\mathbf{sym}_N\}$。

每个符号序列 $\mathbf{sym}_n=\left(\mathrm{sym}_1^n,\mathrm{sym}_2^n,\cdots,\mathrm{sym}_K^n\right),1\leqslant n\leqslant N$ 包含 K 个有序排列的状态符号，K 也为识别任务包含的总的状态类别数，即每个符号序列样本中的每个符号对应一个单独的类别。$\mathrm{sym}_k^n\in\Sigma_{\mathrm{sym}}=\{1,2,\cdots,K\}$，其中 Σ_{sym} 为状态类别集合。每个符号序列样本中符号 sym_k^n 之间的顺序按均匀状态转移矩阵生成，来保证能够覆盖测试情况中所有可能出现的符号顺序情况。记 $\mathbf{sym}_n$ 中第 k 个符号 sym_k^n 按如下概率转移：

① 样本长度不一致的原因有很多，比如一个雷达状态可能对应多个不同的脉冲序列模板，每个模板脉冲数目不同。对于同一个模板，在侦察方录取数据时，可能由于传播及侦收的非理想性造成即使来自统一模板的脉冲片段在脉冲数目上也存在一定的多样性。

$$\Pr\left(\text{sym}_k^n = i \mid \text{sym}_{k-1}^n = j\right) = \frac{1}{\left|\sum_{\text{sym}}\right|}, \quad \text{for all } i, j \in \sum_{\text{sym}} \tag{6-5}$$

可以基于雷达真实状态切换的概率来控制 $\mathbf{sym}_n$ 中状态的切换，有助于状态识别，但非合作环境中雷达的真实状态转移概率难以获知。且即使事先通过积累数据获知，该转移概率也可能发生变化，从而影响识别。因此也可以考虑使用 $1/\left|\sum_{\text{sym}}\right|$ 作为转换概率，从而缓解模型在识别过程中对状态转移概率的依赖。

第三步：生成脉冲序列数据集 $\text{PUL} = \{\boldsymbol{P}_1, \boldsymbol{P}_2, \cdots, \boldsymbol{P}_N\}$。

符号序列数据集SYM中每个样本 $\mathbf{sym}_n$ 的每个符号 sym_k^n，根据符号对应的状态含义和顺序，拼接片段数据集中相应的状态片段。图 6.8 中的一个符号序列样本 $\mathbf{sym}_n = (1,2,3,4,5)$ 包含来自五个状态类别的五个符号。从 $\mathbf{seg}_1 - \mathbf{seg}_K$ 中分别按概率 $1/\left|\mathbf{seg}_k\right|$ 各抽取一个样本，为了表述简便，这里假定各个状态片段样本数据集中抽取的样本索引均为 n，即得到状态片段集合 $P_{\text{temp}} = \left\{P_n^1, P_n^2, \cdots, P_n^5\right\}$。按 $\mathbf{sym}_n$ 中的符号顺序拼接对应的五个片段样本，得到符号序列 $\mathbf{sym}_n = (1,2,3,4,5)$ 对应的脉冲序列 $\boldsymbol{P} = \left(P_n^1, P_n^2, \cdots, P_n^5\right)$。脉冲序列数据集记为 $\text{PUL} = \{\boldsymbol{P}_1, \boldsymbol{P}_2, \cdots, \boldsymbol{P}_N\}$。其中 $\boldsymbol{P}$ 表示为脉冲的形式为 $\boldsymbol{P} = (\boldsymbol{p}_1, \boldsymbol{p}_2, \cdots, \boldsymbol{p}_T)$，$T = \sum_{k=1}^{K} L_{n,k}$，其中 $L_{n,k}$ 为 P_n^k 对应的脉冲数目。

第四步：生成标签序列数据集 $\text{LAB} = \{\boldsymbol{D}_1, \boldsymbol{D}_2, \cdots, \boldsymbol{D}_N\}$。

该步根据符号序列数据集SYM和脉冲序列数据集PUL来实现。脉冲序列样本中 $\boldsymbol{P}_n$ 的每个脉冲 $\boldsymbol{p}_t$ 都标记为对应的状态类别，即 $\boldsymbol{D}_n = (D_1, D_2, \cdots, D_T)$。此外脉冲序列样本中所有的虚假脉冲可以标记为一个新类(即第 $K+1$ 类)，则 $D_t \in \left\{\sum_{\text{sym}}, K+1\right\}$。从而在测试时算法能够识别脉冲序列中对应的虚假脉冲。

6.2.2.3　固定阈值归一化

雷达工作状态通常包含多维参数，需要对多维参数分别进行归一化，使得不同参数的取值数量级处于接近的水平。常规的归一化方法将向量 $\boldsymbol{a}$ 按照可能取值的最大最小值进行归一化。然而对于脉冲级状态标签序列识别任务，待测脉冲序列中出现的状态类别数目往往少于总的状态类别数目。如果使用传统方法进行归一化，会扰乱各个类别间的相对关系，导致严重的分类错误。HSSLSTM 识别框架采用了基于固定阈值归一化的方式对 M 个参数进行归一化，对应的 M 维归一化上界和下界矢量分别为 $\boldsymbol{LB} = [LB_1, LB_2, \cdots, LB_M]$ 和 $\boldsymbol{UB} = [UB_1, UB_2, \cdots, UB_M]$。第 m 个参数的向量 $\boldsymbol{a}_m$ 由对应的上界 LB_m 和下界 UB_m 归一化，具体归一化公计算公式如下：

$$a'_m = \frac{2(a_m - LB_m)}{UB_m - LB_m} - 1, \quad m = 1, 2, \cdots, M \tag{6-6}$$

其中，上界和下界的取值区间设置可以参考各个参数的统计取值范围，以避免测试样本中状态类别缺失时，传统归一化方法导致类间关系扰乱的问题。

6.2.2.4　HSSLSTM 训练与测试

HSSLSTM 网络包含脉冲级 Bi-LSTM 和片段级 Bi-LSTM 的两个 LSTM 层，分别用于提取状态内和状态间的脉冲级和片段级特征。

通过固定阈值归一化之后，训练数据集记为 $\text{Data} = \{\text{PUL} = \{\boldsymbol{P}_1, \boldsymbol{P}_2, \cdots, \boldsymbol{P}_N\}, \text{LAB} = \{\boldsymbol{D}_1, \boldsymbol{D}_2, \cdots, \boldsymbol{D}_N\}\}$，用于对 HSSLSTM 网络进行训练。

脉冲级 Bi-LSTM 层在输入脉冲序列中从前向和后向两个方向迭代计算，得到前向(Forward)和后向(Backward)隐藏层向量 $\boldsymbol{H}^f = (\boldsymbol{h}_1^f, \boldsymbol{h}_2^f, \cdots, \boldsymbol{h}_T^f)$ 和 $\boldsymbol{H}^b = (\boldsymbol{h}_1^b, \boldsymbol{h}_2^b, \cdots, \boldsymbol{h}_T^b)$：

$$\boldsymbol{h}_t^f = \text{LSTM}(\boldsymbol{p}_t, \boldsymbol{h}_{t-1}^f), \quad t = 1, \cdots, T \tag{6-7}$$

$$\boldsymbol{h}_t^b = \text{LSTM}(\boldsymbol{p}_t, \boldsymbol{h}_{t-1}^b), \quad t = T, T-1, \cdots, 1 \tag{6-8}$$

其中，LSTM 表示 LSTM 层函数，上标 f 和 b 表示前向和后向向量，LSTM 层函数在 6.2.2.4 节中给出。将 $\boldsymbol{H}^f$ 和 $\boldsymbol{H}^b$ 拼接，得到隐藏层向量 $\boldsymbol{H} = [\boldsymbol{H}^f; \boldsymbol{H}^b]$。该向量包含了每一个脉冲 $\boldsymbol{p}_t$ 处关于整个脉冲序列的时间序列特征。

片段级 Bi-LSTM 层在隐藏层向量 $\boldsymbol{H}$ 的基础上计算第二个隐藏层向量：

$$\tilde{\boldsymbol{h}}_t^f = \text{LSTM}(\boldsymbol{h}_t, \tilde{\boldsymbol{h}}_{t-1}^f), \quad t = 1, \cdots, T \tag{6-9}$$

$$\tilde{\boldsymbol{h}}_t^b = \text{LSTM}(\boldsymbol{h}_t, \tilde{\boldsymbol{h}}_{t-1}^b), \quad t = T, T-1, \cdots, 1 \tag{6-10}$$

然后拼接 $\tilde{\boldsymbol{H}}^f$ 和 $\tilde{\boldsymbol{H}}^b$ 来获得片段级隐藏层向量 $\tilde{\boldsymbol{H}} = [\tilde{\boldsymbol{H}}^f; \tilde{\boldsymbol{H}}^b]$。第二层 Bi-LSTM 层后接随时间展开的全连接层，以得到输出向量序列 $O = (\boldsymbol{o}_1, \boldsymbol{o}_2, \cdots, \boldsymbol{o}_T)$，其中 $\boldsymbol{o}_t$ 由下式给出：

$$\boldsymbol{o}_t = \boldsymbol{W}_{ho}[\tilde{\boldsymbol{h}}_t^f \oplus \tilde{\boldsymbol{h}}_t^b] + \boldsymbol{b}_o \tag{6-11}$$

其中，$\oplus$ 表示向量拼接，$\boldsymbol{W}_{ho}$ 和 $\boldsymbol{b}_o$ 为全连接层权重和偏置。最后每个输出向量 $\boldsymbol{o}_t$ 将送入 softmax 层来获得标签序列识别结果 $\hat{Y} = (\hat{\boldsymbol{y}}_1, \hat{\boldsymbol{y}}_2, \cdots, \hat{\boldsymbol{y}}_T)$，其中 $\hat{\boldsymbol{y}}_t = (\hat{y}_{t,1}, \hat{y}_{t,2}, \cdots, \hat{y}_{t,K})$ 表示脉冲 $\boldsymbol{p}_t$ 属于 K 个类别的概率分布。取 $\hat{\boldsymbol{y}}_t$ 中概率值最大

的类别作为该脉冲预测的状态标签 $\hat{D}_t = \underset{k\in\{1,2,\cdots,K\}}{\operatorname{argmax}}\ \hat{y}_{t,k}$。

HSSLSTM 模型将在所有输入脉冲序列中错误分类的脉冲数目作为惩罚来训练网络。记真实标签 D_t 通过独热编码之后记为 $D_t^{\text{onehot}} = \left(d_{t,1}, d_{t,2}, \cdots, d_{t,K}\right)$。网络训练时要在 N 个训练样本上最小化错误分类 $\bar{E}$：

$$\bar{E} = \frac{1}{N}\sum_{i=1}^{N}\left(-\frac{1}{T_i}\sum_{t=1}^{T_i}\sum_{k=1}^{K} d_{t,k}\log\left(\hat{y}_{t,k}\right)\right) + \frac{\lambda}{2}\|\boldsymbol{\omega}\|_2^2 \tag{6-12}$$

其中，$E = -\frac{1}{T_i}\sum_{t=1}^{T_i}\sum_{k=1}^{K} d_{t,k}\log\left(\hat{y}_{t,k}\right)$ 为第 i 个序列样本的序列损失，$T_i, i = 1,2,\cdots,N$ 为第 i 个脉冲序列样本对应的脉冲数目。$(\lambda/2)\|\boldsymbol{\omega}\|_2^2$ 为正则化项，用于缓解过拟合，其中 $\boldsymbol{\omega}$ 权重向量，λ 为正则化系数。神经网络参数在训练开始时随机初始化为 0 到 1 之间的数，在迭代过程中通过反向传播算法优化神经网络参数。

在测试时，训练好的 HSSLSTM 可以对所含状态个数可变、状态长度可变、非理想情况未知的复杂先进体制雷达工作状态脉冲序列，实现已训练工作状态的脉冲级状态标签序列识别与状态切换检测。

6.2.3 算法性能验证

本节利用仿真数据和采集数据对 HSSLSTM 识别框架进行了实验，验证所提方法的有效性与优越性。

6.2.3.1 仿真数据集实验

1. 实验设置介绍

1) 仿真数据集设置

首先给出仿真数据的工作状态定义和参数取值设定。

数据集中的五个多功能雷达工作状态定义如表 6.1 所示，每个状态由 PRI、RF 和 PW 三个参数不同的调制类型组合而成。考虑到多功能雷达对于特定的工作状态可能存在子状态，例如搜索工作状态通常会针对不同的机动目标设计如远距搜索、近距搜索等子状态[42]，表中第四个状态包含两个子状态，二者出现的概率相等。

表 6.1　三参数定义的五个典型雷达工作状态

状态类别	PRI	RF	PW
1	组变	常数	常数
2	捷变	捷变	捷变

续表

状态类别	PRI	RF	PW
3	抖动	抖动	常数
4	组变	组变	常数
	组变	常数	捷变
5	滑变	组变	常数

数据集中工作状态脉冲序列样本每个参数调制类型实现的具体调制参数在取值空间中按均匀分布采样获得，调制参数区间参考了文献[28]中的设置，如表 6.2 所示。由于调制参数中，各个参数的初始值区间设置完全一样，识别方法要更多地通过不同状态类别的时间序列特征进行识别。

表 6.2　调制定义参数的取值设置，U(·) 表示均匀分布

	调制定义参数	PRI	RF	PW
参数取值	取值区间	U(100, 200) μs	U(9e3, 9.2e3) MHz	U(1, 50) μs
捷变	捷变点数	U(2, 16)	U(2, 16)	U(2, 8)
组变	组变点数	U(2, 8)	U(2, 8)	—
	每组的脉冲数目	U(8, 12)	U(8, 12)	—
抖动	抖动偏差	U(5%, 30%)	U(5%, 30%)	—
滑变	滑变偏差	U(2, 8)	—	—

然后，基于上述工作状态定义和参数取值设定生成以下两类仿真数据集。

第一类数据集用于脉冲级状态识别模型的训练，具体包含两个子数据集：片段标记数据集(Segment Labelled Dataset, SLD)和脉冲标记序列数据集(Pulse Labelled Sequence Dataset, PLSD)。SLD 中的每个序列样本仅仅包含一个状态片段和对应的片段级状态类别标签，用于训练 Seq2one 模型。PLSD 数据集通过序列准备步骤由 SLD 数据集得到，用于训练 Seq2seq 模型。

第二类数据集用于脉冲级状态识别任务测试，具体包含两组子数据集：类别数目动态变化数据集(Variable Number of Classes Dataset, VNCD)和片段数目动态变化数据集(Variable Number of Segment Dataset, VNSD)。VNCD 数据集由 k 个子集组成，即 $\mathrm{VNCD}=\bigcup_k \mathrm{VNCD}_k$，其中 $k=1,2,\cdots,5$ 为子数据集 VNCD_k 中的状态类别数目。VNCD_k 中的状态片段数目 J 等于状态类别数目 k，即 VNCD_k 中的每个片段都属于一个独立的状态类别。$\mathrm{VNSD}=\bigcup_J \mathrm{VNSD}_J$，其中 $J=1, 2, 3, 4, 5, 10, 15, 20, \cdots, 100$ 表示子数据集 VNSD_J 中的状态片段数目。这些 J 个片段通过两种不同的状态转移策

略生成，包括频繁状态切换(Frequent Transition, FT)和不频繁状态切换(Infrequent Transition, INFT)两种。在 FT 策略中，不同的状态类别随机切换得到脉冲序列。在 INFT 策略中，状态类别基于文献[25]中设置的状态转移矩阵进行切换，该状态转移矩阵模仿了真实世界多功能雷达的状态转移特点。基于该状态转移矩阵，雷达更倾向于保持当前的工作状态，而不是进行状态切换，因此该状态转移矩阵会造成不频繁的状态切换。

上述两类数据集的仿真样本考虑了三种非理想元素包括测量噪声，缺失脉冲以及虚假脉冲[28, 30, 43]。首先设置测量噪声(Measuring Noise Only, MNO)、缺失脉冲(Lost Pulse Only, LPO)以及虚假脉冲(Spurious Pulse Only, SPO)等三大类场景。MNO 情况给 PRI, RF, PW 添加对应的高斯分布的测量噪声。高斯测量噪声为零均值，方差分别为$\boldsymbol{\sigma}=\left[\sigma_{\text{PRI}}(\mu\text{s}),\sigma_{\text{RF}}(\text{MHz}),\sigma_{\text{PW}}(\mu\text{s})\right]$。根据方差的值变化，设置七个水平的测量噪声。其中$\sigma_{\text{PRI}}(\mu\text{s})$从 0 到 3，步进为 0.5，$\sigma_{\text{RF}}(\text{MHz})$从 0 到 3，步进为 0.5，$\sigma_{\text{PW}}(\mu\text{s})$从 0 到 0.3，步进为 0.05。例如第一个噪声水平为$\boldsymbol{\sigma}_1=\left[0\ \mu\text{s}, 0\ \text{MHz}, 0\ \mu\text{s}\right]$，第二个为$\boldsymbol{\sigma}_2=\left[0.5\ \mu\text{s}, 0.5\ \text{MHz}, 0.05\ \mu\text{s}\right]$，以此类推得到七个噪声水平。LPO 和 SPO 分别给脉冲序列中添加一定比例的虚假或者缺失脉冲，并将噪声方差固定为$\boldsymbol{\sigma}=\left[1.5\ \mu\text{s}, 1.5\ \text{MHz}, 0.15\ \mu\text{s}\right]$。分别设置 17 个水平的虚假和缺失脉冲比例，从 0%步进到 80%，步进为 5%。此外考虑到同时存在测量噪声，虚假脉冲和缺失脉冲的情况，设置如表 6.3 所示的七种混合场景。

表 6.3　七种混合场景的参数

场景编号	测量噪声(μs, MHz, μs)	缺失脉冲比例 /%	虚假脉冲比例 /%
1	[0, 0, 0]	0	0
2	[0.5, 0.5, 0.05]	5	10
3	[1, 1, 0.1]	10	20
4	[1.5, 1.5, 0.15]	15	30
5	[2, 2, 0.2]	20	40
6	[2.5, 2.5, 0.25]	25	50
7	[3, 3, 0.3]	30	60

整个 HSSLSTM 网络通过 Adam 优化器[44]进行网络训练，学习率设置为10^{-3}。批处理大小为 64，两个 bi-LSTM 层的隐状态向量大小为 128。在第二层 bi-LSTM 层后添加 dropout 层，系数为 0.25 以避免过拟合[45]。正则化项系数设置为$\lambda=10^{-4}$。

最大训练迭代次数设置为 300。

2) 性能评价指标

实验选取性能评价指标为 Seq2one 和脉冲级两种，前者用于和传统 Seq2one 方法进行对比，后者对状态标签序列识别任务的脉冲级识别准确率进行计算。

Seq2one 准确率：

$$\mathrm{acc}_{\mathrm{Seq2one}} = \frac{1}{N}\sum_{t=1}^{N}\left[\!\left[\hat{D}_t = D_t\right]\!\right] \tag{6-13}$$

$$\left[\!\left[\hat{D}_t = D_t\right]\!\right] = \begin{cases} 1, & \hat{D}_t = D_t \\ 0, & \text{其他} \end{cases} \tag{6-14}$$

脉冲级准确率：

$$\mathrm{acc}_{\mathrm{pulse}} = \frac{1}{N}\sum_{i=1}^{N}\frac{1}{L_i}\sum_{t=1}^{L_i}\left[\!\left[\hat{D}_t = D_t\right]\!\right] \tag{6-15}$$

$$\left[\!\left[\hat{D}_t = D_t\right]\!\right] = \begin{cases} 1, & \hat{D}_t = D_t \\ 0, & \text{其他} \end{cases} \tag{6-16}$$

其中，N 为测试样本数目。$\hat{D}_t$ 为第 t 个脉冲的识别结果(对 Seq2one 指标，$\hat{D}_t$ 为第 t 个样本的识别结果)。D_t 为对应的真实样本。L_i 为第 i 个测试样本包含的脉冲数目。

3) 对比方法和实验设计

为了定量说明所提框架的有效性和识别效率，实验采用了以下三种具有竞争力的 Seq2one 识别方法进行对比：

(1) FANN：基于特征提取和人工神经网络的对比方法，代表了使用手工特征的识别方法[28]。对比方法对文献中设计的直方图特征和时序特征针对三维输入情况做调整，分类器仍然采用反向传播人工神经网络。

(2) CNN：在文献[29]中提出了基于卷积神经网络的 PRI 调制类型识别方法，文献[29]的方法被扩展以适应三维参数输入情况。

(3) SOLSTM：在文献[30]中提出了基于循环神经网络的 PRI 调制类型识别方法，实验中采用文献方法的 LSTM 实现版本，用于 Seq2one(SO)识别。

仿真用脉冲级状态标签序列识别方法基于以上三个 Seq2one 识别方法和滑窗法(前缀 SL 进行标识)进行构建，对应得到三个对比方法分别为 SL-FANN、SL-CNN、SL-SOLSTM。对重叠窗中的脉冲识别结果，采用投票法得到最终的识别结果。由于每个状态片段对应的脉冲数目在区间 $[200,300]$ 中均匀分布，设置窗长为 250。实验中尝试了多种不同的滑窗步长，在计算复杂度和准确率之间进行权衡，最终选择滑窗步长为 25。

另外，设置一个用于说明 HSSLSTM 中层次化特征提取的有效性的对比方法(SSLSTM)，该网络将 HSSLSTM 中的一层 bi-LSTM 层去掉后得到。最后基于上面描述的数据集和对比方法，设计的四类脉冲级状态标签序列识别仿真实验如图 6.9 所示。

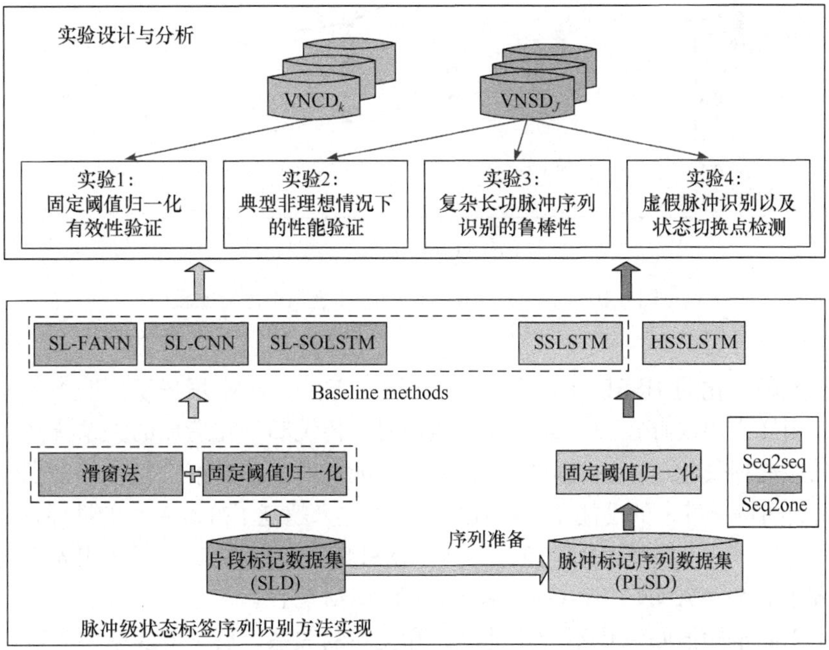

图 6.9　脉冲级状态标签序列识别方法实现与实验设计

2. 脉冲级识别框架的实现

1) 固定阈值归一化有效性

本节实验训练使用数据集 PLSD 和 SLD，测试数据集使用 VNCD，评价性能使用脉冲级准确率。

基于固定阈值归一化方法，设置 PRI、RF、PW 的归一化上界和下界分别为 $[100\ \mu s, 9000\ MHz, 1\mu s]$ 和 $[200\ \mu s, 9200\ MHz, 50\ \mu s]$。训练使用仅测量噪声情况的样本进行训练，测试样本的噪声参数为 $\sigma = [1.5\ \mu s, 1.5\ MHz, 0.15\ \mu s]$。

不同归一化方法的脉冲级识别结果如图 6.10 所示。由图可知，采用固定阈值归一化的 HSSLSTM 方法在各种状态类别数情况下，性能均优于对应的 SL-FANN、SL-CNN 和 SL-SOLSTM 方法。上述四个识别方法在采用固定阈值归一化时候的性能都要优于采用传统归一化的性能。分析仿真结果原因，测试序列样本中不包含所有类别时，传统归一化方法会扰乱类与类之间的相对关系，造成 Seq2seq 和 Seq2one 方法的性能下降。当测试样本中仅包含一个或者两个类别时，

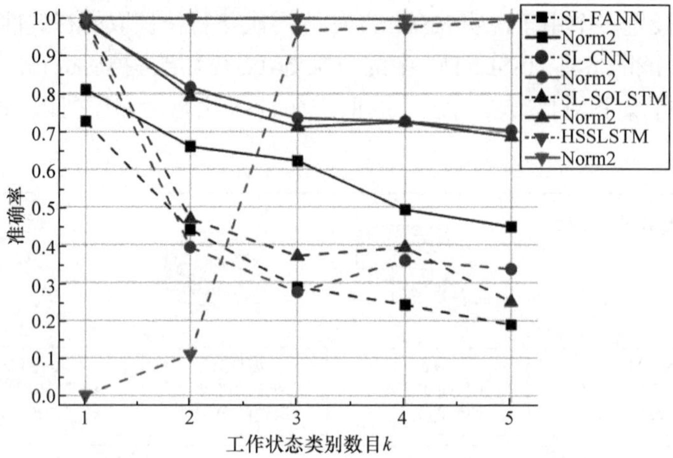

图 6.10 不同归一化方法的脉冲级识别性能比较

虚线和实线分别表示传统归一化方法和固定阈值归一化方法(图例为 Norm2)

采用传统归一化的 HSSLSTM 算法性能极差。HSSLSTM 聚焦于提取类内和类间特征，当样本中仅存在一个或者两个类别时，传统归一化造成的关系扰乱，从而引起的性能损失超过了由类间特征带来的性能增益。当样本中包含的类别数增加时，由类间特征带来的性能增益迅速增加，反过来超越了扰乱导致的性能损失。如图所示，当 $k \geqslant 3$ 时，采用传统归一化的 HSSLSTM 方法，超越了使用固定阈值归一化方法的 SL-FANN、SL-CNN 和 SL-SOLSTM 方法。

由于固定阈值归一化不会扰乱类内和类间的关系，后续的实验中采取该归一化方法用于训练和测试。

2) 非理想条件下识别性能

本节评估不同方法在仅测量噪声、仅虚假脉冲、仅缺失脉冲和混合非理想等四种情况下的性能。训练数据集为 SLD 和 PLSD，测试数据集为使用非频繁状态切换策略得到 VNSD_J，且 $J=15$。

实验结果如图 6.11 所示。由四个子图可知，HSSLSTM 在所有测试实验中的结果都显著优于三种对比方法。对于测量噪声的情况，所有方法的性能都相对稳定，对比方法 SL-CNN 和 SL-SOLSTM 方法脉冲级状态识别准确率超过 0.9。在其他非理想情况下，基于滑窗法的方法随着非理想情况的恶劣，性能逐渐下降。SL-FANN 的方法在所有实验中性能最差。

对于虚假和缺失脉冲的情况，三种对比方法性能随着虚假脉冲比例的增加，几乎呈线性递减的趋势。实际上，基于 Seq2one 和滑窗法的方法，由于识别粒度是窗级，不能够识别脉冲序列中包含的虚假脉冲。对于 HSSLSTM 识别框架，在训练阶段可以将虚假脉冲当作第 $(K+1)$ 类，训练好的 HSSLSTM 网络可以在测试

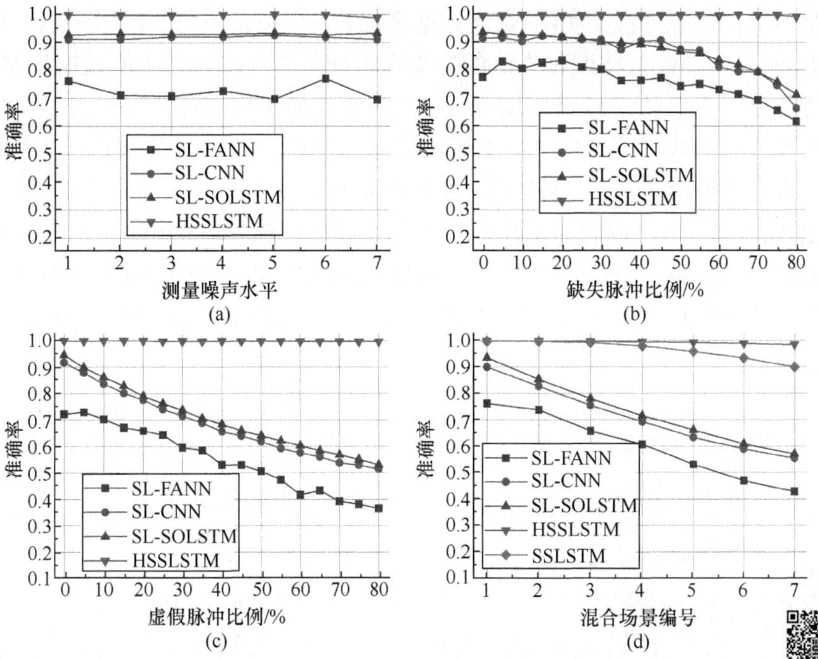

图 6.11　不同非理想情况下的脉冲级状态识别准确率

扫码见彩图

时准确识别存在的各个虚假脉冲。由于虚假脉冲之间不存在明显的时序关系，通过序列到序列学习，HSSLSTM 网络可以很轻易地识别这些虚假脉冲。

在混合场景中，添加了第四个对比方法 SSLSTM 的对比。实验结果表明，相较于 SSLSTM 中的单层特征提取，HSSLSTM 能够更有效地学习到特征，从而在复杂的非理想情况下取得更好的性能。例如在混合场景 4,5,6,7 中，HSSLSTM 性能优于 SSLSTM，而 SSLSTM 性能随着非理想情况更复杂性能逐渐下降。因为 HSSLSTM 的层次结构贴近于雷达工作状态序列的层次化结构，从而能够更好地提取脉冲级和片段级两层特征，取得更好的性能。

总之通过结合滑窗法，传统 Seq2one 的方法也能够完成脉冲级状态识别任务，在遇到真实环境中的各种复杂非理想情况时，这些方法的性能要远低于 HSSLSTM 脉冲级状态识别框架。

3. Seq2seq 结构的功能扩展

1) 对侦收复杂长脉冲序列的识别能力

真实应用中侦收脉冲序列以脉冲流的形式达到，脉冲流的长度可以是任意长的。对于一个非常长的输入脉冲序列，分类器识别出其中包含的所有雷达工作状态存在一些困难。例如长序列中包含的状态类别数目未知，状态片段重复出现，状态持续时间可变，以及由于在侦收处理中，由于截断导致的输入脉冲序列首尾不完整的工作状态片段。使用 SLD 数据集训练 Seq2one 网络，使用 PLSD 数据集训练 HSSLSTM 网络，将四种方法的性能在可变状态片段数目 J 的数据集 $VNSD_J$ 中进行测试。考虑状态频繁切换(FT)和不频繁切换(INFT)两种状态切换策略，并在每个状态片段数目下产生 200 个测试样本。在训练和测试样本中，仅考虑测量噪声，设置方差为 $\sigma = [1.5\ \mu s, 1.5\ MHz, 0.15\ \mu s]$。

图 6.12 展示了不同状态片段数目下的脉冲级识别结果。可以看出在各种不同片段数目中，使用固定阈值归一化的 HSSLSTM 能够在 FT 和 INFT 两种状态切换测量下均能达到接近 100%的识别准确率。固定阈值归一化避免了传统归一化方法的缺点。

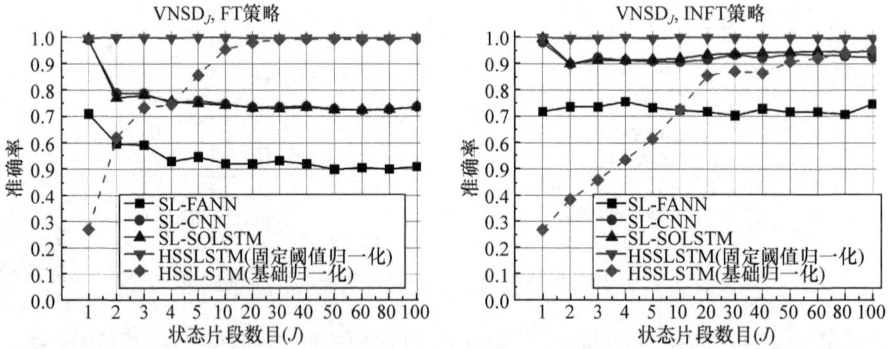

图 6.12　不同状态片段数目下的脉冲级识别结果

对三个对比方法，在 INFT 策略下的性能要优于他们在 FT 策略下的性能。在 INFT 下，雷达更倾向于保持当前的工作状态，而不是发生状态切换，因此 INFT 策略中的脉冲序列更为稳定。很显然，基于滑窗法识别的方法处理稳定的序列时，能够取得更好的性能。对 SL-CNN 和 SL-SOLSTM，当片段数为 1 时，任务其实就是 Seq2one 识别，能够取得接近 100%的性能。随着片段数目的增加，滑窗的方法性能首先急剧下降(如片段数为 2 时)，然后在 FT 策略中，缓慢下降，而在 INFT 策略中缓慢上升。两脉冲序列包含两个片段时，这两个片段可能来自不同的状态类别。此时，滑窗法面对的识别任务变得复杂，性能发生明显下降。之后，随着片段数目 J 的不断增加，FT 策略中的性能会由于片段数增加，以及片段间频繁的状态切换，而逐渐下降。在 INFT 策略中，性能却随着片段数增加而逐渐增加。因为 INFT 中，不频繁的状态切换使得随着 J 增加，序列更加稳定，带来的识别增益超过了由于状态片段数增加而带来的性能损失。

图 6.13(a)展示了第一个状态片段被截断 50%时的识别结果。由于序列到序列学习的优越性，HSSLSTM 方法几乎不受截断的影响。而对于基于滑窗法的识别方法，当截断的片段后发生状态切换时，就会出现分类错误。如在图 6.13(a)中，

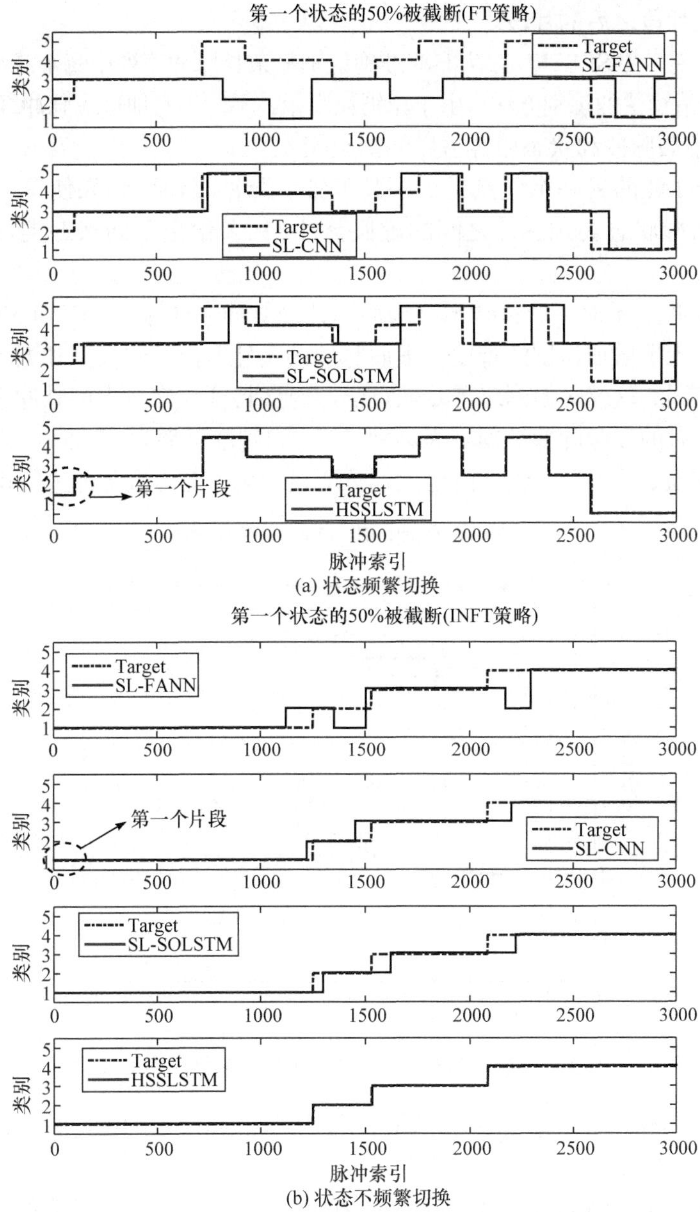

图 6.13　第一个状态片段被截断 50%时的识别结果

SL-FANN 和 SL-CNN 方法，给第一个片段中的脉冲(类别标签为 2)打上了该片段后面一个片段对应的标签(类别标签 3)；而 SL-SOLSTM 则把第二段中的一些脉冲识别成了第一段对应的类别。当被截断的状态片段后未发生状态切换时，由于截断造成的错误识别就很少发生。如图 6.13(b)所示，所有的方法都正确识别了截断的片段和该片段之后的片段。

总的来说，HSSLSTM 方法能够准确识别复杂长脉冲序列中每个脉冲的类别标签。而基于滑窗法的识别方法，由于识别粒度粗，不能很好地适应脉冲级识别任务。

2) 对虚假脉冲和状态切换边界的识别能力

HSSLSTM 的另一个优点是识别粒度细。脉冲级识别结果使得网络可以分辨散布在目标状态类别脉冲之间的虚假脉冲，以及给出不同状态类别切换的具体边界。

图 6.14 展示了对一个包含 80%虚假脉冲的脉冲序列样本，HSSLSTM 网络的识别结果。为了增加识别的难度，虚假脉冲的统计取值区间设置和五个雷达工作状态区间相同。这就迫使网络需要通过学习时序特征，来对虚假脉冲进行识别。图展示了所有的虚假脉冲被预测为类别“0”，识别准确率为 99.55%。而传统滑窗法结合 Seq2one 的识别方法，由于识别粒度粗，无法对虚假脉冲进行识别。

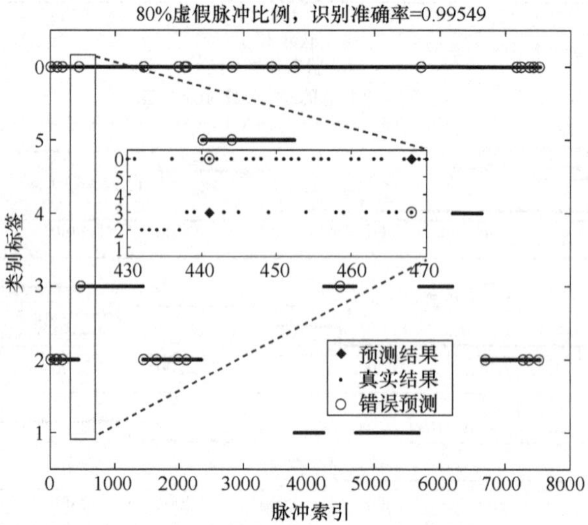

图 6.14　在 80%虚假脉冲比例下的脉冲级识别结果

图中大部分样本的标签都识别正确。横轴为脉冲索引，纵轴为类别标签，其中 1～5 为五个工作状态，状态 0 为虚假脉冲。

当 HSSLSTM 网络输出每个脉冲对应的状态标签之后，基于识别结果就可以得到状态类别切换的边界。假定固定阈值归一化之后的脉冲序列为 $\boldsymbol{P}_i=\left(\boldsymbol{p}_1,\boldsymbol{p}_2,\cdots,\boldsymbol{p}_T\right)$，包含 T 个脉冲，HSSLSTM 的识别结果为 $\hat{D}=\left(\hat{D}_1,\hat{D}_2,\cdots,\hat{D}_T\right)$。在将识别结果中，所有识别为虚假脉冲类别的脉冲剔除之后，如果两个连续的脉冲对应的识别结果 $\hat{D}_t$ 和 $\hat{D}_{t+1}$ 存在关系 $\hat{D}_t\neq\hat{D}_{t+1}$，那么就可以认为在第 t 个脉冲之后，发生了状态类别的切换。

综上所述，HSSLSTM 具有脉冲级识别能力与粒度，可以有效地识别同时包含多个雷达工作状态的脉冲序列，并且可以对序列中的每个脉冲样本给出对应的雷达工作状态标签。基于脉冲级别的识别结果，不仅可以准确识别不同状态之间的状态切换边界，还可以对序列中掺杂的虚假脉冲标记为未知模式。序列到序列学习对于精细、精准感知识别具有重要意义。

6.2.3.2　采集数据集实验

本节利用采集数据对 HSSLSTM 识别框架用于工作状态标签序列识别开展实验。采集数据分两个部分，第一部分为外场实验采集数据，第二部分为室内雷达模拟器采集数据。外场数据中使用的雷达工作状态类别较少，仅包括搜索和跟踪状态。雷达模拟器可方便进行编程设置，一次性得到属于同一个行为的多个状态序列，所得模拟器数据包括多种雷达行为。下面分别给出数据描述与实验结果。

1. 外场数据实验

外场实验数据包括不同搜索和跟踪状态的切换。将采集数据人工标记处理之后，按照序列准备方法得到 HSSLSTM 所需的训练数据。数据在两个不同时间段采集，对应的数据分别记为场景 1 和场景 2 数据，则按不同排列组合方式得到如表 6.4 五种训练和测试方案。

表 6.4　状态标签序列识别实验列表

实验编号	训练和验证集	测试集
1	场景 1 样本	场景 1 样本
2	场景 2 样本	场景 2 样本
3	场景 1 和 2 样本	场景 1 和 2 样本
4	场景 1 样本	场景 2 样本
5	场景 2 样本	场景 1 样本

以实验编号 1 为例说明划分。实验 1 表示，将场景 1 样本按比例划分成训练、验证和测试样本，然后在训练和验证集上训练 HSSLSTM 网络，然后在测试集上进行性能测试。其中，训练、验证和测试集的比例分别为 70%，15%，15%。五个场景对应的测试集平均训练和测试识别结果如表 6.5 所示。

表 6.5　模式切换识别实验结果列表

实验编号	训练准确率/%	验证集准确率/%	测试集准确率/%
1	99.63	93.12	97.89
2	98.32	94.55	99
3	97.48	95.31	91.35

续表

实验编号	训练准确率/%	验证集准确率/%	测试集准确率/%
4	99.07	92.37	83.85
5	97.65	91.54	84.73

从实验 1、2、3 的结果可以看出，整体的测试集准确率较高，均大于 90%。对实验 4 和 5 的数据和结果进行分析，观察到场景 1 和 2 的文件中，各自有一些特有的状态片段，在另一个场景中没有出现过。从而，仅使用某一个场景中的样本训练时，网络训练不够充分，在另外一个场景样本上进行测试时，存在性能损失。选取实验 4 和 5 中，测试准确率较低的一些样本，绘制其 RF, PRI, PW, PA 这四个参数的图像(坐标轴已隐去)，如图 6.15 和图 6.16 所示。

扫码见彩图

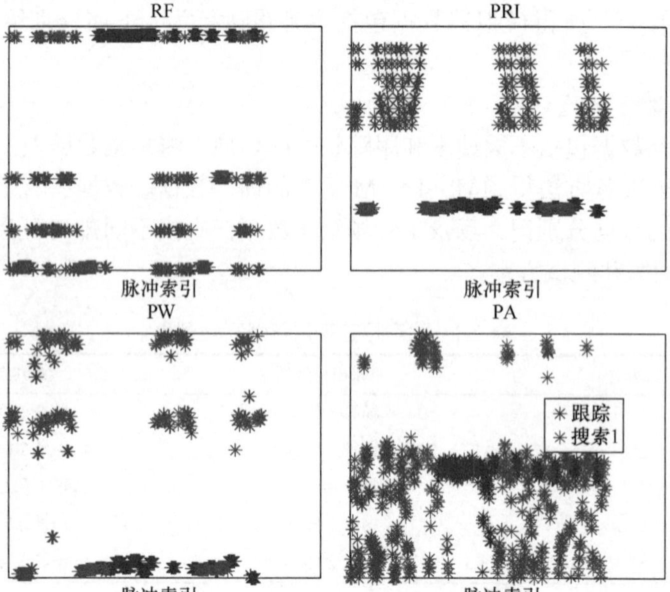

图 6.15　场景 1 中第一个样本

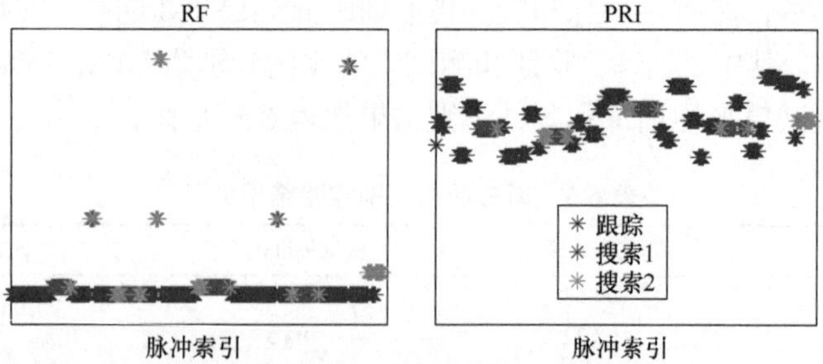

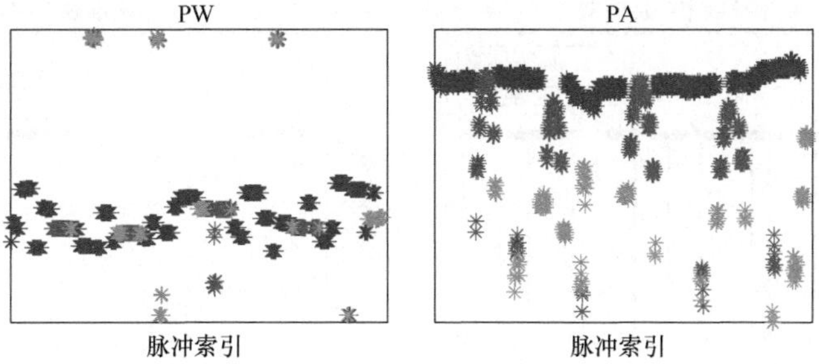

扫码见彩图

图 6.16　场景 2 中第 34 个样本

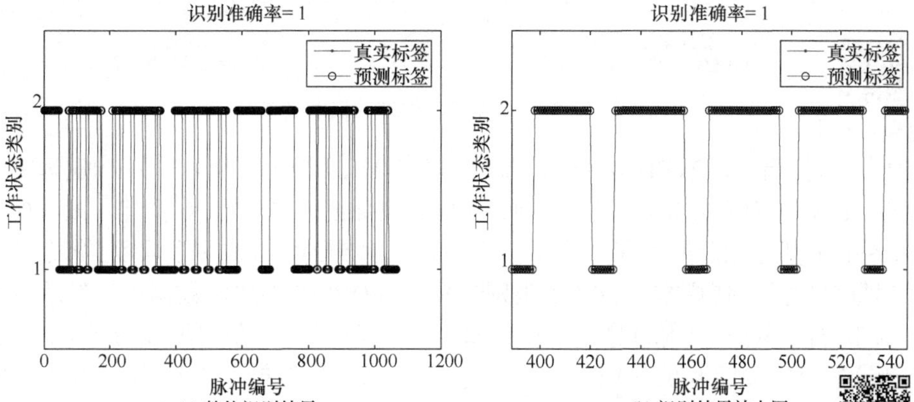

(a) 整体识别结果　　(b) 识别结果放大图

图 6.17　场景 1 第 7 个样本的识别结果

扫码见彩图

这两个样本的搜索跟踪状态参数取值接近或存在重叠，且 RF, PRI, PW 这三维参数，搜索和跟踪状态的调制类型也相同。在实验中测试集大部分的识别结果都非常准确，下面为一些状态切换频繁样本识别结果展示。

从图 6.17 和图 6.18 可以看出，在频繁的状态切换，不同状态的状态片段长度差距大的情况下，HSSLSTM 能够几乎完美地识别出所有脉冲对应的雷达状态，并正确识别对应的状态切换边界。图 6.18 的结果更能体现 HSSLSTM 的优越性。在图 6.18 中所有的跟踪状态片段(类别 1)仅持续 3 至 4 个脉冲，而搜索状态片段长度则在 48～70 个脉冲变化，二者的长度差异巨大，若使用传统 Seq2one 识别方法结合滑窗技术，小窗长会难以捕获搜索状态的特征，而大窗长则会掩盖跟踪状态，因而传统方法将受到严重的性能损失。通过序列到序列学习可以避免这个弊端，有效地提升识别性能。

2. 模拟器数据实验

本节基于雷达模拟器实验半实物仿真实验采集得到的数据进行识别实验。雷达模拟器直接设置多目标任务，且天线始终对准接收机天线，因此接收到的数据实际为对多个目标的雷达任务级别数据。雷达任务包括 SAR(合成孔径成像)、GMTI

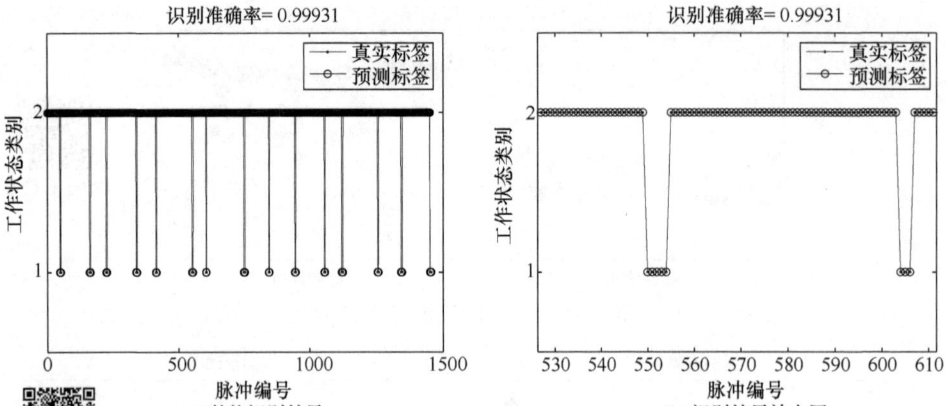

(a) 整体识别结果　　(b) 识别结果放大图

扫码见彩图

图 6.18　场景 2 第 5 个样本的识别结果

(地面动目标指示)、MTT(多目标跟踪)、TWS/TAS、US(上视搜索)、LONG(远距搜索)以及 SEA(对海搜索)等七个类别，对应类别标记为 1～7。在构建片段数据集时，将接收机接收长脉冲序列按固定长度(这里取 512)划分成多个片段，每个类别得到每个片段序列样本。将各个类别的片段数据集作为片段数据集，然后通过 6.2.2 节方法拼接构建脉冲序列数据集和标签序列数据集。最终形成的训练，验证和测试集分别包括 140、30 和 30 个序列样本，每个样本包含 7 个片段，每个片段 512 个脉冲，按下述状态转移概率进行状态转移。

$$\Pr\left(\mathrm{sym}_k^n = i \mid \mathrm{sym}_{k-1}^n = j\right) = \frac{1}{7}, \quad \text{for all } i, j \in \{1, 2, \cdots, 7\} \tag{6-17}$$

测试集的整体准确率为 87.09%。图 6.19 为一个测试样本的测试结果，准确率为 99.83%，几乎完美地进行了识别与切换检测。

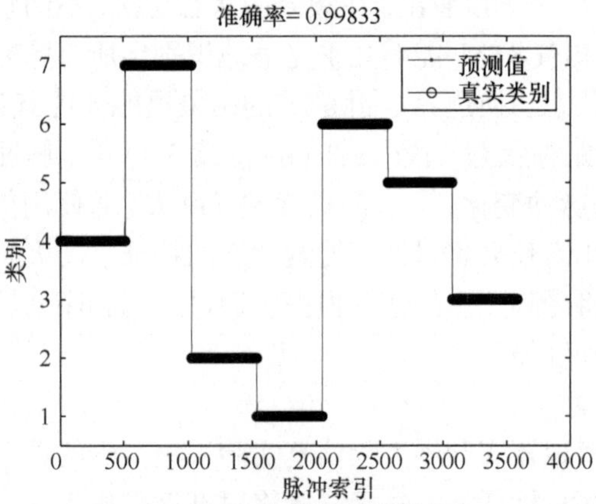

(a) 一个样本的识别结果

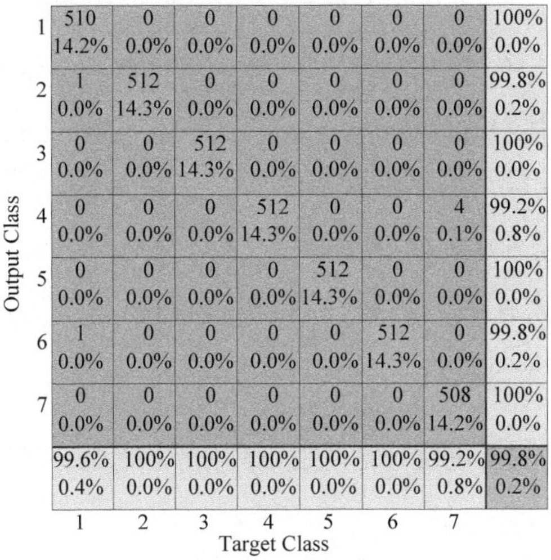

(b) 该样本的混淆矩阵

扫码见彩图

图 6.19　基于 PDW 序列的任务切换识别

6.3　基于模型的时间序列聚类工作状态识别方法

本节介绍一种基于时间序列聚类的无监督工作状态标签序列识别方法(MRTSC)，该方法可以对脉间调制类型相同、调制参数不同的多功能雷达状态片段实现参数级的细粒度状态识别，并给出脉冲级的状态标签序列结果。

6.3.1　时间序列的特性与聚类

6.3.1.1　时间序列定义和基本特性

首先给出时间序列和子序列的定义：

(1) 时间序列 $\boldsymbol{X}$：时间序列 $\boldsymbol{X}=\left(x_1,x_2,\cdots,x_T\right)$，$x_t\in\mathbb{R}$ 为 T 个实值有序变量序列，其中 $T=\left|\boldsymbol{X}\right|$ 为时间序列的长度。

(2) 时间序列子序列 X：给定时间序列 $\boldsymbol{X}$ 中连续 n 个($n\leqslant T$)时刻变量组成一个子序列 X，记为 $X=\left(x_t,x_{t+1},\cdots,x_{t+n-1}\right),1\leqslant t\leqslant T-n+1$。$\boldsymbol{X}$ 中所有长度为 n 的子序列集合为 $\boldsymbol{S}_T^n$。

时间序列 $\boldsymbol{X}$ 可以视为随机过程，$\left\{x_{t_1},x_{t_2},\cdots,x_{t_T}\right\}$ 为随机变量集合。时间序列的性质主要包括严平稳性、宽平稳性、趋势平稳性、水平平稳性、异方差性以及差分平稳性等[46]。

1) 严平稳

随机过程 $\boldsymbol{X}$ 中一个任意子集 $\left\{x_{t_1},x_{t_2},\cdots,x_{t_T}\right\}$ 的联合分布函数与时间无关。即对任意 $T=1,2,\cdots$，任意整数时间点 $t_1,t_2,\cdots,t_T$，任意数 $x_1,x_2,\cdots,x_T$ 以及所有可能的时间延迟 $h=0,\pm1,\pm2,\cdots$，下式成立：

$$\Pr\left(x_{t_1}\leqslant x_1,\cdots,x_{t_T}\leqslant x_T\right)=\Pr\left(x_{t_1+h}\leqslant x_1,\cdots,x_{t_T+h}\leqslant x_T\right) \tag{6-18}$$

随机过程 $\boldsymbol{X}$ 方差有限，均值为常数 $E\left(x_t\right)=\mu_t=\mu$ 且 x_t 和 x_s 自相关 $\gamma(s,t)$ 只取决于时间差值 $|s-t|$。

2) 趋势平稳

趋势平稳指随机过程围绕确定性趋势具有平稳行为，即随机过程的均值随时间变化。例如：

$$x_t=\alpha+\beta t+\omega_t \tag{6-19}$$

其中，$\omega_t\sim N\left(0,\sigma_\omega^2\right)$ 为白噪声，$E\left(x_t\right)=\mu_t=\alpha+\beta t$。趋势平稳的随机过程本身不是平稳的，但是可以通过去趋势(detrended)变成平稳随机过程。

3) 水平平稳

水平平稳指在特定时刻发生的模型结构变化,造成时间序列均值的水平移动。在结构变化前后的时间序列是平稳的。例如构造哑变量 d_t，水平偏移量 δ，结构变化的时间为 t_b。则带结构变化的时间序列为：

$$x_t=\alpha+\delta d_t+\omega_t,\quad d_t=\begin{cases}0, & t\leqslant t_b\\ 1, & t>t_b\end{cases} \tag{6-20}$$

4) 异方差性

异方差性类似于水平平稳，也是在特定时刻发生模型结构变化。异方差性中时间序列方差发生变化，变化点前后时间序列是平稳的。同水平平稳一样，构造哑变量 d_t，方差变化的时间为 t_b，则带方差变化的时间序列为：

$$x_t=\alpha+\omega_t,\quad d_t=\begin{cases}0, & t\leqslant t_b\\ 1, & t>t_b\end{cases},\quad \omega_t\sim\begin{cases}N\left(0,\sigma_\omega^2\right), & d_t=0\\ N\left(0,2\sigma_\omega^2\right), & d_t=1\end{cases} \tag{6-21}$$

5) 差分平稳

差分平稳则指时间序列经过有限阶次差分之后的序列是平稳的。例如：

$$x_t=\alpha+x_{t-1}+\omega_t \tag{6-22}$$

6) 季节性(周期性)

季节性指时间序列具有不同频率的隐藏周期，即重复出现的模式。例如，时间序列由每小时、每天、每月以及每季度的观测值构成，则其重复周期就为 24 小时、7 天、12 月、4 季度。一个包含 m 个季节成分典型的模型为：

$$x_t = \alpha_0 + \sum_{i=1}^{m}\left(\alpha_i \cos f_i t + \beta_i \sin f_i t\right) + \omega_t \tag{6-23}$$

其中，f_i 为隐藏周期性的频率。

与上面的时间序列特征相对应，对典型的雷达状态脉冲序列对应的脉间调制类型时间序列特性进行映射分析如图 6.20 所示，其中实线为均值变化的情况，虚线为方差变化。图 6.20(a)所示的高斯抖动和常数脉间调制 PRI 序列可对应为平稳过程(严平稳)，图 6.20(b)所示的滑变调制 PRI 序列的一个周期为趋势平稳、其整个序列又是季节性(Seasonal，或周期性)的。图 6.20(c)所示的组变调制 PRI 序列为结构变化类型，可以对应水平平稳、异方差性或者两者的综合，即不同组变点片段对应的均值和方差均可以不同。图 6.20(d)所示的多个连续的高斯抖动 PRI 或常数 PRI 序列，同组变的平稳性一样。而对高斯抖动和常数脉间调制 PRI 序列，其 TOA 序列是差分平稳的。

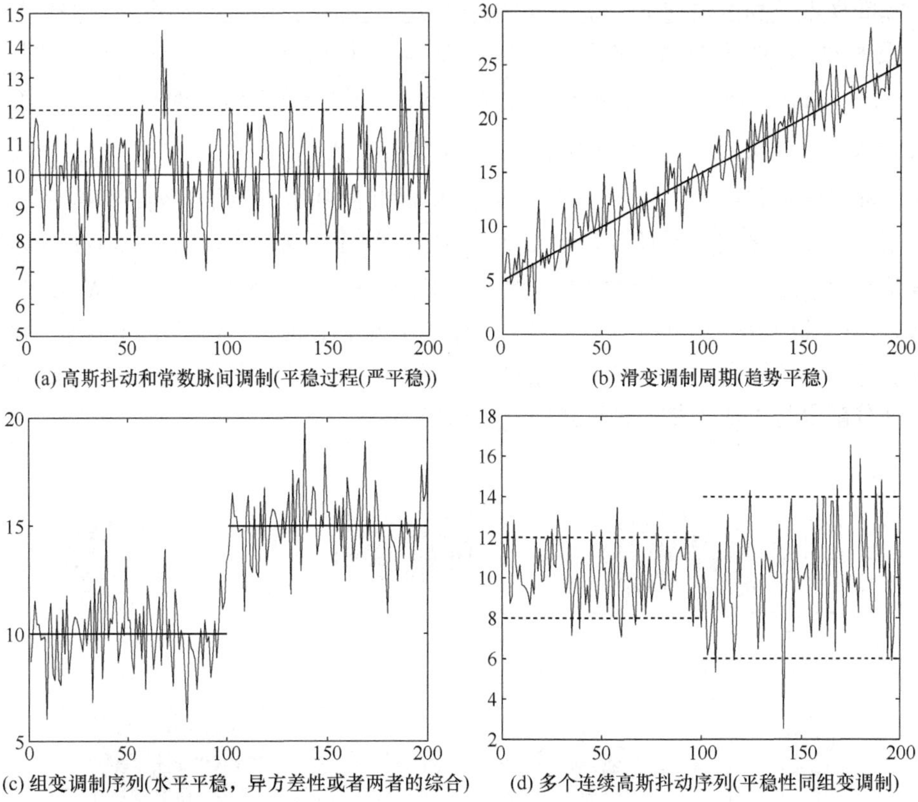

(a) 高斯抖动和常数脉间调制(平稳过程(严平稳))

(b) 滑变调制周期(趋势平稳)

(c) 组变调制序列(水平平稳，异方差性或者两者的综合)

(d) 多个连续高斯抖动序列(平稳性同组变调制)

图 6.20　典型的雷达状态脉冲序列脉间调制类型时间序列特性

6.3.1.2 两种时间序列聚类方法

聚类是寻找数据集中聚类簇的过程，目的是寻找尽可能不同于其他聚类簇的最同质(homogeneous)的聚类簇，即聚类需要最小化簇内方差和最大化簇间方差。为了描述聚类算法原理和性能评价，这里给出时间序列数据集和时间序列间距离度量的定义如下：

(1) 时间序列数据集DB：时间序列数据库DB为时间序列的无序集合。

(2) 时间序列间距离度量$\mathcal{D}$：相似度度量$\mathcal{D}(\boldsymbol{X}_1,\boldsymbol{X}_2)$为时间序列$\boldsymbol{X}_1$和$\boldsymbol{X}_2$之间的距离。$\mathcal{D}(\boldsymbol{X}_1,\boldsymbol{X}_2)$具有一些性质，如非负性，$\mathcal{D}(\boldsymbol{X}_1,\boldsymbol{X}_2)\geqslant 0$；对称性，$\mathcal{D}(\boldsymbol{X}_1,\boldsymbol{X}_2)=\mathcal{D}(\boldsymbol{X}_2,\boldsymbol{X}_1)$以及次可加性，$\mathcal{D}(\boldsymbol{X}_1,\boldsymbol{X}_3)\leqslant\mathcal{D}(\boldsymbol{X}_1,\boldsymbol{X}_2)+\mathcal{D}(\boldsymbol{X}_2,\boldsymbol{X}_3)$等(次可加性即为三角不等式)。

时间序列聚类根据样本的形式可以分为全序列聚类和子序列聚类两类[47]。

全序列聚类对数据集中每一个完整的时间序列进行聚类。全序列聚类的目的是把所有完整的时间序列分簇，使得在每一个簇中的时间序列样本尽可能相似，而簇间样本差异尽可能大。全序列聚类可以表达如下：给定时间序列数据集DB以及相似度度量$\mathcal{D}(\boldsymbol{X}_1,\boldsymbol{X}_2)$，全序列聚类寻找聚类簇集合$\mathcal{C}=\{c_i\}$，其中$c_i=\{\boldsymbol{X}_k \mid \boldsymbol{X}_k\in DB\}$，以最小化簇内方差与最大化簇间距离。即$\forall i_1,i_2,j$，其中$\boldsymbol{X}_{i_1},\boldsymbol{X}_{i_2}\in c_i$而$\boldsymbol{X}_j\in c_j$，使得$\mathcal{D}(\boldsymbol{X}_{i_1},\boldsymbol{X}_j)\gg\mathcal{D}(\boldsymbol{X}_{i_1},\boldsymbol{X}_{i_2})$。

在子序列聚类中，从单个或多个完整的时间序列中提取子序列，以构成不同的聚类簇。子序列聚类任务表示如下：给定时间序列$\boldsymbol{X}=(x_1,x_2,\cdots,x_T)$和相似性度量$\mathcal{D}(\boldsymbol{X}_1,\boldsymbol{X}_2)$。子序列聚类寻找聚类簇集合$\mathcal{C}=\{c_i\}$，其中$c_i=\{X_k \mid X_k\in\boldsymbol{X}\}$，以最小化簇内方差与最大化簇间距离。图6.21展示了时间序列子序列聚类的示意图。每个聚类簇中的样本是一个完整时间序列中的一个子序列。实际上，如时间序列分割也可以认为是一种形式的子序列聚类。

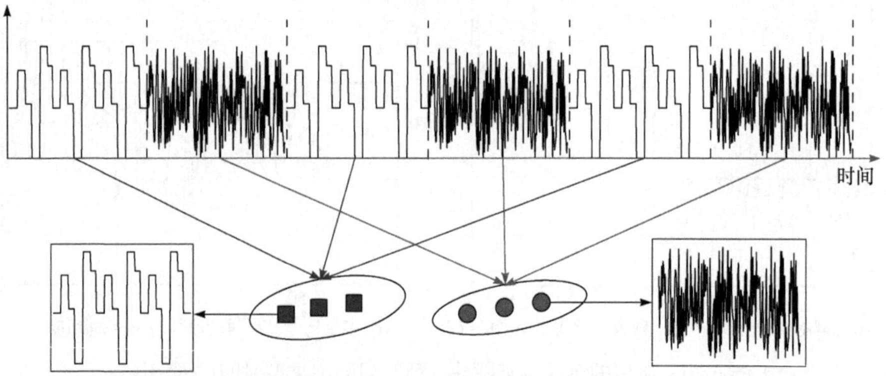

图 6.21 时间序列子序列聚类示意图

6.3.2　雷达状态标签序列聚类识别算法

6.3.2.1　雷达状态标签序列的时间序列聚类算法框架

本节给出基于参数化模型的雷达脉冲时间序列聚类方法总体框架说明。

如 2.1.4 节所述，所有雷达脉冲脉间调制类型都可以用参数化模型表征。各个参数化模型，对应的模型似然计算与模型参数估计方法在第 2 章中进行了描述。以 PRI 参数为例介绍算法，考虑 6.2 节所述四种典型 PRI 调制类型，脉冲序列 $\boldsymbol{P}=(\boldsymbol{p}_1,\boldsymbol{p}_2,\cdots,\boldsymbol{p}_T)$ 写为 $\boldsymbol{P}=(p_1,p_2,\cdots,p_T)$，$\boldsymbol{P}$ 在参数化模型 $\langle \boldsymbol{\Theta}_{\boldsymbol{P}},\boldsymbol{D}\rangle$ 下的对数似然函数为：

$$\begin{aligned} L(\boldsymbol{P},\boldsymbol{\Theta}_{\boldsymbol{P}},\boldsymbol{D}) &= \ln\left[\prod_{k=1}^{K}\prod_{t\in D^k} l(p_t,\Theta_{\boldsymbol{P}k})\right] = \sum_{k=1}^{K}\left\{\left[\sum_{t\in D^k} ll(p_t,\Theta_{\boldsymbol{P}k})\right]\right\} \\ &= \sum_{k=1}^{K} ll^k\left(p_t,D^k,\Theta_{\boldsymbol{P}k}\right) \end{aligned} \tag{6-24}$$

其中，$l(p_t,\Theta_{\boldsymbol{P}k})$ 为脉冲 p_t 在参数化模型 $\Theta_{\boldsymbol{P}k}$ 下的似然值，$ll^k\left(p_t,D^k,\Theta_{\boldsymbol{P}k}\right)$ 为 $\boldsymbol{P}$ 中分配给第 k 个参数化模型的脉冲对应的对数似然值。

脉冲序列 $\boldsymbol{P}$ 可以由对应的参数化模型表征为 $\boldsymbol{P}_m=\langle \boldsymbol{\Theta}_{\boldsymbol{P}},\boldsymbol{D}\rangle$，则带状态切换的长为 T 的侦收脉冲 PRI 序列 $\boldsymbol{P}$ 可以由三个参数描述：包含的参数化模型数目 K，不同状态片段对应的脉冲索引 $\boldsymbol{D}$ 以及参数化模型集合 $\boldsymbol{\Theta}_{\boldsymbol{P}}$。在对工作状态参数化建模的基础上，将每个调制类型片段视为一个参数化模型，进行联合聚类与调制参数估计任务，即可实现如图 6.22 所示的调制参数级状态标签序列识别与切换检测。

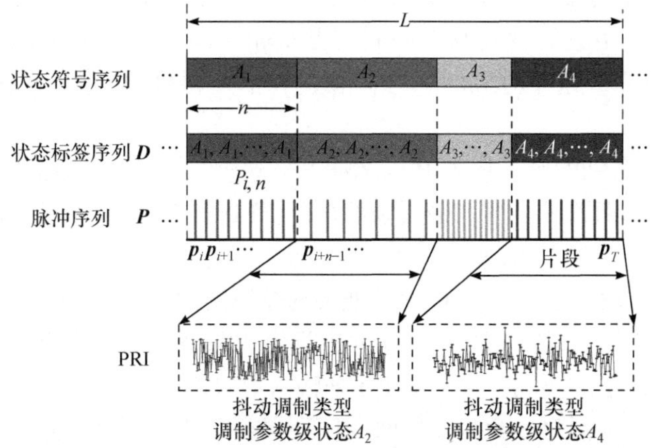

图 6.22　调制参数级状态标签序列聚类问题示意

基于参数化模型的雷达脉冲时间序列聚类方法 MRTSC 框架的任务是基于 $\boldsymbol{P}=\left(p_1,p_2,\cdots,p_T\right)$ 来求解 $\boldsymbol{D}$，具体包括表 6.6 所示先验信息递减情况下的三种不同聚类算法。

表 6.6　三种不同先验场景下的 MRTSC 聚类任务

任务场景(难度)	先验信息可得性的假设			
	输入脉冲序列 $\boldsymbol{P}$	K	$\boldsymbol{\Theta}_P$	$\boldsymbol{D}$
1 (简单)	包含 T 个脉冲的输入片段，全部先验已知	已知	已知	未知
2 (中等)	包含 T 个脉冲的输入片段，已知调制类型	已知	未知	未知
3 (复杂)	脉冲流数据，无任何先验	未知	未知	未知

场景 1：截获到的脉冲序列 $\boldsymbol{P}$ 包含 T 个脉冲，且脉冲序列对应的 $\boldsymbol{\Theta}_{\boldsymbol{P}}$ 和 K 事先已知。上述先验信息的假设是可能的，因为在长时间侦察积累与分析过程中，该多功能雷达的状态信息可能被提取分析，并存储在数据库中。在这种情况下，MRTSC 的任务为根据已知的 $\boldsymbol{\Theta}_{\boldsymbol{P}}$ 和 K，估计 $\boldsymbol{P}$ 中每个脉冲对应的标签序列 $\boldsymbol{D}$。

场景 2：截获到的脉冲序列 $\boldsymbol{P}$ 包含 T 个脉冲，其中包含的参数化模型数目 K 和对应的调制类型已知。本场景可以认为多功能雷达为未知雷达，软件自定义雷达或者具有认知能力的多功能雷达。软件自定义雷达可以通过软件重编程的方式实现对不同工作状态的控制参数进行优化调整(从侦察接收机的角度，控制参数即为参数化模型的参数)。认知雷达则可以根据特定的目标函数在连续参数取值空间中优化其控制参数的值，从而造成无数的发射模式。虽然调制参数可以灵活调整优化，但相应的脉间脉内调制类型却相对固定。在这种情况下，MRTSC 的任务为确定每个脉冲对应的状态标签，并估计得到 $\boldsymbol{\Theta}_{\boldsymbol{P}}$ 中每个参数化模型对应的参数。

场景 3：截获到的脉冲序列 $\boldsymbol{P}$ 以脉冲流形式序贯到达，且 $\boldsymbol{\Theta}_{\boldsymbol{P}}$ 和 K 均未知。本场景是实际中遇到的最多也是最复杂的情况。MRTSC 任务需要根据序贯到达的 $\boldsymbol{P}$ 序贯估计这三个参数 $K,\boldsymbol{\Theta}_{\boldsymbol{P}}$ 和 $\boldsymbol{D}$。

图 6.23 展示了上述 MRTSC 聚类框架的总体实现流程图。

MRTSC 处理流程首先对脉冲序列进行辐射源型号识别或个体识别，然后基于辐射源先验信息的不同，以及脉冲序列输入形式的不同进入对应图 6.23 三个场景的不同分支。下面对三个分支中时间序列聚类算法分别进行介绍。

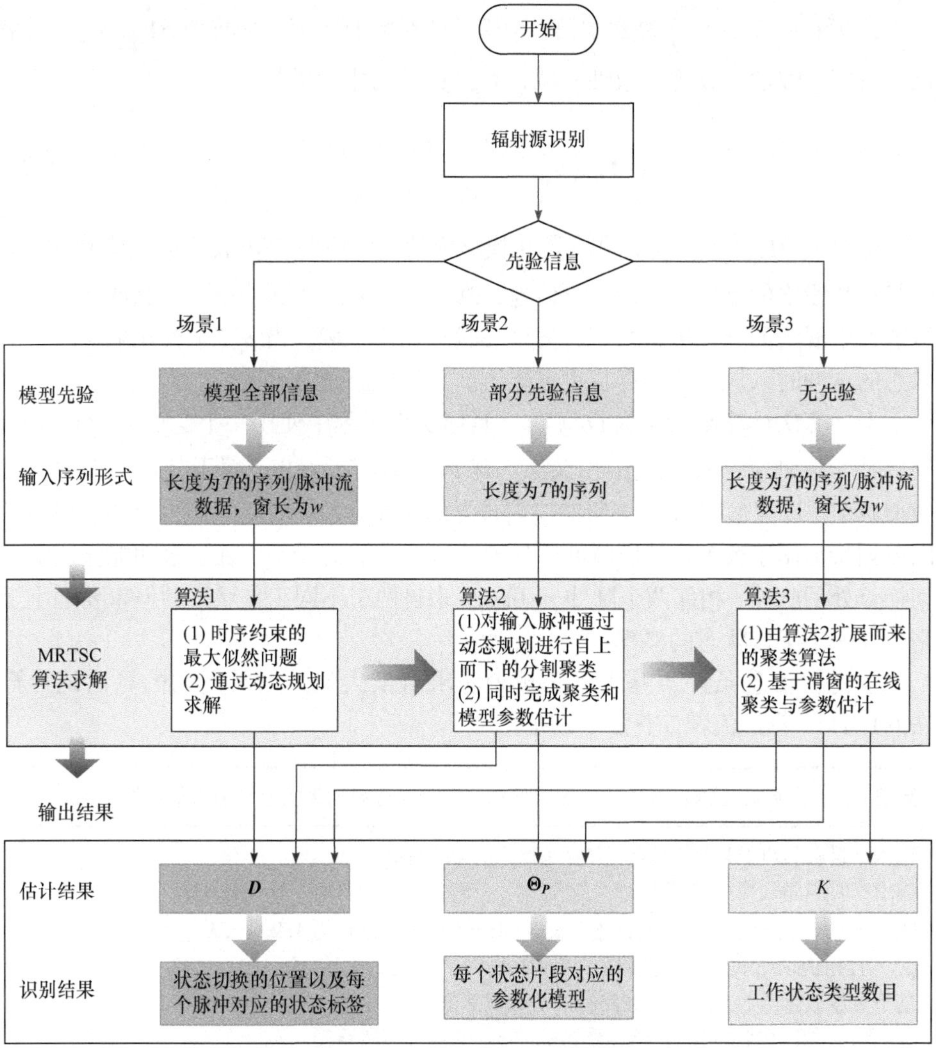

图 6.23　三种典型场景下的 MRTSC 多功能雷达时间序列聚类算法实现流程图

6.3.2.2　全先验信息条件下的时间序列聚类算法

本算法在已知的 $\boldsymbol{\Theta}_{\boldsymbol{P}}$ 和 K 的全先验信息情况下，给长度为 T 的脉冲序列 $\boldsymbol{P}$ 中每一个脉冲分配对应的状态标签(或参数化模型标签)，一共存在 K^T 种可能的分配情况。该任务对应一个组合优化问题，通过动态规划方法求得近似最优解，对应最大化对数似然公式为：

$$\max_{\boldsymbol{D}} L\left(\boldsymbol{P}, \boldsymbol{\Theta}_{\boldsymbol{P}}, \boldsymbol{D}\right); L\left(\boldsymbol{P}, \boldsymbol{\Theta}_{\boldsymbol{P}}, \boldsymbol{D}\right) = \sum_{k=1}^{K}\left[ll^k\left(\boldsymbol{p}_t, D^k, \Theta_{\boldsymbol{P}k}\right) + \sum_{t \in D^k} \beta \mathbf{1}_{D^k}\left(p_{t+1}\right)\right] \tag{6-25}$$

其中，$ll^k\left(\boldsymbol{p}_t, D^k, \Theta_{\boldsymbol{P}k}\right)$为 $\boldsymbol{P}$ 中第 k 个模型的对数似然值，加权项 $\beta \mathbf{1}_{D^k}\left(p_{t+1}\right)$ 用来保持时序一致性，β 为一致性系数，$\mathbf{1}_{D^k}\left(p_{t+1}\right)$ 为指示函数：

$$\mathbf{1}_{D^k}\left(p_{t+1}\right)=\begin{cases}1, & \text{if } t+1 \in D^k \\ 0, & \text{if } t+1 \notin D^k\end{cases} \tag{6-26}$$

加权项 $\beta \mathbf{1}_{D^k}\left(p_{t+1}\right)$ 可以在参数化模型中的一些模型 PDF 接近时，避免不同工作状态片段中的点出现混淆。具体地，基于这些易混淆脉冲的前序脉冲标签，对可能发生混淆的脉冲进行修正。另外在状态切换区域，当 $\boldsymbol{p}_{t+1}$ 中存在来自后一个状态的脉冲时，加权项的存在也可能给 p_{t+1} 分配正确的标签。

上述算法计算复杂度为 $O(KT)$，具体实现过程中使用一个窗长为 $w(w \ll T)$ 的脉冲子序列 $\boldsymbol{p}_t=\left(p_t, p_{t+1}, \cdots, p_{t+w-1}\right)$ 来计算第 t 个脉冲 p_t 属于某一个模型的对数似然值。计算过程基于 p_t 所对应窗包含的所有脉冲，因此能够将脉冲序列的时间序列特征用于聚类。对应脉冲序列 $\boldsymbol{P}$ 中的工作状态聚类，除了多功能雷达状态切换点处的脉冲，相邻两个脉冲 p_t 和 p_{t+1} 来自两个不同工作状态的概率要远小于来自同一个工作状态的概率。

全先验信息条件下基于动态规划法求解最大似然聚类问题的算法记为算法 6.1(A1)，算法流程如算法 6.1 所示。

算法 6.1　场景 1，已知 MFR 所有先验信息，基于动态规划算法求解最大似然聚类问题

输入：长度为T的脉冲序列 $\boldsymbol{P}$，对应参数化模型集合$\boldsymbol{\Theta}_{\boldsymbol{P}}$
输出：时间序列聚类的结果

(1) 令 t=1，初始化脉冲 p_t 的标签分配，则初始的 K 个路径为 1, 2, ⋯, K。
(2) 对当前脉冲 p_t 的最大似然路径，考虑下一个脉冲 p_{t+1} 的标签分配 1, 2, ⋯, K。
基于对数似然函数更新每条新路径的对数似然值。
(3) 保留对数似然值最大的路径作为脉冲 p_{t+1} 的最大似然路径。
(4) 如果 t=T，结束聚类。似然值最大的路径为聚类结果。
　否则，令 t=t+1 然后跳转至步骤(2)。

6.3.2.3　参数化模型参数未知情况下的聚类

本算法在 $\boldsymbol{P}$ 中包含的模型数目 K 已知，而参数化模型 $\boldsymbol{\Theta}_{\boldsymbol{P}}$ 未知时，给长度为 T 的脉冲序列 $\boldsymbol{P}$ 中每一个脉冲分配对应的状态标签(或参数化模型标签)。该任务对应一个混合了组合优化与连续优化的非凸问题，最大化对数似然公式为：

$$\max_{\boldsymbol{D}, \boldsymbol{\Theta}_{\boldsymbol{P}}} L\left(\boldsymbol{P}, \boldsymbol{\Theta}_{\boldsymbol{P}}, \boldsymbol{D}\right); L\left(\boldsymbol{P}, \boldsymbol{\Theta}_{\boldsymbol{P}}, \boldsymbol{D}\right)=\sum_{k=1}^{K} ll^i\left(p_t, D^k, \Theta_{\boldsymbol{P}k}\right) \tag{6-27}$$

算法需要同时完成聚类与模型参数估计。对于给定的模型数目 K ，基于期望最大化(Expectation Maximization, EM)算法结合动态规划和对应的模型估计器来完成聚类任务。然而，基于 EM 的算法受初始化影响严重，并且聚类的最优性很难得到保证。为了消除 MFR 状态聚类中 EM 算法中初始化的影响，本节设计了基于动态规划的自上而下分割算法来完成聚类，该算法记为算法 6.2(A2)。

算法 6.2　基于动态规划的自上而下分割算法

输入：长度为 T 的脉冲序列 $\boldsymbol{P}$ ，和对应的模型数目 K

输出：时间序列聚类的结果

(1) 设置窗长 w，阈值 $\varepsilon_{\mathrm{A2}}$，分割点集合 $\mathrm{splitPoint}=[1,T]$

(2) **For** $k=1:K$ % k 为已有分割片段的数目

For $i=1:k$ % 对每个已有的片段

$\mathrm{seqToSplit}=\boldsymbol{P}(\mathrm{splitPoint}(i):\mathrm{splitPoint}(i+1))$ % 第 i 个片段

len = seqToSplit 的长度

For $t=w:\mathrm{len}-w$

基于 seqToSplit 估计 Θ_{all}

对 seqToSplit 计算 Θ_{all} 的 BIC，记为 $\mathrm{BIC}_{\mathrm{all}}$

使用下述函数对每个候选分割点 t 计算 BIC 增益,

$$\mathrm{Improvement}(t)=\mathrm{splitHere}(t,\mathrm{seqToSplit},\mathrm{BIC}_{\mathrm{all}})$$

End

maxIndex(i)= Improvement 中最大值相对于 $\boldsymbol{P}$ 的索引

$\mathrm{segmentImprovement}(i)=$ Improvement 中的最大值

End

具有最大 segmentImprovement 的 maxIndex 选为候选的新分割点(记为 t_{new})，然后评估添加新分割点的必要性。

If segmentImprovement 中的最大值超过预先设定的阈值 $\ln(\varepsilon_{\mathrm{A2}})$，

在 splitPoint 中添加一个新的分割点，即

$$\mathrm{splitPoint}=[\mathrm{splitPoint},t_{\mathrm{new}}]$$

End

以升序对 splitPoint 进行排序，即

$$1=\mathrm{splitPoint}(1)<\mathrm{splitPoint}(2)<\cdots<\mathrm{splitPoint}(K+1)=T$$

End

(3) 回溯，对 $k=2,3,\cdots,K$ ，通过 $\boldsymbol{P}(\mathrm{splitPoint}(k-1):\mathrm{splitPoint}(k+1))$ ，调整 $\mathrm{splitPoint}(k)$ 。然后进行相应的参数化模型参数估计。

(4) (可选)基于每个参数化模型的参数计算每个模型的相似性。相似的模型合并成一个模型。这些相似模型对应的脉冲分配也进行相应的合并就得到了最终的聚类结果 $\boldsymbol{D_P}$ 。基于 $\boldsymbol{D_P}$，可以对参数化模型 $\boldsymbol{\Theta_P}$ 进行最终的更新。

算法 6.2 具体实现过程中首先从将一段脉冲序列分割成两个子片段开始，然后下一轮迭代在每个子片段中确定一个各自的分割点，将子片段继续分割。这些新添的分割点记为候选分割点，并在其中评估分割增益最大的候选分割点，来决定在当前迭代轮是否添加一个新的分割点到已有分割点集合。即每轮迭代中仅有最大分割增益的候选分割点可能被添加为新的分割点。这个约束可以进一步放松，即同时评估所有候选分割点，从而在一轮迭代中添加多个新的分割点。

上述过程中的实验中的分割增益 Improvement 计算和评估，如式(6-25)所示的贝叶斯信息准则(Bayesian information criterion, BIC)[48]进行计算：

$$\mathrm{BIC}\left(\boldsymbol{P},\boldsymbol{\Theta}_{\boldsymbol{P}},\boldsymbol{D}\right)=-2L\left(\boldsymbol{P},\ \boldsymbol{\Theta}_{\boldsymbol{P}},\boldsymbol{D}\right)+n_{\mathrm{p}}\times\ln\left(T\right) \tag{6-28}$$

其中，$L\left(\boldsymbol{P},\boldsymbol{\Theta}_{\boldsymbol{P}},\boldsymbol{D}\right)$为脉冲序列 $\boldsymbol{P}$ 在估计得到的模型 $\boldsymbol{\Theta}_{\boldsymbol{P}}$ 和 $\boldsymbol{D}$ 情况下的对数似然值，n_{p} 为模型集合 $\boldsymbol{\Theta}_{\boldsymbol{P}}$ 的参数数目。设计了 splitHere 函数，对输入脉冲片段的每一个脉冲 t 进行分割，并计算对应的 BIC 分割增益。函数流程如下所示。

---

splitHere 函数：评估在 t 时刻处将一个脉冲片段分割成两段得到的分割增益，$\mathrm{Improvement}=\mathrm{splitHere}\left(t,\mathrm{seqToSplit},\mathrm{BIC}_{\mathrm{all}}\right)$

输入：seqToSplit，分割点 t 以及 $\mathrm{BIC}_{\mathrm{all}}$

输出：分割增益

---

lenSeq = seqToSplit 的长度

seqLeft = $\mathrm{seqToSplit}(1:t)$

seqRight = $\mathrm{seqToSplit}(t+1:\mathrm{lenSeq})$

基于 seqLeft 和 seqRight 分别估计 Θ_{left} 和 Θ_{right}

使用 $\boldsymbol{\Theta}=\left(\Theta_{\mathrm{left}},\Theta_{\mathrm{right}}\right)$ 对 seqLeft 和 seqRight 计算 $\mathrm{BIC}_{\mathrm{split}}$

Improvement = $\mathrm{BIC}_{\mathrm{all}}-\mathrm{BIC}_{\mathrm{split}}$

具体地，在每个脉冲片段的开头和结尾处，使用长度为 w 的窗来概括脉冲序列不同 PRI 调制类型的时间序列特征。由于设置的窗长 $w \ll T$，长度大于 $2w-1$ 的脉冲片段才会被用于继续分割。此外，实际上上述算法在参数 K 未知时，可以同样通过 BIC 评估的方式对 K 进行搜索，将具有最低 BIC 评分的 K 值判定为 $\boldsymbol{P}$ 中包含模型的真实数目。最后需要指出的是，每个状态片段在算法 6.2 中都被认为是一个独立的参数化模型，K 实际上可以认为是不同状态片段的数目。从雷达的视角而言，多个不连续的工作状态片段可能来自于同一个工作状态，因此算法 6.2 中添加了可选的第四步，用于合并这些相似的模型。

6.3.2.4　基于滑窗法的脉冲流数据聚类算法

本节考虑脉冲序列以脉冲流数据的形式到达，将算法 6.2 扩展为算法 6.3 以对输入数据进行序贯处理。算法 6.3(A3)的伪代码如下所示。

算法 6.3　基于滑窗法的脉冲流数据在线聚类方法

输入：包含 w 个脉冲的序列 $\mathrm{PW}_1=(p_1,p_2,\cdots,p_w)$，$T$ 为一个序贯处理帧的总脉冲数目
输出：包含时间序列聚类的结果

(1) 基于第一个窗的脉冲序列 $\mathrm{PW}_1=(p_1,p_2,\cdots,p_w)$ 估计模型参数 Θ_{current}，令 $i=2$。
(2) 基于当前参数化模型 Θ_{current} 对序贯到达的窗 $\mathrm{PW}_i=(p_i,p_{i+1},\cdots,p_{i+w-1})$ 计算对数似然值 $ll(\mathrm{PW}_i,\Theta_{\text{current}})$。
(3) If 对数似然值低于预先设置的阈值 $\ln(\varepsilon_{\mathrm{A3}})$，将脉冲 $p_i,p_{i+1},\cdots,p_{i+w-2}$ 分配给 Θ_{current}，然后基于 PW_{i+w-1} 构建新模型 Θ_{new}，令 $\Theta_{\text{current}}=\Theta_{\text{new}}$。
Else，把 PW_i 中的脉冲分配给 Θ_{current}，然后基于分配给 Θ_{current} 的所有脉冲(包括 PW_i 中的)更新 Θ_{current}。
(4) If $i=T-w+1$，返回估计得到的模型和对应的脉冲分配，并结束聚类。
Else，$i=i+1$，然后转向步骤(2)。
(5) (可选) 离线调整。如同算法 6.2 中的步骤(3)一样，把前面处理帧得到的数据和模型进行合并。或者直接对这些帧的数据运行算法 6.2，进行结果的交叉确认。

算法的具体实现过程从模型参数估计开始，首先根据第一个输入窗中的脉冲数据估计对应的模型参数 $\mathrm{PW}_1=(p_1,p_2,\cdots,p_w)$，其中 $w\ll T$ 为窗长。由于 $w\ll T$，可以假定在这个窗中的脉冲属于同一个雷达工作状态。在算法 6.3 中，T 可以为一个处理帧的长度或者输入脉冲流的最大长度。然后，滑动窗口序贯处理输入数据 $\mathrm{PW}_i=(p_i,p_{i+1},\cdots,p_{i+w-1})$。从第二个窗口往后，基于当前的参数化模型计算 PW_i 的似然值。

$$\mathrm{LL}_{\text{current}}=ll(\mathrm{PW}_i,\Theta_{\text{current}}) \tag{6-29}$$

其中，$ll(\mathrm{PW}_i,\Theta_{\text{current}})$ 为 PW_i 在当前参数化模型下的对数似然值。当 $\mathrm{LL}_{\text{current}}$ 低于预先设定的阈值 $\ln(\varepsilon_{\mathrm{A3}})$ 时，认为发生了状态切换，对 PW_i 创建一个新的参数化模型 Θ_{new}，否则认为未发生状态切换。

窗长 w 的选择需要考虑不同 PRI 调制类型和调制参数的特性。一方面来说，窗长相对长的时候，基于单个窗的数据进行模型参数估计时会更准确；然而在状态切换区域选择更长的窗长会包括更多的后一个状态的脉冲，从而导致更多的聚类误差。聚类误差主要发生在状态切换的区域，这些错误聚类的脉冲数目占总脉冲数目的比例相对较小。

在实际场景中，窗长 w 和阈值 $\ln(\varepsilon_{A3})$ 可以基于先验信息设置，或者通过交叉验证设置，或者使用如 BIC 等信息准则预先进行优化。当截获到一个处理帧包含的 T 个脉冲的脉冲序列 $\boldsymbol{P}$ 时，算法 6.3 可以使用 BIC 准则(不包括步骤(5))，对这段脉冲以离线的方式对窗长 w 和阈值 $\ln(\varepsilon_{A3})$ 进行优化，该优化问题如下：

$$\widehat{\varepsilon_{A3}} = \underset{\varepsilon_{A3}}{\operatorname{argmin}} \operatorname{BIC}(\boldsymbol{P}, \boldsymbol{\Theta}_{\boldsymbol{P}}, \boldsymbol{D}) \tag{6-30}$$

然后将优化后的窗长 w 和阈值 $\ln(\varepsilon_{A3})$ 用于未来时刻序贯到达的脉冲序列。

脉冲流形式到达的序列 $\boldsymbol{P}$ 中不同工作状态对应的调制类型可能不同，并且未知(但总的调制类型类别数目如前所述可以认为已知)。算法 6.3 中在每次创建一个新的模型时需要进行模型选择，来判断当前到达的窗 PW_i 中脉冲的调制类型。这里的模型选择同样可以使用 BIC 准则：

$$\Theta_{\text{new}} = \underset{\Theta_k, k=1,2,3,4}{\operatorname{argmin}} \operatorname{BIC}(\mathrm{PW}_i, \boldsymbol{D}, \Theta_k) \tag{6-31}$$

其中，$\Theta_k, k=1,2,3,4$ 为对应于所考虑的四种调制类型的四种不同参数化模型，这些模型的参数基于 $\Theta_k, k=1,2,3,4$ 估计得到。BIC 值最低的模型对 PW_i 的拟合效果最好，可被用于创建新的模型。上述模型选择步骤也可以结合智能化调制类型识别算法简化为两步：①对 PW_i 通过预先训练好的分类器进行调制类型识别；②基于对应调制类型的估计器进行调制参数估计得到对应参数化模型。

算法 6.3 实现过程需要对参差和正弦调制的对数似然值计算多加注意。对于参差调制类型，初始状态分布概率在计算对数似然值时的影响被去掉了。因为下一个窗的初始状态几乎总是在变化。对正弦调制类型而言，下一个窗所对应的初始相位发生了变化，因此在计算时需要考虑添加一个额外的相位来补偿滑窗造成的相位变化。在一个处理帧中的 T 个脉冲序贯聚类完成之后，可以对这些脉冲进行线下的调整。如同算法 6.2 中的步骤(4)一样，算法 6.3 步骤(5)中对前面帧的相似模型进行合并，或者对前面处理帧收集到的数据进行离线算法 6.2 聚类获得更好的聚类效果(即进行交叉确认)。

6.3.3　算法性能验证

本节基于 PRI 单一参数定义的工作状态仿真数据进行 MRTSC 聚类框架的有效性和优越性实验。首先介绍数据集、评价指标以及一些广泛使用的对比聚类算法，随后介绍实验结果和对应的分析。

6.3.3.1　实验设置介绍

1. 仿真数据集设置

仿真实验分为下表所列的四类进行，所有实验中输入序列的所有状态片段假定属于相同的调制类型，但来自不同状态的片段调制参数不同。表 6.7 列出了四类实验的具体信息，包括每类实验使用的模型类型和模型参数设置信息，其中 $U(\cdot)$ 表示均匀分布。

表 6.7　四类实验的信息

实验类别	使用的调制类型	模型的主要参数
1	参差	$\boldsymbol{B}_1=\{(43,2^2),(34,2^2),(67,2^2),(56,2^2)\}$ $\boldsymbol{B}_2=\{(47,2^2),(61,2^2),(55,2^2)\}$ $\boldsymbol{B}_3=\{(22,2^2),(77,2^2),(40,2^2)\}$ $\boldsymbol{B}_4=\{(33,2^2),(88,2^2),(28,2^2)\}$
	正弦	$\boldsymbol{\Theta}_{P1}=(2,0.25,50,0.5^2)$ $\boldsymbol{\Theta}_{P2}=(3,0.2,40,0.5^2)$ $\boldsymbol{\Theta}_{P3}=(4,0.15,30,0.5^2)$ $\boldsymbol{\Theta}_{P4}=(5,0.1,20,0.5^2)$
2	高斯抖动	$\mu\in U(5,100),\sigma\in U(0,1)$
	滑变	$\alpha\in U(5,50),\sigma\in U(0,1)$
3	正弦	$\boldsymbol{\Theta}_{P1}=(2,0.25,50,0.5^2)$ $\boldsymbol{\Theta}_{P2}=(3,0.2,40,0.5^2)$ $\boldsymbol{\Theta}_{P3}=(4,0.15,30,0.5^2)$ $\boldsymbol{\Theta}_{P4}=(5,0.1,20,0.5^2)$
4	高斯抖动	$\boldsymbol{\Theta}_{P1}=(32,2^2)$ $\boldsymbol{\Theta}_{P2}=(57,2^2)$ $\boldsymbol{\Theta}_{P3}=(67,2^2)$ $\boldsymbol{\Theta}_{P4}=(42,2^2)$

2. 性能评价指标

算法 6.1 和 6.2 已知模型数目 K，采用准确率进行性能评价：

$$\text{Acc}=\frac{1}{N}\sum_{t=1}^{N}[\![\hat{D}_t=D_t]\!] \tag{6-32}$$

$$[\![\hat{D}_t=D_t]\!]=\begin{cases}1, & \text{if } \hat{\mathcal{D}}_t=D_t\\ 0, & \text{otherwise}\end{cases} \tag{6-33}$$

其中，N 为测试 PRI 序列样本中的脉冲数目，$\hat{D}_t$ 和 D_t 分别表示第 t 个脉冲的预测标签和真实标签。

算法 6.3 采用聚类纯度进行性能评价：

$$\text{Purity}(\Omega, C) = \frac{1}{N}\sum_{j}\max_{k}\left|\omega_j \cap c_k\right| \tag{6-34}$$

其中，$\Omega = \{\omega_1, \omega_2, \cdots, \omega_J\}$ 为 J 个聚类结果簇的标签分配结果，$C = \{c_1, c_2, \cdots, c_K\}$ 为 K 个真实聚类簇对应的标签。

3. 对比方法

选择在雷达辐射源信号聚类和分选研究中得到广泛应用，基于模型和基于距离度量的几种聚类方法用作实验的对比方法。

(1) 基于高斯混合模型(Gaussian mixture model, GMM)的聚类方法，在文献[49]中被用于不同辐射源的脉冲序列聚类。

(2) K-means：已知聚类数目的经典聚类算法，广泛用于雷达信号分选[50]和雷达辐射源信号聚类[51]。

(3) 基于密度的聚类算法(Density-Based Spatial Clustering of Applications with Noise algorithm, DBSCAN)，算法不需要聚类簇数目的先验[52]。

(4) Spectral：经典的谱聚类算法[53]。

6.3.3.2　算法 6.1 和算法 6.2 的基础功能验证

算法 6.1 的功能验证仿真样本考虑四个($K = 4$)不同的参差 PRI 状态片段，每个参差模型对应的每个高斯 HMM 状态均值和方差顺序设置为：

$$B_1 = \left\{\left(43, 2^2\right), \left(34, 2^2\right), \left(67, 2^2\right), \left(56, 2^2\right)\right\},$$

$$B_2 = \left\{\left(47, 2^2\right), \left(61, 2^2\right), \left(55, 2^2\right)\right\},$$

$$B_3 = \left\{\left(22, 2^2\right), \left(77, 2^2\right), \left(40, 2^2\right)\right\}$$

$$B_4 = \left\{\left(33, 2^2\right), \left(88, 2^2\right), \left(28, 2^2\right)\right\}$$

对每个状态片段产生 120 个脉冲 PRI 值，脉冲序列 P 全长包含 480 个 PRI 值。$w = 5$ 和 $\beta = 0$ 条件下的算法 6.1 聚类结果如图 6.24 所示。

由图可知，在参数化模型参数已知的情况下，算法 6.1 可以完成来自不同参数化模型的多个连续状态片段的标签分配，并取得令人满意的效果。所有的聚类错误都发生在状态切换区域。这些错误由窗长、窗中点的具体取值以及切换点前后状态 PDF 的相似性共同影响。在实验中，β 的取值对高斯抖动调制以及滑变调制的影响更大。

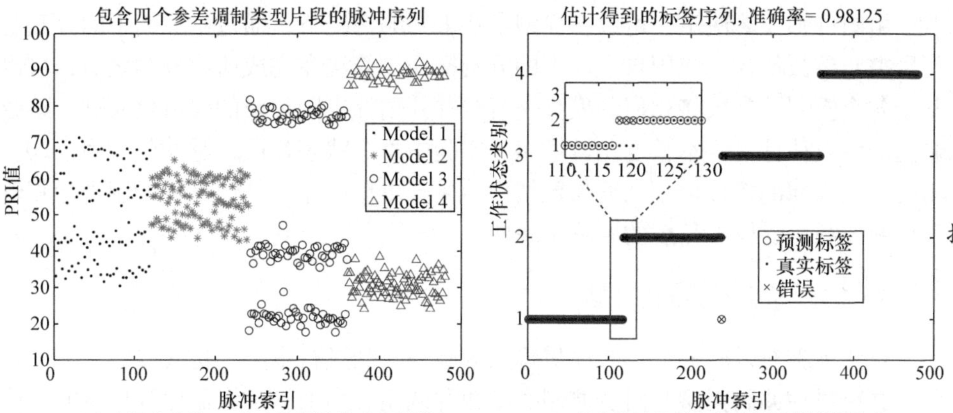

(a) 包含四个参差PRI状态片段的仿真序列样本　　(b) 每个脉冲的最大似然标签估计结果(β=0)

扫码见彩图

图 6.24　时间序列聚类的结果

算法 6.1 的功能验证仿真样本设置 5 个正弦调制类型的状态片段，其中前四段正弦调制参数按顺序为：

$$\boldsymbol{\Theta}_{\boldsymbol{P}} = \left\{\left(2, 0.25, 50, 0.5^2\right), \left(3, 0.2, 40, 0.5^2\right), \left(4, 0.15, 30, 0.5^2\right), \left(5, 0.1, 20, 0.5^2\right)\right\}$$

其中四个参数分别为幅度、频率、常数项和噪声方差。第五个状态片段的参数化模型与第二个状态片段的参数设置一样，即第二个参数化模型在 $\boldsymbol{P}$ 中的第五个状态片段重复出现。每个状态片段包含 120 个脉冲，仿真样本序列 $\boldsymbol{P}$ 中总共包含 600 个脉冲 PRI 值。考虑到正弦调制类型的时间序列特性较长，仿真设置 $w=20$，算法 6.2 的聚类结果如图 6.25 所示。

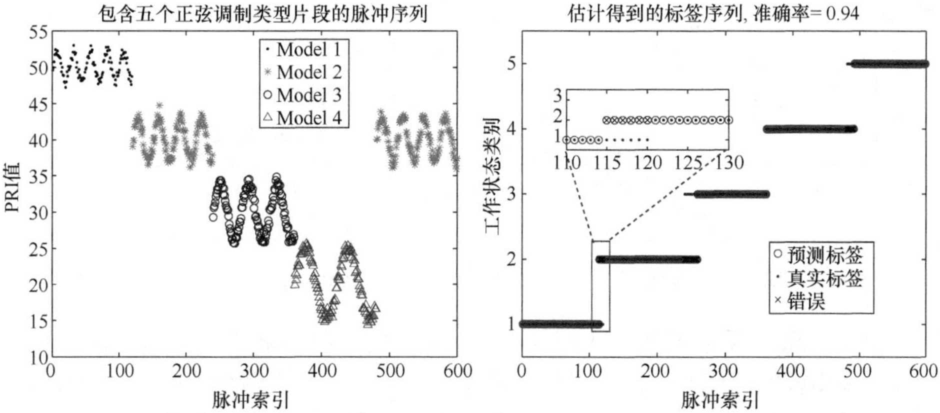

(a)　　(b)

扫码见彩图

图 6.25　(a)包含四个正弦调制参数化模型和五个状态片段的仿真 PRI 序列。在聚类过程中，每个片段的模型都被当作一个单独的模型，在聚类结束后可以通过各自的模型参数进行聚类结果合并。(b)每个脉冲的最大似然标签估计结果($w=20$)

由图可知，算法 6.2 可以在模型参数未知的情况下，通过自上而下的分割进行聚类与参数估计。使用自上而下的分割操作，算法在完成所有分割之后，可以基于各个模型的参数将相似的模型进行合并并估计不同片段的参数化模型。正弦调制的参数估计对样本长度比较敏感。实验中每个状态片段的脉冲数目为 120，不是正弦周期的整数倍，从而参数估计结果会出现误差。其他三种调制类型相较于正弦调制，受样本长度的影响小一些。

6.3.3.3 算法 6.3 性能评估

算法 6.3 对以脉冲流形式序贯输入的脉冲序列进行聚类。仿真实验脉冲序列包含高斯抖动调制类型和滑变调制类型两种调制。高斯抖动调制序列样本的均值和标准差分别从区间 (5,100)μs 和 (0,1)μs 中均匀采样得到；调制序列样本的滑变步长和噪声标准差分别从区间 (5,50)μs 和 (0,1)μs 均匀采样得到。

1. 固定阈值条件下的性能

本实验对整个数据集设置相同的固定阈值，而不是分别对每一个序列样本选择一个独立的阈值进行性能实验。实验样本设置 $K=4$，窗长 $w=5$，每个状态片段包含 120 个脉冲，共产生 200 个序列样本。图 6.26(a)和(b)展示了算法在不同阈值设置情况下对 200 个序列样本的平均聚类纯度和聚类得到的模型数目。

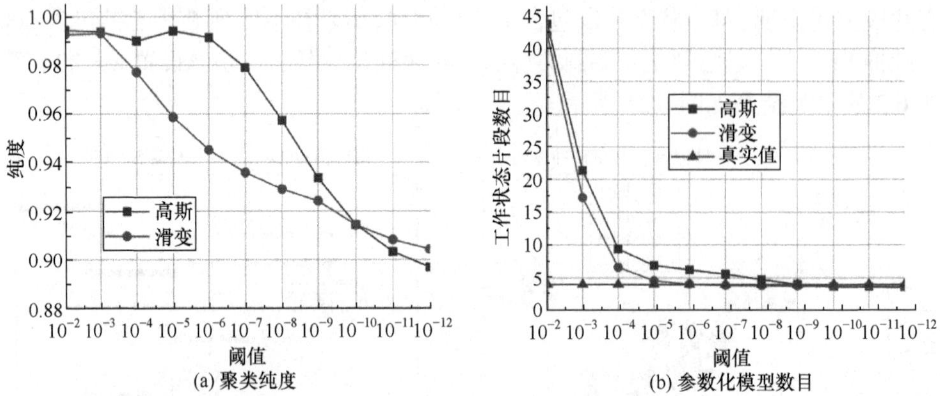

图 6.26 不同阈值设置情况下 200 个序列样本的平均聚类纯度和聚类得到的模型数目

图 6.26(a)结果表明随着阈值的减小，聚类纯度随之减小。图 6.26(b)表明算法 6.3 采用较大阈值时，倾向于将脉冲序列过度分割成许多个片段，每个片段对应一个孤立的状态。随着算法采取阈值的降低，聚类得到的工作状态片段数目逐渐降低，最后趋于真实状态数目(真实的状态数目为 4)。这是因为在处理处于状态切换位置的窗中数据时，基于当前估计得到的模型计算得到的对数似然值，要远低于处于当前模型所对应状态片段的窗中数据计算得到的对数似然值。因此算法

所设置的阈值越低，判断创建新模型的可能性就越低，也就意味着最终算法估计得到的参数化模型数目少，甚至出现对工作状态数目的欠估计。对低的阈值 ε_{A3}，算法 6.3 倾向于使用更少的模型来拟合脉冲序列。然而只要脉冲序列中各个工作状态存在足够的区分度，即使是在较低阈值的情况下，算法也总可以通过阈值检测到状态切换区域。若设置阈值较大，算法 6.3 倾向于将一个片段分割成多个子片段，但算法也总能检测到状态切换区域。

雷达脉冲序列状态情况纷繁复杂，阈值的设置不是一成不变，也不能为各种所有可能的脉冲序列情况设置一个非常小的固定值。需要对给定的脉冲序列，通过 BIC 准则对阈值设置进行优化。图 6.27 展示了单个脉冲序列中全为高斯抖动或滑变调制类型工作状态时，在不同阈值设置情况下的归一化 BIC 评分。根据实验结果可以对脉冲序列的最优(或近似最优)阈值进行选择，如滑变调制序列的阈值可以选择为 $\varepsilon_{A3}=10^{-4}$，高斯抖动调制序列的阈值可以选择为 $\varepsilon_{A3}=10^{-7}$ 或 10^{-8}。

2. 不同状态类别数目的聚类性能

本实验展示算法在脉冲序列中存在不同数目的状态类别(模型数目) $K\in\{1,2,\cdots,10\}$ 时聚类性能。实验设置窗长 $w=5$，每个 K 值产生 200 个脉冲序列样本，每个序列样本对应调制参数在从 6.3.3.1 节表 6.11 的取值区间中均匀采样设置，每个状态片段对应脉冲数目设置为 120。为了简便，对两种调制的脉冲序列阈值采取统一阈值分别设置为 $\varepsilon_{\text{Gaussian}}=10^{-8}$ 和 $\varepsilon_{\text{sliding}}=10^{-6}$。

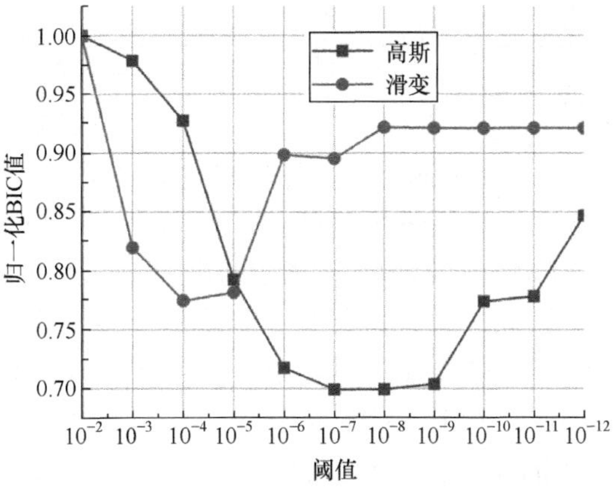

图 6.27　高斯抖动和滑变调制类型脉冲序列在不同阈值设置下的归一化 BIC 评分

需要指出，实验样本产生过程中引入了 minDist 参数描述和控制样本状态间距离，高斯抖动和滑变调制类型的距离计算公式分别记为：

$$\text{minDist}_{\text{Gaussian}}=\min\left(\left|u_i-u_{i+1}\right|\right), i=1,2,\cdots,K-1$$

$$\text{minDist}_{\text{Sliding}} = \min\left(\left|\alpha_i - \alpha_{i+1}\right|\right),\ i = 1, 2, \cdots, K-1$$

其中，α 为滑变步长。随机产生样本时 minDist 小于一定值的样本被舍弃，即最终得到的 200 个样本中每个样本的 minDist 都不小于一定值。

算法 6.3(A3)和对比方法的聚类纯度对比结果在图 6.28 展示。由图可知，算法 6.3 在两种调制类型脉冲序列中存在不同状态类别数目时的性能都要优越于对比方法。具体地，滑变调制类型序列的每个工作状态 PRI 值区间通常存在重叠。传统聚类方法利用孤立脉冲 PDW 参数之间的相似性进行聚类，不使用脉冲序列的时间序列特征，所以在针对参数存在重叠情况较多的滑变调制序列时，会有较大的性能损失；高斯抖动调制类型序列的每个状态片段对应的 PRI 值围绕高斯抖动均值抖动，取值区间重叠的程度远低于滑变调制类型。此时传统方法所得聚类纯度虽然远高于其在滑变调制类型中的表现，但是仍然低于算法 6.3。图 6.28 结果也表明工作状态之间的区分度更高时，算法 6.3 的聚类纯度更高。

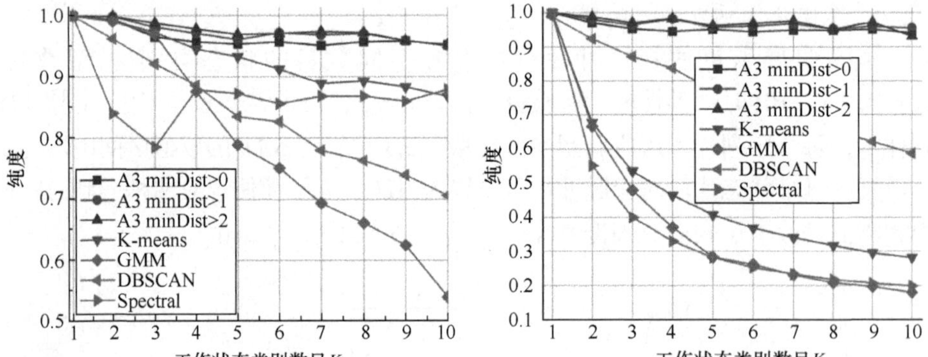

(a) 高斯抖动调制类型脉冲序列　　(b) 滑变调制类型脉冲序列

扫码见彩图

图 6.28　不同状态类别情况下的平均聚类纯度

其中 minDist 表示不同状态片段之间的相似性。对比方法中 minDist > 0

最后给出算法 6.3 和 K-means 算法对两个随机生成的脉冲序列样本聚类结果的展示，如图 6.29 所示。图 6.29(a)～(d)分别为全高斯抖动调制算法 6.3 聚类结果，全高斯抖动调制 K-means 算法聚类结果，全滑变调制算法 6.3 聚类结果以及全滑变调制 K-means 算法聚类结果。对于多功能雷达工作状态聚类任务，基于孤立脉冲特征的聚类方法会受到严重的性能损失甚至是聚类失败。这部分实验结果进一步表明在对多功能雷达脉冲序列进行聚类时，需要结合使用不同工作状态的时间序列特征。

3. 不同片段长度下的聚类性能

本实验评估聚类算法在不同的工作状态片段长度情况下的性能。设置 $K = 4$，$\text{minDist} > 0$，每个脉冲序列样本中的每个状态片段所包含脉冲数目从 100 递增到 600，步进 100，调制参数设置等和前面章节保持一致。图 6.30 给出了的平均聚类

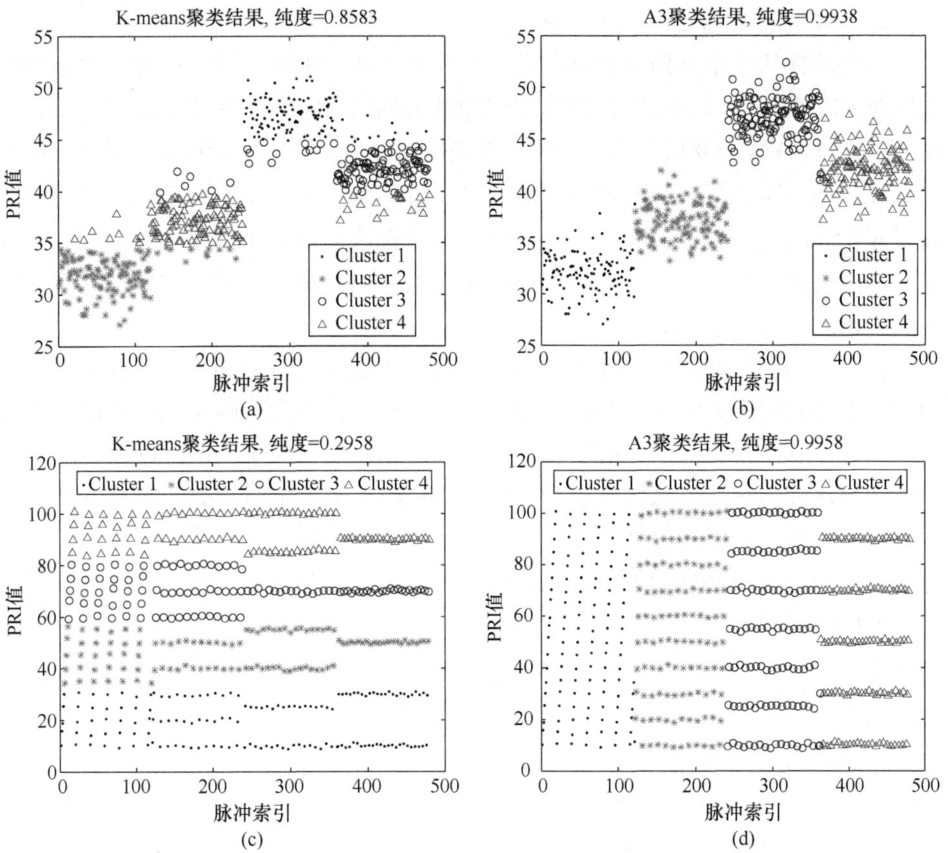

图 6.29　两个随机生成的脉冲序列样本聚类结果

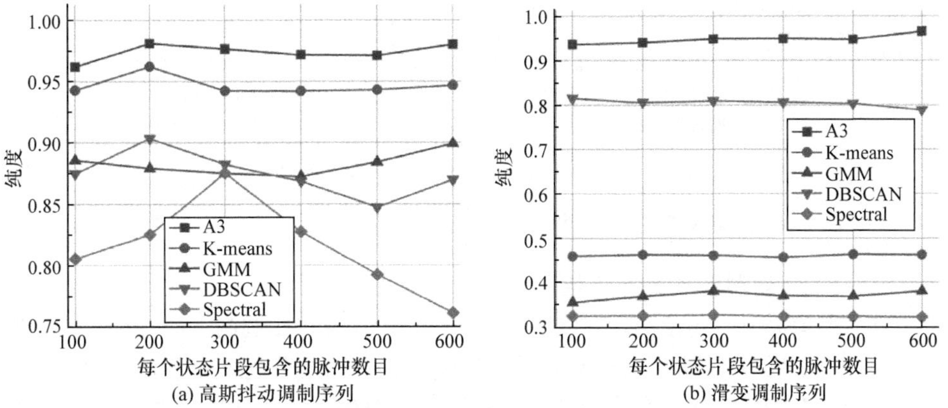

图 6.30　不同状态片段对应脉冲数目情况下的平均聚类纯度

纯度实验结果，可知算法 6.3(A3)受状态片段对应脉冲数目影响较小，且性能相对于对比聚类方法为最优。

4. 不同调制标准差下的聚类性能

本实验评估测量高斯抖动标准差大小和滑变调制中测量噪声标准差大小对聚类性能的影响。高斯抖动调制类型标准差按照脉冲序列中每个模型均值的一定百分比大小进行设置。滑变调制类型噪声标准差按照每个模型滑变步长的一定百分比大小进行设置。百分比大小从 1%步进到 10%，步长为 1%。设置 $K=4, \text{minDist}>0$，窗长 $w=5, \varepsilon_{\text{Gaussian}}=10^{-8}$ 和 $\varepsilon_{\text{sliding}}=10^{-6}$，每个标准差比例下产生 200 个样本，每个脉冲序列样本中的状态片段长度为 120。两种调制类型序列在不同标准差比例下的平均聚类纯度如图 6.31 展示。

由图可知，算法 6.3(A3)的聚类纯度受标准差比例变化影响较小。这是因为两种调制类型时间序列特征的参数化模型设计中已经将抖动或噪声标准差作为参数进行了考虑，使得算法 6.3 能够估计得到标准差，从而对不同的标准差情况具有一定的鲁棒性。对比方法同样表现出在状态片段参数取值有重叠时传统方法聚类性能急剧下降。即使是对状态片段参数重叠不严重的情况，随着 PRI 序列中标准差逐渐增加带来的 PRI 值剧烈变化，造成基于孤立点 PRI 值进行聚类的对比方法有较大性能损失。

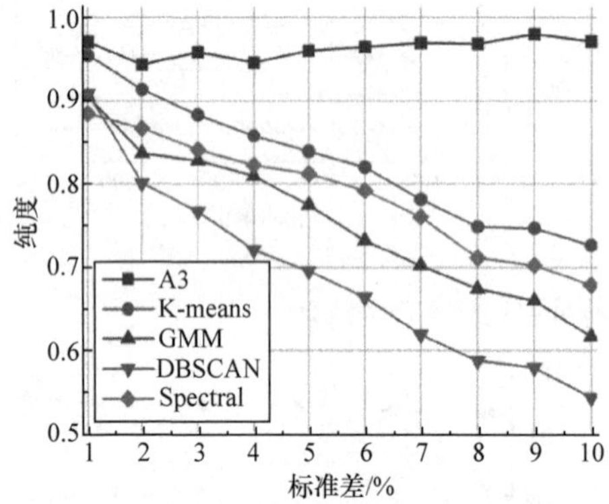

(a) 高斯抖动调制序列

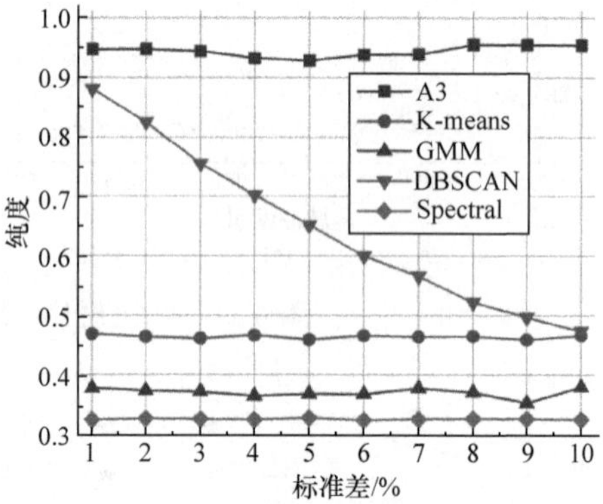

(b) 滑变调制序列

图 6.31　不同标准差比例下的平均聚类纯度

6.3.3.4　对未知模型和非理想条件的适应性能

1. 对未知调制类型的适应性验证

在实际环境中，总是不可避免地遇到未知类型的 PRI 调制。所提出的方法在此种情况下，可以自动给未知调制类型对应的状态片段分配一个参数化模型。该模型为所有候选模型中对该段状态片段拟合最好的模型，即对应的 BIC 评分最低。一些通用的概率分布如高斯分布，可以拟合任意未知的概率分布，从而通过算法中的模型选择步骤，可以对未知调制类型自动从候选模型集合中选择一个拟合度最优的模型作为该未知调制类型的模型。从而使得算法即使在面对未知调制类型的状态片段时，也能一定程度上给出有意义的结果。

本实验使用高斯抖动调制类型对正弦调制序列进行聚类，即考虑高斯抖动调制类型为已知调制类型，正弦调制类型为未知调制类型，使用图 6.25(a)中的样本，经过算法 6.2 聚类后的实验结果如图 6.32 所示。由图可知，算法 6.2 能够达到 94.167%的聚类纯度，五个正弦状态片段都能够被清楚地聚类出来，证明了所提框架对未知调制类型的适应性。

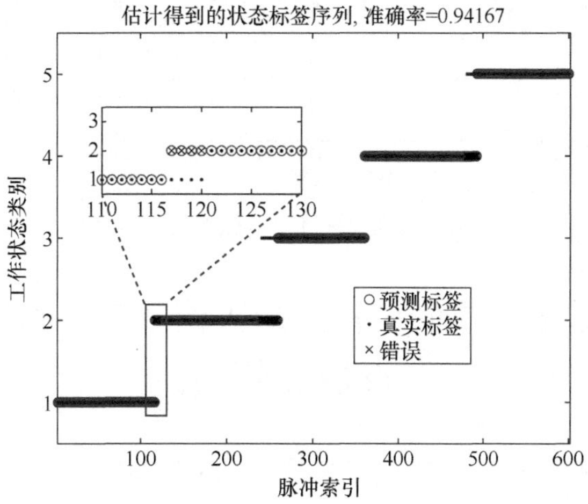

扫码见彩图

图 6.32　高斯模型拟合五个正弦调制类型的片段

2. 对脉冲缺失非理想情况的适应性验证

在真实电磁环境中存在虚假脉冲、缺失脉冲以及测量噪声的情况，会破坏侦收脉冲序列的模式。这部分给出一个缺失脉冲情况下的聚类实验例。脉冲序列包含四个高斯抖动调制类型的工作状态片段，抖动均值分别为 32、57、67 和 42，方差均为 4，缺失脉冲比例从 0%递增到 30%，步进为 3%。使用算法 6.2(A2)和算法 6.3(A3)对存在缺失脉冲情况的脉冲序列进行聚类的结果如图 6.33 所示。

由图可知，算法 6.3 在不同缺失脉冲比例情况下的类纯度都相对较高，均在 90%以上，但是会出现过度分割的情况。算法 6.2 聚类的数目 K 事先给定，聚类纯度超越对比方法，性能则随着缺失脉冲比例的增加而降低。另外，传统聚类方法没有考虑脉冲之间的时间序列特征，理论上应该不受缺失脉冲影响。但是结果也显示了较多的聚类错误。这是因为实验中使用的是 PRI 数据，缺失脉冲就会在原始脉冲序列中造成较多异常 PRI 值的出现，影响了聚类结果。实验初步验证了所提方法的优越性，但是考虑各种非理想情况的形成原因复杂多样，未来研究中仍需着重关注不同非理想机理情况下的状态片段聚类方法研究。

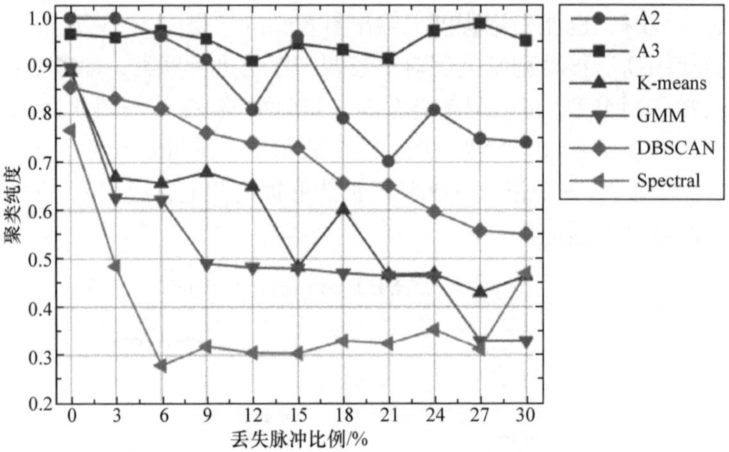

图 6.33 存在缺失脉冲情况下的聚类性能

6.4 基于序贯假设检验的工作状态序列切换点在线检测方法

针对非理想观测下进行细粒度的雷达工作状态切换点检测任务，本节介绍一种基于序贯假设检验的工作状态序列切换点在线检测方法，该方法可以基于改进的 U-FSS 算法和 U-CUSUM 算法实现无序列分布参数先验条件下的多功能雷达工作状态切换点检测。

6.4.1 多功能雷达工作状态在线切换点检测任务

6.4.1.1 PRI 参数定义的多功能雷达工作状态

PRI 参数由于其本身数值就具有时间特性，相较于载波频率等其他参数，更易受虚假和缺失脉冲情况影响。这里首先给出典型抖动 PRI 调制类型的参数化模型及其最大似然参数估计方法，然后给出 PRI 序列非理想观测条件表征方法。

1) 高斯抖动的 PRI 调制

高斯抖动分布，参数为均值 μ 和方差 σ^2 。对一个输入 PRI 序列 $Y=(Y_1,Y_2,\cdots,Y_n)$ ，Y_t 为第 t 个脉冲的 PRI 参数，Y_t 的概率密度分布为：

$$f(Y_t)=\frac{1}{\Phi\left(\frac{\mu}{\sigma}\right)\sqrt{2\pi\sigma^2}}\exp\left(-\frac{(Y_t-\mu)^2}{2\sigma^2}\right) \tag{6-35}$$

其中，$\Phi\left(\frac{\mu}{\sigma}\right)$ 为正态累积分布函数。由于标准正态分布会产生负数，而实际 PRI

取值均为正，所以将高斯分布截断，保留 $Y_t > 0$ 的部分。$\Phi\left(\frac{\mu}{\sigma}\right)$ 项就是描述因为截断导致的概率密度函数的变化，实际上，$\mu \gg 0$ 且 $\mu \gg \sigma$ 时，$\Phi\left(\frac{\mu}{\sigma}\right) \approx 1$，因此就可以直接用典型的高斯分布来表示具有高斯分布的 PRI。中心值就是均值 μ。更一般的情况，产生高斯分布 PRI 的时候，会遵循 3σ 原则，既能避免产生负的 PRI，又保证了分布对称于直线 $Y_t = \mu$，即 PRI 中心值为 μ。

对序列 P，使用最大似然估计计算其均值和方差。似然函数为：

$$L\left(\mu, \sigma^2\right) = \prod_{t=1}^{n} f\left(Y_t\right) \tag{6-36}$$

对数似然函数为：

$$\ln L\left(\mu, \sigma^2\right) = -\frac{n}{2}\ln(2\pi) - \frac{n}{2}\ln\left(\sigma^2\right) - \frac{1}{2\sigma^2}\sum_{t=1}^{n}\left(Y_t - \mu\right)^2 \tag{6-37}$$

似然函数最大的 μ, σ^2，有：

$$\hat{\mu} = \bar{P} \tag{6-38}$$

$$\widehat{\sigma^2} = \frac{1}{n}\sum_{t=1}^{n}\left(Y_t - \bar{P}\right)^2 \tag{6-39}$$

2) 均匀抖动的 PRI 调制

参数为抖动上界 a 和抖动下界 b。对一个输入 PRI 序列 $P = \left(Y_1, Y_2, \cdots, Y_n\right)$，$Y_t$ 为第 t 个脉冲的 PRI 参数，Y_t 的概率密度分布为：

$$f\left(Y_t\right) = \frac{1}{b-a}, \quad a \leqslant Y_t \leqslant b \tag{6-40}$$

其中，a,b 为均匀分布的上下边界。均匀抖动 PRI 脉冲在一个数据段内服从均匀分布，在抖动上下界生成均匀分布脉冲序列。对序列 P，使用最大似然估计来估计其均值和方差。似然函数为：

$$L(a,b) = \prod_{t=1}^{n} f\left(Y_t\right) \tag{6-41}$$

$$\ln L(a,b) = -n\ln(b-a) \tag{6-42}$$

对数似然函数求导：

$$\frac{\mathrm{d}\ln L(a,b)}{\mathrm{d}a} = \frac{n}{(b-a)} > 0 \tag{6-43}$$

$$\frac{\mathrm{d}\ln L(a,b)}{\mathrm{d}b} = -\frac{n}{(b-a)} < 0 \tag{6-44}$$

均匀分布的极大似然估计为：

$$\hat{a} = \min\{Y_1, Y_2, \cdots, Y_n\} \tag{6-45}$$

$$\hat{b} = \max\{Y_1, Y_2, \cdots, Y_n\} \tag{6-46}$$

实际上，高斯分布本身就可以用于拟合均匀分布。

3) PRI 调制序列非理性特性

测量误差通过将脉冲到达时间(Time of arrival, TOA)真实数值与均值为零、标准差为σ的高斯噪声相加后进行差分运算，就得到带有测量误差的 PRI 参数序列。

虚假脉冲对应接收信号中可能存在的不属于目标辐射源的多余干扰脉冲信号，通过定义如下的虚假脉冲率(Spurious Pulse Rate, SPR)对原始脉冲序列中插入虚假脉冲的非理想程度进行控制：

$$\text{SPR} = \frac{n_i}{N_i} \times 100\% \tag{6-47}$$

其中，n_i 表示随机产生的虚假脉冲个数，N_i 为当前样本个数。

缺失脉冲对应接收灵敏度不足、分选过程不完美等原因造成的目标辐射源信号丢失现象，缺失脉冲率(Lost pulse ratio, LPR)定义为：

$$\text{LPR} = \frac{m_i}{N_i} \times 100\% \tag{6-48}$$

其中，m_i 表示随机丢弃的脉冲个数。

对应 PRI 参数含义，虚假脉冲会在原有脉冲序列的 DTOA 计算中带来小于真值的虚假 PRI 数值，而缺失脉冲会在原有脉冲序列的 DTOA 计算中带来较大的虚假 PRI 数值，图 6.34 展示了虚假脉冲和缺失脉冲对侦察 PRI 序列的影响。

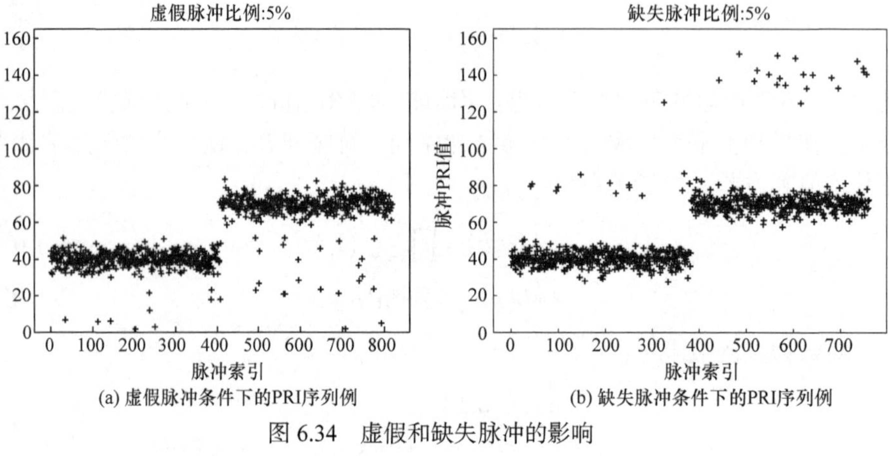

(a) 虚假脉冲条件下的PRI序列例　　(b) 缺失脉冲条件下的PRI序列例

图 6.34　虚假和缺失脉冲的影响

6.4.1.2　多功能雷达工作状态切换点检测任务

假定接收到的 MFR 脉冲序列的信号 PRI 数值为 Y_t，t 为离散时间下标，$(Y_t)_{t \geqslant 1}$

服从一定的概率密度分布函数(Probability Density Function, PDF) $p_\theta(Y_t)$，其中 θ 是概率密度分布函数的参数。该 MFR 在未知的时刻 t_0 切换其雷达工作状态，且脉冲信号对应 PDF 的参数在 t_0 之前为 $\theta=\theta_0$，在 t_0 及 t_0 之后为 $\theta=\theta_1$，即：

$$p(Y_t)=\begin{cases}p_{\theta_0}(Y_t), & \text{if } t<t_0\\ p_{\theta_1}(Y_t), & \text{if } t\geqslant t_0\end{cases} \tag{6-49}$$

时刻 t_0 即为切换点，如图 6.35 所示。

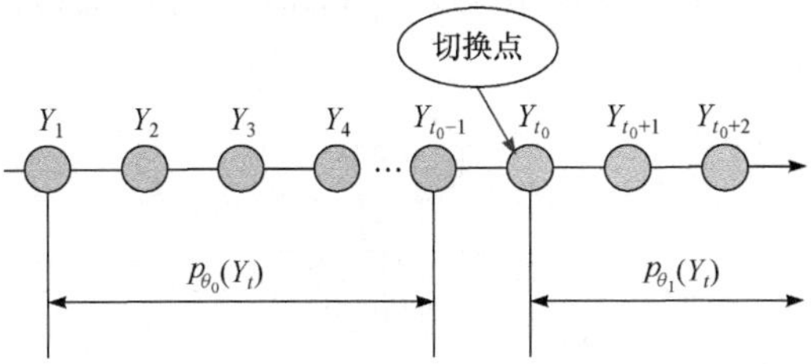

图 6.35　观测序列中的切换点定义示意图

工作状态切换点检测问题目的是观测序贯到达的雷达脉冲 $Y_1,Y_2,\cdots$，计算一个报警时间 N。检测器的输出使用最坏情况平均检测延迟("worst case" average detection delay)量 τ^* 来表示：

$$\tau^*=\sup_{t_0\geqslant 1}\operatorname{esssup}E_{\theta_1}\left(N-t_0+1|N\geqslant t_0,Y_1^{t_0-1}\right) \tag{6-50}$$

其中，esssup 为本性上确界(essential supremum)。在虚警发生之前，希望 τ^* 尽可能小，这样就可以在 MFR 调制参数发生变化之后尽可能快地检测到状态切换。

切换点检测问题中的虚警指的是系统将非切换点检测为切换点，系统报警，记虚警发生时间为：

$$\overline{T}=E_{\theta_0}(N) \tag{6-51}$$

在线检测过程中雷达工作状态可能多次切换，不失一般性，假定 $(Y_t)_{N\geqslant t\geqslant 1}$ 中存在未知但有限数目 $K,1<K<+\infty$ 个切换点，每个切换点的时间也未知。对 $(Y_t)_{N\geqslant t\geqslant 1}$ 而言，可以用一个矢量 $R=(r_1,r_2,\cdots,r_N)\in\{0,1\}^N$ 表示切换点集合。其中 $r_t,1\leqslant t\leqslant N$ 为指示变量：

$$r_t=\begin{cases}1, & \text{如果}Y_t\text{为切换点}\\ 0, & \text{如果}Y_t\text{不为切换点}\end{cases} \tag{6-52}$$

其中，根据定义有 $r_0=1$。R 就表示了对 $(Y_t)_{N\geqslant t\geqslant 1}$ 的分割，K 个切换点对应 $K+1$ 个片段，每个分割片段对应的概率密度分布记为 $p_{\theta_k}(Y_t),1\leqslant k\leqslant K+1$。早期研究中 $p_{\theta_k}(Y_t)$ 被认为是已知的，因此，MFR 切换点检测的任务就是基于序贯到达的

$(Y_t)_{N\geqslant t\geqslant 1}$估计$R$。实际情况中，$p_{\theta_k}(Y_t)$往往是未知的，因此所提方法的目的是基于序贯到达的$(Y_t)_{N\geqslant t\geqslant 1}$同时估计$R$和$p_{\theta_k}(Y_t)$。

6.4.2 雷达工作状态在线切换点检测算法

6.4.2.1 检测算法的总体处理流程

本章所提出的非理想观测条件下的多功能雷达PRI脉冲序列切换点检测框架如图6.36所示，主要包括模型初始化学习预测、离群点检测、离群点处理、切换点检测等四个步骤。

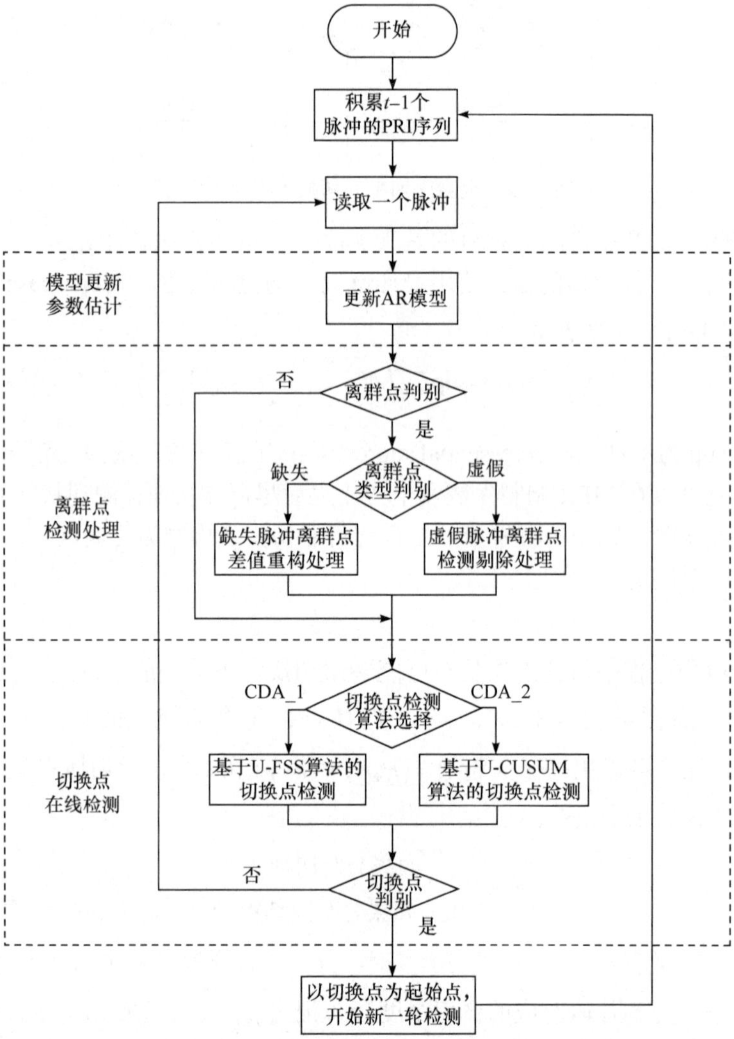

图6.36 适应非理想观测的多功能雷达行为切换点检测框架

框架的主要实现步骤为：

第一步：模型初始化学习预测。采用 AR 模型对读取的 k 个脉冲进行序列特征学习，然后对下一个脉冲的 PRI 值和对应概率进行预测。

第二步：离群点检测。TOA 序列上缺失一个脉冲会造成一阶差分值过大而导致对应 TOA 差值远大于其他附近的脉冲，当下一时刻预测脉冲打分值大于估计值，可以判定为缺失脉冲造成的离群点；TOA 序列上两个脉冲中间的虚假脉冲会造成 TOA 差分运算产生两个远小于附近真实脉冲值的虚假 PRI 值，当下一时刻预测脉冲打分值大于估计值，可以判定为虚假脉冲造成的离群点。

第三步：离群点处理。对于缺失脉冲带来的离群点情况，选用之前 AR 模型预测的结果对数据进行插值；对于虚假脉冲带来的离群点情况，直接删除该脉冲，得到清洗后的脉冲序列后，进行切换点检测。

第四步：切换点检测。对已经读取的脉冲进行参数估计并累加似然比，然后采用本章设计的 U-FSS 或者 U-CUSUM 切换点检测算法判断当前脉冲是否为切换点。

整个框架的输入为雷达脉冲，设置的 AR 模型阶数，离群点检测阈值，切换点检测阈值，以及 U-FSS 算法窗口大小；输出为切换点在脉冲序列中的索引，以及剔除离群脉冲之后的完整序列。算法 6.4 实现流程如下所示。

算法 6.4　非理想切换点检测框架

输入：脉冲序列：Sequence，AR 模型滞后系数：order，离群点阈值：thoutlier，窗口大小：fixedsize，切换点阈值：thchange

输出：切换点下标数组：index

```
初始化队列 buffer
初始化列表 index
初始化全局列表 pure_signal
初始化全局变量 sum = 0
初始化布尔变量 flag = False
初始化布尔变量 spur_pulse_tag = False
for (i, Y_t) in enumerate ( Sequence ) do
if spur_pulse_tag == True then
      spur_pulse_tag ← False
      continue
end if
      buffer ← Y_t
      len=len(buffer)
if len>order then
```

```
        conditional_probability, prediction = AR model(buffer[−order −1: −2])
        outlier_score= − log(conditional_probability)
if  outlier_score ⩾ thoutlier  then
if  Y_t < prediction then
        buffer[−1] = prediction
        buffer ← prediction
end if
if Y_t < prediction then
        buffer[−1] = prediction
        spur_pulse_tag = True
      continue
end if
            end if
        θ̂ = estimation(buffer)
        LLR = log_likelihood_ratio(Y_t, θ̂)
        sum += LLR
        flag = CDA(buffer, thchange, fixedsize)
if  flag == True  then
        index ← i
        sum = 0
        flag = False
end if
end if
end for
```

6.4.2.2 非理想观测下离群值剔除算法

本节给出检测和剔除接收脉冲序列存在虚假和缺失脉冲等非理性情况造成PRI序列中离群值检测算法(OutlierFinder, OF)。

对于接收到的多功能雷达PRI脉冲序列，前t项观测数据表示为$\{Y_i\}_1^t = Y_1, Y_2, \cdots, Y_t$。$Y_{t+1}$代表下一个时刻观测到的数据，$p\left(Y_{t+1} | \{Y_i\}_{t-k}^t\right)$表示以前$k$个数据为先验的后验概率密度函数。采用 AR 模型估计每个时刻观测数据的概率密度记为$\{p_t : t = 1,2,3,\cdots\}$，对应的后验概率密度如公式所示：

$$p\left(Y_t | \{Y_i\}_{t-k}^{t-1} : \theta\right) = \frac{1}{(2\pi)^{k/2} |\Sigma|^{1/2} \exp\left(-\frac{1}{2}\left(Y_t - \widehat{Y}_t\right)^\top \Sigma^{-1} \left(Y_t - \widehat{Y}_t\right)\right)} \tag{6-53}$$

这里，脉冲值 $\widehat{Y}_t$ 用 AR 模型进行估计：

$$\widehat{Y}_t = \sum_{i=1}^{k} A_i \left(Y_{t-i} - \sigma\right) + \sigma \tag{6-54}$$

其中，k 为 AR 模型的滞后系数，每一个 A_i 都是一个 n 阶方阵，σ 是多元高斯随机变量，均值为 0，协方差为 $\boldsymbol{\Sigma}$，可以表示为 $N(0,\boldsymbol{\Sigma})$。

式(6-54)表述的是 n 维的信号预测问题。在一维条件下方阵 $\boldsymbol{A}$ 可以简化为向量 $\boldsymbol{\alpha}$。自相关法中求解预测系数的方法为：$\sum_{k=1}^{p} \alpha_k r_{|i-k|} = r_i, 1 \leqslant i \leqslant p$，即采用过去 k 个数据的自相关系数去拟合未来的自相关系数，其中 $\boldsymbol{\alpha} = \left[\alpha_1, \alpha_2, \cdots, \alpha_p\right]$ 为迭代的系数列向量，$\boldsymbol{r} = \left[r_1, r_2, \cdots, r_p\right]$ 为自相关系数组成的向量。

对于一个 p 阶的最佳预测器，最小均方误差 $r_0 - \sum_{k=1}^{p} \alpha_k r_k = \varepsilon^p$ 可以写成矩阵形式如下：

$$\left[r_0, r_1, \cdots, r_p\right] \begin{bmatrix} 1 \\ -\alpha_1^p \\ \cdots \\ -\alpha_p^p \end{bmatrix} = \varepsilon^p \tag{6-55}$$

其中，ε^p 为最小均方误差。

首先采用迭代法对接收到的每一个脉冲给出一个新的相关值，得到一个高一阶的预测器。迭代过程通过给定的 $i-1$ 阶预测器，求解 i 阶预测器。由自相关系数的最小误差 $\gamma^{i-1} = r_i - \sum_{j=1}^{i-1} \alpha_j^{i-1} r_{i-j}$ 可以写出：

$$\begin{bmatrix} r_0 & r_1 & \cdots & r_p \\ r_1 & r_0 & \cdots & r_{p-1} \\ \cdots & \cdots & \cdots & \cdots \\ r_p & r_{p-1} & \cdots & r_0 \end{bmatrix} \begin{bmatrix} 1 \\ -\alpha_1^{i-1} \\ \cdots \\ -\alpha_p^{i-1} \end{bmatrix} = \begin{bmatrix} \varepsilon^p \\ 0 \\ \cdots \\ \gamma^{i-1} \end{bmatrix} \tag{6-56}$$

由上式可以化简求解得到更新系数的方程组为 $\alpha_j^i = \alpha_j^{i-1} - k_i \alpha_{i-j}^{i-1}$。这里 α_i 组成的向量即为 AR 模型的系数。

其次通过偏自相关图[54]来构建 AR 模型所需的最优滞后系数。偏自相关图可以确定不同滞后系数下数据集的相关性，滞后系数的好坏可以采用赤池信息准则(Akaike Information Criterion, AIC)，贝叶斯信息准则(Bayes Information Criterion,

BIC)或者 HQ 信息准则(Hannan-Quinn Information Criterion, HQIC)三个信息准则来衡量，信息准则的值越小模型越好。

随后对该点的后验概率密度函数进行负对数打分实现是否离群点判别。从信息论的角度来看，这个打分方式对应一则信息进行二进制编码后的码长，对应的对数损失函数按式(6-57)计算，当打分值大于预先设置阈值，则判定为离群点，否则判定为非离群点。

$$\mathrm{Score}\left(Y_t\right)=-\log p_{t-1}\left(Y_t|\left\{Y_i\right\}_{t-k}^{t-1}\right) \tag{6-57}$$

最后，剔除操作按照离群点类型不同分两种情况进行实现：

(1) 若下一时刻观测 PRI 值远小于估计得到下一时刻脉冲 PRI 值，判定该时刻脉冲点后存在虚假脉冲引起的离群点。假定τ_t为虚假脉冲对应的 TOA 脉冲，τ_t的存在会导致 PRI 序列中出现小于真实 PRI 值的连续两个 PRI 值，差分运算之后 PRI 值约为原来的一半。所以对于虚假脉冲的处理方式应该是将这两个连续的脉冲替换为上一步应用 AR 模型预测出来该时刻的 PRI 脉冲值，以保证时间序列的完整性。

(2) 若下一时刻观测 PRI 值远大于预测得到的下一时刻脉冲 PRI 值，判定当前时刻脉冲点后存在缺失脉冲引起的离群点，差分运算滞后 PRI 值约为原来的两倍，重复上述转换的步骤得到子 TOA 序列$\left(0,\tau_t,\tau_{t+1},\tau_{t+2}\right)$，假定$\tau_t$为虚假脉冲对应的 TOA 脉冲，索引为$t$和$t+1$的脉冲均为离群脉冲，采用上一步应用 AR 模型预测出来该时刻的 PRI 脉冲值插入缺失脉冲的位置，即将离群点替换为该预测的 PRI 值以保证时间序列的完整性。

6.4.2.3　参数未知情况下的在线切换点检测算法

从随机过程的角度来看，一个时间序列可以切换点为分界点拆分成两个不同的随机过程。这两个随机过程的差异度可以使用数学方法计算两个过程之间距离、互信息熵等统计信息来进行衡量。在参数已知的情况下，常采用似然比检验度量距离；在参数未知情况下，可以采用广义似然比检验实现度量距离。针对消除了缺失脉冲和虚假脉冲后得到的重构脉冲序列，本节给出适应无切换点前后序列分布参数先验信息的切换点检测算法 U-FSS 算法和 U-CUSUM 算法。其中 U-FSS 算法计算速度快，占用较少的资源，代价是有一定检测延迟，该延迟可以根据设置窗长进行微调。U-CUSUM 算法检测精确，可以做到几乎无延迟的检测，代价是占用的计算资源较多。可以根据实际工程场景对算法进行选择。

1. U-FSS 算法

传统 FSS 算法中，一般假设切换点前后分布参数已知，基本算法逻辑为使用窗口来按照固定长度划分序列，每读取一个新到达的脉冲窗，计算累加似然比，如果累加似然比超过阈值，则判定为窗口末尾为切换点。记 N_1 为检测到的切换点，则采用数学语言描述如式(6-58)：

$$N_1 = \inf_{n \geqslant 1} \{nm : d_n = 1\} \tag{6-58}$$

d_n 是决策函数，定义为：

$$d_n = \begin{cases} 1, & \text{if } S_{(n-1)m+1}^{nm} \geqslant h \\ 0, & \text{if } S_{(n-1)m+1}^{nm} < h \end{cases} \tag{6-59}$$

S 为累加似然比。

$$S_k^t = \sum_{i=k}^{t} \ln \frac{p_{\theta_1}(Y_i)}{p_{\theta_0}(Y_i)} \tag{6-60}$$

在算力或者存储资源存在限制的情况下，采用 FSS 算法进行序贯切换点检测，FSS 采用固定窗口对数据进行划分，有效减少了数据的存储空间，减少了判决次数，以追求更快的检测速度，代价是较高的检测延迟。

为了在切换点前后参数未知的情况下进行切换点检测，提高了检测器的灵活性，本节将参数估计与在线切换点检测结合起来，设计改进的 U-FSS 算法。U-FSS 采用了极大似然估计来估计未知参数，尽管极大似然估计不是最佳估计，但是它在渐近情况下趋近于最小方差无偏估计(minimum variance unbiased, MVU)，其中似然比可以写为：

$$L_G(t;\hat{\theta}) = \frac{\max\limits_{\theta_1} p(t;\widehat{\theta_1},\mathcal{H}_1)}{\max\limits_{\theta_0} p(t;\widehat{\theta_0};\mathcal{H}_0)} \tag{6-61}$$

极大似然估计的方式采用第 6.4.1 节中阐述的公式进行估计。具体检测过程通过估计值与观测值的累加似然比，来评估切换点的可能性，如算法 6.5 所示。

算法 6.5　未知参数情况下的切换点检测算法 U-FSS

输入：检测窗口：buffer，窗口大小：fixedsize，切换点阈值：thchange
输出：flag

```
len = len(buffer)
if  len == fixedsize  then
pure_signal ← buffer
if  sum ⩾ thchange  then
sum = 0
```

```
        return True
end if
        return False
end if
```

2. U-CUSUM 算法

CUSUM 算法的基本逻辑为每读取一个脉冲序列，计算累加似然比，如果累加似然比超过阈值，则判定为切换点。记 N_1 为检测到的切换点，则采用数学语言描述如下：

$$N_1 = \inf\left\{t \geqslant 1 : \max_{1 \leqslant k \leqslant t} S_k^t \geqslant \lambda\right\} \tag{6-62}$$

其中，λ 是一个人为设定的阈值，算法的误警率与阈值的设定有关，S_k^t 代表累加似然比：

$$S_k^t = \sum_{i=k}^{t} \ln \frac{p_{\theta_1}(Y_i)}{p_{\theta_0}(Y_i)} \tag{6-63}$$

每读取一个新的时刻 t 的脉冲，CUSUM 算法采用了一个变量 $i, i = k, k+1, \cdots, t$ 进行似然比的累加。该操作可以学习之前所有脉冲序列的特征，因此在做切换点判决的时候有更好的效果。

这里设计了将参数估计与在线切换点检测结合的 U-CUSUM 算法，其中参数估计的方法与基于 U-FSS 算法设计的 CDA 算法保持一致，如算法 6.6 所示。

算法 6.6 未知参数情况下的切换点检测算法 U-CUSUM

输入：检测窗口：buffer，切换点阈值：thchange
输出：flag

```
if sum ⩾ thchange then
        pure_signal ← buffer
    return True
end if
return False
```

6.4.3 算法性能验证

为了评估所提在线参数估计和切换点检测框架的有效性和优越性，基于仿真产生的 PRI 序列进行实验。首先介绍数据集、评价指标以及一些广泛使用的对比聚类算法，随后介绍实验结果和对应的分析。

6.4.3.1　实验设置介绍

1. 仿真数据集设置

实验数据集中的高斯抖动工作状态和均匀抖动工作状态序列均考虑四个切换点，对应状态序列中的分布参数设置如表 6.8 所示。

表 6.8　切换点检测实验中抖动工作状态序列分布参数设置

状态序号	高斯抖动分布			均匀抖动分布		
	均值	标准差	长度	下界	上界	长度
1	50	2	100	48	52	100
2	90	2	200	88	92	200
3	70	2	100	68	72	100
4	80	2	150	78	82	150
5	60	2	120	58	62	120

2. 对比方法与性能评价指标

切换点检测功能采用的是 U-CUSUM 算法或 U-FSS 算法，并将经典 CUSUM 和 FSS 算法作为对比算法。同时引入 ChangeFinder[55]算法对不同算法的检测延迟性能进行对比。

仿真实验的性能评价采用“平均效益和误警率对抗图(average benefit versus false alarm ratio)”来表示。

每个检测出的切换点效益值定义如下：

$$\text{benefit}(t)=1-\frac{\left|t-t^*\right|}{10},\quad \left(t<t<t^*+10\right) \tag{6-64}$$

其中，t^* 为真实切换点，t 为检测出来的切换点，也就是有效报警。每当有一个有效报警，则系统获得效益(Benefit)。

误警率(False Alarm Ratio, FAR)定义为在所有报警中，错误报警的占比。

$$\text{FAR}=\frac{\text{num of false alarm}}{\text{num of all alarm}} \tag{6-65}$$

平均效益和误警率对抗图中横坐标为误警率，纵坐标为平均效益。在不同误警率的条件下，平均效益能够维持在较高的水平上的检测器性能较优。

6.4.3.2　理想观测序列的切换点检测实验

本节为无虚假缺失脉冲的理想情况下的算法性能对比实验，数据采用的是高斯抖动 PRI 脉冲数据集。

1. 传统 FSS 算法和 U-FSS 算法对比实验

针对表 6.8 中第一个切换点进行单切换点检测对比实验的参数设置和结果如表 6.9 所示，按照 6.4.2 节结论，根据足够大的 $\bar{T}$ 值($\bar{T}=10^{90}$)计算得到实验数据集在渐近情况下的理论最大平均检测延迟为 2.07 位。不同 m,h 参数设置下，FSS 算法的理论最大延迟相同。

表 6.9　传统 FSS 算法和 U-FSS 算法的平均检测延迟

阈值(m)	窗口大小(h)	理论最大平均检测延迟($\bar{T}=10^{90}$)	平均检测延迟/点		检测时长/ms	
			FSS	U-FSS	FSS	U-FSS
300	2	2.07	2	2	7.90	8.20
1000	5	2.07	5	5	6.77	6.98
1000	7	2.07	5	5	6.67	6.58
1000	10	2.07	10	10	6.85	6.57
1000	15	2.07	5	5	6.36	6.56
1000	20	2.07	20	20	6.25	6.42

由表可知，相同检测阈值 h 和不同窗口长度 m 条件下，最坏情况的检测延迟为 h。当窗口设置较大时($m=20$)，可能会出现较为严重的延迟，实际应用中可以通过调节窗口大小优化灵敏度。表 6.9 第一行是算法参数调至最优情况下的检测结果，这时的最小平均检测延迟为 2，小于理论最大平均检测延迟。检测时长方面，对于相同数据集，FSS 算法的检测时长随窗口的增大而减小。对比相同参数设置下的 FSS 算法与 U-FSS 算法检测时长，U-FSS 算法由于加入了参数估计的步骤，检测时长相较于 FSS 算法有一定增长。

2. 传统 CUSUM 算法和 U-CUSUM 算法对比实验

U-CUSUM 算法基于广义似然比检验的原理实现检测，算法的检测时间与 U-FSS 算法不同，可以做到极低延迟的切换点检测。表 6.10 给出了 CUSUM 与 U-CUSUM 算法的平均检测延迟实验结果。

表 6.10　CUSUM 与 U-CUSUM 算法的平均检测延迟

阈值(λ)	理论最大平均检测延迟 $\bar{T}=10^{90}$	平均检测延迟/点		检测时长/ms	
		CUSUM	U-CUSUM	CUSUM	U-CUSUM
30	1.03	1	1	10.74	11.92

由表可知，U-CUSUM 算法由于增加了参数估计的步骤，在子序列参数未知

情况下进行切换点检测的平均检测时长相较于处理参数已知情况的 CUSUM 算法要求更长，但是检测准确率并无明显变化。平均检测延迟是算法参数调至最优情况下的检测结果，这时的平均检测延迟为 1，小于理论最大平均延迟。对比表 6.9 所给 FSS 与 U-FSS 算法实验结果，CUSUM 算法和 U-CUSUM 算法的平均检测延迟相对较小。

6.4.3.3 非理想观测序列的切换点检测实验

虚假和缺失脉冲比例分别为 5%的非理想观测条件下，对于 PRI 高斯抖动脉冲序列的清洗和切换点检测实验结果如图 6.37 所示，均匀抖动的检测结果和高斯抖动的检测结果类似。

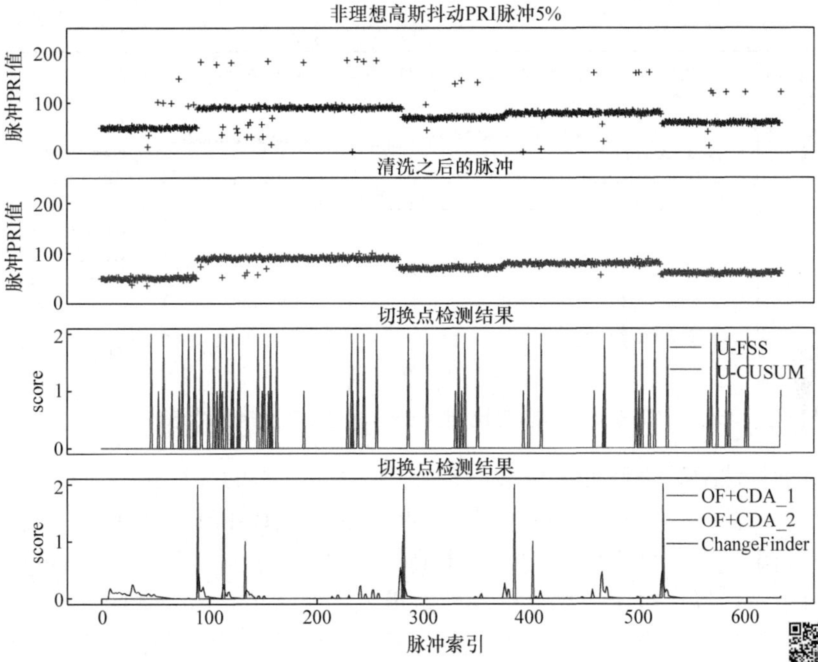

图 6.37 非理想比例为 5%时的数据清洗和切换点检测实验结果

扫码见彩图

图 6.37 的子图三是直接进行切换点检测的结果，包含有大量虚警。子图四为两种算法组合和用于对比的 ChangeFinder 算法[55]的实验结果。结果可知，本章所提方法可以准确地检测出真实雷达工作状态切换点，极大程度降低虚假缺失脉冲可能带来的虚警影响。“OF+CDA_1”的检测结果相较于“OF+CDA_2”的结果有一定延迟。进一步，对于检测结果中仍然存在的少量虚警，可以通过调整阈值来缓解，或者对脉冲进行两遍清洗以增强脉冲清洗效果。

所提方法还可在检测到切换点后对雷达工作状态片段的调制参数进行估计。

虚假和缺失脉冲比例分别为 15%的非理想观测条件下，两遍清洗后的模型参数估计和切换点检测结果如图 6.38 所示。均匀抖动的检测结果和高斯抖动的检测结果类似。

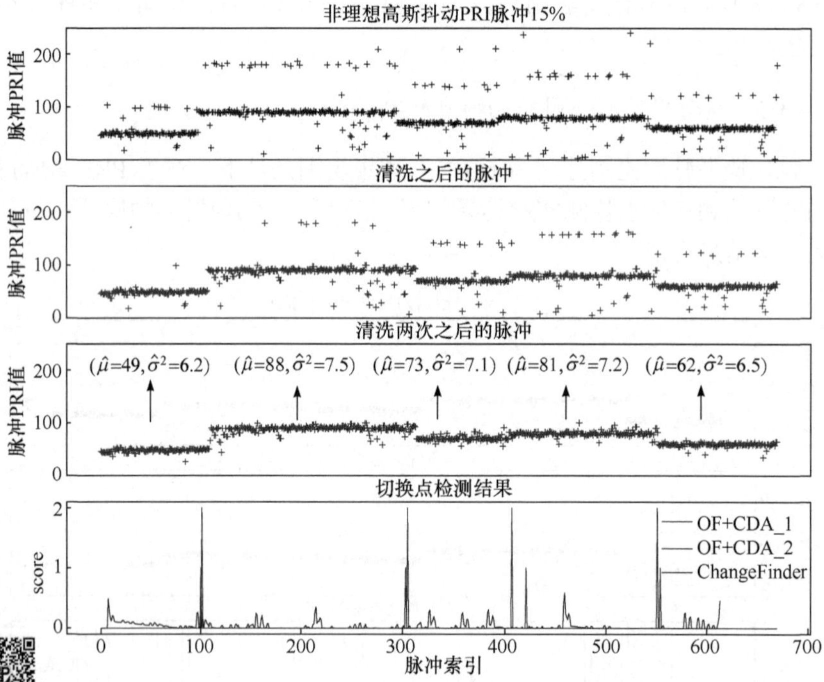

扫码见彩图

图 6.38　非理想比例为 15%时的切换点检测结果

三种算法对缺失脉冲和虚假脉冲比例分别为 5%的高斯抖动 PRI 脉冲序列的“平均效益-虚警率”对抗图如图 6.39 所示。由图可知，CDA_2 方法检测系统在不同虚警率条件下的平均效益最高，CDA_1 方法次之，而 ChangeFinder 算法由于对离群点过于敏感，平均效益最差。更多实验结果表明，虽然虚假缺失脉冲比例的增多会导致平均效益的下降，但是三种算法的相对性能结论几乎不变。

6.4.3.4　未知调制类型的切换点检测实验

所提处理方法针对难以用解析式表达或者位置调制类型的 PRI 脉冲序列的应用策略为“最优拟合”：首先采用三种信息准则为脉冲序列推荐最优的 AR 模型滞后系数，滞后系数增长的过程中，全局最小值对应的滞后系数为最优，所对应的 AR 模型也为最优模型。以正弦调制的 PRI 脉冲序列为例，用于最优滞后系数选择的信息准则计算结果如图 6.40 所示。

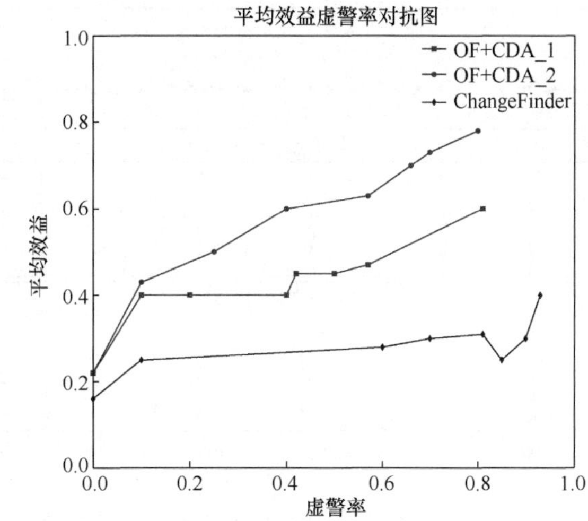

图 6.39　平均效益-误警率对抗图(高斯抖动序列 5%虚假+缺失脉冲)

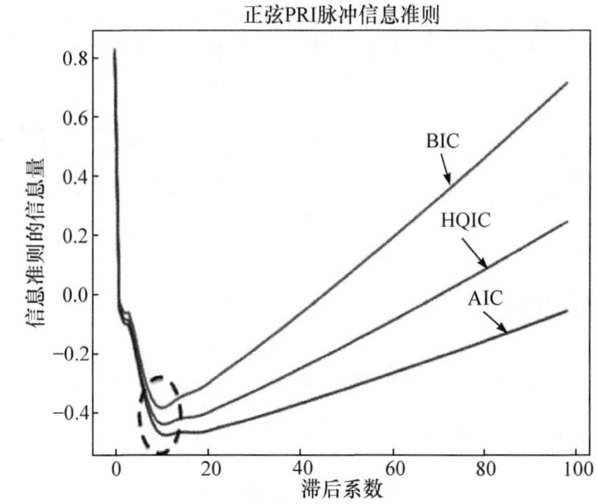

图 6.40　AR 模型拟合正弦 PRI 信息准则

三种信息准则均在滞后系数为 9 时，达到全局最小值。采用该滞后系数对掺杂 3%的缺失脉冲的正弦 PRI 进行离群值剔除以及切换点检测的实验结果如图 6.41 所示，可知上述策略对于低缺失脉冲和虚假脉冲比例的正弦 PRI 有较好的清洗效果，能够较为准确地检测切换点。

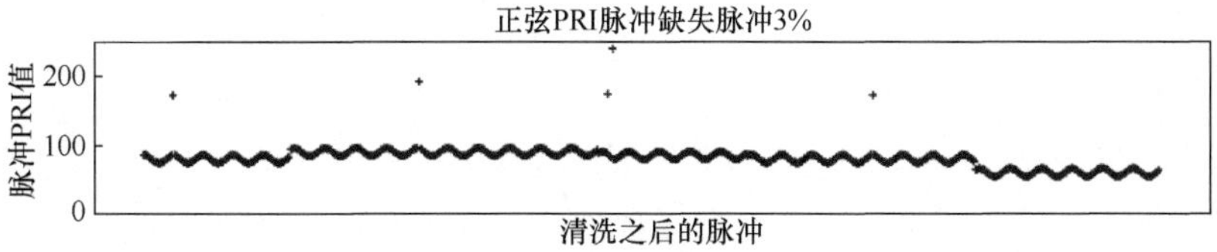

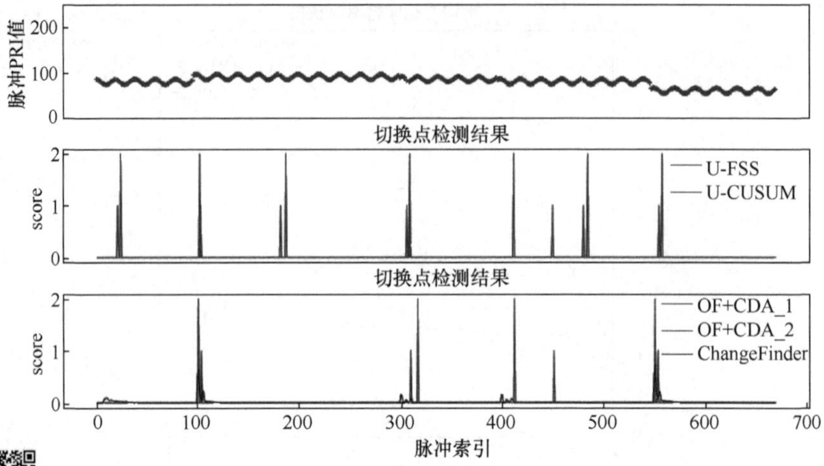

图 6.41　正弦 PRI 调制工作状态切换点检测结果(缺失脉冲 3%)

扫码见彩图

6.5　先进多功能雷达系统行为识别方法

在前面小节所给方法得到的输入序列脉冲级状态标签序列基础上，本节给出进一步经过级联的状态符号生成、行为识别两步完成先进多功能雷达系统行为识别的方法。

6.5.1　状态符号序列生成

状态符号序列生成的任务是在脉冲级状态标签序列空间 $\mathcal{S}^{\mathrm{p}}$ 映射到状态符号序列空间 $\mathcal{S}^{\mathrm{sym}}$ 建立如下映射函数 $f_{\mathrm{p\text{-}s}}$，实现映射：

$$f_{\mathrm{p\text{-}s}}:\mathcal{S}^{\mathrm{p}}\rightarrow\mathcal{S}^{\mathrm{sym}}$$

由于各个状态对应的单一状态片段长度是先验信息，不一定总是可得，因此考虑各个状态的类别对应脉冲数目具体已知和未知两种情况给出状态符号转换算法。具体的状态符号序列生成方法框架如图 6.42 所示。

第一步状态标签序列合并，完成将一些状态片段内部因为识别错误造成的零星不连续状态标签合并成完整相邻状态片段的标签，算法 6.7 给出状态标签序列合并示例。

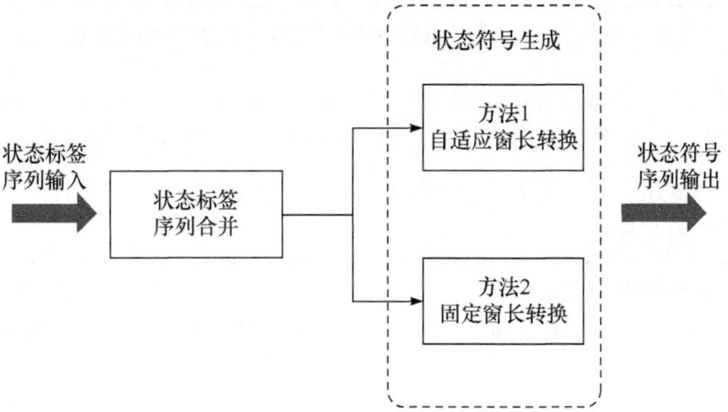

图 6.42　状态符号序列生成实现过程图

算法 6.7　状态标签序列合并

状态标签序列合并算法：将一些状态片段内部因为识别错误造成的零星不连续状态标签合并成相邻状态片段的标签。

输入：状态标签序列 $\boldsymbol{D}=\left(D_1, D_2, \cdots, D_T\right)$,片段合并阈值 $\varepsilon_{\text{merge}}$

输出：合并后的状态标签序列

(1) 对 $\boldsymbol{D}$ 做一阶差分得到 $\boldsymbol{D}_{\text{diff}}$。

(2) 找到状态类别切换点集合 $\boldsymbol{B}=\left[0, \operatorname{find}\left(\boldsymbol{D}_{\text{diff}} \neq 0\right), T\right]$。假定 M 个切换点。$\boldsymbol{B}=\left(b_1, b_2, \cdots, b_M\right)$ 为切换点集合。

(3) 对 $\boldsymbol{B}$ 做一阶差分得到 $\boldsymbol{B}_{\text{diff}}$，$\boldsymbol{B}_{\text{diff}}$ 即为每个片段的长度，$\boldsymbol{B}_{\text{idx}}=\operatorname{find}(\boldsymbol{B}_{\text{diff}} \leqslant \varepsilon_{\text{merge}})$。

(4) 若 $\boldsymbol{B}_{\text{idx}}$ 不为空，将 $\boldsymbol{B}_{\text{idx}}$ 中每一个片段的状态标签置成其对应前一个片段的标签。

(5) 得到合并后的状态标签序列 $\boldsymbol{D}$。

然后对合并之后的状态标签序列进行状态符号序列生成，如果已知各个状态对应的单一状态片段长度先验，采用自适应窗长的状态符号转换方法；对于片段长度先验信息未知的情况，对每个状态采取固定窗长转换得到状态符号序列。

自适应窗长转换方法将该状态标签序列中各个状态类别对应的标签片段 $\text{Seg}\{i\}$ 提取，按各个状态对应的状态片段长度 L_D 将各个状态类别对应的标签片段 $\text{Seg}\{i\}$ 转换成状态符号序列 $\text{Sym}\{i\}$($D \in \text{Seg}\{i\}$ 表示对应状态类别的索引)。然后根据标签片段对应的顺序，排列各个状态对应的状态符号序列，得到最终的状态符号序列 $\textbf{Sym}$。假定 $\boldsymbol{D}$ 已经事先经过算法 6.8 的小窗长合并，算法 6.8 给出了自适应窗长转换的实现方法，其中 $\left|\text{Seg}\{i\}\right|$ 表示 $\text{Seg}\{i\}$ 的长度，$\lfloor\cdot\rfloor$ 表示向下取整。

算法 6.8 自适应窗长转换算法：将状态标签序列按各个状态类别对应的片段长度自适应转换成符号序列

输入：合并之后的状态标签序列 $\boldsymbol{D}=(D_1,D_2,\cdots,D_T)$，状态符号类别集合 $\Sigma_{\text{sym}},|\Sigma_{\text{sym}}|=K$，以及状态片段长度集合 $\Sigma_{\text{len}}=\{L_1,L_2,\cdots,L_K\}$

输出：转换后的符号序列

(1) 对 $\boldsymbol{D}$ 做一阶差分得到 $\boldsymbol{D}_{\text{diff}}$。

(2) 找到状态类别切换点集合 $\boldsymbol{B}=[0,\text{find}(\boldsymbol{D}_{\text{diff}}\neq 0),T]$。假定找到 M 个切换点，则记 $\boldsymbol{B}=(b_1,b_2,\cdots,b_M)$。

(3) For $i=1:M-1$ %对每个片段

$\text{Seg}\{i\}=\boldsymbol{D}(b_i+1:b_{i+1})$。%取出该片段标签序列，仅包含一个类别标签。

$\text{nMerge}=\left\lfloor |\text{Seg}\{i\}|/L_{D,D\in\text{Seg}\{i\}}\right\rfloor$ %根据片段长度计算每个片段需要合并的次数。

$\text{Sym}\{i\}=[\text{Seg}\{i\}(1),\text{Seg}\{i\}(1),\cdots,\text{Seg}\{i\}(1)]$ 共 nMerge 个符号，来自状态类别 $\text{Seg}\{i\}(1)$。

End

(4) $\textbf{Sym}=[\text{Sym}\{1\},\text{Sym}\{2\},\cdots,\text{Sym}\{M-1\}]$。拼接所有片段的状态符号。

固定窗长转换方法对每个状态采取固定窗长转换得到状态符号序列，然后将所有片段得到的状态符号按顺序排列，即得到了状态标签序列对应的状态符号序列。

对 6.2.3.2 节中采集得到的外场数据进行识别得到的状态标签序列(如图 6.17 所示)，通过上述两种不同状态符号序列生成方式得到的状态符号序列如图 6.43 所示。

与图 6.43 对应样本的状态转移矩阵分别为：

$$\begin{bmatrix} 0.0690 & 0.9310 \\ 0.3095 & 0.6905 \end{bmatrix}$$

和

$$\begin{bmatrix} 0.7013 & 0.2987 \\ 0.2424 & 0.7576 \end{bmatrix}$$

6.5.2 状态行为映射识别

6.1.2.1 节给出了符号层符号行为识别与推理任务建模。本节讨论雷达状态与雷达行为间的映射关系以及所采用的行为识别算法。

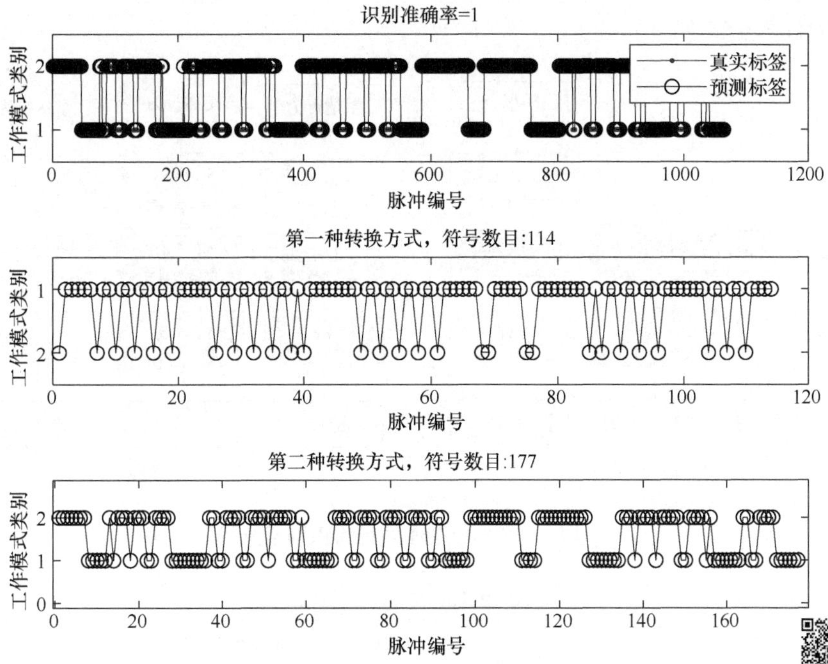

图 6.43　两种符号序列转换方式

扫码见彩图

记 $\sum_{\text{mode}}=\{1,2,\cdots,N\}$ 为行为类别集合，$\sum_{\text{sym}_n}=\left\{1,2,\cdots,N_n^{\text{sym}}\right\}$ 为第 n 个行为 cmode_n 对应的状态集合。则假定状态的转移特征服从某种状态转移矩阵，以马尔可夫链为例，状态转移矩阵为 $\boldsymbol{S}^{\text{Tran}}=\left[s_{ij}^{\text{Tran}}\right]_{\left|\sum_{\text{sym}_n}\right|\times\left|\sum_{\text{sym}_n}\right|}$。其中 state 为马尔可夫链状态的随机变量：

$$\Pr\left(\text{state}_t=i\mid\text{state}_{t-1}=j\right)=s_{ji}^{\text{Tran}},\quad \text{for all } i,j\in\sum_{\text{sym}_n} \tag{6-66}$$

由于对某些传统 MFR(如“水星”雷达)而言，其固定数目 Num = 4 的状态符号对应一个雷达行为，因此可以直接基于 Num 对状态符号序列进行分割，然后对每个片段进行识别。状态与行为间映射关系可以利用时序深度网络进行求解。两种不同的行为识别方法示意图如图 6.44 所示。

图 6.44(a)为 Seq2one 识别方案，输入一个状态脉冲序列片段输出该片段对应的雷达行为类别。图 6.44(b)为 Seq2seq 识别方案，输入一个包含多个行为的工作状态符号序列，输出每个工作状态符号对应的行为类别。由于不同的行为可能存在相同的状态序列(公共状态序列)，通过序列到序列学习(Seq2seq)可以利用行为间的转移关系，一定程度上缓解对这些公共状态序列的识别错误。在利用智能化网络识别之外，还可以获得行为的状态转移矩阵。根据状态转移矩阵中包含的状态类别，以及各个类别间的转移概率值，也可以进行行为类别判断。以 $\boldsymbol{S}^{\text{Tran}}$ 为例，

s_{ij}^{Tran} 的计算公式如下：

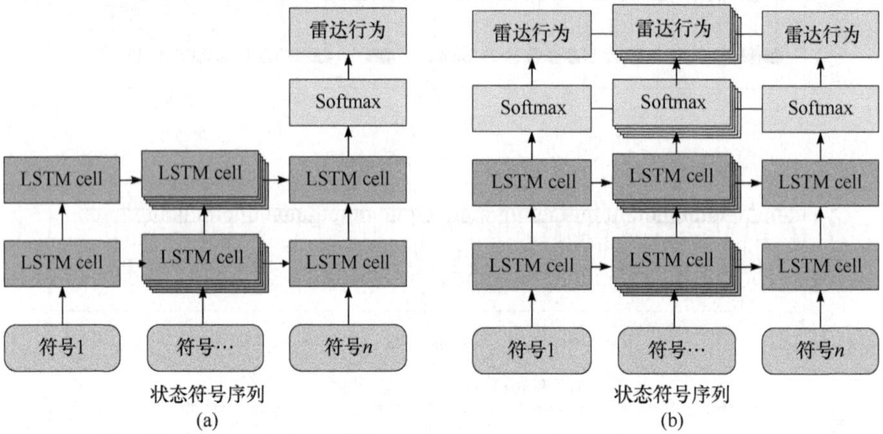

图 6.44　基于 LSTM 的行为识别示意图

$$\hat{s}_{ji}^{\text{Tran}} = \frac{\text{count}\left(\text{state}_{t-1} = j, \text{state}_t = i\right)}{\sum_{k \in \sum_{\text{sym}_n}} \text{count}\left(\text{state}_{t-1} = j, \text{state}_t = k\right)} \tag{6-67}$$

其中， $\text{count}\left(\text{state}_{t-1} = j, \text{state}_t = i\right)$ 指状态符号序列中状态对 $\left(\text{state}_{t-1} = j, \text{state}_t = i\right)$ 出现的次数。根据先验知识设计规则，对上述马尔可夫链进行判别得到行为类别。

在无先验信息的情况下通过状态符号序列，可以得到行为对应的状态集合以及状态转移矩阵。这里的无先验，本质上是指算法无行为对应的带标记训练数据，但雷达信号的参数本身具有一定的特征反应行为状态信息，例如可以根据机载多功能雷达空-面模式下的雷达工作状态典型参数[56]对状态符号进行划分，然后根据符号类型和转移规律进行行为类别判定。这些内容不在这里进行展开。

6.5.3　行为识别仿真数据实验

不失一般性，本节使用“水星”雷达的雷达行为(雷达命令)与雷达工作状态(雷达字)进行仿真实验。工作状态与雷达行为对应关系如表 2.5 所示，表中五个行为服从论文中的转移矩阵[1]，类别 1～5 分别对应搜索、捕获、非自适应跟踪、距离分辨以及跟踪保持。按上述状态转移矩阵产生仿真产生 100 个行为切换序列，每个行为切换序列中包含 100 个雷达行为符号。将 100 个样本按比例 70%、15%、15%划分训练、验证和测试集。采用两个不同的网络进行训练，第一个网络采用 HSSLSTM 架构，第二个网络将 HSSLSTM 中的 Bi-LSTM 层改成 LSTM 层，记为 LSTM。HSSLSTM 利用了时刻 t 未来的状态符号信息，更适合线下对侦收的一段脉冲进行识别。而 LSTM 即对当前状态符号进行识别时不用到未来时刻的状态符号信息，可以用于在线识别。

根据 6.2.2 节的基本原理构建序列到序列雷达行为识别模型。图 6.45 给出了 HSSLSTM 和 LSTM 对一个样本的识别结果，该样本从雷达搜索行为开始，模拟了雷达对单目标搜索、确认、跟踪、失跟、搜索、确认、跟踪的一个过程。在 15 个测试样本中，HSSLSTM 的总体准确率为 99.59%，LSTM 的准确率为 99.42%，二者均能以几乎完美的形式识别出雷达行为。主要的识别错误来自 $w_6w_6w_6w_6$，这是因为其属于三个雷达行为，对该符号序列片段，理论上仅 33% 的概率识别正确。根据行为的转移规律可以一定程度上缓解这个雷达字序列造成的混淆提升识别率，但并不能完全消除混淆。

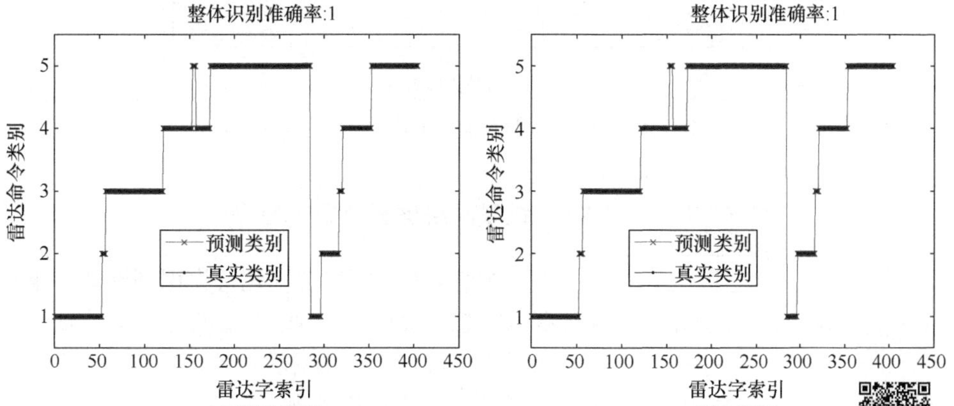

(a) HSSLSTM　　(b) LSTM

图 6.45　行为识别结果

扫码见彩图

下面给出两个算法随雷达状态错误率变化时识别结果的变化情况。状态符号序列中一定比例的符号按概率错误识别为其他符号。错误率从 0%到 20%步进，步进量为 2%。在每个错误率取值产生 100 个序列样本，总共 2200 个样本。在训练和验证集进行模型训练，然后在每个错误率的测试集进行测试，得到 11 个测试结果如图 6.46 所示。

HSSLSTM 的平均准确率为 99.96%，而 LSTM 为 99.65%。整体来看，HSSLSTM 的性能优于 LSTM，但 HSSLSTM 在计算时用到了未来时刻的状态符号，因此更适用于线下对侦收的一段符号序列进行识别，而 LSTM 则根据当前和历史时刻的状态符号给出识别结果，因此也适合在线识别。两种算法对低雷达字错误比例都不敏感，这和论文中的结论一致[2]。但随着错误率进一步提升，将更容易出现多个连续的符号错误，此时将对行为识别性能造成较大影响。此外由于随机替换符号，使得样本丰富性增加，一定程度上深度网络算法性能有提升。

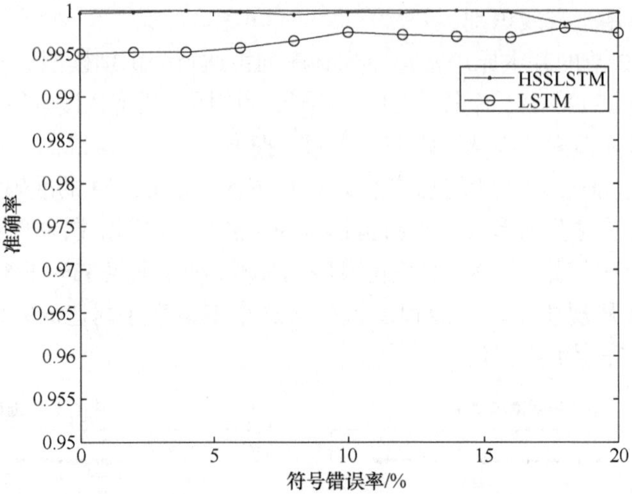

图 6.46　不同符号错误率情况下的识别性能

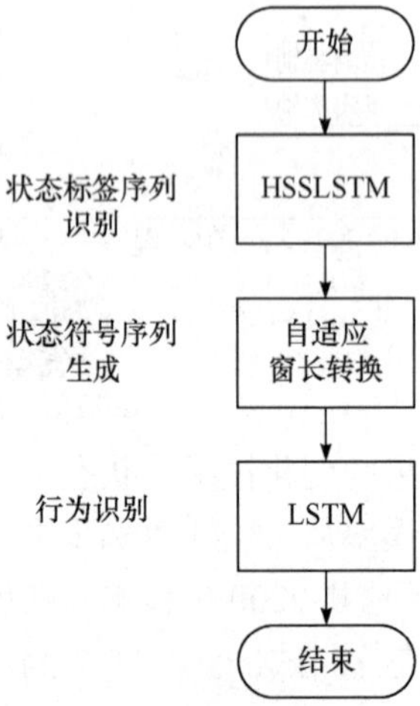

图 6.47　基于脉冲序列输入的级联行为识别算法流程

6.5.4　级联网络仿真数据实验

本节按照 6.1 节所提层次化行为识别框架，开展级联本章状态标签序列识别、状态符号序列生成、行为识别算法实现行为识别的算法验证。实验的算法选择和仿真流程如图 6.47 所示。

不失一般性，基于状态转移矩阵方法仿真产生表 6.11 中所列 6 种雷达行为对应的脉冲序列，状态标签序列识别采用 HSSLSTM 方法，状态符号序列生成采用自适应窗长转换方法，状态到行为映射采用训练好的行为识别 LSTM 网络，级联进行雷达行为识别。仿真多功能雷达搜索、跟踪、识别状态各有三个调制类型级的状态实现，即调制参数在表 6.12 所示参数空间随机采样得到。

表 6.11　测试用多功能雷达状态序列及意图映射列表

行为名称	状态序列特征	雷达意图映射
边搜边跟踪	状态全部为搜索； 搜索状态相同/不同； 序列周期重复	全域警戒
搜索加跟踪行为 1	跟踪重复； 多个穿插在搜索内	跟踪

续表

行为名称	状态序列特征	雷达意图映射
搜索加跟踪行为 2	跟踪重复比行为 1 快； 多个穿插在搜索内	重点跟踪
持续跟踪	全是跟踪状态； 不变化	火控
宽带跟踪	识别状态重复很快； 多个穿插在搜索内	目标识别

表 6.12　行为识别测试用多功能雷达状态列表

状态类别	标签	RF 调制	RF 初始值 /GHz	PRI 调制	PRI 初始值/μs	脉冲数	脉内调制	带宽/MHz
搜索	S1	固定	[9.5,10.5]	固定	[3,100]	128	简单脉冲	—
	S2	固定	[9.5,10.5]	固定	[100,300]	128	LFM	2
	S3	固定	[9.5,9.9]	固定	[300,500]	256	相位编码	—
跟踪	T1	固定	[9.5,10.5]	抖动	[3,100]	128	LFM	[15,50]
	T2	固定	[9.5,10.5]	参差	[100,300]	64	LFM	[15,50]
	T3	固定	[9.5,9.9]	固定	[300,500]	32	LFM	[15,50]
识别	R1	固定	[9.5,10.5]	固定	[3,100]	128	LFM	15
	R2	固定	[9.5,10.5]	抖动	[100,300]	32	LFM	50
	R3	捷变	[9.5,9.9]	固定	[300,500]	64	LFM	80

不同行为识别算法测试场景下的行为识别结果如表 6.13～表 6.15 所示。

表 6.13　行为识别算法测量误差单一非理想条件测试结果

测量参数	误差范围	识别准确率	平均准确率
载频	±5%	1	1
	±10%	1	
	±15%	1	
	±20%	1	
脉宽	±5%	1	1
	±10%	1	
	±15%	1	
	±20%	1	

表 6.14 行为识别算法虚假脉冲单一非理想条件测试结果

虚假脉冲比例	识别准确率	平均准确率
10%	1	
20%	1	
30%	1	0.986
40%	1	
50%	0.93	

表 6.15 行为识别算法缺失脉冲单一非理想条件测试结果

缺失脉冲比例	识别准确率	平均准确率
5%	1	
10%	1	
15%	0.99	0.987
20%	1	
25%	0.93	
30%	1	

综上可知，本章所提系列方法可以支持对多功能雷达行为层次化识别，整个算法流程下来对给定的行为样本仿真数据，在各种非理想条件下都能够取得非常好的识别结果。应该指出，上述仿真实验中的辐射源设置仍然比较简单，且非理想情况下选择的行为也比较简单，因此准确率都很高。需要在真实世界辐射源的复杂设置下进一步验证。

6.6 本章小结

本章基于先进多功能雷达的观测分析模型，给出了实现多功能雷达状态行为识别技术的系列算法。在符号-脉冲层工作状态符号序列识别方面，基于序列到序列学习的 HSSLSTM 算法，具有识别尺度细、识别准确率高且能给出状态切换边界等优点；基于时间序列聚类的 MRTSC 算法，可在不需要状态先验信息条件下完成调制参数级雷达状态切换检测与调制参数估计，相较于传统雷达对抗中所用聚类算法有较大的性能提升；基于序贯假设检验理论的雷达状态参数估计和切换点检测算法，对于非理想观测具有较好鲁棒性。在符号层行为识别方面，构建的两种不同结构长短时记忆网络，可以表征雷达信号和雷达行为之间任意的概率分布，实现对行为类别的准确识别。

参考文献

[1] 欧健. 多功能雷达行为辨识与预测技术研究[D]. 长沙：国防科技大学, 2017.
[2] 刘海军. 雷达辐射源识别关键技术研究[D]. 长沙：国防科技大学, 2010.
[3] 阳榴, 朱卫纲, 吕守业, 等. 多功能雷达工作模式识别方法综述[J]. 电讯技术, 2020, 384(11): 124-130.
[4] 刘章孟, 袁硕, 康仕乾. 多功能雷达脉冲列的语义编码与模型重建[J]. 雷达学报, 2021. 10(4): 559-570.
[5] Visnevski N, Haykin S, Krishnamurthy V, et al. Hidden Markov models for radar pulse train analysis in electronic warfare[C]. International Conference on Acoustics, Speech, and Signal Processing. 2005.
[6] 王勇军. 一种改进的事件驱动的 MFR 雷达字提取方法[J]. 现代雷达, 2019, 41(3): 17-20, 26.
[7] Visnevski N A. Syntactic modeling of multi-function radars[D]. Hamilton, Ontario, Canada: McMaster, 2005.
[8] Visnevski N, Krishnamurthy V, Wang A, et al. Syntactic modeling and signal processing of multifunction radars: A stochastic context-free grammar approach[J]. Proceedings of the IEEE, 2007, 95(5): 1000-1025.
[9] Wang A. Krishnamurthy V. Signal interpretation of multifunction radars: modeling and statistical signal processing with stochastic context free grammar[J]. IEEE Transactions on Signal Processing, 2008, 56(3): 1106-1119.
[10] Wang A, Krishnamurthy V. Threat estimation of multifunction radars: Modeling and statistical signal processing of stochastic context free grammars[C]. IEEE International Conference on Acoustics, 2007.
[11] 代鹂鹏, 王布宏, 曹帅, 等. 基于最优解析树提取的多功能雷达状态快速估计方法[J]. 电子学报, 2016, 44(3): 6.
[12] 代鹂鹏, 王布宏, 蔡斌, 等. 基于 SCFG 建模的多功能雷达状态估计算法[J]. 空军工程大学学报：自然科学版, 2014, 15(3): 5.
[13] 方旖, 毕大平, 潘继飞, 等. 基于神经网络的多功能雷达行为辨识方法[J]. 空军工程大学学报:自然科学版, 2020, 21(3): 7.
[14] 代鹂鹏, 王布宏, 沈海鸥, 等. 基于文法派生解析表的多功能雷达快速参数估计方法[J]. 电子学报, 2016, 44(2): 392-397.
[15] 刘海军, 李悦, 柳征, 等. 基于随机文法的多功能雷达识别方法[J]. 航空学报, 2010, 31(9): 1809-1817.
[16] 刘海军, 樊昀, 李悦, 等. 多功能雷达建模中的雷达字提取技术研究[J]. 国防科技大学学报, 2010, 32(2): 91-96.
[17] 曹帅, 王布宏, 李龙军, 等. 基于随机无穷自动机的多功能雷达辐射源识别方法[J]. 计算机应用, 2017, 37(2): 608-612.
[18] Jian O, Chen Y, Zhao F, et al. Novel method for radar word extraction in the syntactic model of multi-function radar[C]. Radar Symposium, 2017.
[19] Bi D, Chen Q, Fang Y, et al. Multi-function radar behavior state detection algorithm based on Bayesian criterion[C]. 2019 IEEE 4th Advanced Information Technology, Electronic and

Automation Control Conference (IAEAC), Chong qing, 2019.
[20] Apfeld S, Charlish A. Recognition of unknown radar emitters with machine learning[J]. IEEE Transactions on Aerospace and Electronic Systems, 2021, 57(6): 4433-4447.
[21] Xu X, Bi D, Pan J. Method for functional state recognition of multifunction radars based on recurrent neural networks[J]. IET Radar, Sonar & Navigation, 2021, 15(7): 724-732.
[22] Wang P, Liu W, Wang C, et al. Recognition of MFR based motif discovery[C]. 2021 IEEE 4th International Conference on Electronic Information and Communication Technology (ICEICT), Xi'an, 2021.
[23] Liu Z M. Recognition of multifunction radars via hierarchically mining and exploiting pulse group patterns[J]. IEEE Transactions on Aerospace and Electronic Systems, 2020, 56(6): 4659-4672.
[24] Li C, Wang W, Wang X. A method for extracting radar words of multi-function radar at data level[C]. International Radar Conference, Xi'an, 2013.
[25] Chen Y, Zhao F, Liu J, et al. Novel approach for the recognition and prediction of multi-function radar behaviours based on predictive state representations[J]. Sensors, 2017, 17(3): 632.
[26] Jian O, Chen Y G, Zhao F, et al. A method for operating mode identification of multi-function radars based on predictive state representations[J]. IET Radar Sonar & Navigation, 2017, 11(3): 426-433.
[27] Wang J G, Liu J Q. The pulse sequence pattern and signal processing of complex radars[C]. International Conference Signal Processing Systems, 2010.
[28] Kauppi J P, Martikainen K, Ruotsalainen U. Hierarchical classification of dynamically varying radar pulse repetition interval modulation patterns[J]. Neural Networks, 2010, 23(10): 1226-1237.
[29] Liu X Q, Huang Z T, Wang F H, et al. Towards convolutional neural networks on pulse repetition interval modulation recognition[J]. IEEE Communications Letters, 2018, (99): 1-8.
[30] Liu Z M, Yu P S. Classification, denoising and deinterleaving of pulse streams with recurrent neural networks[J]. IEEE Transactions on Aerospace and Electronic Systems, 2019.
[31] Wei S J, Qu Q Z, Wu Y, et al. PRI Modulation Recognition Based on Squeeze-and-Excitation Networks[J]. IEEE Communications Letters, 2020, 24(5): 1047-1051.
[32] Qu Q Z, Wei S J, Wu Y, et al. ACSE Networks and Autocorrelation Features for PRI Modulation Recognition[J]. IEEE Communications Letters, 2020: 1.
[33] Li X, Liu Z, Huang Z. Attention-based radar PRI modulation recognition with recurrent neural networks[J]. IEEE Access, 2020, 8: 57426-57436.
[34] 马爽. 多功能雷达电子情报信号处理关键技术研究[D]. 长沙：国防科技大学，2013.
[35] 关欣，张玉虎，凌寒羽. 电子扫描雷达信号主干工作模式的提取[J]. 电光与控制，2018, 25(11): 88-92.
[36] Gurbuz S Z, Griffiths H D, Charlish A, et al. An overview of cognitive radar: Past, present, and future[J]. IEEE Aerospace and Electronic Systems Magazine, 2019, 34(12): 6-18.
[37] Haykin S, Xue Y. Setoodeh P. Cognitive radar: Step toward bridging the gap between neuroscience and engineering[J]. Proceedings of the IEEE, 2012, 100(11): 3102-3130.
[38] 代策宇. 多功能雷达工作状态识别与行为预测研究[D]. 成都：电子科技大学，2021.
[39] Gehring J, Auli M, Grangier D, et al. Convolutional sequence to sequence learning[C]. 34th

International Conference on Machine Learning ICML, 2017, Sydney, NSW, Australia: International Machine Learning Society(IMLS).
[40] Goodfellow I, Bengio Y, Courville A. Deep Learning[M]. Cambridge: The MIT Press, 2016: 800.
[41] Sutskever I, Vinyals O, Le Q V. Sequence to sequence learning with neural networks[J]. Advances in Neural Information Processing Systems, 2014.
[42] Charlish A, Hoffmann F. Cognitive radar management, in Novel Radar Techniques and Applications Volume 2: Waveform Diversity and Cognitive Radar, and Target Tracking and Data Fusion[J]. Institution of Engineering and Technology, 2017: 157-193.
[43] Liu Z. Online pulse deinterleaving with finite automata[J]. IEEE Transactions on Aerospace and Electronic Systems, 2019: 1.
[44] Kingma D, Ba J. Adam: A method for stochastic optimization[J]. Computer Science, 2014, 7(2): 116-125.
[45] Srivastava N, Hinton G, Krizhevsky A, et al. Dropout: A simple way to prevent neural networks from overfitting[J]. Journal of Machine Learning Research, 2014, 15(1): 1929-1958.
[46] Salles R, et al. Nonstationary time series transformation methods: An experimental review[J]. Knowledge-Based Systems, 2019, 164: 274-291.
[47] Philippe E, Carlos A. Time-series data mining[J]. ACM Computing Surveys, 2012.
[48] Schwarz G. Estimating the dimension of a model[J]. The Annals of Statistics, 1978, 6(2): 461-464.
[49] Guillaume R, Ali M-D, Cyrille E. Radar emitters classification and clustering with a scale mixture of normal distributions[J]. IET Radar Sonar & Navigation, 2018, 13(1): 128-138.
[50] Feng X, Hu X, Liu Y. Radar signal sorting algorithm of k-means clustering based on data field[C]. IEEE International Conference Computer and Communications, Paris, 2017.
[51] Yang Z, Wu Z L, Yin Z D, et al. Hybrid radar emitter recognition based on rough k-means classifier and relevance vector machine[J]. Sensors, 2013, 13(1): 848-864.
[52] Ester M, et al. A density-based algorithm for discovering clusters in large spatial databases with Noise[J]. Knowledge Discovery and Data Mining, 1996.
[53] von Luxburg U. A tutorial on spectral clustering[J]. Statistics and Computing, 2007, 17(4): 395-416.
[54] Nystrup P, Madsen H, Lindstrom E, Long memory of financial time series and hidden Markov models with time-varying parameters[J]. Journal of Forecasting, 2017, 36(8): 989-1002.
[55] Takeuchi J, Yamanishi K, A unifying framework for detecting outliers and change points from time series[J]. IEEE Transactions on Knowledge and Data Engineering, 2006, 18(4): 482-492.
[56] Skolnick M. Radar Handbook (Third Edition)[M]. New York: Mcgraw-Hill Publ.Comp, 2008.

第 7 章　认知多功能雷达系统行为逆向分析

认知雷达利用感知-行动环路，可以通过对环境的实时感知理解和特定目标函数求解来优化系统行为。本章对雷达对抗场景中干扰方视角下的认知多功能雷达系统行为逆向分析推理框架进行分析，并给出认知多功能雷达逆分析中逆资源管理和回报函数反演的深度学习实现方法设计。

7.1　认知多功能雷达系统行为逆向分析任务概述

本节为认知多功能雷达系统行为逆向分析任务概述，首先介绍雷达系统行为逆向分析的基本任务内涵，并构建了针对认知多功能雷达系统行为的逆向分析框架；然后在梳理多功能雷达系统行为逆向分析技术研究情况基础上，说明国内外对于雷达对抗中的逆向分析技术研究均仍处于起步阶段，逆强化学习和逆滤波是实现雷达系统逆向分析处理的可行途径。

7.1.1　雷达系统行为逆向分析任务内涵

雷达对抗场景中的雷达方和干扰方的系统组成，整体上均可概括为收发天线、接收机和发射机、信号与信息处理、资源管理调度、发射/干扰信号优化和生成等分系统。具体来说，雷达系统在工作时，首先通过天线发射信号并从环境中接收回波信号，然后对所接收信号进行信号处理并从中获取对目标状态和环境信息的估计，最后根据信号和信息的处理情况进行系统资源调度、发射波形优化、抗干扰措施调整等动作的决策，以保证雷达对目标搜索、稳定跟踪或精确识别等任务的性能；干扰系统在工作时，首先通过天线截获雷达信号，利用参数测量等信号处理手段获取雷达信号的时频信息，并对所获取信息做进一步处理，如识别雷达型号、工作状态、评估干扰效果等，其输出可供干扰系统进行资源管理调度和干扰优化，最后通过干扰系统的发射模块发射优化后的干扰信号，实现对雷达系统的干扰，最大程度避免雷达对目标实现稳定跟踪或识别。

雷达对抗场景中的雷达方和干扰方间交互是非合作的，双方在对抗过程中相互躲避、相互感知、相互博弈。近年来不断提升的系统智能化水平，给对抗双方系统的识别分析能力提出了更高要求，也使得雷达对抗场景中的逆向分析技术研究走进了研究者的视线。这一技术期望探索基于可用的对手系统外部观测，对其内部状态和响应进行逆向分析并为己所用。

本书考虑干扰系统作为分析方，给出针对认知多功能雷达系统行为的逆向分析框架如图 7.1 所示，具体包括逆信号/信息处理、逆资源调度、逆信号优化三类功能模块。需要指出，图中所示框架也可以表征当雷达对干扰机进行逆向分析时的实现框架，只是各个逆处理模块对应的任务内涵不同。

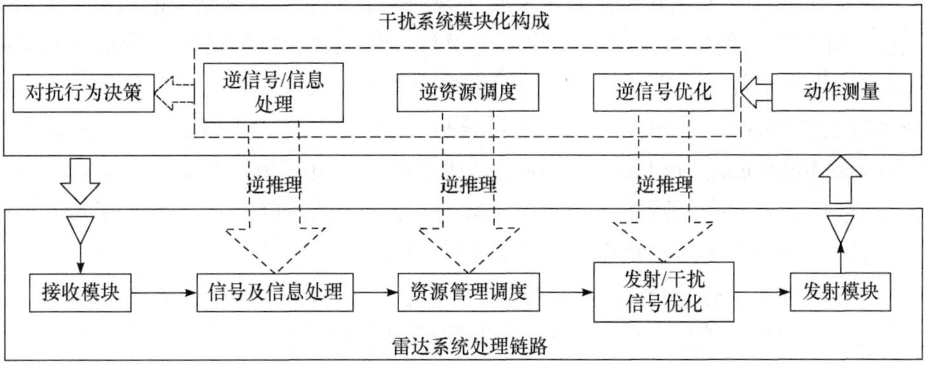

图 7.1 干扰系统对认知多功能雷达系统行为的逆向分析框架

三类逆向分析功能模块的具体任务映射参见表 7.1。具体地，逆信号优化模块属于信号级的反演分析，可基于侦收雷达信号的参数测量结果数据序列，利用逆强化学习方法等技术，实现对雷达方实现发射信号波形优化的目标函数进行反演分析，以支持干扰系统的干扰效果评估及干扰策略优化；逆资源管理分析模块属于慢时间域的反演分析，可基于侦收测量所得的雷达在时、频、空、能量域的行为序列，利用逆强化学习方法等技术，实现对雷达方的资源管理调度目标函数进行反演分析，以支持干扰策略优化；逆信号/信息处理模块属于快时间域分析，可基于对雷达信号量测获取的时频量测信息或对雷达位置探测获取的空间量测信息，利用逆滤波处理等技术，对雷达系统的信号及信息处理模块中对应的关键节点状态进行分析。

表 7.1 干扰机对雷达系统进行逆向分析的模块任务映射

逆分析模块 / 逆分析实现	逆信号/信息处理	逆资源调度	逆信号优化
针对环节	雷达系统信号和信息处理中关键节点，如跟踪滤波等环节	雷达系统的资源管理调度模块	雷达系统的发射波形优化模块
模块输入	雷达信号时频量测信息、雷达位置空间量测信息	可观测雷达行为动作序列，如时、频、空、能量域等多域动作序列	雷达信号时频量测信息序列
模块输出	即时获取关键节点信息，如雷达跟踪精度变化情况	反演雷达资源调度(功率分配、任务调度等)目标函数	反演雷达发射波形优化目标函数

由表 7.1 可知，干扰机对雷达系统的逆向分析处理解决的是非合作条件下对雷达系统内部某个处理环节输出状态的估计问题。因为雷达对抗是随时间顺序进行的双方动态交互过程，上述逆向分析所估计的输出状态均为时间序列。

7.1.2 逆向分析技术实现途径分析

逆向分析研究通过系统外部行为或表现逆向分析系统内部细节的过程。卡尔曼早在 1964 年发表的文献[1]中就研究了逆最优控制问题，目的是确定给定控制策略的成本准则是最优的。近年来逆向分析在多个领域被关注和研究，针对不同的逆向分析解决方法被提出并用于解决不同领域的具体问题。在人工智能领域，逆强化学习(Inverse Reinforcement Learning, IRL)是典型的逆分析问题，即在给定策略或观测行为的条件下逆向推断智能体的回报函数；在控制领域，逆滤波(Inverse Filtering, IF)方法可以实现对系统内部状态估计结果的逆向分析，完成故障定位等任务。

逆强化学习是强化学习的逆向过程。强化学习(Reinforcement Learning, RL)是一种从环境到行为映射的学习过程，智能体利用与环境的不断交互获得的奖励回报改善自身策略，经多次迭代后智能体可以学习到用于完成任务的最佳策略[2]。强化学习已经在游戏[3]、自动驾驶[4]、机器人[5]、自动控制[6, 7]等许多领域得到广泛应用。为解决强化学习中回报函数设计这一难点问题，Ng 等人于 2000 年首次提出逆强化学习概念，用于解决未知回报函数的最佳策略求解问题[8]，并在过去的十几年中引起了人工智能、控制理论、机器学习和心理学等领域研究者的极大兴趣。Abbeel 等学者在 2004 年提出了基于逆强化学习的学徒学习方法，并应用于高速公路上的汽车自动驾驶控制问题[9]。 Silva 等人在 2006 年以逃生异构多机器人的路径规划问题为背景研究了 IRL 的策略评价机制并进行了实验[10]。2007 年，Syed 等人通过自适应博弈理论优化，极大地提高了 MWAL 算法的时间效率[11]。Ng 及 Abbeel 在 2008 年应用逆强化学习实现了四足机器人运动中的最优控制[12]。2009 年，Ratliff 等人将线性函数表形式的回报函数模型扩展至非线性回报函数，应用最大边际规划框架避免了寻找最佳策略的复杂过程[13]。Ziebart 等人提出了基于最大熵的 IRL 方法，克服了基于最大边际 IRL 方法存在的歧义问题，并将其应用在汽车自动驾驶控制中，通过实验验证该算法能够解决示范数据样本存在的随机性和次优动作问题[14]。Boularias 等对基于最大熵的逆强化学习方法进一步优化，引入相对熵的概念和重要性采样的方法，在状态转移函数未知的情况下实现逆强化学习[15]。Hadfield-Menell 和 Abbeel 等学者于 2016 年在研究逆强化学习及其应用的基础上，提出了交互式逆强化学习，可实现未知环境中多智能体的共享学习[16]。

逆滤波处理主要讨论的是如何通过贝叶斯滤波输出的状态后验来估计滤波输入或传感器精度[17]。实际上，最早从 1979 年开始就已有专家学者对卡尔曼滤波(Kalman Filter, KF)的逆滤波问题进行了研究。文献[18]、[19]中讨论了包括最优

Kalman 滤波器设计在内的一系列逆问题。文献[17]针对线性高斯状态空间系统的逆滤波问题进行了探讨，文章在给定贝叶斯后验(即均值和协方差的采样路径)的情况下重建测量和某些未知传感器参数，并对已知状态后验带噪声情况下的逆滤波问题进行分析，提出了这两种情况下的逆滤波算法，并通过数值仿真评估了算法对量测误差的鲁棒性。文献[20]讨论了隐马尔可夫模型(Hidden Markov Models, HMM)下的逆滤波问题，提出了基于聚类算法的逆 HMM 滤波算法。在控制领域中，利用逆滤波对状态估计进行逆分析的研究可以追溯到 2006 年，Paul Sundvall 等人在文献[21]中将其用于机器人导航系统的故障检测。移动机器人导航系统需要通过如计算机视觉、激光、声呐等传感器系统测量障碍物姿态并进行路径规划，在避免碰撞的同时到达目的地。由于系统中传感器和状态估计器通常是集成并封装在一起的，因此需对状态估计器进行逆分析，得出机器人导航系统的状态估计输出，并基于此分析其传感器输出和传感器系统的精度。2009 年，学者 Wahlberg 和 Bittencourt 对汽车导航系统故障定位问题进行了研究，采用逆滤波的方法对导航系统状态估计模型进行逆分析，其主要工具为卡尔曼滤波器[22]。国内对于逆分析问题的研究起步较晚，且多集中在对逆强化学习的应用研究。陈智超等人于 2011 年提出了基于灵敏度的逆强化学习方法，并将其应用于迷宫中的路径规划问题[23]。2012 年，夏林锋等在分布式机器人自主导航任务中应用逆强化学习进行最优控制[24]。2017 年，刘钰在文献[25]中利用逆强化学习方法解决了舰载机迁移车的路径规划问题。吴少波等人于 2020 年提出了基于相对熵的逆强化学习方法，克服了传统逆强化学习方法在状态转移概率未知且没有足够多示范样本的情况下存在的求解回报函数慢、精度低的问题[26]。

上述典型逆向处理研究均是针对自身或合作系统的某些环节进行逆向分析。2019 年，以美国康奈尔大学的 Krishnamurthy 教授为首的学者将逆分析问题扩展至非合作对象，以具有认知能力的无人机系统或雷达系统作为对手，探讨如何使用逆滤波方法实现对非合作对手系统目标跟踪环节的逆分析(或称为逆向跟踪)，并估计对手传感器的观测精度[27]。同年，学者 Robert Mattila 在文献[28]中讨论了对抗认知雷达系统的固定间隔平滑问题，考虑构建平滑器以根据可观测雷达动作逆向分析对手雷达对己方离散状态的估计结果。文献[29]将离散状态空间的 HMM 模型逆滤波问题在雷达对抗领域进行扩展，讨论了电子对抗背景下的逆 HMM 滤波与经典逆 HMM 滤波问题的不同之处，并在电子对抗背景下应用逆 HMM 滤波方法实现对雷达传感器观测精度的估计。2020 年 Krishnamurthy 将经济学中的“显示偏好(Revealed Preference)”理论应用于雷达对抗领域，将能够进行波形优化或认知资源管理的认知雷达视为一个具有回报函数的智能体，利用显示偏好原理判断对手是否为认知雷达，并重构其波形优化和资源管理的回报函数，为构建对抗认知雷达系统的自适应处理框架奠定了基础[30]。文献[31]将逆滤波和逆强化学习同时应用于对抗认知雷达的过程，在系统功能和策略层面实现对认知雷达的逆分析。文献[32]则更进一步，构建了针对认知雷达的“信号层-功能层-策略层”的逆分析框架，在功能层应用逆滤波实现对雷达跟踪功能的逆分析，估计其目标状态估计结果和雷达传感器观测精度，在策略层使用逆强化学习完成对雷达认知能力的分析，最终在信号层设计干扰信号以迷惑对手雷达，该自适应雷达对抗系统框架为雷达对抗研究提供了新的视角。

综上所述，国内外对于雷达对抗中的逆向分析技术研究均仍处于起步阶段，逆强化学习和逆滤波是实现雷达系统逆向分析处理的可行实现途径。

7.2 基于逆滤波的逆信号处理方法

本节首先阐明目标跟踪滤波逆向分析任务，然后对典型的雷达目标跟踪滤波算法进行逆滤波算法设计，最后设计仿真了基于逆滤波处理方法的距离门拖引自卫干扰效果在线评估和策略优化方法。

7.2.1 针对雷达目标跟踪滤波的逆分析任务

雷达数据处理中的跟踪滤波环节是雷达目标跟踪的核心，也是雷达信号和信息处理的关键步骤。以有源相控阵雷达为例的雷达系统工作基本过程如图 7.2 所示：回波信号经天线接收后由雷达接收机进行接收放大等处理，然后进行如脉冲压缩、杂波抑制、动目标显示(MTI)、恒虚警(CFAR)检测等信号处理，经距离、角度、速度测量等环节可得目标运动状态量测值。数据处理模块通过相关和滤波处理建立目标运动轨迹，包括对目标运动状态进行预测，再根据由雷达信号处理模块输入的目标运动状态的观测值进行修正，从而得到对目标运动状态的估计，实现目标跟踪。最后根据雷达跟踪等环节的输出进行资源管理、波形优化、平台运动等决策，并通过发射机发射信号[33]。

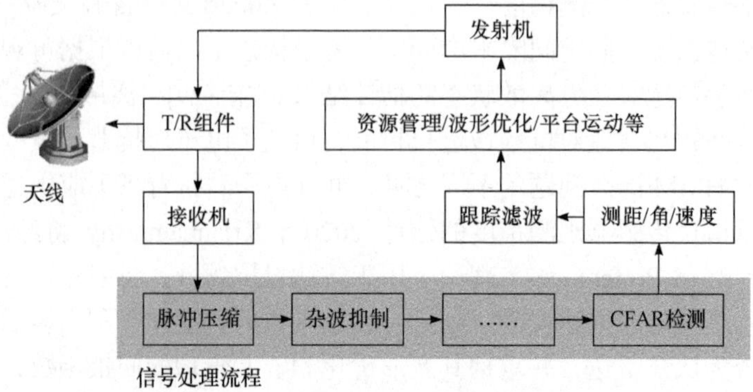

图 7.2　雷达系统工作原理示意图

雷达目标跟踪是对目标运动状态的估计问题，针对噪声、杂波环境、多目标、目标机动等不同应用场景，研究者们设计了许多不同的雷达跟踪滤波算法，表 7.2 总结了不同系统模型下适用的滤波算法及其应用场景和计算复杂度，其中目标运动方程对应状态空间模型的状态方程，量测方程则对应模型的观测方程。具体地，经典卡尔曼滤波(KF)算法要求系统为线性模型，适用于近似匀速或匀加速运动的目标跟踪；扩展卡尔曼滤波(EKF)为非线性模型线性化的解决方法，可以解决非线性运动和量测模型目标的跟踪；$\alpha-\beta$ 滤波器和 $\alpha-\beta-\gamma$ 滤波器等常增益滤波器运算量小、速度快，适用于实时性要求较高的场合；最近邻域(Nearest Neighbor, NN)和概率数据关联(PDA)滤波算法[34]可在有杂波背景下实现滤波；联合概率数据互联(Joint Probabilistic Data Association, JPDA)滤波算法多用在多目标跟踪任务中；交互多模型(Interacting Multiple Model, IMM)滤波算法则常用于对机动目标的跟踪中[35]。

表 7.2　常见雷达跟踪滤波算法

滤波算法类别	滤波算法名称	适应系统模型		应用场景	计算复杂度
		目标运动方程	量测方程		
卡尔曼滤波	KF	线性高斯	线性高斯	精度高，可适用近似匀速或匀加速运动的目标跟踪，不适用于非线性系统	较小
	EKF	非线性高斯	非线性高斯	适用于非线性系统。需要先验知识较多，易产生滤波发散，滤波误差大	较小
	UKF	非线性高斯	非线性高斯	无需线性化非线性模型，不易产生滤波发散，适用于非线性系统 $\alpha-\beta$	较小
常增益滤波	滤波	常速度 CV	线性高斯	适合于实时性要求高的情况，要选择合适的常增益参数	很小
	$\alpha-\beta-\gamma$ 滤波	常加速度 CA	线性高斯	同上	很小
数据关联滤波	NN 滤波	线性/非线性高斯	线性/非线性高斯	杂波密度小的单目标跟踪，可能丢失目标	较小
	PDA 滤波	线性/非线性高斯	线性/非线性高斯	密集杂波单目标跟踪或稀疏回波多目标跟踪，跟踪精度高	中等
	JPDA 滤波	线性/非线性高斯	线性/非线性高斯	密集环境下多目标跟踪，跟踪精度高	较大
机动目标跟踪滤波	IMM 滤波	混合状态模型	线性/非线性高斯	机动目标跟踪	中等

为了建模逆滤波任务，首先将雷达目标跟踪滤波原理用公式表示如下：

$$\boldsymbol{x}_k \sim P_{\boldsymbol{x}_{k-1},\boldsymbol{x}} = p(\boldsymbol{x} \mid \boldsymbol{x}_{k-1}) \tag{7-1}$$

$$\boldsymbol{x}_0 \sim \boldsymbol{\pi}_0 \;\; \boldsymbol{y}_k \sim B_{\boldsymbol{x}_k,\boldsymbol{y}} = p(\boldsymbol{y} \mid \boldsymbol{x}_k) \tag{7-2}$$

$$\boldsymbol{\pi}_k = T(\boldsymbol{\pi}_{k-1}, \boldsymbol{y}_k) = p(\boldsymbol{x}_k \mid \boldsymbol{y}_{1:k}) \tag{7-3}$$

其中，$k=1,2,\cdots,N$ 表示离散化时间，$p(\sim)$ 表示条件概率密度函数，～表示服从的分布。用式(7-1)表示雷达目标跟踪滤波系统模型中的状态方程，$\boldsymbol{x}_k$ 是基于马尔可夫过程的目标真实运动状态，包括目标距离、速度、加速度等状态信息，$P_{\boldsymbol{x}_{k-1},\boldsymbol{x}}$ 表示 $\boldsymbol{x}_k$ 的状态转移规则，$\boldsymbol{\pi}_0$ 表示目标初始状态分布。式(7-2)表示雷达状态估计系统模型中的观测方程，$\boldsymbol{y}_k$ 表示雷达对目标运动状态的带噪观测值，服从观测偏好 $B_{\boldsymbol{x}_k,\boldsymbol{y}}$。式(7-3)用于描述雷达方对目标跟踪滤波的过程，将雷达状态估计输出记为 $\hat{\boldsymbol{x}}_k$，T 算子代表不同的滤波器，不同场景下的 T 不同，依照贝叶斯估计理论，状态估计后所得 $\boldsymbol{\pi}_k$ 为目标状态后验分布。干扰方对雷达方目标跟踪滤波的逆向分析场景可如图 7.3 所示。

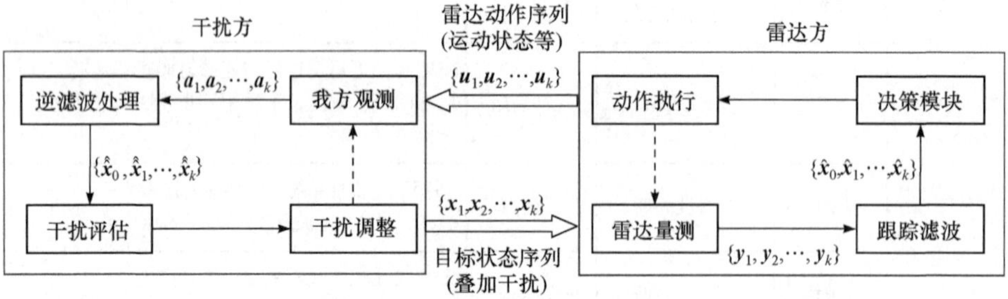

图 7.3　干扰方对雷达方目标跟踪滤波的逆向分析场景示意图

图 7.3 中雷达系统功能映射为量测模块、跟踪模块、决策模块、执行模块，与干扰方交互量为叠加干扰的目标运动状态 $\boldsymbol{x}_k$ 和雷达动作状态 $\boldsymbol{u}_k$ [27]。其中雷达方根据跟踪滤波所得结果 $\hat{\boldsymbol{x}}_k$ 或 $\boldsymbol{\pi}_k$ 采取相应系统动作 $\boldsymbol{u}_k$，这些动作可以是波形选择、资源管理、平台机动等，且可被干扰方观测。对于雷达波形选择或资源管理动作，干扰方可以通过侦察获取雷达信号的时频量测或由此识别得到雷达在时、频、空、能量域的行为量测；对于雷达平台机动，干扰方可通过载机自身搭载的有源探测系统、外部辅助探测系统或侦干探通一体化技术获得雷达平台的空间位置量测[36]。干扰方逆向分析可用的实际输入是上述雷达动作 $\boldsymbol{u}_k$ 的带噪声量测，记为 $\boldsymbol{a}_k$：

$$\boldsymbol{a}_k \sim G_{\hat{\boldsymbol{x}}_k,\boldsymbol{a}} = p(a \mid \hat{\boldsymbol{x}}_k, \boldsymbol{\pi}_k) \tag{7-4}$$

其中，$G_{\hat{\boldsymbol{x}}_k,\boldsymbol{a}}$ 是在给定 $\hat{\boldsymbol{x}}_k$ 或 $\boldsymbol{\pi}_k$ 的情况下出现雷达动作量测 $\boldsymbol{a}_k$ 的条件概率。针对雷

达跟踪滤波环节的逆向分析可称为逆滤波处理，逆滤波处理涉及的各状态量关系示意图如图 7.4 所示，其中灰色部分表示干扰方已知量，白色代表干扰方未知量。具体地，待估计的隐藏层状态为雷达跟踪目标的滤波输出结果 $\hat{\boldsymbol{x}}_k$，观测层状态为带噪声的雷达动作量测 $\boldsymbol{a}_k$，干扰方根据已知己方目标运动状态序列 $\boldsymbol{x}_{0:k}$ 和雷达方动作的带噪量测序列 $\boldsymbol{a}_{1:k}$ 对雷达对目标运动状态的估计 $\hat{\boldsymbol{x}}_k$ 进行估计，对应得到估计结果 $\hat{\hat{\boldsymbol{x}}}_k$。

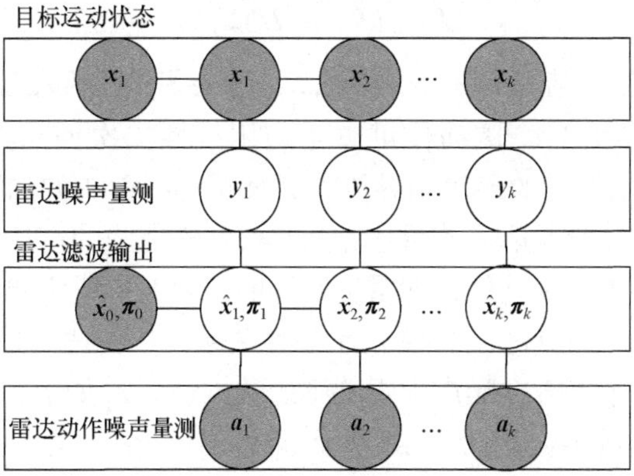

图 7.4　逆滤波问题涉及状态关系示意图

对应地，假设已知 $P_{\boldsymbol{x}_{k-1},\boldsymbol{x}}$，$B_{\boldsymbol{x}_k,\boldsymbol{y}}$，$G_{\hat{\boldsymbol{x}}_k,\boldsymbol{a}}$，与上述逆滤波问题数学描述对应的逆滤波处理任务可用下式表示：

$$\alpha_k(\hat{\boldsymbol{x}}_k)=p(\hat{\boldsymbol{x}}_k\,|\,\hat{\boldsymbol{x}}_0,\boldsymbol{a}_{1:k},\boldsymbol{x}_{0:k}) \tag{7-5}$$

7.2.2　典型雷达目标跟踪滤波算法的逆分析算法

本节给出针对无杂波背景下 Kalman 滤波算法和有杂波背景下 PDA 滤波算法的逆向分析实现方法，并仿真验证算法的有效性和稳定性。

7.2.2.1　无杂波背景下的 Kalman 滤波逆分析

雷达在无杂波背景下进行目标跟踪滤波时，系统目标运动方程和量测方程为：

$$\boldsymbol{x}_k=\boldsymbol{F}\boldsymbol{x}_{k-1}+\boldsymbol{v}_k \tag{7-6}$$

$$\boldsymbol{y}_k=\boldsymbol{H}\boldsymbol{x}_k+\boldsymbol{w}_k \tag{7-7}$$

其中，$\boldsymbol{F}$ 和 $\boldsymbol{H}$ 为系统状态矩阵和量测矩阵，$\boldsymbol{v}_k$ 和 $\boldsymbol{w}_k$ 是相互独立的均值为零、协方差分别为 $\boldsymbol{Q}_k$ 和 $\boldsymbol{R}_k$ 的高斯白噪声。雷达利用 Kalman 滤波稳定跟踪时，通过观测值 $\boldsymbol{y}_{1:k}$ 计 $\hat{\boldsymbol{x}}_k,\boldsymbol{\pi}_k=N\left(\hat{\boldsymbol{x}}_k,\boldsymbol{\Sigma}_k\right)$，$\boldsymbol{\Sigma}_k$ 为后验分布的协方差。由 7.2.1 节可得雷达滤波公式为：

$$\hat{\boldsymbol{x}}_{k|k-1} = \boldsymbol{F}\hat{\boldsymbol{x}}_{k-1} \tag{7-8}$$

$$\boldsymbol{\Sigma}_{k|k-1} = \boldsymbol{F}\boldsymbol{\Sigma}_{k-1}\boldsymbol{F}^{\top} + \boldsymbol{Q}_k \tag{7-9}$$

$$\boldsymbol{S}_k = \boldsymbol{H}\boldsymbol{\Sigma}_{k|k-1}\boldsymbol{H}^{\top} + \boldsymbol{R}_k \tag{7-10}$$

$$\boldsymbol{K}_k = \boldsymbol{\Sigma}_{k|k-1}\boldsymbol{H}^{\top}\boldsymbol{S}_k^{-1} \tag{7-11}$$

$$\hat{\boldsymbol{x}}_k = \hat{\boldsymbol{x}}_{k|k-1} + \boldsymbol{K}_k(\boldsymbol{y}_k - \boldsymbol{H}\hat{\boldsymbol{x}}_{k|k-1}) \tag{7-12}$$

$$\boldsymbol{\Sigma}_k = (\boldsymbol{I} - \boldsymbol{K}_k\boldsymbol{H})\boldsymbol{\Sigma}_{k|k-1} \tag{7-13}$$

雷达方可根据滤波结果 $\hat{\boldsymbol{x}}_k, \boldsymbol{\pi}_k = N\left(\hat{\boldsymbol{x}}_k, \boldsymbol{\Sigma}_k\right)$ 和某些预制函数选择其动作为 $\boldsymbol{u}_k$ [27]。若雷达方为雷达导引头，该动作可以是利用线性二次型高斯(Linear Quadratic Gaussian, LQG)理论设计的最优制导律[37]，即雷达导引头的加速度状态，可通过对雷达平台空间的量测获取。若雷达方为具有认知能力的雷达，则该动作可以是雷达波形设计或资源管理动作，即雷达系统的发射波形或资源分配结果。

假设雷达方动作与其滤波结果 $\hat{\boldsymbol{x}}_k$ 呈线性关系，如雷达方是采用 LQG 制导的雷达导引头时有：干扰方在噪声中观测到的敌方动作 $\boldsymbol{a}_k$ 如下式(7-14)，$\boldsymbol{\mu}_k$ 为干扰方量测噪声，$\boldsymbol{\mu}_k \sim \text{i.i.d}\, N(0, \boldsymbol{\sigma}_{\mu}^2)$，$\boldsymbol{\sigma}_{\mu}^2$ 为量测噪声协方差，$\bar{\boldsymbol{H}}_k$ 为动作矩阵：

$$\boldsymbol{a}_k = \boldsymbol{u}_k + \boldsymbol{\mu}_k = \bar{\boldsymbol{H}}_k\hat{\boldsymbol{x}}_k + \boldsymbol{\mu}_k \tag{7-14}$$

将式(7-7)代入式(7-12)中有：

$$\begin{aligned}\hat{\boldsymbol{x}}_k &= \hat{\boldsymbol{x}}_{k|k-1} + \boldsymbol{K}_k(\boldsymbol{y}_k - \boldsymbol{H}\hat{\boldsymbol{x}}_{k|k-1}) = \boldsymbol{F}\hat{\boldsymbol{x}}_{k-1} + \boldsymbol{K}_k(\boldsymbol{H}\boldsymbol{x}_k + \boldsymbol{v}_k - \boldsymbol{H}\hat{\boldsymbol{x}}_{k|k-1}) \\ &= \left(\boldsymbol{I} - \boldsymbol{K}_k\boldsymbol{H}\right)\boldsymbol{F}\hat{\boldsymbol{x}}_{k-1} + \boldsymbol{K}_k\boldsymbol{H}\boldsymbol{x}_k + \boldsymbol{K}_k\boldsymbol{v}_k\end{aligned} \tag{7-15}$$

对于逆 Kalman 滤波这一状态估计问题，式(7-15)和(7-14)构成了所对应的状态空间模型，其中式(7-15)为状态方程，式(7-14)为量测方程，因此该模型是隐藏层状态为 $\hat{\boldsymbol{x}}_k$，观测层状态为 $\boldsymbol{a}_k$，外部控制量为 $\boldsymbol{x}_k$ (即目标真实运动状态)的线性高斯状态空间模型。对于上述状态估计问题，最佳估计方法为 Kalman 滤波，即可基于标准 Kalman 滤波方法处理来逆 Kalman 滤波问题。为方便描述，将上述逆滤波状态空间模型重新表述为：

$$\hat{\boldsymbol{x}}_k = \bar{\boldsymbol{F}}_k\hat{\boldsymbol{x}}_{k-1} + \bar{\boldsymbol{L}}_k\boldsymbol{x}_k + \varsigma_k \tag{7-16}$$

$$\boldsymbol{a}_k = \bar{\boldsymbol{H}}_k\hat{\boldsymbol{x}}_k + \boldsymbol{\mu}_k \tag{7-17}$$

其中，$\bar{\boldsymbol{F}}_k$ 为逆滤波状态矩阵，$\bar{\boldsymbol{L}}_k$ 为逆滤波控制矩阵，ς_k 为逆滤波状态过程噪声，服从均值为零，协方差为 $\bar{\boldsymbol{Q}}_k$ 的高斯分布，$\bar{\boldsymbol{H}}_k$ 为逆滤波观测矩阵，$\boldsymbol{\mu}_k$ 为干扰方量测噪声，服从均值为零、协方差为 $\bar{\boldsymbol{R}}_k$ 的高斯分布。具体如下：

$$\bar{\boldsymbol{F}}_k = (\boldsymbol{I} - \boldsymbol{K}_k\boldsymbol{H})\boldsymbol{F} \tag{7-18}$$

$$\bar{L}_k = K_k H \tag{7-19}$$

$$\bar{Q}_k = K_k K_k^{\top} \tag{7-20}$$

$$\bar{R}_k = \sigma_{\mu}^2 \tag{7-21}$$

假设式(7-1)～(7-3)中的 $P_{x_{k-1},x}$、$B_{x_k,y}$、$G_{\hat{x}_k,a}$，即上式中 $\boldsymbol{F}$、$\boldsymbol{H}$、$\bar{\boldsymbol{H}}_k$ 已知，且根据式(7-10)、式(7-11)可知，雷达跟踪滤波过程中的滤波增益 $\boldsymbol{K}_k$ 只与初始滤波协方差 $\boldsymbol{\Sigma}_0$、量测矩阵 $\boldsymbol{H}$ 和量测噪声协方差 $\boldsymbol{R}_k$ 有关，而与对抗过程中雷达实际获取的观测和跟踪滤波结果无关。因此在逆分析问题前提假设下，可以根据 Kalman 滤波算法的式(7-9)～式(7-11)、式(7-13)模拟计算得到雷达滤波增益 $\boldsymbol{K}_k$。至此已得到了逆 Kalman 滤波模型的全部参数。

综上所述，逆 Kalman 滤波处理流程如图 7.5 所示，输入为雷达动作的带噪量测，输出是雷达目标跟踪滤波结果的估计值。逆 Kalman 滤波的计算复杂度与经典卡尔曼滤波器相同，每个时刻进行 $O(X^2)$ 次计算。

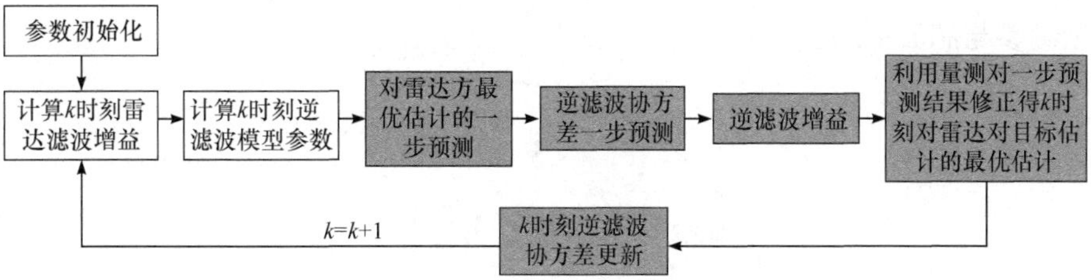

图 7.5 逆 Kalman 滤波算法流程图

与图 7.5 对应的无杂波背景下针对 Kalman 滤波的逆向分析算法实现步骤如算法 7.1 所示。

算法 7.1 逆 Kalman 滤波算法

Step1：初始化雷达方对目标跟踪滤波的均值 $\hat{\boldsymbol{x}}_0$ 和协方差 $\boldsymbol{\Sigma}_0$、干扰方对雷达滤波结果逆向估计的初始均值 $\hat{\hat{\boldsymbol{x}}}_0$ 和协方差 $\bar{\boldsymbol{\Sigma}}_0$。

Step2：根据式(7-9)～式(7-11)、式(7-13)计算 k 时刻雷达滤波增益 $\boldsymbol{K}_k$，并根据式(7-18)～式(7-20)计算逆 Kalman 滤波模型参数 $\bar{\boldsymbol{F}}_k$、$\bar{\boldsymbol{L}}_k$、$\bar{\boldsymbol{Q}}_k$。

Step3：状态预测，根据 $k-1$ 及之前时刻获取的雷达动作信息，计算 k 时刻对雷达跟踪滤波输出结果状态的预测条件概率分布均值和协方差：

$$\hat{\hat{\boldsymbol{x}}}_{k|k-1} = \bar{\boldsymbol{F}}_k \hat{\hat{\boldsymbol{x}}}_{k-1} + \bar{\boldsymbol{L}}_k \boldsymbol{x}_k \tag{7-22}$$

$$\bar{\boldsymbol{\Sigma}}_{k|k-1} = \bar{\boldsymbol{F}}_k \bar{\boldsymbol{\Sigma}}_{k-1} \bar{\boldsymbol{F}}_k^{\mathrm{T}} + \bar{\boldsymbol{Q}}_k \tag{7-23}$$

Step4：计算雷达动作观测预测、新息协方差矩阵及逆滤波增益：

$$\hat{\boldsymbol{a}}_{k|k-1} = \bar{\boldsymbol{H}}_k \hat{\hat{\boldsymbol{x}}}_{k|k-1} \tag{7-24}$$

$$\bar{\boldsymbol{S}}_k = \bar{\boldsymbol{H}}_k \boldsymbol{\Sigma}_{k|k-1} \bar{\boldsymbol{H}}_k^\top + \bar{\boldsymbol{R}}_k \tag{7-25}$$

$$\boldsymbol{K}_k = \bar{\boldsymbol{\Sigma}}_{k|k-1} \bar{\boldsymbol{H}}_k^\top \bar{\boldsymbol{S}}_k^{-1} \tag{7-26}$$

Step5：更新过程，利用 k 时刻的雷达动作观测 $\hat{\boldsymbol{a}}_k$ 更新后验概率分布均值和协方差：

$$\hat{\hat{\boldsymbol{x}}}_k = \hat{\hat{\boldsymbol{x}}}_{k|k-1} + \bar{\boldsymbol{K}}_k (\boldsymbol{a}_k - \bar{\boldsymbol{H}}_k \hat{\hat{\boldsymbol{x}}}_{k|k-1}) \tag{7-27}$$

$$\bar{\boldsymbol{\Sigma}}_k = \left(\boldsymbol{I} - \bar{\boldsymbol{K}}_k \bar{\boldsymbol{H}}_k\right) \boldsymbol{\Sigma}_{k|k-1} \tag{7-28}$$

Step6：令 $k = k+1$，返回 Step2。

7.2.2.2 有杂波背景下的 PDA 滤波逆分析

PDA 滤波是一种将 Kalman 滤波和概率数据互联思想结合的滤波算法，是雷达中常用的杂波下单目标跟踪滤波方法[38]。PDA 滤波实现原理可如图 7.6 所示，首先计算波门内所有候选量测来自目标的概率，然后对其进行加权组合成等效组合量测参与滤波更新。

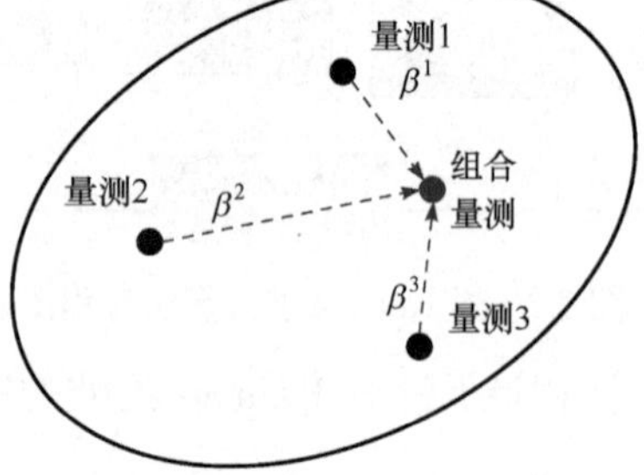

图 7.6 PDA 滤波算法原理示意图

PDA 滤波的目标状态模型与经典的 Kalman 滤波相同。但是由于杂波背景下 k 时刻落入相关波门内的观测不止一个，PDA 滤波与 Kalman 滤波的量测方程不同。记 $\boldsymbol{y}_k^i\left(i=1,2,\cdots,m_k\right)$ 为 k 时刻相关波门内的第 i 个量测，m_k 为落入波门内的有效量测总数，当该量测源于真实目标时有：

$$\boldsymbol{y}_k^i = \boldsymbol{H}\boldsymbol{x}_k + \boldsymbol{v}_k \tag{7-29}$$

雷达方在杂波背景下利用量测值计算 $\hat{\boldsymbol{x}}_k$ 和 $\boldsymbol{\pi}_k = N\left(\hat{\boldsymbol{x}}_k, \boldsymbol{\Sigma}_k\right)$，最终输出后验概率分布均值和滤波误差协方差分别为：

$$\hat{\boldsymbol{x}}_k = \boldsymbol{F}\hat{\boldsymbol{x}}_{k-1} + \boldsymbol{K}_k \sum_{i=1}^{m_k} \beta_k^i (\boldsymbol{y}_k^i - \boldsymbol{H}\boldsymbol{F}\hat{\boldsymbol{x}}_{k-1}) \tag{7-30}$$

$$\boldsymbol{\Sigma}_k = \beta_k^0 \boldsymbol{\Sigma}_{k|k-1} + (1-\beta_k^0)[\boldsymbol{\Sigma}_{k|k-1} - \boldsymbol{K}_k \boldsymbol{S}_k \boldsymbol{K}_k^\top] + \boldsymbol{K}_k [\sum_{i=1}^{m_k} \beta_k^i \boldsymbol{s}_k^i \boldsymbol{s}_k^{i\top} - \boldsymbol{s}_k \boldsymbol{s}_k^\top] \boldsymbol{K}_k^\top \tag{7-31}$$

其中，$\beta_k^i(i=0,1,2\cdots,m_k)$ 为每个候选量测的关联概率；$\boldsymbol{s}_k$ 为组合新息：

$$\boldsymbol{s}_k=\sum_{i=1}^{m_k}\beta_k^i\boldsymbol{s}_k^i=\sum_{i=1}^{m_k}\beta_k^i(\boldsymbol{y}_k^i-\hat{\boldsymbol{y}}_{k|k-1})=\sum_{i=1}^{m_k}\beta_k^i(\boldsymbol{y}_k^i-\boldsymbol{HF}\hat{\boldsymbol{x}}_{k-1}) \tag{7-32}$$

上述过程涉及两个随机事件 $\theta_k^i\triangleq\{\boldsymbol{y}_k^i$ 来自目标的量测$\}$，$\theta_k^0\triangleq\{k$ 时刻相关波门内没有来自目标的量测$\}$，记事件 θ_k^i 发生的概率为 β_k^i，事件 θ_k^0 发生的概率为 β_k^0，由于 $\{\theta_k^0,\theta_k^1,\cdots,\theta_k^{m_k}\}$ 是时间空间的一个不相交完备分割集，则：

$$\sum_{i=0}^{m_k}\beta_k^i=1 \tag{7-33}$$

为了实现逆分析运算，假设雷达方动作与其状态估计结果 $\hat{\boldsymbol{x}}_k$ 呈线性关系，则逆 PDA 滤波的观测方程与逆 Kalman 滤波系统观测方程式(7-17)相同，将式(7-29)代入 PDA 滤波输出的式(7-30)中，可得：

$$\begin{aligned}\hat{\boldsymbol{x}}_k&=\boldsymbol{F}\hat{\boldsymbol{x}}_{k-1}+\boldsymbol{K}_k\sum_{i=1}^{m_k}\beta_k^i(\boldsymbol{y}_k^i-\boldsymbol{HF}\hat{\boldsymbol{x}}_{k-1})\\&=(\boldsymbol{I}-\boldsymbol{K}_k\boldsymbol{H}\sum_{i=1}^{m_k}\beta_k^i)\boldsymbol{F}\hat{\boldsymbol{x}}_{k-1}+\sum_{i=1}^{m_k}\beta_k^i\boldsymbol{HK}_k\boldsymbol{x}_k+\sum_{i=1}^{m_k}\beta_k^i\boldsymbol{K}_k\boldsymbol{v}_k\end{aligned} \tag{7-34}$$

上式中 β_k^i 表示 k 时刻的雷达方观测是来自于目标的条件概率满足：

$$\sum_{i=1}^{m_k}\beta_k^i=1-\beta_k^0 \tag{7-35}$$

式中 β_k^0 的计算仍然依赖于雷达真实观测集，而干扰方无法获取该观测集。采取与文献[39]中类似的处理方法，以先验概率 β_k^0 的均值 $\bar{\beta}^0$ 代替 β_k^0，即：

$$\bar{\beta}^0=E[\beta_k^0\mid Y^k]=p(\theta_k^0\mid Y^k)=1-P_DP_G \tag{7-36}$$

其中，P_D 为检测概率，P_G 是来自目标的量测落入波门内的概率。从干扰方角度出发，雷达检测概率可根据雷达接收信噪比进行估计，文献[40]中给出非合作方估计雷达接收信噪比以及根据雷达接收信噪比计算雷达检测概率的方法，由于篇幅原因，本章不对该内容展开描述。来自目标的量测落入波门内的概率 P_G 则与雷达量测维度有关，可根据文献[34]查表得出。

将式(7-36)带入式(7-34)可得干扰方对 PDA 滤波的逆向分析模型状态方程为：

$$\hat{\boldsymbol{x}}_k=(\boldsymbol{I}-\boldsymbol{K}_k\boldsymbol{H}P_DP_G)\boldsymbol{F}\hat{\boldsymbol{x}}_{k-1}+P_DP_G\boldsymbol{K}_k\boldsymbol{Hx}_k+P_DP_G\boldsymbol{K}_k\boldsymbol{v}_k \tag{7-37}$$

由观测方程(7-17)和状态方程(7-37)可知逆 PDA 滤波这一状态估计问题，其状态空间模型仍是线性高斯的，因此可以基于 Kalman 滤波方法进行逆 PDA 滤波处理。逆 PDA 滤波算法流程与逆 Kalman 滤波算法流程大致相同，但由于 PDA 滤波增益与雷达观测有关的特性，在计算雷达滤波增益环节有所不同，具体的逆

PDA 滤波算法流程如图 7.7 所示。

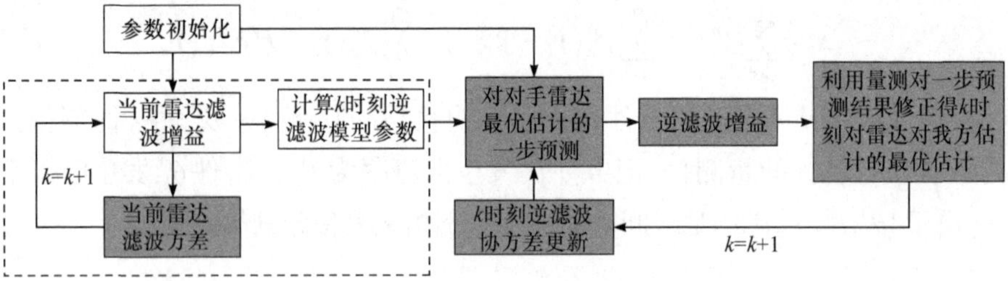

图 7.7　逆 PDA 滤波算法流程图

具体的逆滤波实现过程：将逆 PDA 滤波的状态空间模型进行重写，其表达式与方程(7-16)、方程(7-17)相同，但具体的逆滤波状态矩阵 $\bar{\boldsymbol{F}}_k$、逆滤波控制矩阵 $\bar{\boldsymbol{L}}_k$ 及逆滤波状态过程噪声协方差 $\bar{\boldsymbol{Q}}_k$ 不同，具体如下：

$$\bar{\boldsymbol{F}}_k = (\boldsymbol{I} - P_D P_G \boldsymbol{K}_k \boldsymbol{H})\boldsymbol{F} \tag{7-38}$$

$$\bar{\boldsymbol{L}}_k = P_D P_G \boldsymbol{K}_k \boldsymbol{H} \tag{7-39}$$

$$\bar{\boldsymbol{Q}}_k = P_D P_G \boldsymbol{K}_k \boldsymbol{K}_k^\top \tag{7-40}$$

同样地，在 $P_{\boldsymbol{x}_{k-1},\boldsymbol{x}}$、$B_{\boldsymbol{x}_k,\boldsymbol{y}}$、$G_{\hat{\boldsymbol{x}}_k,\boldsymbol{a}}$ 已知的条件下，上式中除 $\boldsymbol{K}_k$ 外的其他参数均已知。根据 PDA 滤波算法原理可知，滤波增益 $\boldsymbol{K}_k$ 需已知前一时刻的雷达方滤波的滤波误差协方差 $\boldsymbol{\Sigma}_{k-1}$。可采用修正的 Riccati 方程[41]估计滤波协方差：

$$\boldsymbol{\Sigma}_k = \boldsymbol{\Sigma}_{k|k-1} - \frac{cP_D}{1 + aP_D^{1-b}\lambda V_k}\boldsymbol{K}_k \boldsymbol{S}_k \boldsymbol{K}_k^\top \tag{7-41}$$

其中的预测条件概率协方差为 $\boldsymbol{\Sigma}_{k|k-1} = A\boldsymbol{\Sigma}_{k-1}A^\top + Q_k$。上式中 λ 为杂波密度；a、b、c 为三个计算因子，可根据文献[41]查表得出。则：

$$\boldsymbol{K}_k = \boldsymbol{\Sigma}_{k|k-1}\boldsymbol{H}^\top \boldsymbol{S}_k^{-1} = (\boldsymbol{F}\boldsymbol{\Sigma}_{k-1}\boldsymbol{F}^\top + \boldsymbol{Q})\boldsymbol{H}^\top(\boldsymbol{H}(\boldsymbol{F}\boldsymbol{\Sigma}_{k-1}\boldsymbol{F}^\top + \boldsymbol{Q})\boldsymbol{H}^\top + \boldsymbol{R})^{-1} \tag{7-42}$$

估计雷达方滤波增益 $\boldsymbol{K}_k$ 的具体过程如下：

(1) 首先根据式(7-42)由前一时刻滤波协方差 $\boldsymbol{\Sigma}_{k-1}$ 计算当前 k 时刻的滤波增益 $\boldsymbol{K}_k$。

(2) 根据修正的 Riccati 方程即式(7-41)，由当前时刻 $\boldsymbol{K}_k$、前一时刻滤波协方差 $\boldsymbol{\Sigma}_{k-1}$ 计算 k 时刻滤波协方差 $\boldsymbol{\Sigma}_k$。

(3) $k = k+1$，返回(1)计算下一时刻的雷达滤波增益。

7.2.2.3　算法性能验证

本小节对上述两种典型雷达目标跟踪滤波逆向分析算法进行仿真实验验证。

1. 实验设置介绍

1) 场景设置

仿真在二维平面内进行，选取直角坐标系，雷达方始终位于坐标原点，对目标的距离、速度运动状态进行滤波跟踪。目标初始时刻位于[5km,8km]，随后沿 x 轴负方向以100m/s 的速度做匀速直线运动。每仿真帧时间为 $\Delta t = 1\text{s}$，总仿真时长为100s 。

当背景无杂波时，雷达采用 Kalman 滤波算法，当背景有杂波时，雷达采用 PDA 滤波算法。雷达方对目标跟踪滤波时采用的目标运动模型为匀速(Constant Velocity, CV)模型，过程噪声均方差为 $q=1$，量测噪声均方差为 $r=10$ 。雷达动作矩阵即干扰方量测矩阵 $\bar{\boldsymbol{H}}_k$ 为：

$$\bar{\boldsymbol{H}}_k = \begin{bmatrix} 1 & 1 & 0 & 0 \\ 0 & 0 & 1 & 1 \end{bmatrix} \times \boldsymbol{\Sigma}_k \tag{7-43}$$

干扰方在无杂波时采用逆 Kalman 滤波算法，有杂波时采用逆 PDA 滤波算法对雷达目标跟踪滤波结果进行估计。仿真中利用文献[40]中通过估计雷达接收信噪比计算雷达目标检测概率的方法计算参数 P_D，计算时所需参数包括雷达信号带宽、目标有效反射面积、雷达极化损失函数等，在实际中可通过雷达发射信号的时频量测、辅助的辐射源测向定位等手段，以及依照专家经验值设定的方式得到，本节仿真中上述相关参数取文献[40]中给出的典型参数。目标落入波门内的概率则依据与测量维度的关系取 $P_G = 0.9997$ [34]。算法 7.2 为具体杂波生成方法，虚假量测点在关联波门内服从泊松分布。

算法 7.2　虚假量测点迹生成方法

虚假量测点迹生成方法：

Step1：生成目标真实位置矢量 $[\boldsymbol{x}_k^{(1)} \quad \boldsymbol{x}_k^{(2)}]^\top$；

Step2：生成目标位置量测矢量 $\boldsymbol{y}_k = [\boldsymbol{y}_k^{\boldsymbol{x}^{(1)}} \quad \boldsymbol{y}_k^{\boldsymbol{x}^{(2)}}]^\top = [\boldsymbol{x}_k^{(1)} \quad \boldsymbol{x}_k^{(2)}]^\top + N(0,\boldsymbol{R}_k)$，$\boldsymbol{R}_k$ 是雷达量测噪声协方差；

Step3：在边长为 $2q$，中心为来自目标量测点的正方形内产生均匀分布的量测矢量 $\boldsymbol{y}_k^i = [\boldsymbol{y}_{k,i}^{\boldsymbol{x}^{(1)}} \quad \boldsymbol{y}_{k,i}^{\boldsymbol{x}^{(2)}}]^\top$，其中 $\boldsymbol{y}_{k,i}^{\boldsymbol{x}^{(1)}} \sim U(\boldsymbol{y}_k^{\boldsymbol{x}^{(1)}} - q, \boldsymbol{y}_k^{\boldsymbol{x}^{(1)}} + q)$，$\boldsymbol{y}_{k,i}^{\boldsymbol{x}^{(2)}} \sim U(\boldsymbol{y}_k^{\boldsymbol{x}^{(2)}} - q, \boldsymbol{y}_k^{\boldsymbol{x}^{(2)}} + q)$，$i=1, 2,\cdots,n_k$ 。λ 为杂波密度，即单位面积虚假量测点个数，则正方形区域面积为 $n_k/\lambda \approx 10A_c$，其中 A_c 是相关波门面积，$A_c = \pi\gamma|S_k|^{1/2}$，则正方形边长为 $q=\sqrt{10A_c}$ 。

---

2) 评价指标

利用逆 Kalman 滤波算法在无杂波背景下，逆 PDA 滤波算法在有杂波背景下分别估计雷达对目标跟踪滤波的结果，进行 N 次蒙特卡洛实验，通过计算均方根误差和均方根误差均值对逆滤波算法估计雷达目标跟踪滤波结果的准确性进行评价。

定义 k 时刻距离均方根误差和速度均方根误差为：

$$\mathrm{RMSE\_r}(k)=\sqrt{\frac{1}{N}\sum_{i=1}^{N}(\hat{\hat{r}}_k^{(i)}-\hat{r}_k^{(i)})} \tag{7-44}$$

$$\mathrm{RMSE\_v}(k)=\sqrt{\frac{1}{N}\sum_{i=1}^{N}(\hat{\hat{v}}_k^{(i)}-\hat{v}_k^{(i)})} \tag{7-45}$$

其中，N 为蒙特卡洛实验次数，$\hat{\hat{r}}_k^{(i)}$、$\hat{r}_k^{(i)}$ 表示第 i 次实验 k 时刻干扰方逆滤波所得距离值和实际雷达滤波所得距离值，$\hat{\hat{v}}_k^{(i)}$、$\hat{v}_k^{(i)}$ 表示第 i 次实验 k 时刻干扰方逆滤波所得速度值和实际雷达滤波所得速度值。

定义距离和速度均方根误差均值为：

$$\mathrm{AVRMSE\_r}=\frac{1}{M}\sum_{k=1}^{M}\sqrt{\frac{1}{N}\sum_{i=1}^{N}(\hat{\hat{r}}_k^{(i)}-\hat{r}_k^{(i)})} \tag{7-46}$$

$$\mathrm{AVRMSE\_v}=\frac{1}{M}\sum_{k=1}^{M}\sqrt{\frac{1}{N}\sum_{i=1}^{N}(\hat{\hat{v}}_k^{(i)}-\hat{v}_k^{(i)})} \tag{7-47}$$

其中，M 为仿真帧数。

2. Kalman 滤波逆分析仿真

仿真设定进行 100 次蒙特卡洛实验，即 $N=100$。令干扰方量测噪声均方差分别取 5,10,30，可得如图 7.8 所示的逆 Kalman 滤波的距离和速度均方根误差变化曲线。

由图 7.8 可知，干扰方量测噪声均方差的大小会略微影响无杂波下逆 Kalman 滤波算法的收敛速度，但在 10 帧后均收敛到稳定值，说明所提出逆 Kalman 滤波算法时效性。通过对比收敛后的均方根误差可知，干扰方量测噪声均方差越大，逆滤波估计的误差越大。

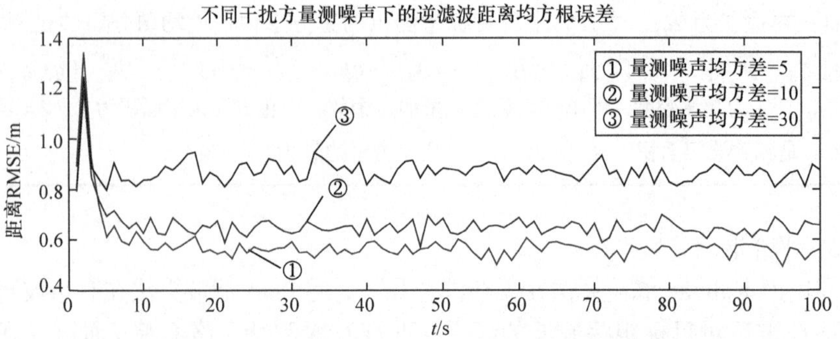

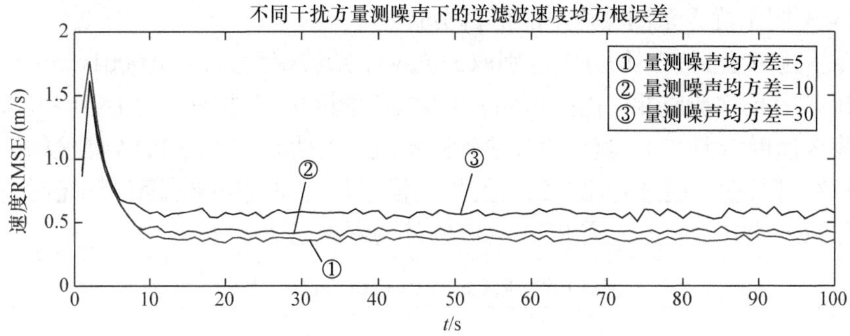

图 7.8　不同干扰方量测噪声均方差下的逆 Kalman 滤波 RMSE

令干扰方量测噪声均方差以 1 为步进遍历 0～100 区间，实验所得逆 Kalman 滤波的平均距离和速度 RMSE 结果如图 7.9 所示。

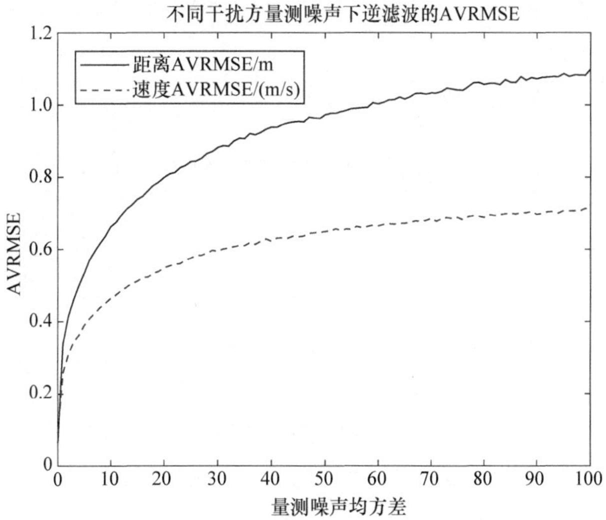

图 7.9　不同干扰方量测噪声下的逆 Kalman 滤波平均 RMSE

由图 7.9 可知当干扰方量测噪声均方差为 0 时，逆 Kalman 滤波所得 AVRMSE 最小，随着干扰方量测噪声均方差的增大，AVRMSE 越来越大，但当干扰方量测噪声均方差增大到 100 时，距离 AVRMSE 仍然较小，小于1m，速度 AVRMSE 则始终小于0.8m/s，说明无杂波下的逆 Klaman 滤波算法所估计的雷达跟踪滤波结果的误差较小，准确性高。

3. PDA 滤波逆分析仿真

杂波背景下需考虑杂波密度对算法有效性的影响，因此这里将仿真实验分为两部分，即在杂波密度固定情况下，不同干扰方量测噪声对算法的影响仿真；以及量测噪声固定条件下，不同杂波密度对算法的影响仿真，具体如下。

1) 不同干扰方量测噪声下的仿真实验

令干扰方量测噪声均方差分别取 5,10,30，杂波密度为 $\lambda = 0.0001\text{s/m}$，可得如图 7.10 所示的实验结果。由图可知，干扰方量测噪声均方差的大小会略微影响算法的收敛速度，但在 10 帧后均收敛到稳定值，说明杂波下对 PDA 滤波的逆分析算法具有时效性。通过对比收敛后的均方根误差可知，当杂波密度固定时，干扰方量测噪声均方差越大，逆 PDA 滤波估计的误差越大。

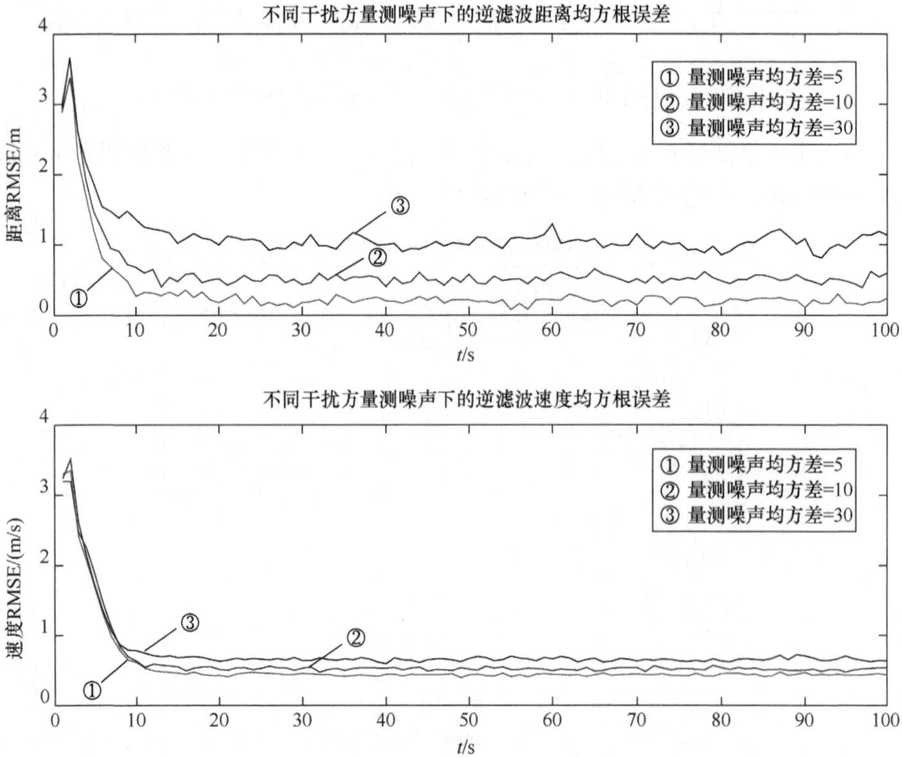

图 7.10　不同干扰方量测噪声下的逆 PDA 滤波 RMSE

干扰方量测噪声均方差以 1 为步进遍历 0～100 区间，实验所得平均距离和速度 RMSE 如图 7.11 所示。

由图 7.11 可知，当干扰方量测噪声均方差为 0 时，逆 PDA 滤波 AVRMSE 最小，随着干扰方量测噪声均方差的增大，AVRMSE 越来越大，当干扰方量测噪声均方差增大到 100 时，距离 AVRMSE 仍小于1.5m，速度 AVRMSE 则始终小于1m/s，说明杂波下逆 PDA 滤波算法估计雷达最优估计的误差较小，准确性高。

将上述实验结果与无杂波下的逆 Kalman 滤波的实验结果对比可得，在相同干扰方量测噪声均方差条件下，有杂波的逆 PDA 滤波算法的估计误差略大于无杂的

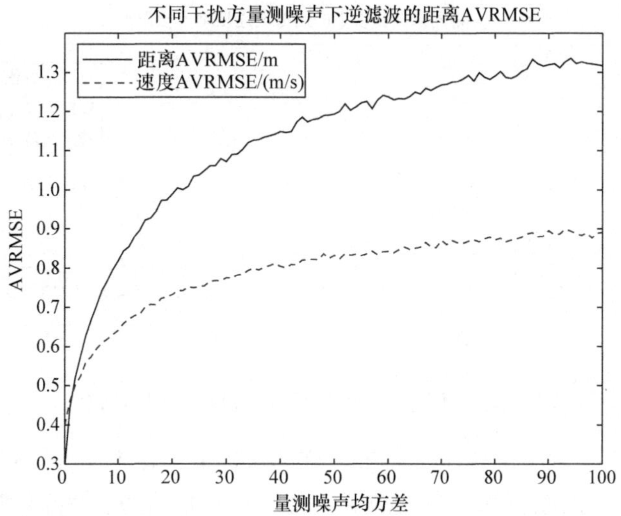

图 7.11　不同干扰方量测噪声下的逆 PDA 滤波平均 RMSE

逆 Kalman 滤波算法，且无论逆分析针对哪种滤波算法，估计误差均随着干扰方量测噪声均方差增大而增大，当量测噪声均方差高达 100 时，逆滤波算法的估计误差仍然较小，说明两种逆滤波算法均能以较低误差对雷达的最优估计进行准确估计。

2) 不同杂波密度下的仿真实验

干扰方量测噪声均方差为 10，杂波密度取 $\lambda=\{0.0001, 0.0005, 0.001\}$s/m，仿真所得逆 PDA 滤波的距离和速度 RMSE 如图 7.12 所示。

由图 7.12 可知，杂波密度越大，逆 PDA 滤波算法的收敛速度越慢，且估计误差越大。当杂波密度为 0.0001 时，算法收敛速度最快。当杂波密度为 0.0005 时，在 15～20 帧距离速度 RMSE 才收敛，收敛后距离速度 RMSE 均大于 $\lambda=0.0001$s/m 时的实验结果。当杂波密度增大到 0.001 时，算法的收敛速度最慢，收敛后的 RMSE 最大。

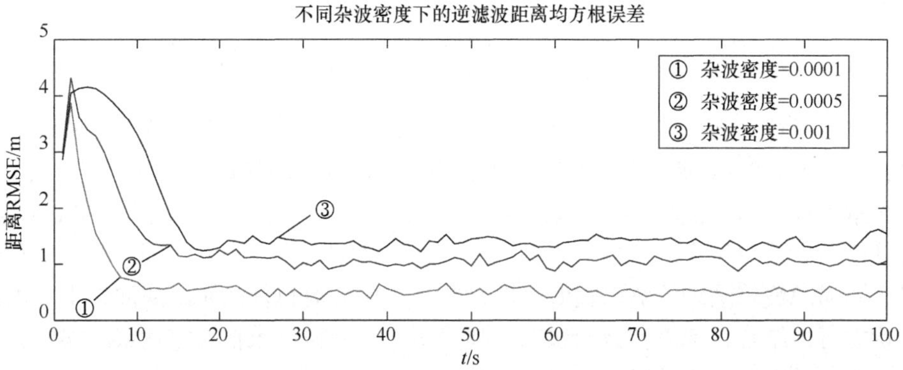

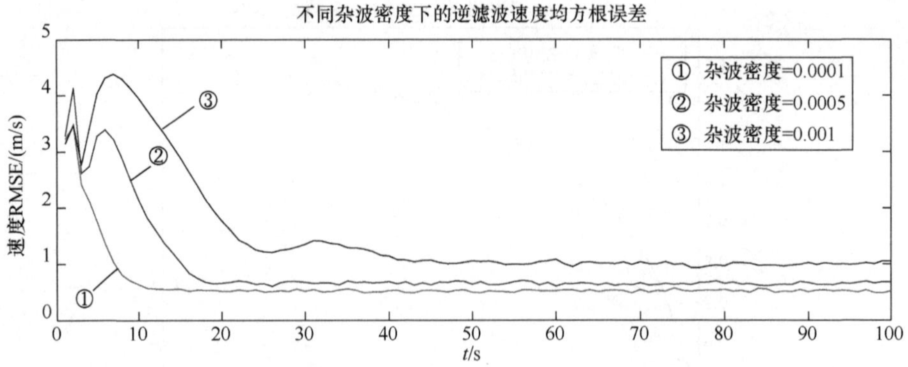

图 7.12　不同杂波密度下的逆 PDA 滤波 RMSE

图 7.13 所示为以 0.0001 为杂波密度的步进值，在不同杂波密度下实验所得 AVRMSE 结果。由图可知，杂波密度越大，逆 PDA 滤波的距离和速度的平均均方根误差值越大，即逆滤波估计的误差越大。

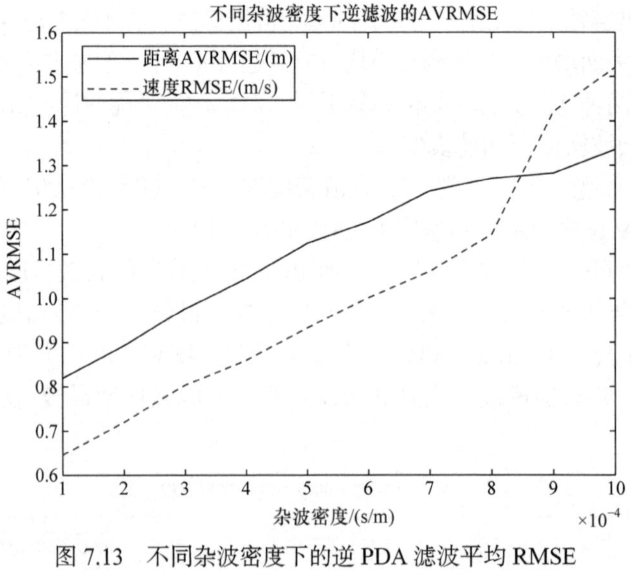

图 7.13　不同杂波密度下的逆 PDA 滤波平均 RMSE

综上所述，无杂波下逆 Kalman 滤波算法的估计准确性与干扰方量测噪声有关，杂波下逆 PDA 滤波算法的估计准确性与干扰方量测噪声和杂波密度有关。干扰方量测噪声均方差越大，逆滤波算法估计误差越大。杂波密度越大，逆 PDA 滤波算法估计误差越大，但当量测噪声均方差和杂波密度在正常范围内时，两种情况下的逆滤波算法均能够以较低的误差估计雷达方对目标的跟踪滤波结果。因此干扰方可以结合目标真实运动状态，利用逆滤波所得结果估计雷达跟踪误差，为非合作条件下的干扰效果评估提供依据。

7.2.3　逆滤波处理在干扰效果评估中的应用

7.2.3.1　基于逆滤波处理的干扰效果评估原理

干扰效果评估是指在干扰方实施干扰后，定性或定量评价雷达受到的损伤或破坏程度的过程[42]。传统的干扰效果评估多为合作式评估，需要雷达方提供一定实验数据，以雷达对应系统功能或性能变化作为指标，依照一定评估准则对评估指标在受干扰前后的数值进行数学计算和分析，从而实现干扰效果评估。但在真实作战场景中，干扰方和雷达方为非合作关系，目前的非合作干扰效果评估一般是根据侦察到的雷达发射信号变化情况分析得出雷达参数、行为、模式等不同层次的评估指标，经过综合计算间接评判干扰效果，干扰效果评估中携带反映雷达系统内部真实状态的信息量有限，影响评估准确性。

如本章 7.1 节、7.2 节所述，对雷达目标跟踪滤波的逆向分析方法可以根据雷达系统外在的可观测行为，如雷达发射信号、平台机动信息等进行逆向推导，即时获得雷达对目标运动状态的估计结果，即雷达系统内部真实的跟踪误差，为非合作干扰效果评估提供反映雷达系统内部真实状态的信息。具体地，干扰方经过逆滤波处理后可得雷达对目标的跟踪滤波结果 $\hat{\boldsymbol{x}}_k$ 的估计值 $\hat{\hat{\boldsymbol{x}}}_k$，结合干扰方已知的目标真实运动状态 $\boldsymbol{x}_k$，便可将雷达跟踪误差估计为 $\hat{\boldsymbol{e}}_k = |\hat{\hat{\boldsymbol{x}}}_k - \boldsymbol{x}_k|$。因此，干扰方基于逆滤波处理能够针对以影响雷达跟踪精度、破坏雷达跟踪状态为干扰目的的干扰类型的实施效果进行在线评估。

由于不同干扰样式作用于被干扰雷达系统内部环节的位置不同，产生干扰效果的机理也不同。如噪声压制类干扰通过降低雷达目标检测环节的信噪比，影响雷达对目标的正确检测。假目标欺骗类干扰通过混入可比拟真实目标的干扰调制假目标信号，影响雷达对目标的检测判别。波门拖引类干扰则通过移动的假目标干扰拖偏雷达跟踪环路，破坏雷达对目标的稳定跟踪[43]。由于波门拖引干扰是典型的可通过增大雷达跟踪误差逐渐引偏雷达，致使雷达重新搜索的一类干扰样式，因此本节以拖引干扰为例，设计通过逆滤波处理实现干扰方对雷达跟踪功能干扰效果的非合作在线评估和干扰参数的实时优化方法。

7.2.3.2　波门拖引干扰原理

波门拖引干扰是最有效的欺骗干扰方法之一，能够在一定时间内对雷达的距离或速度维信息造成欺骗，导致雷达从跟踪状态被迫重新进入搜索状态。具体有距离门拖引干扰、速度门拖引干扰等，原理如下。

1. 距离波门拖引干扰

如图 7.14 所示，典型的距离拖引干扰实施过程一般分为停拖期、拖引期、关闭期，分别如下：

(1)停拖期。当干扰机检测到雷达回波信号后，立刻发射一个目标回波的复制信号，其幅值应大于回波信号，且无时延，目的是在捕获雷达距离跟踪波门的同时避免雷达检测到干扰。

(2)拖引期。当雷达距离门被捕获后，干扰机每检测到一个回波信号，就发射一个与回波信号相似的干扰信号，且逐步增大干扰信号和回波信号之间的时延，直到雷达距离跟踪门逐渐被拖离真实回波的距离范围。

(3)关闭期。当雷达距离跟踪波门被拖至离开真实回波距离范围或到达足够大偏差后停止发射干扰。此时波门内既无干扰信号也无回波信号，雷达被迫回到搜索状态。

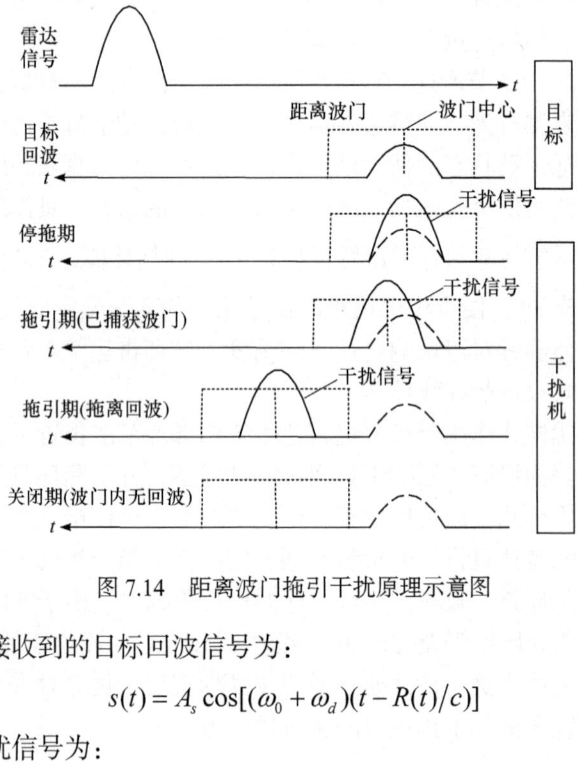

图 7.14　距离波门拖引干扰原理示意图

假设雷达接收到的目标回波信号为：

$$s(t) = A_s \cos[(\omega_0 + \omega_d)(t - R(t)/c)] \tag{7-48}$$

则距离拖引干扰信号为：

$$j(t) = A_j \cos[(\omega_0 + \omega_d)(t - R_j(t)/c)] \tag{7-49}$$

或

$$j(t) = A_j \cos[(\omega_0 + \omega_d)(t - 2R(t)/c - \Delta t_j)] \tag{7-50}$$

其中，A_s 为回波幅度，A_j 为干扰幅度，且 $A_s < A_j$。ω_0 为回波中心频率，ω_d 表示回波信号频移。$R(t)$ 表示雷达与目标的距离，$R_j(t)$ 表示干扰信号代表的假目标到雷达的距离。Δt_j 为距离波门拖引干扰时延。

可用式(7-51)表示距离拖引的三个阶段，假设拖引期干扰机实施匀速拖引，则有：

$$R_j(t)=\begin{cases}R+v_1t, & 0\leqslant t<t_1(\text{停拖期})\\ R+v_1t+v_2(t-t_1), & t_1\leqslant t<t_2(\text{拖引期})\\ \text{干扰关闭}, & t_2\leqslant t<T_J(\text{关闭期})\end{cases} \tag{7-51}$$

其中，v_1为真实回波所代表的目标运动速度；v_2为拖引干扰的拖引速度；t_1为停拖期时长，t_2-t_1为拖引期时长；T_J为一个拖引周期。

若用时延函数表示则有：

$$\Delta t_j(t)=\begin{cases}0, & 0\leqslant t<t_1(\text{停拖期})\\ \dfrac{2v_2(t-t_1)}{c}, & t_1\leqslant t<t_2(\text{拖引期})\\ \text{干扰关闭}, & t_2\leqslant t<T_J(\text{关闭期})\end{cases} \tag{7-52}$$

2. 速度波门拖引干扰

速度拖引干扰通过发射干扰信号迷惑雷达接收错误的速度信息以达到欺骗目的。与距离拖引干扰相同，速度拖引也由停拖期、拖引期、关闭期三个阶段组成，具体如下：

(1) 停拖期。干扰机在截获到回波信号后，立即转发一个回波的复制信号，为捕获雷达速度跟踪门，转发信号功率应大于回波信号，停拖期时长一般为 0.5～2s。

(2) 拖引期。干扰机转发回波信号时增加多普勒频移，并不断加大附加频移，使干扰信号频率逐渐偏离回波信号频率，直到速度门中只有干扰信号而无目标回波。

(3) 关闭期。当速度门中只有干扰信号或拖引期到一定时间后停止干扰，此时雷达速度门中没有任何信号，雷达被迫重新搜索。

将雷达与目标的径向速度记为v_r，雷达信号频率记为f_s，c为光速，则回波信号的多普勒频移为：

$$f_d=\frac{2v_r}{c}f_s \tag{7-53}$$

由此，速度拖引干扰可由式(7-54)表示，其中f_{dj}为干扰信号的多普勒频移，v_f为拖引速度，有：

$$f_{dj}(t)=\begin{cases}f_d, & 0\leqslant t<t_1(\text{停拖期})\\ f_d+v_f(t-t_1), & t_1\leqslant t<t_2(\text{拖引期})\\ \text{干扰关闭}, & t_2\leqslant t<T_J(\text{关闭期})\end{cases} \tag{7-54}$$

波门拖引干扰的效果与拖引速度、转发干扰幅度有密切关系。停拖期要求干扰信号的幅度A_j要大于雷达回波信号幅度A_s，一般$\dfrac{A_j}{A_s}\approx 1.3$～$1.5$时干扰信号可以有效捕获距离波门。对于一般的跟踪雷达拖引时间设为5～10s，拖引速度则应小于距离或速度波门的最大跟踪速度。拖引速度越大，拖引效果越好，但若拖引速度太大则可能由于敌方雷达跟踪系统难以及时响应，导致干扰信号脱离雷达跟踪波门，或被雷达抗干扰环节识别，导致干扰失败。如果拖引速度太小，可能导致拖引期结束后，波门内仍有目标回波信号，导致干扰失败。只有当转发干扰幅度足够，拖引速度适中，且与拖引期时长匹配时，才能够成功干扰敌方雷达。

传统的波门拖引干扰往往利用情报分析事先制定干扰策略，在作战过程中按照固定策略实施干扰[44]。对干扰是否成功的判别，也只能在一个干扰周期结束后通过状态识别判断雷达是否进入搜索状态来进行判定，或根据多次试验数据计算拖引成功率进行干扰效果评估，无法在一个干扰周期内对干扰效果进行在线评估，并实时调整干扰策略参数。

7.2.3.3 波门拖引干扰效果评估算法

本节基于逆滤波处理设计了干扰方对波门拖引类干扰效果进行在线评估的方法，并根据评估结果设计了干扰策略动态调整方法，总体流程如图 7.15 所示。

首先干扰方在噪声中观测雷达动作，利用逆滤波处理方法估计雷达对目标运动状态跟踪滤波的输出结果，并根据已知的真实目标运动状态计算雷达跟踪误差，然后实时记录跟踪误差曲线变化，进行突变点检测，最后根据检测结果进行干扰效果评估及策略优化。

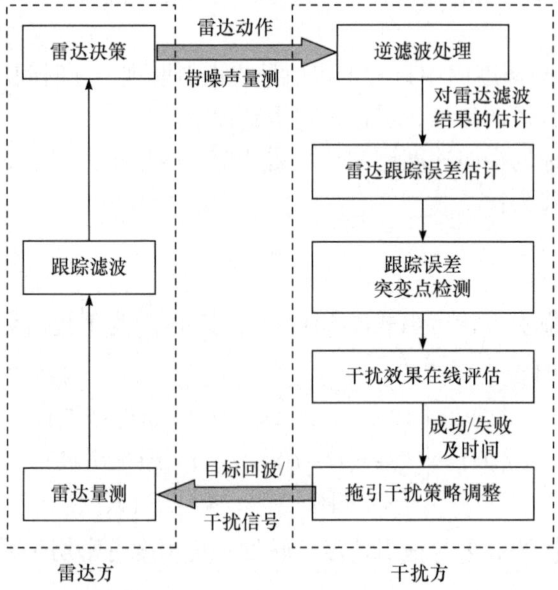

图 7.15 基于逆滤波处理的非合作干扰效果在线评估流程图

1. 雷达距离/速度跟踪误差估计

以雷达动作在噪声中的量测 $\boldsymbol{a}_k$ 和干扰方已知的目标运动状态 $\boldsymbol{x}_k$ 作为逆滤波处理的输入，通过逆滤波的逆分析方法得到雷达对目标跟踪滤波结果的估计值 $\hat{\hat{\boldsymbol{x}}}_k$，具体算法见本章 7.2.2 节，从而估计雷达距离跟踪误差为 $\hat{e}_{rk}=|\hat{\hat{r}}_k-r_k|$，速度跟踪误差为 $\hat{e}_{vk}=|\hat{\hat{v}}_k-v_k|$。其中 r_k 和 v_k 为真实的目标距离、速度值。

2. 跟踪误差突变点检测

针对波门拖引类干扰，雷达方可以通过分析跟踪波门移动速度变化率来识别拖引干扰，并采用记忆跟踪波门等方法对抗干扰[45]，造成干扰失败，原理如图 7.16 所示。

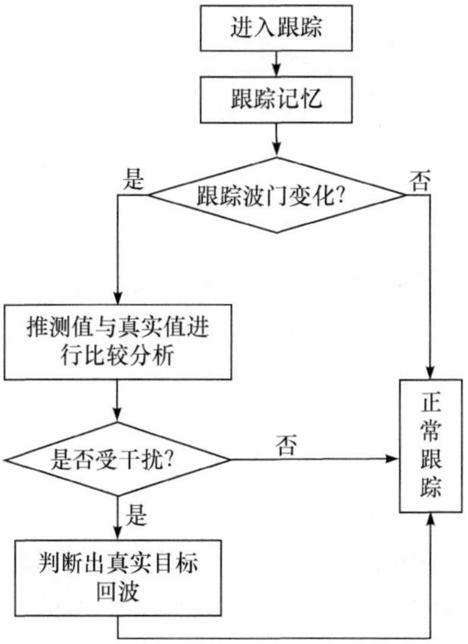

图 7.16　雷达方记忆跟踪法抗干扰流程图

为了利用跟踪误差进行干扰效果判定，首先根据拖引干扰原理定义如图 7.17 所示三类突变点，图中以距离拖引干扰为例进行解释说明，速度拖引与之类似。

(1) 起拖突变点：假设停拖期干扰信号能够成功捕获距离波门，A 点对应时刻进入拖引期，拖引干扰开始起效，雷达跟踪误差会发生第一次突然增大，将该点称为起拖突变点。

(2) 成功突变点：拖引期出现起拖突变点后，雷达跟踪误差将持续增大。如果跟踪波门在 B 点时刻被成功拖离真实目标回波，雷达跟踪误差将发生第二次突然增大，将该点记为成功突变点。

(3) 失败突变点：如果在拖引期实施过程中，由于拖引速度过大没有拖走跟踪波门或干扰被雷达成功识别，雷达在 C 点时刻重新锁定跟踪上目标本体，雷达跟踪误差会突然减小，记该点为失败突变点。

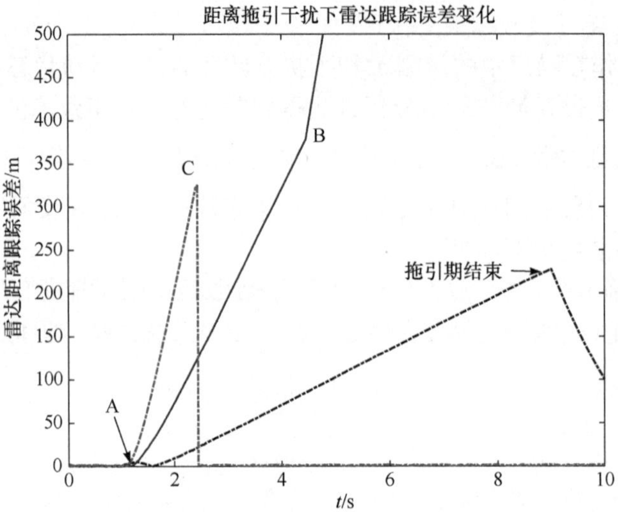

图 7.17　距离跟踪误差突变点示意图

干扰方对跟踪误差突变点检测的方法设计如下：

持续对估计跟踪误差斜率 $\hat{e}_{\text{rate}_k}$ 进行记忆，计算当前 k 时刻为止的误差斜率均值：

$$\overline{e}_{\text{rate}_k}=\frac{1}{k}\sum_{i=1}^{k}\hat{e}_{\text{rate}_k} \tag{7-55}$$

进入拖引期后，若从某时刻 k_0 时刻开始连续累计 Δk_t 个时刻点误差斜率均值比前一时刻误差斜率均值的增长量大于阈值 γ_{e1}，则将 $k_0+\Delta k_t-1$ 时刻记为突增点，记该时刻为 k_1，从 k_1 时刻开始重新计算距离误差均值，即：

$$\overline{e}_{\text{rate}_k}=\frac{1}{k-k_1+1}\sum_{i=k_1}^{k}\hat{e}_{\text{rate}_k} \tag{7-56}$$

若在拖引期首次检测出突增点则为起拖突变点，若在检测出起拖突增点后雷达跟踪误差持续增大，并第二次检测出突增点，则为成功突变点。

突降点检测与突增点检测方法类似，对估计跟踪误差曲线斜率进行记忆，计算曲线斜率均值，当从某一时刻开始连续 Δk_t 次误差均值减小量大于阈值 γ_{e2}，则检测为失败突变点。

3. 干扰效果在线评估及策略调整

基于突变点检测结果，可以对干扰成功/失败及成功/失败时刻进行评估，并根据评估结果调整干扰策略。如表 7.3 所示为突变点检测结果和对应的干扰效果评估结果及策略调整措施，具体处理流程如图 7.18 所示。

表 7.3　突变点检测结果与干扰效果评估和策略调整关系

突变点检测结果	干扰效果评估		策略调整	
	结果	时刻	过程控制	参数调整
相继检测到起拖和成功突变点	成功	成功突变点时刻	当前策略继续拖引	无
相继检测到起拖和失败突变点	I 型失败	失败突变点时刻	即刻重启下次拖引	减小拖引速度
拖引期只检测到起拖突变点	II 型失败	拖引期结束时刻	即刻重启下次拖引	拖引期只检测到起拖突变点
拖引期过半未检测到起拖突变点	III 型失败	拖引期中间时刻	即刻重启下次拖引	拖引期过半未检测到起拖突变点

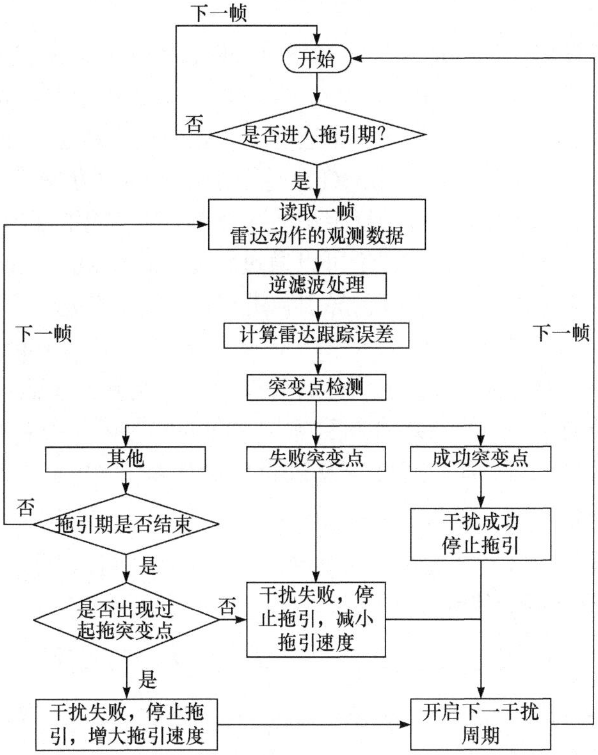

图 7.18　基于逆滤波的波门拖引干扰效果评估及策略优化流程图

当在干扰过程中相继检测到起拖和成功突变点时，判定拖引干扰成功，且认为检测到成功突变点的时刻就是跟踪波门被拖离目标回波的时刻；当检测到起拖突变点后跟踪误差增大，且后续检测到失败突变点，则判定拖引干扰失败，记为 I 型失败，这是因为拖引速度太大导致干扰信号在拖引期就脱离了跟踪波门，应在检测到失败突变点时立即重启下次拖引干扰，并适当减小拖引速度；当过程中只检测到起拖突变点，且拖引期跟踪误差持续增大，但拖引期结束时仍未检测到成功和失败突变点，判断干扰结果为 II 型失败，这是由于拖引速度过小，导致拖引期结束时跟踪波门内仍然存在目标回波，应在下次干扰时增大拖引速度；若拖引期过半仍未检测到起拖突变点，则判断拖引干扰 III 型失败，这是由于过大的拖引速度使得在拖引期开始时干扰信号就脱离了雷达跟踪波门。

需要指出的是，在线干扰策略调整是一个多要素约束条件下的受限优化问题，由于本节重点为基于逆滤波处理的干扰效果在线评估方法设计，在干扰策略调整方面做了简化处理，只根据评估结果直接对拖引速度及关机时间做出调整。

7.2.3.4　算法性能验证

1. 目标建模

本节仿真验证以主动寻的制导雷达导引头作为雷达方，体制为脉冲多普勒雷达，雷达导引头基于 LQG 理论[46]确定的最优制导律带来的雷达运动状态变化为雷达动作。

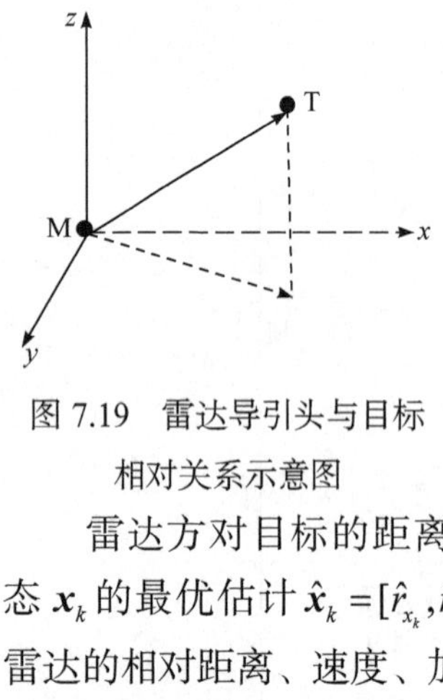

图 7.19　雷达导引头与目标相对关系示意图

LQG 理论要求系统动力方程满足线性要求，随机干扰服从高斯分布，且性能指标函数为二次型[47]。该理论可以通过状态反馈实现对系统的闭环控制，为改善导引弹道特性，提高雷达导引头导引准确度，许多专家基于 LQG 理论，利用 Kalman 滤波的最优状态估计结果设计最优制导律。假设对手雷达导引头 M 与目标 T 之间的相对运动关系如图 7.19 所示。

雷达方对目标的距离、速度信息进行滤波跟踪，可得出 k 时刻对相对状态 $\boldsymbol{x}_k$ 的最优估计 $\hat{\boldsymbol{x}}_k=[\hat{r}_{x_k},\hat{r}_{y_k},\hat{r}_{z_k},\hat{v}_{x_k},\hat{v}_{y_k},\hat{v}_{z_k},\hat{a}_{tx_k},\hat{a}_{ty_k},\hat{a}_{tz_k}]^{\mathrm{T}}$，其中 r,v,a 分别为目标对雷达的相对距离、速度、加速度。雷达导引头以最小化过载和脱靶量为目的根据 LQG 理论设计最优制导律为：

$$\boldsymbol{u}_k=[a_{mx_k},a_{my_k},a_{mz_k}]^{\mathrm{T}}=[C_{1_k}\boldsymbol{I}_3\quad C_{2_k}\boldsymbol{I}_3\quad C_{3_k}\boldsymbol{I}_3]\hat{\boldsymbol{x}}_k \tag{7-57}$$

其中，$a_{mx_k},a_{my_k},a_{mz_k}$ 表示雷达导引头在各方向上的加速度分量；系数 C_{1_k},C_{2_k},C_{3_k} 如下：

$$C_{1_k}=\frac{N}{t_{\mathrm{go}_k}^2},\ C_{2_k}=\frac{N}{t_{\mathrm{go}_k}},\ C_{3_k}=\frac{N[\mathrm{e}^{-\lambda t_{\mathrm{go}}}+\lambda t_{\mathrm{go}_k}-1]}{(\lambda t_{\mathrm{go}_k})^2},t_{\mathrm{go}_k}=t_f-k \tag{7-58}$$

t_{go_k} 表示 k 时刻的剩余飞行时间，N 为导航比。由上可得，干扰方在噪声中观测到的雷达动作为 $\boldsymbol{a}_k=\boldsymbol{u}_k+\boldsymbol{\mu}_k=\bar{\boldsymbol{H}}_k\hat{\boldsymbol{x}}_k+\boldsymbol{\mu}_k$，其中逆滤波模型量测矩阵 $\bar{\boldsymbol{H}}_k=[C_{1_k}\boldsymbol{I}_3\quad C_{2_k}\boldsymbol{I}_3\quad C_{3_k}\boldsymbol{I}_3]$。

2. 场景设定

具体对抗仿真在二维平面空间内进行，场景为空-空对抗，导弹迎头攻击载机目标，雷达对载机目标进行距离、速度跟踪。以雷达初始位置为坐标原点建立直角坐标系，导弹初始飞行速度为 [400m/s,500m/s]，目标初始时刻位于 [1000m,1000m]，沿 x 轴负方向以 200 m/s 的速度做匀速直线运动，每仿真帧 $\Delta t = 0.01\text{s}$。

该场景下主要考虑气象杂波，在雷达概率数据关联时体现为关联波门内的虚假测量点，近似服从泊松分布，其生成方式与 7.2.3 节相同。雷达在杂波中利用 PDA 滤波器对目标进行距离、速度跟踪，距离波门宽度为脉宽的整数倍，脉宽 $\mu = 5\times10^{-6}\text{s}$。假设波门最大跟踪速度 $v_{\max} = 700\text{m/s}$。干扰机采取自卫式距离拖引干扰，并假设干扰在停拖期可以成功捕获距离跟踪波门，干扰参数设置如表 7.4 所示。由于雷达动作与雷达对目标的跟踪滤波结果呈线性关系，因此干扰方采用本章 7.2.2 节的逆 PDA 滤波，为本节所述干扰效果评估方法提供跟踪误差输入。

表 7.4　距离拖引干扰参数设置

拖引干扰参数名称	参数设定
停拖期时长	1s
干扰信号与回波信号幅度比	1.4
拖引期时长	8s
关闭期时长	1s
拖引周期	10s
拖引速度	50～700m/s

3. 评价指标

实验从以下三个方面评价干扰效果评估方法的有效性和适用性：

(1)在线干扰效果评估结果的正确性：若雷达方的真实情况与干扰方在线干扰效果评估结果相同，则评估正确，反之则评估错误。

(2)在线干扰效果评估的时效性：采用干扰方得到评估结果时刻 t_1 与导引头真实受影响时刻 t_0 间的延迟 $\Delta\tau = t_1 - t_0$ 评价该方法的时效性。

(3)雷达跟踪误差估计的准确性：由于干扰效果评估以跟踪误差估计为基础，因此跟踪误差估计 RMSE 能在一定程度上反映干扰效果评估的准确性。采用拖引期内干扰效果评估过程中的雷达跟踪误差估计 RMSE 值，评价干扰方对雷达跟踪误差估计的准确度，具体计算方法如下：

$$\mathrm{RMSE\_e}=\sqrt{\frac{1}{L}\sum_{k=1}^{L}(\hat{e}_k-e_k)} \tag{7-59}$$

其中，e_k和$\hat{e}_k$为k时刻真实的雷达距离跟踪误差和干扰方对跟踪误差的估计值，L为计算时间区间内的仿真总帧数。

4. 实验结果分析

1) 不同拖引干扰参数下的干扰效果评估

如图 7.20～图 7.23 所示为拖引速度为$v_j=\{50,200,500,700\}$m/s 条件下的四组干扰效果评估结果，实验中设置导引头导航比$N=10$，杂波密度$\lambda=0.0001\mathrm{s/m}$。如图 7.20 所示为I型失败的干扰效果评估曲线，由图可知，当拖引速度为 500m/s 时，真实和估计跟踪误差曲线均在2.38s 时检测到失败突变点，判断干扰失败，说明当前拖引速度过大，导致干扰被雷达的抗干扰模块识别或由于速度过大使得干扰信号脱离跟踪波门。如图 7.21 示为 II 型失败的干扰效果评估曲线，可看出拖引期只检测到起拖突变点，说明当前 50m/s 的拖引速度太小，不足以使真实回波脱离雷达跟踪波门。

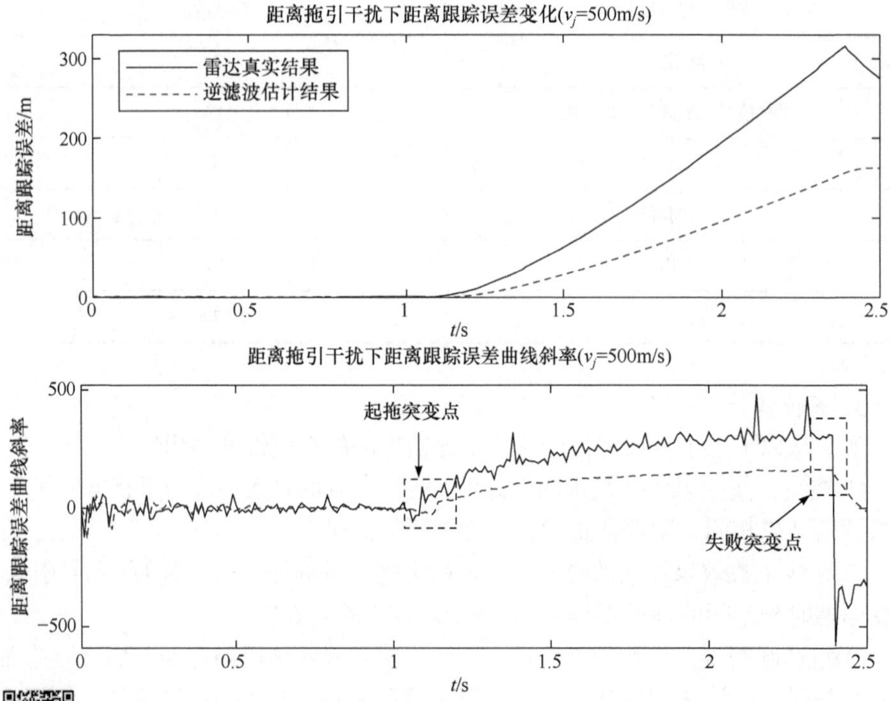

图 7.20　I 型失败干扰效果评估曲线图

扫码见彩图

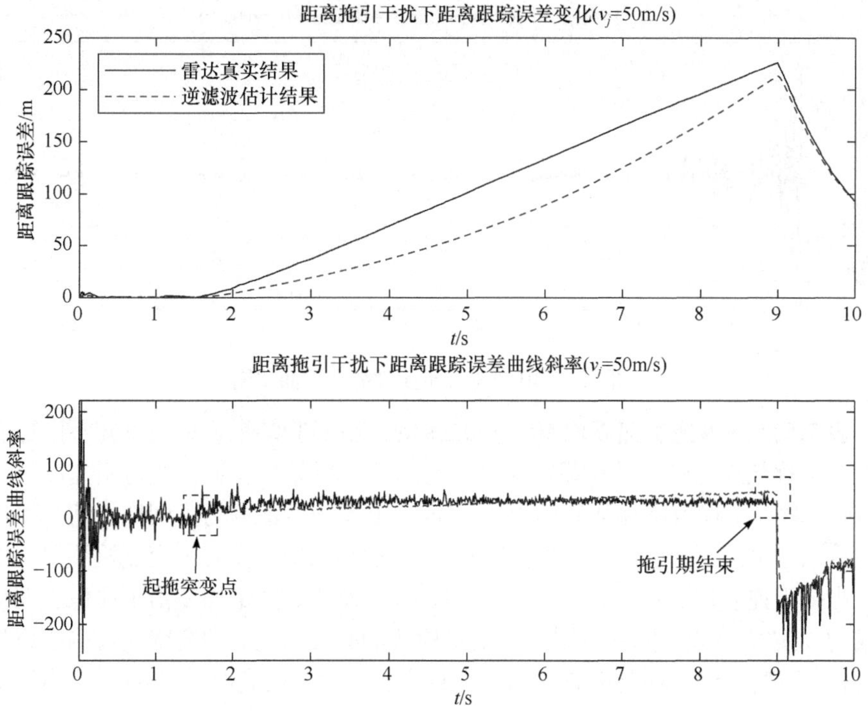

图 7.21　II 型失败干扰效果评估曲线图

如图 7.22 所示为 III 型失败的干扰效果评估曲线，可看出当前拖引速度过大，可能已大于雷达跟踪波门的最大跟踪速度，或由于拖引速度过大导致初始时刻干扰就被雷达识别到，或在拖引初期干扰信号脱离跟踪波门。图 7.23 为判定结果为成功的干扰效果评估曲线，可看出在拖引期相继检测到起拖突变点和成功突变点，说明当前 200 m/s 的拖引速度可以成功地将雷达距离波门拖离目标回波。

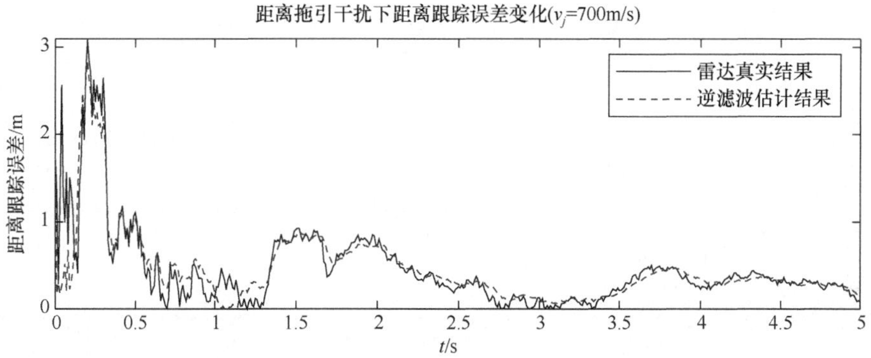

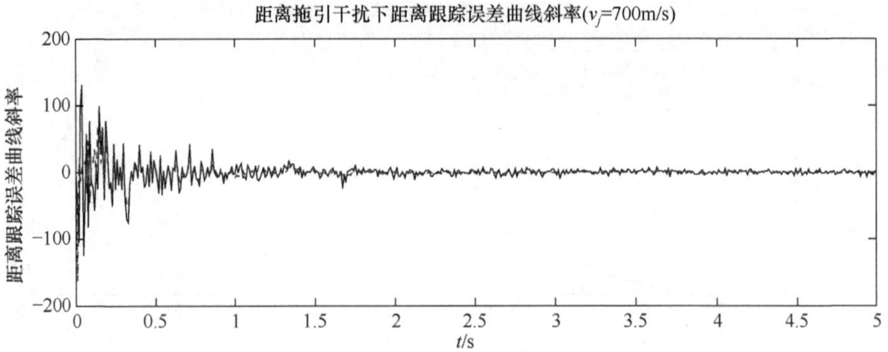

图 7.22　III 型失败干扰效果评估曲线图

表 7.5 所示为拖引速度取 50～700m/s 的 7 组实验结果，由表可知不同拖引速度下的干扰效果定性评估结果均正确，与真实干扰结果相同。当拖引速度过小，如 50m/s 时，干扰效果评估时延为 0s，这是由于判定依据为直到拖引期结束还未出现成功/失败突变点，因此判定时刻为拖引期结束时，没有突变点检测引入的时延。当拖引速度取 100～500m/s 时，干扰成功/失败的判定均是由于在拖引期检测到成功/失败突变点，因此会引入突变点检测的必要时延，即突变点检测中累计判断时长，仿真中设定检测中累计判定次数为 $\Delta k_t = 3$，因此时延为 0.02s。当拖引速

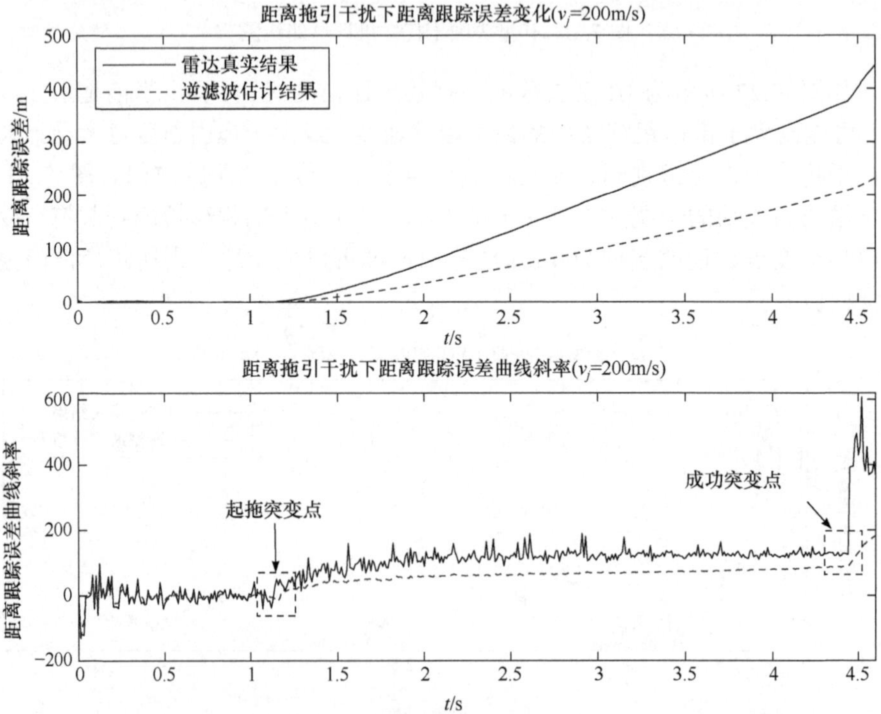

图 7.23　成功型干扰效果评估曲线图

度为700m/s时，由于拖引期过半还没有检测到起拖突变点，则没有由于突变点检测引入的时延，但实际上从进入拖引期开始干扰便失败，而判定时刻为拖引期中期，因此判断时刻延迟拖引期时长的一半。此外通过分析距离跟踪误差估计的RMSE值可知,尽管相比于7.2.2节中无干扰下的估计RMSE有所增大,但如表7.5所示，该范围内的RMSE增减未对干扰效果评估的正确性及时效性产生影响。

表 7.5 不同距离拖引干扰参数下干扰效果评估结果

拖引速度/(m/s)	评估正确性	评估时延/s	跟踪误差估计 RMSE/m
50	正确	0	4.89
100	正确	0.02	7.25
200	正确	0.02	7.80
300	正确	0.02	7.48
400	正确	0.02	7.07
500	正确	0.02	6.05
700	正确	4	1.28

2) 不同干扰方量测噪声下的干扰效果评估

在拖引速度$v_j = 200\text{m/s}$，雷达导引头导航比$N = 10$的基础设置下，令干扰方量测噪声均方差取0～100的8组数值，可得如表7.6所示的实验结果。

表 7.6 不同量测噪声下下干扰效果评估结果

均方差	评估正确性	评估时延/s	跟踪误差估计 RMSE/m
0	正确	0.02	5.82
1	正确	0.02	9.78
10	正确	0.08	10.96
20	正确	0.85	11.11
30	正确	1.15	11.15
40	正确	1.83	11.17
50	正确	2.02	11.22
100	正确	2.62	11.28

由表7.6可知当量测噪声均方差在0～100内时，干扰效果定性评估结果均正确。干扰效果评估时延和跟踪误差估计RMSE会随干扰方量测噪声均方差的增大而增加。当量测噪声均方差较小时，干扰效果评估时延的来源仅为突变点检测中

的累计判断时长。当量测噪声均方差为 10 时有如下图 7.24 所示的仿真结果，由图可知此时成功突变点变得更加“不明显”，须等到误差斜率均值增大量达到一定阈值才可判定成功，因此当量测噪声均方差大于 10 时，评估时延不仅来源于突变点检测中的必要时延，还包括由于突变点“不明显”导致的检测滞后，且该时延随着量测噪声均方差的增大而增加，对应的跟踪误差估计 RMSE 也会增大。当时延增大到一定程度后，将导致在拖引期内始终未检测出成功突变点，判定干扰失败，导致评估结果错误。经实验，当量测噪声均方差在上述 1～100 的边界条件内不会出现上述情况，因此能保证干扰效果评估的正确性，且评估中突变点检测阈值的设定需根据量测噪声的大小依多次仿真经验进行调节，其基本规律为噪声增大，阈值需减小，噪声减小，则阈值需增大。

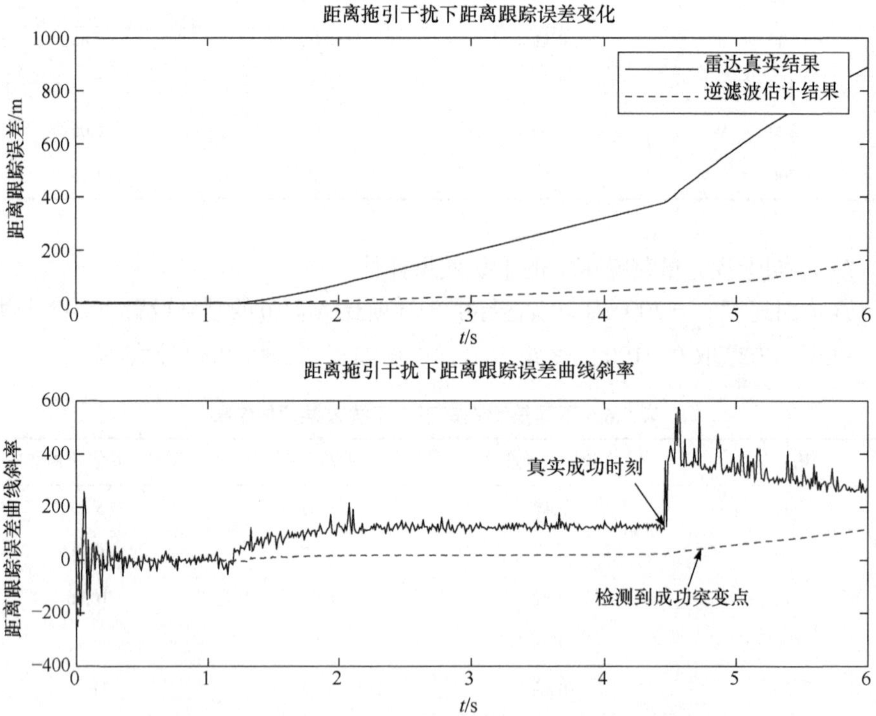

图 7.24　量测噪声均方差 10 下的干扰效果评估曲线图

3) 不同雷达动作参数下的干扰效果评估

在拖引速度 $v_j = 200\text{m/s}$，干扰方量测噪声均方差为 0.1 的条件下，改变雷达动作参数，在本节所设置的仿真场景中主要体现为雷达导引头的导航比，令导航比从 0.1 增大到 5 进行如下表 7.7 所示的 7 组实验。

表 7.7　不同雷达动作参数下干扰效果评估结果

导航比	评估正确性	评估时延/s	跟踪误差估计 RMSE/m
0.1	正确	4.07	11.31
0.5	正确	2.22	11.24
1	正确	0.4	11.00
2	正确	0.04	10.39
3	正确	0.04	9.84
4	正确	0.02	9.38
5	正确	0.02	9.03

由表 7.7 可知，雷达导引头导航比越大，干扰效果评估时延和跟踪误差估计 RMSE 越小。当雷达导引头导航比小于 1 时，评估时延和跟踪误差估计 RMSE 稍大，但仍能保证评估结果的正确性。当导引头导航比大于 1 时评估时延小于1s 。且导航比只需大于 3 即可保证干扰效果评估方法没有除突变点检测必要时延外的其他时间延迟，保证干扰效果评估的强时效性。

综上所述，本节所提出的基于逆滤波处理的拖引干扰效果评估方法适用于不同拖引速度下的距离拖引干扰效果评估。干扰效果评估的正确性、时效性及距离跟踪误差估计准确性与干扰方量测噪声和雷达动作参数有关。随着量测噪声均方差增大和导航比的减小，干扰效果评估的时间延迟和跟踪误差估计 RMSE 增大，增大到一定程度可能导致干扰效果定性评估结果错误。经仿真实验可知，当干扰方量测噪声均方差小于 100，雷达导引头导航比大于 0.1 时，干扰效果评估结果均正确。且当量测噪声均方差小于 30，雷达导引头导航比大于等于 1 时，在干扰效果评估结果正确的基础上，可保证干扰效果评估的强时效性和跟踪误差估计的准确性。

4) 基于干扰效果评估的距离拖引干扰策略优化仿真实验

本实验验证如本节所述的距离拖引干扰策略改进方法，仿真设置初始拖引速度为 500m/s ，得如图 7.25 所示结果。由图可知，仿真开始时以 500m/s 的拖引速度进行首次干扰，于 2.4s 检测到失败突变点，判定干扰失败，根据策略调整方案需要停止拖引并减小拖引速度。减小拖引速度为 400m/s 后开始实施第二次干扰，但此时拖引速度仍较大，导致干扰信号在 5.22s 再次脱离雷达距离跟踪波门，干扰方在 5.24s 检测到失败突变点并停止干扰。再次减小拖引速度到 300m/s 后实施第三次干扰，在 8.7s 时检测到成功突变点，判定干扰成功。由图可知，在第一次干扰周期内基于干扰效果在线评估结果调整干扰策略后进行了第二次拖引干扰，并在第二次拖引干扰周期内根据本次评估结果调整拖引速度参数及关机时间，实施第三次距离拖引干扰后干扰成功。本实验表明，本节方法可实现非合作对抗过程中的干扰效果在线评估，并通过在线调整策略达到成功干扰的目的。

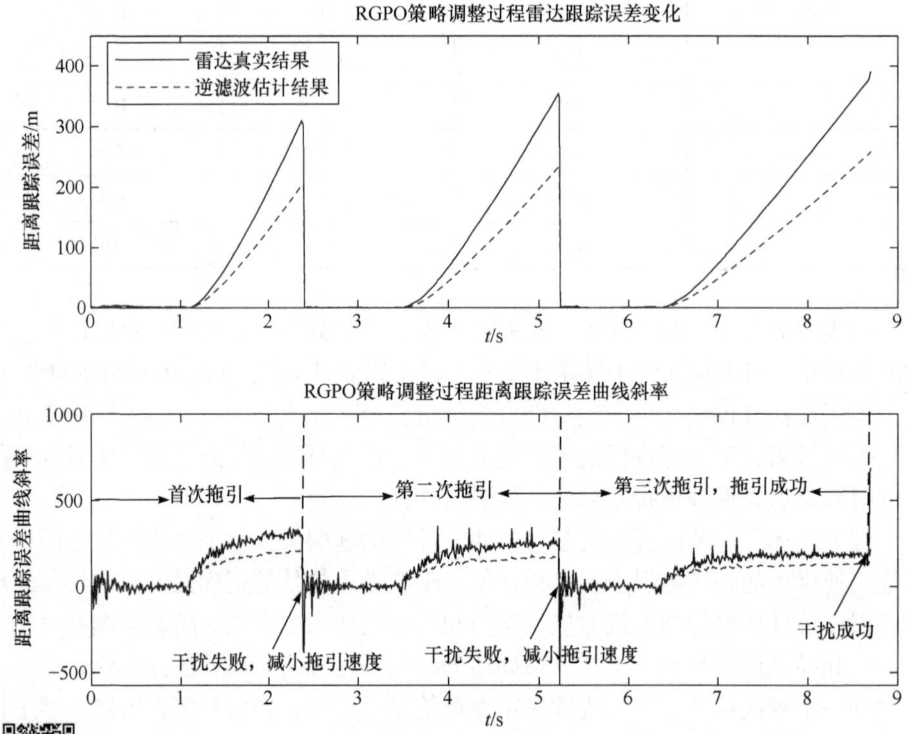

图 7.25　干扰策略优化过程的干扰效果评估曲线图

扫码见彩图

7.3　基于回报函数反演的逆资源管理分析

本节以实现雷达资源管理器逆处理为目标，首先研究回报函数驱动下的认知多功能雷达动作生成策略实现方法和模型，并在随后的两节中给出对其逆处理中的动作识别和回报函数反演具体实现技术。

7.3.1　基于服务质量的认知雷达资源管理模型

认知雷达系统的资源管理器功能可以描述为效用最大化器(Utility Maximizer)，即在资源约束(如时间、能量、带宽等)和环境情况(如目标运动、干扰等)下，通过优化每个雷达任务①的控制参数，实现对雷达有限资源的最优利用。资源管理器总

① 雷达任务的含义见 2.2 节。

是在感知环境的基础上，通过特定的优化器(Solver)求解基于特定优化目标函数的优化问题，实现下面两个相互耦合任务目标：①将有限的雷达资源分配给可能存在冲突的多个雷达任务；②对每个特定的雷达任务，优化其对应的控制参数以达到最佳任务效果。资源管理器的上述功能实现实时给出下一时刻最佳的雷达控制参数。

文献[47]、[48]定义了认知雷达基于服务质量的资源分配模型(Quality of service based Resource Allocation Model，Q-RAM)，该模型记$\{\tau_1,\tau_2,\cdots,\tau_n\}$为雷达任务集合，雷达共有$k$种可分配且待分配的资源，对应的资源总量分别为$R_1,R_2,\cdots,R_k$。对每一个雷达任务$\tau_i$存在：

(1)离散控制空间Φ_i：即可行的任务配置离散空间。

(2)映射$g_i:\Phi_i\to\mathbb{R}^k$:该函数将任务配置映射为对应的资源需求。

(3)任务质量空间Q_i和环境状态空间S_i。

(4)映射$f_i:\Phi_i\times S_i\to Q_i$:该映射将配置-环境对映射成对应的任务质量水平。

(5)基于任务质量的效用函数$\tilde{u}_i:Q_i\times S_i\to\mathbb{R}$。

其中定义$u_i:\Phi_i\times S_i\to\mathbb{R}$为$u_i(\phi,\boldsymbol{s}):=\tilde{u}_i(f_i(\phi,\boldsymbol{s}),\boldsymbol{s})$。

系统效用u定义为$u(\phi,\boldsymbol{s})=\sum_{i=1}^{n}\omega_i u_i(\phi,\boldsymbol{s})$。其中$\phi=(\phi_1,\phi_2,\cdots,\phi_n)\in\Phi:=\Phi_1\times\Phi_2\times\cdots\times\Phi_n$，$\boldsymbol{s}=(s_1,s_2,\cdots,s_n)\in S:=S_1\times S_2\times\cdots\times S_n$为对应的环境。$\omega_i$为各个任务的重要性权值。$\phi_i=\{\phi_i^1,\phi_i^2,\cdots,\phi_i^{M_i}\}$。其中$M_i$是任务$\tau_i$控制参数的维数，$\phi_i^j$为第$j$个控制参数①。$\Phi$为所有任务的控制参数空间。对于固定的环境数据$\boldsymbol{s}\in S$，认知雷达需要在对应资源限制的条件下优化全局系统性能，即认知雷达需要求解下述受限优化问题：

$$\max_{\phi=(\phi_1,\phi_2,\cdots,\phi_n)} u(\phi,\boldsymbol{s}) \tag{7-60}$$

$$s.t.\forall j=1,\cdots,k\sum_{i=1}^{n}(g_i(\theta_i))\leqslant R_j$$

上述 Q-RAM 资源管理模型的求解实现流程如图 7.26 所示，分为构建并评估控制参数配置、凸包运算、全局优化以及调度器调度四步。

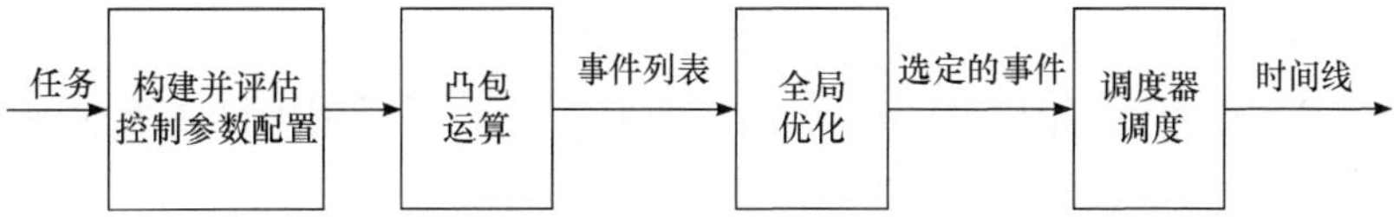

图 7.26　基于实时全局优化的 Q-RAM 资源管理实现

① 控制参数具体如波形调制样式、调制参数等，控制参数在 2.2.3 节中表示为调制类型与调制参数。

具体地，基于实时全局优化的 Q-RAM 资源管理实现首先构建并评估控制参数配置，假定雷达存在 k 种待分配的资源 $R_1,R_2,\cdots,R_k$，通过复合资源函数 $h:\mathbb{R}^k\to\mathbb{R}$ 将资源向量映射为描述资源需求的标量。对每个任务，雷达产生并评估所有可能的控制参数配置 ϕ，雷达在评估中将任务配置嵌入到资源-效用空间。然后通过凸包运算确定在固定资源水平的情况下最大化效用函数的控制配置子集，这些控制配置子集被称为事件列表。随后全局优化器在资源充分的前提下迭代地将资源分配给具有最佳的效用-资源比率的事件。最后调度器在资源分配结束后对选定的雷达事件进行调度。上述基于服务质量的认知雷达资源管理模型在实际雷达运行时需要在线求解优化问题，对算法实时性要求高。

7.3.2　基于强化学习的认知雷达资源管理实现

基于强化学习求解雷达资源管理问题[49-52]是近年来的一个研究趋势。强化学习是机器学习的一个分支，其支持智能体通过环境中与环境不断进行交互，在各种环境状态下学习到使得累积回报值最大的动作。训练好的智能体在实际应用系统部署后，便可以以类似于查表法(或神经网络前向计算)的时间，快速给出当前环境下 Q 函数最大的雷达动作(即控制参数优化结果)。文献[53]给出的基于强化学习求解 Q-RAM 问题过程如图 7.27 所示。

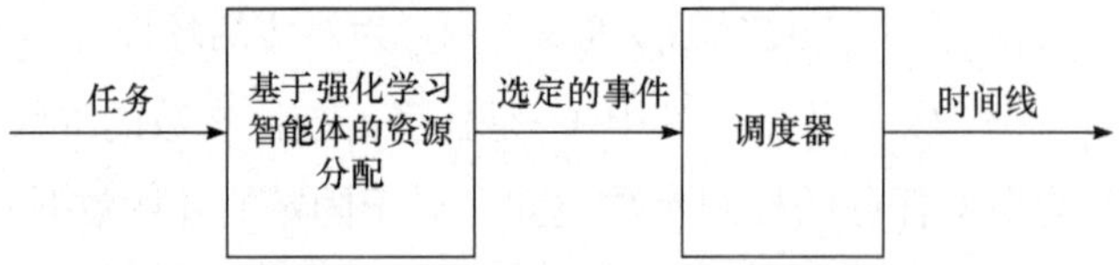

图 7.27　基于强化学习的资源管理实现

下面以认知雷达单目标跟踪为例，在介绍马尔可夫决策过程基础上，给出基于强化学习进行单目标跟踪的雷达资源管理实例。

7.3.2.1　马尔可夫决策过程的建模和求解

认知雷达通过感知行动环路实现与目标环境的交互，通常使用马尔可夫决策过程(Markov Decision Process，MDP)建模序贯决策，并通过强化学习，学习优化雷达的动作[54-56]。

一个 MDP 模型由五元组描述 $\mathcal{M}:=S,A,T,R,\gamma$，可以用于描述智能体的序贯决策过程，其中：

(1) S 为有限数目的状态集合。

(2) A 为智能体的有限数目动作集合。

(3) T 为映射 $T:S\times A\to\mathrm{Prob}(S)$，表示在当前的状态 s 下，智能体采取动作

a 之后，转移到下一个状态的概率分布。$\mathrm{Prob}(S)$ 表示 S 上所有概率分布的集合。

(4) $R:S\to\mathbb{R}$ 为状态型回报，即智能体处于状态 s 时的回报，回报函数 R 有状态-动作型回报、状态-动作-状态型等多种表示方法。

(5) γ 为折扣因子，$\gamma\in[0,1]$ 为轨迹 $\zeta:=(s_0,a_0),(s_1,a_1),\cdots,(s_j,a_j)$ 中未来回报值的折扣，其中 $s_j\in S,a_j\in A,j\in\mathbb{N}$。

策略 π 根据值函数 $V^\pi:S\to\mathbb{R}$ 给出状态 s 的价值，将当前状态映射到对应的动作，即遵循策略 π 从状态 s 开始所得到的长期期望累积回报。在给定初始状态 s_0 情况下，策略 π 的价值为：

$$V^\pi(s_0)=E_{(s,\pi(s))}[\sum_{t=1}^{\infty}\gamma^t R(s_t,\pi(s_t))\mid s_0] \tag{7-61}$$

最优价值函数为 $V^{(\pi^*)}(s)=V^*(S)=\sup_\pi V^\pi(S),s\in S$。记策略 π 的动作价值函数(Q 函数)为 $Q^\pi:S\times A\to\mathbb{R}$，该函数将状态-动作对映射为从状态 s 开始，遵循策略 π 采取动作 a 后所得到的长期期望累积回报。即：

$$Q^\pi(s_0,a_0)=\mathbb{E}_{s,a,\pi(s)}\left[\sum_{t=0}^{\infty}\gamma^t R(s_t,\pi(s_t))\mid s_0,a_0\right] \tag{7-62}$$

因此可以定义最优动作价值函数 $Q^*(s,a)=\sup_\pi Q^\pi(s,a),s\in S,a\in A$。从而 $V^*(s)=\sup_{a\in A}Q^*(s,a)$。由贝尔曼方程有[8]：

$$V^\pi(s)=R(s)+\gamma\sum_{s'\in S}T(s'\mid s,\pi(s))V^\pi(s') \tag{7-63}$$

$$Q^\pi(s,a)=R(s)+\gamma\sum_{s'\in S}T(s'\mid s,a)V^\pi(s') \tag{7-64}$$

求解 MDP 的目的是获得最优策略 π，使得：

$$\pi^*(s)=\arg\max_{a\in A}Q^\pi(s,a) \tag{7-65}$$

通常，MDP 的求解可以通过值迭代或者策略迭代的方式来实现[57]。值迭代求解 MDP 的方法如算法 7.3 所示。

算法 7.3　值迭代求解 MDP

输入：$T(s'\mid s,a),R(s),S,A,\gamma$

输出：π

For each　$s\in S$,

$V(s)=0$,

End

$\Delta\leftarrow\infty$,

While $\Delta > \epsilon$, **do**
$\Delta \leftarrow 0$;
For each $s \in S$ **do**
$v \leftarrow V(s)$;
$V(s) \leftarrow \max_{a \in A} \sum_{s' \in S} T(s' \mid s,a)\big(R(s') + \gamma V(s')\big)$;
$\Delta \leftarrow \max\big(\Delta, |v - V(s)|\big)$
End
End
For each $s \in S$ do
$\pi(s) \leftarrow \arg\max_{a \in A} \sum_{s' \in S} T(s' \mid s,a)\big(R(s') + \gamma V(s')\big)$
End
Return π

7.3.2.2　基于强化学习的雷达单目标跟踪行为策略生成

本节以文献[50]、[51]中考虑的雷达目标跟踪场景为例，给出基于强化学习的认知雷达资源管理实现。设定场景中：雷达跟踪相对于雷达做匀速运动的点目标；占据一定的雷达信号频带的干扰信号存在平稳且不随目标位置变化的特点；忽略杂波、多径效应以及大气等环境因素对信号传播的影响，即仅考虑由雷达方程所给出的自由空间路径损耗。

雷达环境定义为目标可能的位置集合$\mathcal{P}$以及对应的目标速度集合$\mathcal{V}$：

$$\mathcal{P} = \{\boldsymbol{r}_1, \boldsymbol{r}_2, \cdots, \boldsymbol{r}_\rho\} \tag{7-66}$$

$$\mathcal{V} = \{\boldsymbol{v}_1, \boldsymbol{v}_2, \cdots, \boldsymbol{v}_v\} \tag{7-67}$$

其中，ρ为目标可能位置的数目，v为可能的速度数目。$\boldsymbol{r}_i$为大小为1×3的矢量：

$$\boldsymbol{r}_i = [r_x, r_y, r_z] \tag{7-68}$$

其中，r_x, r_y, r_z分别为目标在x, y, z三个方向的距离，同样的，$\boldsymbol{v}_i$也为大小为1×3的矢量：

$$\boldsymbol{v}_i = [v_x, v_y, v_z] \tag{7-69}$$

其中，v_x, v_y, v_z为速度分量，雷达的位置为坐标为$[0,0,0]$的坐标原点。干扰状态集合定义为$\boldsymbol{\Phi} = \{\boldsymbol{\varphi}_1, \boldsymbol{\varphi}_2, \cdots, \boldsymbol{\varphi}_M\}$，其中$M$为环境中不同的干扰状态的总数目。假定环境中存在$N$个频带，干扰能够任意占据$N$个频带中的$n(0 \leqslant n \leqslant N)$个，则$M = \sum_{n=0}^{N} \mathrm{C}_N^n = 2^N$，其中$n=0$表示无干扰信号，$\mathrm{C}_N^n$为组合数公式。则$\boldsymbol{\varphi}_i$可以表示为一个$1\times N$的二元向量：

$$\boldsymbol{\varphi}_i=\left[\varphi_1,\varphi_2,\cdots,\varphi_N\right] \tag{7-70}$$

其中，$\varphi_i\in\{0,1\},1\leqslant i\leqslant N$ 表示第 i 个频段的干扰存在情况。$\varphi_i=1$ 表示有干扰，$\varphi_i=0$ 表示无干扰。例如 $\boldsymbol{\varphi}=[1,0,1,0]$ 表示环境中存在四个频带，其中第一个和第三个频带存在干扰，则总的状态集合 S 为位置集合 $\mathcal{P}$ 、速度集合 $\mathcal{V}$ 以及干扰状态集合 $\boldsymbol{\Phi}$ 的笛卡儿积，即 $S=\mathcal{P}\times\mathcal{V}\times\boldsymbol{\Phi}$ 且 $|S|=|\mathcal{P}|\times|\mathcal{V}|\times|\boldsymbol{\Phi}|$ 。

考虑雷达优化其发射的线性调频信号使用频段(即载频和带宽)，以在一定信噪比的情况下保持对目标的跟踪。雷达的动作集合记为 $A=\left\{a_1,a_2,\cdots,a_{|A|}\right\}$，其中 a_i 为一个 $1\times N$ 的二元向量：

$$a_i=\left[a_1,a_2,\cdots,a_N\right] \tag{7-71}$$

$a_i\in\{0,1\},1\leqslant i\leqslant N$ 表示雷达对第 i 个频段的使用情况，$a_i=1$ 表示使用该频段，$a_i=0$ 表示不使用该频段。由于本章考虑的是 LFM 信号，则实际动作空间仅包含使用连续频段的动作。如 $a=[1,1,1,0]$ 和 $a=[0,1,1,0]$ 为有效动作，而 $a=[1,0,1,0]$ 为无效动作，不会被包含在动作集合中，易知 $|A|=\dfrac{N(N-1)}{2}$ 。

雷达 MDP 建模中的状态均为雷达能感知到的状态，为了不使问题变得更复杂，这里遵循文献[50]、[51]中的假设认为雷达能够完美感知到环境的状态。状态转移函数为 $T(s'|s,a):S\times A\times S\to[0,1]$ ，其中 s 为当前时刻状态， s' 为下一时刻状态。回报函数定义为 $R(a,s'):A\times S\to\Re$ ，回报函数的值为实数由雷达获得的信干噪比(Signal to Interference and Noise Ratio，SINR)以及所使用的带宽所决定。

7.3.3　认知雷达资源管理器逆向分析任务

7.3.2.2 一节针对雷达对单个目标进行目标跟踪场景，给出基于强化学习实现认知雷达行为生成策略识别任务解决方案。从侦察方的视角来看，认知雷达的资源管理行为映射为对应的动作序列 a_t 。雷达在时刻 t ，状态 s 情况下的最优策略可以表示为：

$$\pi^*(s)\leftarrow\underset{a\in A}{\operatorname{argmax}}\,Q^\pi(s,a) \tag{7-72}$$

对于侦察接收而言，行为生成策略识别反演任务就是需要通过每个时刻观测得到的非合作雷达控制参数 a_t ，感知到的接收机与非合作雷达之间的环境参数 s_t (如目标与雷达的位置，环境中存在的干扰等)来反演出这个优化问题目标函数的过程(对于强化学习而言，则是反演出对应的回报函数)。不失一般性，图 7.28 展示了认知雷达行为生成策略识别模型图。其中 t 时刻环境的状态为 s_t ，认知雷达

的动作记为 a_t，认知雷达回报函数为 R^{E} (上标 E 表示反演任务中的 Expert)，回报值为 R_t。

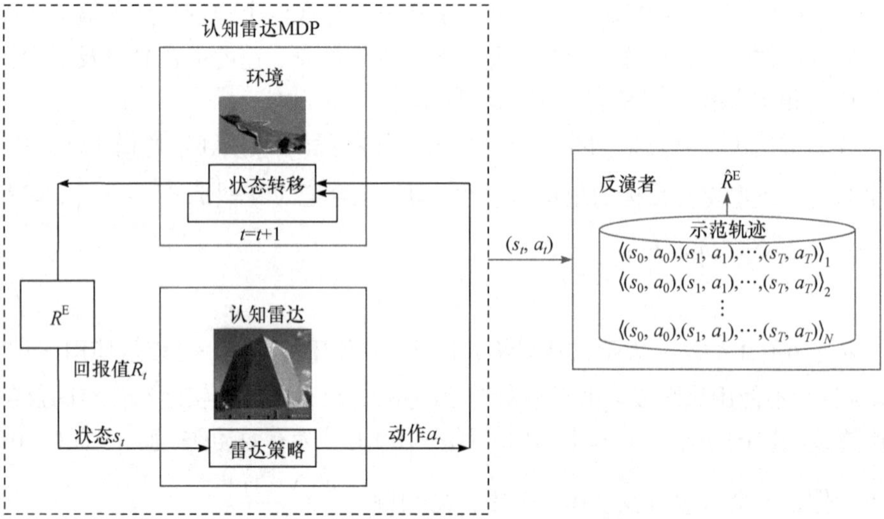

图 7.28　认知雷达行为生成策略识别模型图

单目标情况下的认知雷达资源管理器逆向分析和应用可以分为以下三个任务来实现：

(1) 认知雷达状态-动作感知识别任务。本任务要求对雷达的 MDP 模型中状态和动作序列 (s_t, a_t) 进行精准感知识别。感知状态为认知雷达的环境状态，如侦察方目标相对于雷达的位置、速度、运动学姿态以及干扰信息等。雷达的位置可以基于侦收信号序列进行测向定位得到，动作为认知雷达智能体在环境状态下采取控制参数序列，状态对侦察方来说相对容易获取，状态-动作感知识别任务的重点是对雷达动作进行识别。7.4 节给出一种基于多任务学习的认知雷达动作识别方法。

(2) 认知雷达回报函数反演任务。本任务基于对雷达状态-动作的感知识别结果实现雷达回报函数的反演，基于状态-动作序列集合 $\mathcal{D}$，进行雷达所用回报函数 R^{E} 的反演，得到估计的雷达回报函数 $\hat{R}^{\mathrm{E}}$，其中 $D=\{<(s_0,a_0),(s_1,a_1),\cdots,(s_T,a_T)>_{(n=1)}^{N}\}$。7.5 节给出一种基于逆强化学习的认知雷达回报函数反演方法。

(3) 认知雷达动作预测任务。基于前述识别反演任务获得的状态-动作序列集合 $\mathcal{D}$ 或回报函数 $\hat{R}^{\mathrm{E}}$，实现未来时刻的认知雷达动作预测。

7.4　基于多任务学习的认知雷达动作识别方法

对具有脉组-脉组捷变能力的认知雷达[58-65]，雷达动作的感知和辨识可以转化为对一组脉冲的调制类型识别与调制参数估计任务①。本节介绍一种基于多任务学习的认知雷达动作调制类型识别与调制参数估计联合处理方法。

7.4.1　多任务学习原理

多任务学习(Multi-Task Learning, MTL)已经广泛应用在许多研究领域[66-70]。一个多任务学习网络将 n 个任务的特征同时输入，然后存在 m 组输出节点，每组输出节点对应一个任务。如图 7.29 所示的 MTL 网络包含有 m 个学习任务 $\{T_i\}_{i=1}^{m}$，MTL 可以借助 m 个任务中所有或者部分任务所包含的知识来帮助提升对任务 T_i 模型的学习。

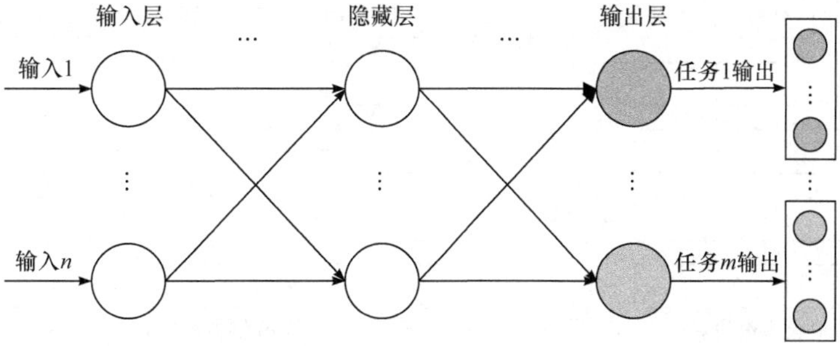

图 7.29　多任务学习示意图

多任务学习和传统单任务学习的区别如图 7.30 所示。相较于传统单任务学习，多任务学习的优点包括：①提升性能。多任务学习可以利用任务之间的相关性提升性能。②简化流程。多任务学习仅需一个网络同时解决多个问题。③鲁棒性好。多个任务联合学习能够提升泛化性能，部分任务之间的噪声还能相互抵消，提升模型性能与鲁棒性。④任务互助。即某些任务的参数可能在其他任务的辅助下得到更好训练效果。

常用的多任务学习方法分为如图 7.31 所示的硬参数共享和软参数共享两类。硬参数共享分为共享层和任务特定层，其中共享层参数各个任务共享，任务特定层的参数则属于特定任务，各自独立。硬参数共享对大部分参数进行共享，将会提取更通用的泛任务特征，降低模型过拟合风险。硬参数共享实现方便，对处理相关性强的任务能实现较大的性能提升。软参数共享中每个任务有自己的模型，但每个模型都可以访问其他任务模型的信息，例如梯度信息等。软参数共享不需要对相关性做假设，但为每个任务分配一个网络，参数量较大。

① 依照第 2 章的定义，这一组脉冲对应了认知雷达的一个工作状态。该工作状态根据优化目标产生对应的信号，而这组信号的特征则体现在控制参数上。从侦察方的视角，这些控制参数也就是多维脉冲参数上的调制类型和调制参数组合。

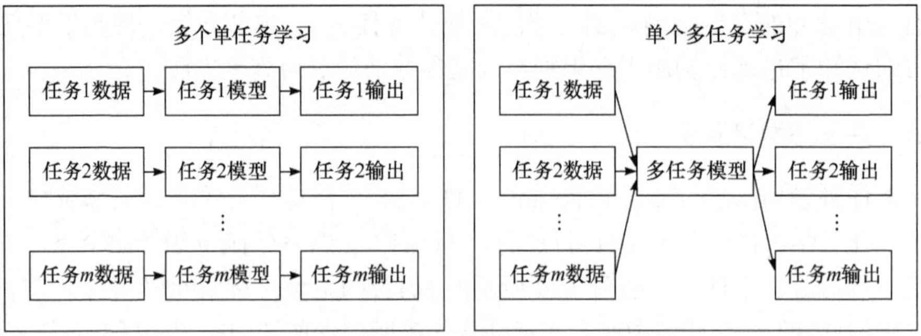

图 7.30　多任务和单任务学习

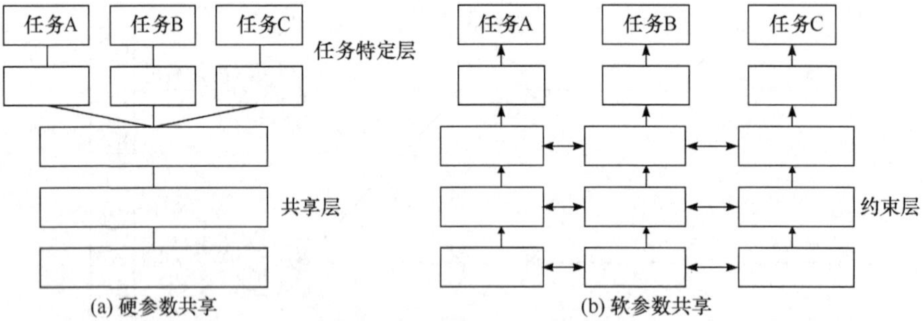

图 7.31　两种多任务学习方式

根据上述基本原理分析可知，多任务学习可用于认知雷达动作调制类型识别与调制参数估计的联合处理方法。一方面认知雷达往往多参数联合优化具有较强的相关性，基于 MTL 学习实现的动作识别能力能够取得更好的性能与泛化能力；另一方面，MTL 学习方法可以将调制类型识别和调制参数估计的级联处理改为一体化模型实现，具备简化电子侦察设备任务流程的潜力。

7.4.2　基于 MTL 的认知雷达动作提取任务建模

首先给出基于 MTL 的认知雷达动作提取任务建模。记 $T=\{T_1,T_2,\cdots,T_K\}$ 为 K 个状态定义参数，$\Gamma^k=\{\Gamma_R^k,\Gamma_E^k\}$ 为第 k 个状态定义参数对应的任务对，Γ_R^k 和 Γ_E^k 分别表示 AMR 和 MPE 的任务。对 K 个状态定义参数而言，总共有 $2K$ 个对应的学习任务。记数据集 $D_i=\{(x_j^i,y_j^i)\,|\,1\leqslant j\leqslant N_i\}$ 为任务 $\Gamma_i\,(1\leqslant i\leqslant 2K)$ 的训练数据集。其中，$x_j^i\in R^{(M\times L)}$ 为任务 Γ_i 的第 j 个训练样本，y_j^i 为对应的标签。$X_i=(x_j^i\,|\,1\leqslant j\leqslant N_i)$ 表示对任务 $\mathcal{T}_i$ 的所有训练数据，$Y_i=(y_j^i\,|\,1\leqslant j\leqslant N_i)$ 为对应的训练标签。通常来说，$\mathcal{T}^k$ 中的两个任务使用相同的数据集，如使用测量得到的 PRI 序列数据进行 PRI 调制类型识别与对应的调制参数估计，使用检测到的脉冲波形进行脉内调制类型识别与调制参数估计等。使用中频脉冲流数据训练 MTL 网络时，所有 $2K$ 个任务

拥有相同的训练数据，即对任意的$i, j(i \neq j)$任务对，有$X_i = X_j = X \in \chi$。各个任务的$Y_i \in y$不同。从而，MTL 的任务是基于训练数据集$Y_i \in y, D = \{X, Y_i | 1 \leqslant i \leqslant 2K\}$，学习$f_{\mathrm{MTL}}: \chi \to y$，其中$\chi$和$y$分别为输入和标签空间。对于待测信号样本$x$，通过学习好的映射$f_{\mathrm{MTL}}$同时解决$2K$个任务，输出每个任务对应的标签。

本节中令$K = 4$，对应 PRI, RF, PW 以及 MOP 四个状态参数。参考文献[71]、[72]，各个状态参数的调制类型集合认为已知且对应调制参数在相应取值空间动态变化。每个状态定义参数的 AMR 和 MPE 任务设置列在表 7.8 中。

表 7.8　AMR 和 MPE 任务的设置

状态定义参数	AMR 任务的调制类型设置	MPE 任务的调制参数设置		
		P1(参数 1)	P2(参数 3)	P3(参数 3)
PRI	常数	初始 PRI 值	—	—
	参差	参差点数	最小值	最大值
	抖动	抖动均值	抖动方差	—
	滑变	初始值	终止值	滑变步数
RF	常数	初始值	—	—
	捷变	捷变点数	最小值	最大值
	抖动	抖动均值	抖动方差	—
	步进	初始值	终止值	步进步数
PW	常数	初始值	—	—
	抖动	抖动均值	抖动方差	—
MOP	LFM	带宽	—	—
	Costas	步进步数	频点数	—
	Frank	步进步数	相位调制周期数	—
	NLFM	带宽	—	—

7.4.3　基于 MTL 的认知雷达动作提取算法

7.4.3.1　算法总体框架

本章提出多任务学习网络 JMRPE-Net 来实现函数f_{MTL}。JMRPE-Net 使用波形信号序列作为输入(可以扩展到 PDW 输入)，通过对输入信号进行并行处理输出对应的 AMR 和 MPE 结果。总体架构如图 7.32 所示，采用硬参数共享方案训练模型[67]。

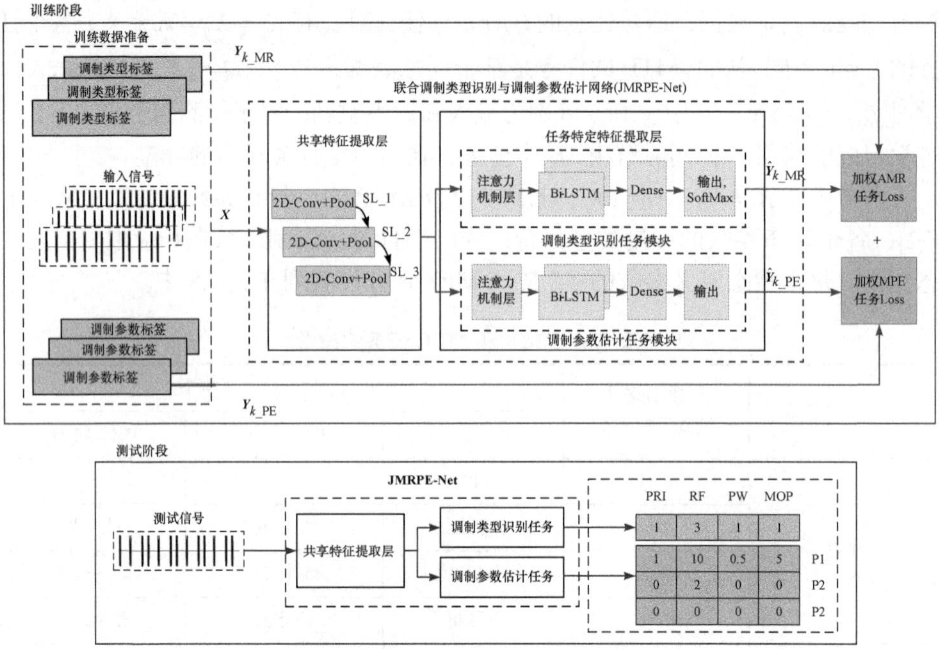

图 7.32 JMRPE-Net 实现流程图

使用任务共享的训练数据 $\boldsymbol{X}$ 和特定任务标签 $\boldsymbol{Y}_{k_{\mathrm{PE}}}$，

$\boldsymbol{Y}_{k\_\mathrm{MR}}, k=1,2,\cdots,K$ 训练 f_{MTL}，其中下标“PE”和“MR”表示 MPE 和 AMR 任务

JMRPE-Net 有如图 7.33 所示的两种实现结构：第一个实现结构称为任务导向(Task Oriented, TO)，其中四个 AMR 任务(或 MPE 任务)聚合在一起，享有一个共同的任务特定特征提取层。第二个实现结构称为参数导向(Parameter Oriented,

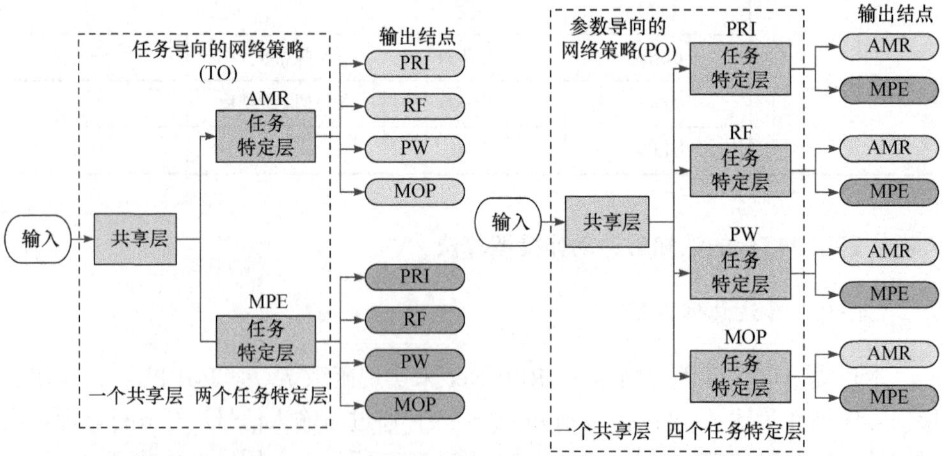

图 7.33 任务导向的网络设计和参数导向的网络设计示意图

PO)，其中同一个状态定义参数的 AMR 和 MPE 任务共享相同的任务特定特征提取层。两种实现结构唯一的区别在于对任务特定特征提取层的安排，而共享特征提取层和公共特征提取层的基本结构和参数设置等都保持相同。

7.4.3.2　算法模块设计

1. 共享特征提取层

共享特征提取层由三个卷积-池化层组成，以从原始输入信号中提取对应的空间特征和局部平移不变特征。每个卷积池化层包含 64 个滤波器，卷积核大小为 2×3，卷积核沿着信号时间轴提取特征，对应的激活函数为 ReLU。卷积层能够提取对 AMR 和 MPE 任务都有效的特征。在每个卷积层之后接一个核大小为1×2的池化层来降低特征的维度，同时池化层也可以使提取到的特征具有局部微小的变化无偏的特性。其中最后一个池化层的核大小为2×2，来进一步将输入序列降维成一个行向量。

共享特征提取层中最后一个卷积-池化层的 64 个滤波器的输出被重新排列为大小为$64\times\bar{L}$的矩阵$O=(o_1,o_2,\cdots,o_L)$，该矩阵作为提取到的浅层通用特征被送入后续的任务特定层。

2. 任务特定特征提取层

任务特定特征提取层由如下三个子层级联组成：注意力机制层，两个 Bi-LSTM 层，以及两个全连接层。

考虑不是所有提取特征都对特定任务具有相同重要性，共享特征提取层提取的通用特征将首先通过任务特定的注意力机制层。注意力机制层通过应用软注意掩码，从这些主干卷积层提取的一般特征池中选择特征。注意力机制具体通过常规的全连接层和 softmax 非线性激活函数实现，时间步 $t,1\leqslant t\leqslant\bar{L}$ 的注意力权重 α_t 计算为：

$$\alpha_t=\frac{\exp\left(f\left(\boldsymbol{o}_t\right)\right)}{\sum_{i=1}^{\bar{L}}\exp\left(f\left(\boldsymbol{o}_i\right)\right)}\tag{7-73}$$

其中，$f(\boldsymbol{o})=\boldsymbol{o}^{\top}\boldsymbol{W}_{\text{attention}}+\boldsymbol{b}_{\text{attention}}$，$\boldsymbol{W}_{\text{attention}}$ 为可训练的权重矩阵，$\boldsymbol{b}_{\text{attention}}$ 为偏置矩阵。通过注意力机制之后得到的特征向量$\bar{o}$表示为加权和的形式：

$$\bar{\boldsymbol{o}}=\sum_{t=1}^{\bar{L}}\alpha_t\boldsymbol{o}_t\tag{7-74}$$

随后的两个 Bi-LSTM 层随后接收任务特定的注意力特征向量$\bar{o}$作为输入，将整个注意力特征向量$\bar{o}$当作整体，提取任务特定的时间序列特征。这两个 Bi-LSTM 层使用 ReLU 激活函数。第二个 Bi-LSTM 层最后一个时间步的输出被认为是对各个时间步时间序列特征的高度概括，被输入至全连接层。

最后的两个全连接层中，第二个 Bi-LSTM 层和第一个全连接层之后添加了 dropout 层以缓解过拟合[73]。对第 k 个状态定义参数 AMR 任务的任务特定层，最后一个全连接层大小为 M_k，激活函数为 softmax，每个输出结点对应一个调制类型。MPE 任务的任务特定层最后一个全连接层包含多个输出结点，无激活函数。

JMRPE-Net 的输出结果表征结构将所有状态定义参数的所有调制类型对应的最大调制参数数目固定为 3(如表 7.11 所示)。对于给定的调制类型类别，也仅考虑了标量类型的调制类型参数回归，以避免输出节点数目动态变化的情况。AMR 任务的输出在 $[0,1]$ 的连续区间，表示属于各个调制类型的概率分布，然后通过 argmax 映射为对应的调制类型。MPE 任务的输出属于连续区间，该区间取决于具体的调制类型与调制参数。MPE 任务输出赋值时，对调制类型包含的调制参数数目 $P(P<3)$ 的情况，前 P 个结点被用于表示这 P 个调制参数。剩余的 $3-P$ 个结点的标签被简单地设置为固定的值(如“0”)。对于更复杂、动态可变的状态定义参数及参数数量，需要解决输出结点动态可变的情况，应该使用编码器-解码器的网络架构实现序列到序列回归，不在这里展开。

7.4.3.3　算法实现方法

1. 输入信号准备

根据原始波形信号处理得到信号的实部和虚部，从而得到一个大小为 $2\times L$ 的输入数据矩阵，其中 L 为 IF 信号的采样点数。由于 JMRPE-Net 的第一层卷积层需要固定大小的输入，因此所有信号样本的 L 均保持固定。由于 MPE 任务为多输出回归任务，对回归输出的多个标签各自进行归一化，以保证这些标签值处于相同或者接近的数量级。经过处理后的输入和标签可以送入 JMRPE-Net 进行端到端训练。

2. 网络训练和测试

不失一般性，第 l 个任务的任务特定损失函数记为 Loss_i，则 JMRPE-Net 的整体优化目标可以构建为所有任务的任务特定损失函数的加权和形式，其中 ϖ_i 为任务特定的权值。

$$L_{\text{JMRPE-Net}}=\sum_{i=1}^{2K}\omega_i\mathrm{Loss}_i \tag{7-75}$$

其中，$2K$ 为所有任务的数目，K 为所考虑的状态定义参数数目。把 K 个 AMR 和 K 个 MPE 任务的任务特定损失函数按下标 R 和 E 表示。AMR 任务的损失函数为多分类交叉熵，公式为：

$$\mathrm{Loss}_{\mathrm{R}}=-\frac{1}{n}\sum_{i=1}^{n}\sum_{j=1}^{m}y_j^i\ln\left(\hat{y}_j^i\right) \tag{7-76}$$

其中，n 和 m 分别表示训练样本数和类别数。y_j^i 为真实标签，$\hat{y}_j^i$ 为网络预测标签。

K 个 MPE 任务的损失函数为均方误差(MSE)，公式为：

$$\mathrm{Loss_E} = \frac{1}{n}\sum_{i=1}^{n}\sum_{j=1}^{m}\left(\hat{y}_i^j - y_i^j\right)^2 \tag{7-77}$$

其中，n 和 m 分别表示训练样本数目和调制参数数目，y_j^i 为标签值而 $\hat{y}_j^i$ 为预测值。使用 ADAM 算法优化整个网络的参数[74]。对网络的每一层，网络的参数由如下规则更新(细节见文献[74])：

$$\boldsymbol{W} = \boldsymbol{W} - l_r \sum_i w_i \frac{v_{dw}^c}{\sqrt{s_{dw}^c} + \varepsilon} \tag{7-78}$$

其中，l_r 为学习率。如更新公式所述，当各个任务的梯度冲突时或者某一个任务的权重起主导作用(即该任务的梯度值远大于其他任务的梯度)，网络权重的更新是次优的。因此采用 ω_i 作为任务特定的权重来平衡梯度之间的影响。在实验中 ω_i 通过实验结果优化。采用早停策略来控制网络训练以缓解过拟合，并在若干训练回合之后降低学习率以获得更好的训练效果。

7.4.4　算法性能验证

本节使用仿真数据对 JMRPE 网络实现信号波形输入情况下的联合处理方法进行实验验证，最后还给出了 JMRPE-Net 在 PDW 数据样本输入情况下的扩展实验。

7.4.4.1　实验设置介绍

1. 数据集设置

定义状态的四个参数为 PRI, RF, PW 和 MOP，每个参数的调制类型数目分别为 4, 4, 2, 4。实验数据调制类型组合数目为128种，对应产生如下五类数据集：

第一类数据集 D_1：包含与 SNR 取值集合[−10dB,−6dB,−2dB,0dB,2dB,6dB,10dB,5dB]对应的七个子数据集，其中 D_1 中的样本含有信号包络的非理想性。

第二类数据集 D_2：包含 MOP 类别数量随着场景编号的增加而增加的四个场景子数据集，用于测试 JMRPE 在调制类型数据增加的情况下的性能。四个子数据集信息见表 7.9。

表 7.9　由 MOP 调制类型定义的四个子数据集信息

子数据集编号	包含的 MOP 调制类型	调制类型组合数目
1	LFM	32
2	LFM, Costas	64
3	LFM, Costas, Frank	96
4	LFM, Costas, Frank, NLFM	128

另外三类数据集 SNR 均设置为 6dB，用于评估 JMRPE 在不同非理想情况下的性能。数据集 D_3 和 D_4 分别考虑了六种情况下的频率和相位偏移。数据集 D_5 评估输入序列中虚假脉冲对网络的影响。具体设置将在对应的实验章节给出。

2. 评价指标

对 AMR 和 MPE 任务分别设计评价指标以评估 JMRPE-Net 的性能。评价 AMR 任务性能的三个指标如下：

(1) 整体准确率(totalacc)：表示分类正确的样本比例，要求所有样本的 AMR 识别结果都需要正确，计算公式如下：

$$\text{totalacc}\left(f_{\text{MTL}}\right)=\frac{1}{N}\sum_{i=1}^{N}\hat{\boldsymbol{Y}}_i=\boldsymbol{Y}_i \tag{7-79}$$

$$\hat{\boldsymbol{Y}}_i=\boldsymbol{Y}_i=\begin{cases}1, & \text{if } \hat{\boldsymbol{Y}}_i=\boldsymbol{Y}_i\\ 0, & \text{otherwise}\end{cases}$$

其中，N 为测试样本的数目，$\hat{\boldsymbol{Y}}_i$ 为预测的标签，$\boldsymbol{Y}_i$ 表示第 i 个样本的真实标签。

(2) 部分匹配准确率(partialacc)：表示至少有 r 个 AMR 任务识别正确的样本比例，计算公式为：

$$\text{partialacc}\left(f_{\text{MTL}}\right)=\frac{1}{N}\sum_{i=1}^{N}\left|\hat{\boldsymbol{Y}}_i=\boldsymbol{Y}_i\right| \tag{7-80}$$

$$\left|\hat{\boldsymbol{Y}}_i=\boldsymbol{Y}_i\right|=\begin{cases}1, & \text{if } \text{card}\left(\hat{\boldsymbol{Y}}_i=\boldsymbol{Y}_i\right)\geqslant r\\ 0, & \text{otherwise}\end{cases}$$

其中，card(A)表示集合 A 的基数，即 card($\hat{Y}_i=Y_i$)表示第 i 个样本中正确分类的标签数目。当 r 等于状态定义参数的数目 K 时，partialacc 和 totalacc 等效。

(3) 标签准确率(labellacc)：评估第 j 个状态定义参数分类正确的样本数目的比例，计算公式为：

$$\text{labelacc}\left(f_{\text{MTL}}\right)=\frac{1}{N}\sum_{i=1}^{N}\hat{y}_{ik}=t_{ik} \tag{7-81}$$

其中，$\hat{y}_{ik}$ 和 t_{ik} 为第 i 个样本的第 k 个状态定义参数的预测和真实标签。

评估 JMRPE-Net 的参数估计性能的指标包括两个：

(1) 整体均方误差(labelmse)：评估所有样本的 K 个状态定义参数的 MSE，计算公式为：

$$\text{totalmse}\left(f_{\text{MTL}}\right)=\frac{1}{N}\sum_{i=1}^{N}\sum_{k=1}^{K}\left(\hat{y}_i^k-t_i^k\right)^2 \tag{7-82}$$

其中，N 为样本数目，$\hat{y}_i^k$ 为第 i 个样本的第 k 个状态定义参数估计得到的调制参数，t_i^k 为对应的标签。

(2) 标签均方误差(labelmse)：对每一个状态参数计算其均方误差，公式可由式(7-82)得到。

3. 对比方法

目前考虑对雷达信号进行联合调制类型识别与调制参数估计任务的研究较少。这里采用两个单任务 AMR 方法(2C-DNN 和 TCNN-BL)以及一个多任务学习的方法(MTL-LSTM)作为对比方法。

TC-DNN：双通道深度神经网络(Two-Channel Deep Neural Network，TC-DNN)用于 AMR 的多分类识别方法。网络中的第一个通道用于提取脉间特征，第二个通道用于提取脉内特征。

TCNN-BL：双通道卷积神经网络与双向长短时记忆网络(Two-channel Convolutional Neural Network with Bi-LSTM，TCNN-BL)的雷达脉内波形 AMR 方法[75]。该方法双通道的设计同样适合本节中所考虑的 AMR 问题。

MTL-LSTM：这是基于多任务学习和长短时记忆网络的方法[68]，设计用来同时解决脉内波形识别和信号 SNR 估计。该方法进行调整后可以适应本节中的 AMR 和 MPE 任务。

7.4.4.2　JMRPE-Net 的实现实验

本节针对 TO-JMRPE 和 PO-JMRPE 两种 JMRPE-Net 实现结构，从基础功能验证、未见过信号的识别能力以及训练样本数目的影响等多方面进行了仿真实验。

1. 基础功能验证

基础功能指模型在状态类别数目增加的情况下解决多任务的能力。实验使用数据集 D_2 的四个子数据集，使用 totalacc 和 totalmse 进行性能评价。将数据集 D_2 按 0.7，0.15，0.15 的比例划分为训练、验证和测试集。后续实验采取同样的数据集划分和性能评价方式。

图 7.34 展示了两个结构的整体性能。由图可知，JMRPE-Net 的整体性能均优于对比方法。对比方法中，TCNN-BL 和 MTL-LSTM 最初设计用于单个检测到的雷达脉冲，因而对本节中包含多个脉冲的 IF 信号长时间序列特征提取能力弱。尽管 TC-DNN 最初也是为 IF 信号所设计，其采用的堆叠全连接层的结构在长脉冲序列以及类别数目多的情况下特征提取能力不够。因此这三个对比方法的性能相较于 JMRPE-Net 都要弱。

图 7.35 展示了 JMRPE-Net 两种结构的标签级性能，每个状态定义参数的整体性能都很好。最小的标签准确率超过 86%，而最大的标签 MSE 低于 0.35。当波形 Costas 加入后(场景 2)，性能出现抖降。对 PO 和 TO 结构，RF 的标签准确率从 95.72%和 94.91%降低到 87%和 88.35%。同样的趋势也在标签 MSE 中体现。

这个结果是因为 Costas 波形内部的频率调制复杂，造成直接从波形进行 AMR 和 MPE 任务困难。

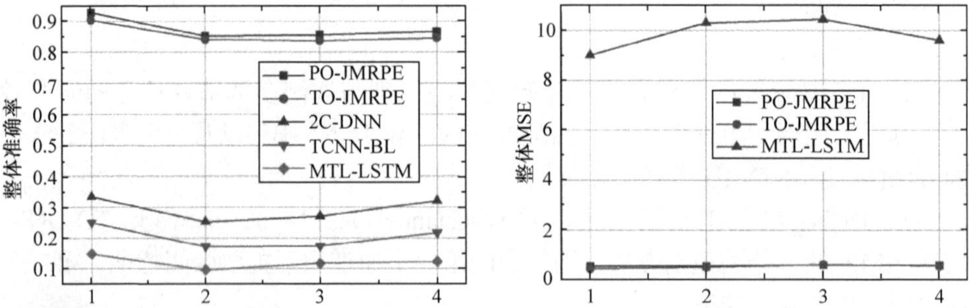

(a) AMR的整体准确率　　(b)MPE的整体均方误差

扫码见彩图

图 7.34　四个 MOP 子数据集设置下的整体性能比较

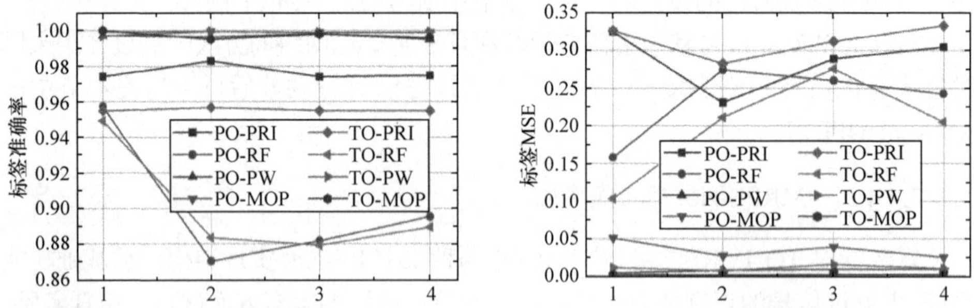

(a) AMR的标签准确率　　(b) MPE的标签均方误差

扫码见彩图

图 7.35　四个 MOP 子数据集设置下 JMRPE-Net 标签级性能

2. 未见过工作状态的识别能力

多个多分类的分类器通常用于解决多个 AMR 任务。然而随着调制类型数目的增加，多分类分类器需要定义的类别数呈指数级增加。就算所有的状态定义参数的所有调制类型都在训练样本中出现过，但可能存在未见过的调制类型组合，训练好的多分类分类器也无法适应这种情况。JMRPE-Net 能够识别上述的“未见过的调制类型组合”，避免多分类方法的局限。

本节实验使用 D_1 中 SNR 为 50dB 的子数据集。从 128 种调制类型组合中按均匀分布随机抽取一定比例的类别作为见过调制类型组合，剩余的类别作为未见过调制类型组合。见过的调制类型组合比例从 10%增加到 90%，步进 10%。实验结果如图 7.36 所示。

随着已知组合比例的增加所有方法在测试集的整体识别性能提升。唯一的例外是 MTL-LSTM 的整体 MSE 指标，该指标随着已知组合比例的增加而恶化。随

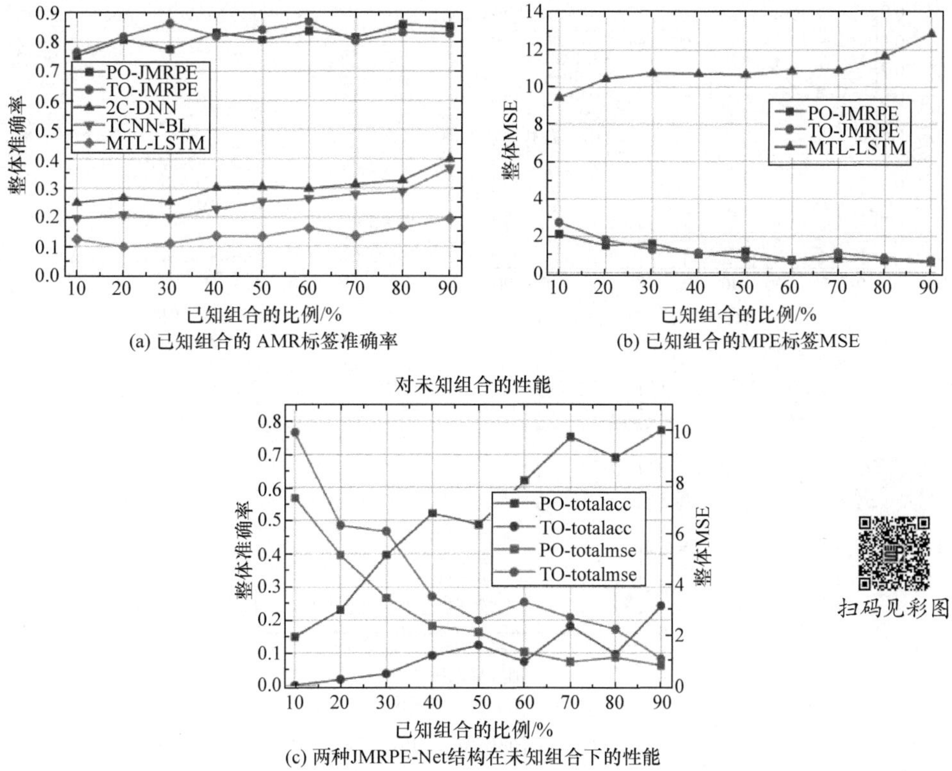

(a) 已知组合的 AMR标签准确率　(b) 已知组合的MPE标签MSE

(c) 两种JMRPE-Net结构在未知组合下的性能

扫码见彩图

图 7.36　不同比例的已知调制类型组合下的性能

着已知组合数目的增加 MTL-LSTM 方法不能正确处理如此多的模式，因而造成性能损失。两种 JMRPE-Net 结构均取得了显著优越的性能。对未知组合而言，PO 结构要优于 TO 结构。当已知组合比例为 90%时，PO 结构能够对未知组合取得 77.22%的整体准确率，而 TO 仅能够取得 24.25%的整体准确率。对应的整体 MSE 则分别是 0.8117 和 1.0828。

对多任务网络和传统方法的一个关注点可能是它们各自对训练样本的需求。多任务网络通常比单个单任务网络规模大，但比同样任务数目的单任务网络集合规模小。使用 D_1 中 SNR 为 50dB 的子数据集一定比例的样本进行训练。训练样本比例从 10%增加到 90%，步进为 10%。多任务网络和单任务网络各自对训练样本的需求量实验结果如图 7.37 所示。

由图可知，所有方法的性能随训练样本比例的增加而增加。JMRPE-Net 的 PO 和 TO 结构的整体准确率从 45.54%和 47.95%增加到 84.20%与 86.95%，整体的 MSE 从 3.7333 和 2.9924 降低到 0.6180 和 0.5344。PO 和 TO 结构的部分准确率在子图(c)中给出。$r = 4$ 结果对应整体准确率，当 $r < 4$ 时所有曲线的性能都接近

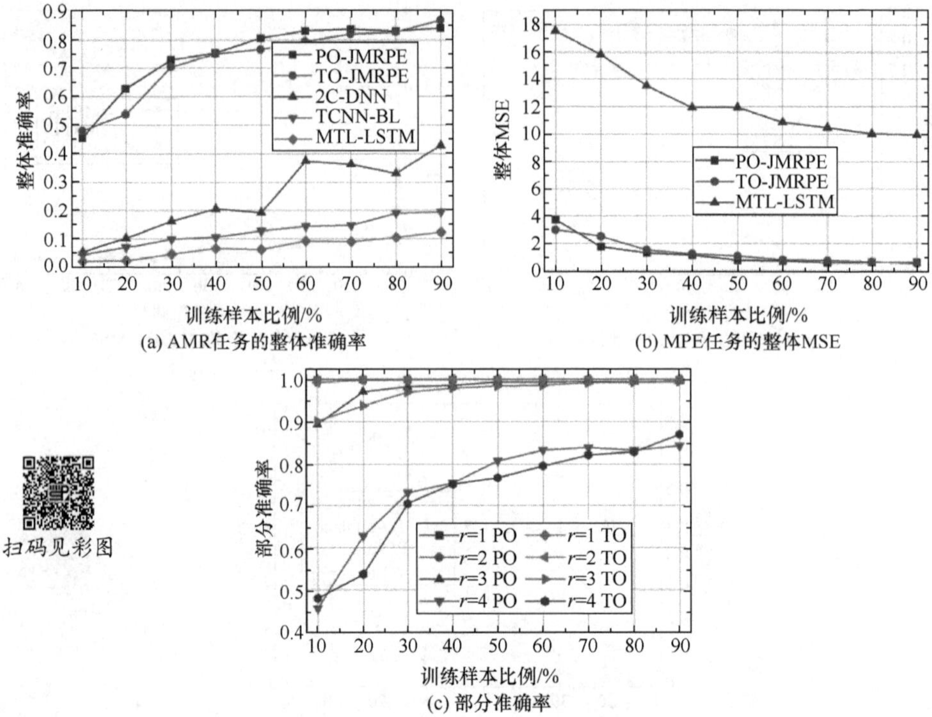

扫码见彩图

图 7.37　不同训练样本比例下的性能

于 1，而 $r=4$ 时性能明显下降。如基础功能验证实验中所述，RF 的标签准确率相对要差，因而造成整体的准确率低。

综上可知，JMRPE-Net 的两个结构仅在未知调制组合识别中存在性能差异，后续的实验中将默认采用 PO 结构。

7.4.4.3　真实电磁环境非理想情况的性能实验

本节对真实电磁环境中可能存在的不同信噪比、参数偏移以及虚假脉冲等几种非理想情况进行 JMRPE-Net 的性能仿真实验。

1. 不同 SNR 条件的性能

本实验使用 D_1 数据集、信噪比的值设置为[−10dB,−6dB,−2dB,0dB,2dB,6dB,10dB]。每个信噪比条件中的每个调制类型组合包含 500 个样本，每个信噪比条件有 64000 个样本，7 个信噪比条件共有 448000 个样本。仿真结果如图 7.38 所示。

由图可知，随着 SNR 条件的改善，所有的方法性能都得到了提升。JMRPE-Net 的性能显著优于其他方法。在最坏的 SNR 情况下(−10dB)，PO 结构能够取得 72.92%的整体准确率和 1.1796 的整体 MSE。在最好的 SNR 情况(10dB)下，JMRPE-Net 的性能提升至 82.66%和 0.6314。

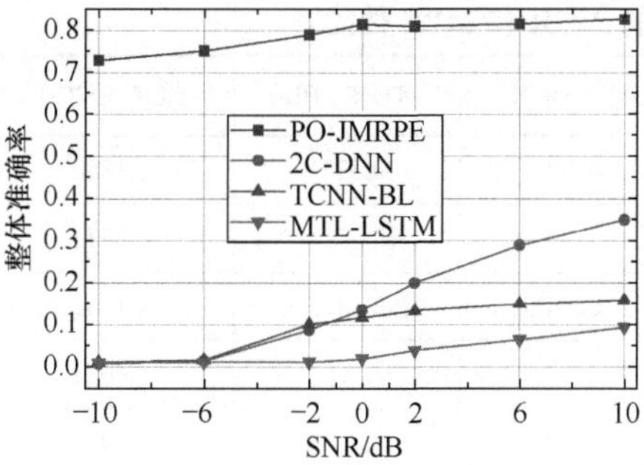

(a) AMR整体准确率

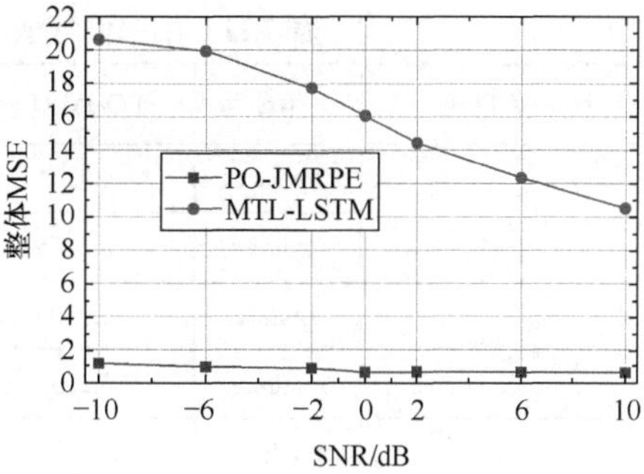

(b) MPE的整体MSE

图 7.38　不同信噪比条件下的 AMR 和 MPE 性能

2. 参数偏移情况下的性能

本实验分别考虑信号频率和相位偏移的影响，即存在相位偏移时不存在频率偏移。每个脉冲的相位或者频率偏移在对应区间服从均匀分布。相位偏移区间$[\Delta\theta_1,\Delta\theta_2]$和频率偏移区间$[\Delta f_1,\Delta f_2]$的取值对应参数表第一列所设。使用包含了所有偏移情况的训练和验证集进行网络训练,后在每一个偏移情况下进行网络测试。实验结果在表 7.10 和表 7.11 所示。由表可知，JMRPE-Net 的性能在各种相位偏移情况下都优于对比方法。在这两种参数偏移情况下，JMRPE-Net 的性能几乎不受偏移影响。由于在这个实验中，训练样本数目相比于前面的实验显著增加，因此这里 JMRPE-Net 的性能也显著增加。这也从一个方面反映了 JMRPE-Net 在大量数据中的学习能力。

表 7.10　相位偏移情况下的 AMR 和 MPE 性能

$[\theta_1,\theta_2]$/度	指标	PO-JMRPE	2C-DNN	TCNN-BL	MTL-LSTM
(0, 0)	totalacc	0.9314	0.0533	0.4171	0.052
	totalmse	0.3178	—	—	12.0849
(0, 15)	totalacc	0.9292	0.027	0.3968	0.0304
	totalmse	0.2896	—	—	13.4923
(15, 15)	totalacc	0.9272	0.0649	0.4207	0.0545
	totalmse	0.296	—	—	12.0249
(15, −15)	totalacc	0.9298	0.027	0.3957	0.0354
	totalmse	0.2935	—	—	13.6043
(15, 30)	totalacc	0.9297	0.0262	0.3976	0.0309
	totalmse	0.3033	—	—	13.6236
(15, 45)	totalacc	0.9306	0.0259	0.3928	0.0295
	totalmse	0.2681	—	—	13.6697

表 7.11　频率偏移情况下的 AMR 和 MPE 性能

$[\Delta f_1,\Delta f_2]\times10^{-4}$	指标	PO-JMRPE	2C-DNN	TCNN-BL	MTL-LSTM
(0, 0)	totalacc	0.9334	0.3692	0.6256	0.1850
	totalmse	0.2655	—	—	8.3632
(0, 1)	totalacc	0.9300	0.3700	0.6223	0.1882
	totalmse	0.2933	—	—	8.4682
(1, 1)	totalacc	0.9273	0.3714	0.6264	0.1962
	totalmse	0.2966	—	—	8.6947
(–1, 1)	totalacc	0.9358	0.3767	0.6321	0.1934
	totalmse	0.2821	—	—	8.5164
(1, 2)	totalacc	0.9347	0.3689	0.6268	0.1924
	totalmse	0.3044	—	—	8.3449
(1, 3)	totalacc	0.9342	0.3661	0.6328	0.1885
	totalmse	0.2385	—	—	8.7002

3. 虚假脉冲

本实验所用数据集类别 D_5 包含 6 个子数据集，每个子数据集包含的虚假脉冲数目不同，从 0 个以步进 1 增加到 5 个。实验结果如图 7.39 所示，所有方法几乎不受虚假脉冲数目的影响。和参数偏移中情况相同，所有方法的性能都由于训练样本数目增加而增加。

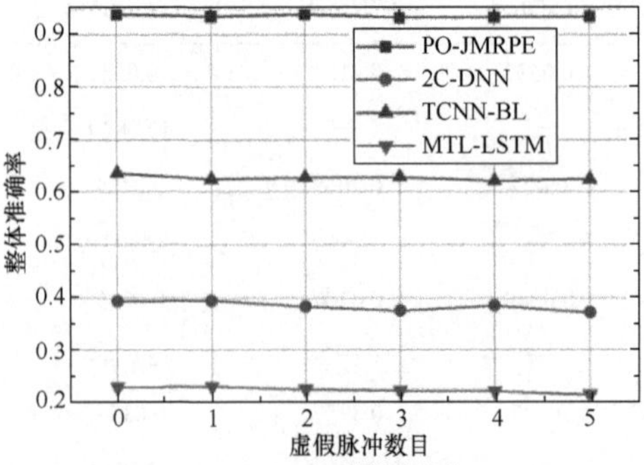

(a) AMR整体准确率

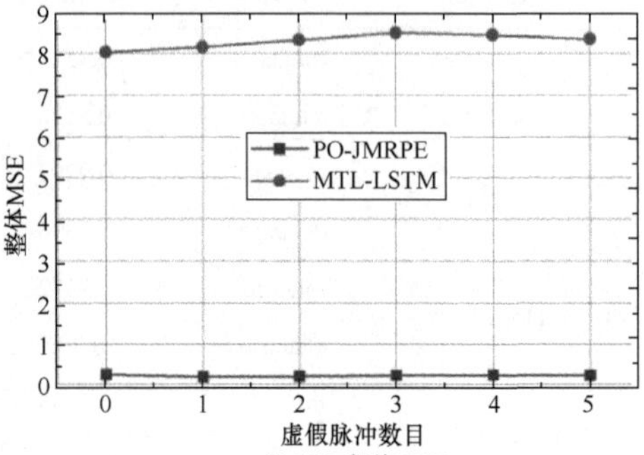

(b) MPE整体MSE

图 7.39　不同数目虚假脉冲情况下的 AMR 和 MPE 性能

7.4.4.4　PDW 输入下的扩展实验

JMRPE-Net 可以直接扩展到 PDW 输入形式下的调制类型识别与调制参数估

计。设置六种 PRI 调制类型及对应的调制参数如表 7.12。使用 JMRPE-Net 进行 AMR 和 MPE。

表 7.12 PRI 调制类型及对应调制参数范围

基型名称	基型描述参数	基型参数取值
固定	PRI 参数取值	U [8,15]
滑变	起始 PRI 参数值 priIni	U [8,15]
	步进量	U[3,5]
	步进点数	U[3.8]
正弦	PRI 中心值	U [8,15]
	PRI 偏差	U [10%,50%]
	正弦频率 f_c	U [5,10]
	正弦采样率 f_s	$\mathrm{U}[4\times fc, 8\times fc]$
抖动	均值	U [8,15]
	方差	U [5%,15%]
参差	PRI 取值数目	U [3,8]
	参差 PRI 的具体 PRI 取值序列	U [8,15]
组变	PRI 取值数目	U [3,8]
	每个 PRI 具体取值	U [8,15]
	每个 PRI 取值下脉冲数	U [3,8]

在测试集上 AMR 的准确率为 97.13%，MSE 为 0.20723。表 7.13 给出了从各个调制类型中取出一个样本得到的真实类别标签、调制参数值，以及通过 JMRPE-Net 之后输出的 AMR 和 MPE 的结果。

表 7.13 AMR 和 MPE 输出结果

真实标签	预测标签	真实参数			预测参数		
		参数 1	参数 2	参数 3	参数 1	参数 2	参数 3
1	1	11	0	0	10.97849	0.20461	0.06183
2	2	9	4	7	9.00516	3.8717	7.15882
3	3	8	1.92	8	8.06009	2.01804	7.69456
4	4	13	2	0	13.0794	1.8326	0.06241
5	5	8	0	5	8.13768	0.15258	5.25695
6	6	10	0	4	9.80941	0.0129	4.60993

这几个样本的识别准确率为 1，调制参数估计值也比较准确，基本都在真实值附近。各调制参数间存在一定的幅度差异而目前是直接将真实参数作为回归标签输出，如果对不同参数添加归一化，可以进一步提升参数估计的精度。

调制参数估计部分各个参数的含义如表 7.14。其中，“—”表示该调制类型对应的该参数无含义。在网络输出中所有无含义的参数值被置为 0。

表 7.14　调制参数估计各个调制类型对应的参数含义

PRI 调制类型	参数 1 含义	参数 2 含义	参数 3 含义
固定	PRI 固定值	—	—
滑变	PRI 起始值	步进量	滑变点数
正弦	PRI 中心值	偏差量	正弦频率
抖动	PRI 中心值	偏差量	—
参差	PRI 起始值	—	参差点数
组变	PRI 起始值	—	组变组数

本节所提出的 JMRPE-Net，可以估计雷达发射脉冲序列的调制类型与调制参数，从而可以成功提取出认知雷达的动作序列。

7.5　基于逆强化学习的认知雷达回报函数反演方法

本节在上节获取的认知雷达动作序列与环境的动态信息基础上，介绍一种基于逆强化学习的认知雷达回报函数反演方法。

7.5.1　逆强化学习原理

强化学习(RL)中的智能体从经验中((s,r)或者(s,r,s'))学习到最优策略[76]。逆强化学习(IRL)是 RL 问题的反转，最早的 IRL 算法由 Ng 在 2000 年提出[8]，采用逆强化学习方法进行反演的研究更具通用性。下面给出其基本算法。

记回报函数R^E未知的 MDP 为$M_{(\mathbb{R}^E)}$，而 MDP 的其他参数已知或能够通过估计得到。为了公式表述方便，这里假定用于建模雷达和环境之间交互的$R^{\mathrm{E}}: S \to \mathbb{R}$为状态型回报，其他类型的回报可以进行相应扩展。令$D = \{<(s_0,a_0),(s_1,a_1),\cdots,(s_T,a_T)>_1,\cdots,<(s_0,a_0),(s_1,a_1),\cdots,(s_T,a_T)>_{(n=2)}^{N}\}$为 N 条观测到的雷达与环境交互的状态-动作对序列，记为示范轨迹(Demonstrated Trajectories)集合。$\tilde{\xi}$为$\mathcal{D}$中的一条轨迹，即$\tilde{\xi}_n = <(s_0,a_0),(s_1,a_1),\cdots,(s_T,a_T)>_n$。逆强化学习的目的是寻找$\hat{R}^E$，使得该$\hat{R}^E$能够最好的解释观测到的示范轨迹集合$\mathcal{D}$。

记最优策略 $\pi^*(s)$ 在任意状态下选择的对应动作为 a^*。由贝尔曼方程(式(7-63))的矩阵形式有：

$$\boldsymbol{V}^* = R + \gamma \boldsymbol{T}\left(a^*\right)\boldsymbol{V}^* \tag{7-83}$$

其中，V^* 为在采取最优策略 π^* 下值函数在各个状态下的值，$\boldsymbol{T}(a^*)$ 为 $|S|\times|S|$ 矩阵，其中第 i,j 个元素表示在智能体从状态 i 采取动作 a^* 之后环境转移到状态 j 的概率。由上式有：

$$\boldsymbol{V}^* = \left(I - \gamma \boldsymbol{T}\left(a^*\right)\right)^{-1} R \tag{7-84}$$

由于 $0 \leqslant \gamma < 1$ 且 $\boldsymbol{T}\left(a^*\right)$ 为状态转移矩阵，即 $\boldsymbol{T}\left(a^*\right)$ 行和为 1，由 Gerschgorin 圆盘定理可知，$\boldsymbol{T}\left(a^*\right)$ 的所有特征值的绝对值小于或等于 1，$\gamma\boldsymbol{T}\left(a^*\right)$ 所有特征值的绝对值均小于 1，则 $\boldsymbol{I} - \gamma\boldsymbol{T}\left(a^*\right)$ 的特征值均小于等于 1 且大于 0，$\boldsymbol{I} - \gamma\boldsymbol{T}\left(a^*\right)$ 总是可逆。若策略为最优策略，由最优策略的定义有：

$$\forall a \in A \setminus a^* . \boldsymbol{T}\left(a^*\right)\boldsymbol{V}^* \geqslant \boldsymbol{T}\left(a\right)\boldsymbol{V}^*$$

$$\forall a \in A \setminus a^* . \boldsymbol{T}\left(a^*\right)\left(\boldsymbol{I} - \gamma \boldsymbol{T}\left(a^*\right)\right)^{-1} R \geqslant T\left(a\right)\left(\boldsymbol{I} - \gamma ?\boldsymbol{T}\left(a^*\right)\right)^{-1} R \tag{7-85}$$

则 π^* 为唯一的最优策略的充分必要条件为：

$$\left(\boldsymbol{T}\left(a^*\right) - \boldsymbol{T}\left(a\right)\right)\left(\boldsymbol{I} - \gamma\ \boldsymbol{T}\left(a^*\right)\right)^{-1} R \succ 0 \tag{7-86}$$

其中 $\succ$ 为严格大于。

IRL 问题通常是不适定问题，不同的回报函数可能表现出同样的最优策略。例如当回报函数为常数时，所有的策略都是最优策略。因此需要在可行的回报函数集合中添加对应的约束。在最初的逆强化学习算法中，最大化下式：

$$\text{maximize} \sum_{s\in S}\left(Q^*\left(s,a^*\right) - \max_{a\in A\setminus a^*} Q^*\left(s,a\right)\right) \tag{7-87}$$

即最大化在所有状态的最优动作的 Q 值与次优动作的 Q 值的累积差值。上式等效于最小化下式：

$$\text{maximize} \sum_{s\in S}\min_{a\in A\setminus a^*}\left(Q^*\left(s,a^*\right) - Q^*\left(s,a\right)\right) \tag{7-88}$$

此外还可以给回报值的绝对大小进行约束，例如认为越简单的回报越好，则可以添加对应的惩罚项 $-\lambda\|R\|_1$。因此在 IRL 设计中，总的优化目标函数为：

$$\text{maximize} \sum_{i=1}^{|S|} \min_{a\in A\setminus a^*} \left\{\left(\boldsymbol{T}\left(a^* \mid i\right) - \boldsymbol{T}\left(a \mid i\right)\right)\left(\boldsymbol{I} - \gamma\boldsymbol{T}\left(a^*\right)\right)^{-1}\boldsymbol{R}\right\} - \lambda\boldsymbol{R}_1$$

$$\text{s.t.}\left(\boldsymbol{T}\left(a^*\right) - \boldsymbol{T}\left(a\right)\right)\left(\boldsymbol{I} - \gamma\boldsymbol{T}\left(a^*\right)\right)^{-1}\boldsymbol{R} \geqslant 0, \forall a \in A \setminus a^*$$

$$\left|\boldsymbol{R}(i)\right| \leqslant R_{\max}, \quad i=1,2,\cdots,|S| \tag{7-89}$$

其中，$\boldsymbol{T}(a^{*}\mid i)$ 表示状态转移矩阵的第 i 行。

在传统 IRL 中，使用输入特征的线性加权表征回报函数，即状态 s 对应的回报值①为：

$$R(s)=h\big(\boldsymbol{f}(s)\big)=\vartheta^{\top}f(s)=\vartheta_1 f_1(s)+\vartheta_2 f_2(s)+\cdots+\vartheta_d f_d(s) \tag{7-90}$$

其中 $\vartheta=(\vartheta_1,\vartheta_2,\cdots,\vartheta_d)^{\top}$ 为权重，$f_i(s)$ 为状态 s 的第 i 个特征。当回报为状态-动作型回报时，上式变为：

$$R(s,a)=h\big(\boldsymbol{f}(s,a)\big)=\vartheta^{\top}f(s,a)=\vartheta_1 f_1(s,a)+\vartheta_2 f_2(s,a)+\cdots+\vartheta_d f_d(s,a) \tag{7-91}$$

从而 IRL 问题也就是求特征的权重 ϑ。专家示范轨迹集合 $\mathcal{D}$ 主要通过回报值参与 IRL 求解。

7.5.2　基于最大熵深度逆强化学习的回报函数反演算法

选用最大熵深度逆强化学习方法进行回报函数反演，主要基于传统 IRL 方法存在的两个局限性：

(1) 雷达方的动作不总是最优的，导致侦察方观察到的雷达示范轨迹存在随机性，不满足传统 IRL 方法中对观测 $\mathcal{D}$ 总是最优的假设，而最大熵原理[77]可以提供处理这种不确定性的原则性方法。

(2) 真实场景中侦察方并不知道雷达方所使用的回报函数的结构，传统 IRL 方法基于特征的线性加权不能表征未知且结构复杂的回报函数。神经网络在数据量充分的情况下，能够以任意精度拟合任意连续函数，很适合用于复杂未知回报函数的估计。

最大熵逆强化学习于 2008 年被提出[14]，原则是匹配观测到的轨迹与学习者的策略各自的轨迹回报期望[9]。最大熵逆强化学习(Maximal entropy IRL, MIRL)以一种概率性的方法求解 IRL 问题，以解决观测示范轨迹可能存在的不确定性(即动作的非最优性)。MIRL 中智能体所有可能的示范轨迹 ζ 认为是由概率密度函数 $\Pr(\zeta)$ 产生，其中 $\Pr(\zeta)$ 为所有可能的轨迹对应的 PDF。$\mathcal{D}$ 中的每一个轨迹 $\tilde{\zeta}$ 都是在回报函数 $\boldsymbol{R}$ 下求解 MDP 而得到，同样也服从 $\Pr(\zeta)$。特征频次(Feature Count)是 IRL 算法中的一个关键数据。任意一条专家示范轨迹 ζ 对应的特征频次为 $\boldsymbol{f}(\zeta)\in\mathbb{R}^{d}$，该特征频次定义为轨迹 ζ 中特征的累积值，即：

$$f(\zeta)=\sum_{s\in\zeta}\boldsymbol{f}(s) \tag{7-92}$$

① 这里以状态型回报为例。例如若回报为状态-动作型回报，则 IRL 中回报值是状态-动作对（State-Action Pair）的特征。

基于 N 条观测到的专家示范轨迹 $\tilde{\zeta}_i$ 有期望经验特征频数(Expected Empirical Feature Count)记为 $\tilde{f}$，有：

$$\tilde{\boldsymbol{f}} = \frac{1}{N}\sum_{i=1}^{N}\boldsymbol{f}\left(\tilde{\zeta}_i\right) = \frac{1}{N}\sum_{i=1}^{N}\sum_{s\in\tilde{\zeta}_i}\boldsymbol{f}(s) \tag{7-93}$$

回报函数为特征的函数，该函数由参数 $\boldsymbol{\theta}$ 参数化。轨迹对应的回报为状态回报的和，可以写成回报值和轨迹状态频次的加权和：

$$R(\zeta\,|\,\boldsymbol{\theta}) = h\left(\boldsymbol{f}(\zeta)\,|\,\boldsymbol{\theta}\right) = \sum_{s\in\zeta} h\left(\boldsymbol{f}(s)\,|\,\boldsymbol{\theta}\right) \tag{7-94}$$

在后面的描述中，使用 $\Pr(\zeta\,|\,\boldsymbol{\theta})$ 表示在以 $\boldsymbol{\theta}$ 为参数的回报函数情况下轨迹 ζ 的概率密度函数。$h\left(\boldsymbol{f}(\zeta)\,|\,\boldsymbol{\theta}\right)$ 为以 $\boldsymbol{\theta}$ 为参数的回报函数，则可以给出基于期望匹配的 IRL 问题定义。

IRL 问题：寻找参数 $\hat{\boldsymbol{\theta}}$，使得由 PDF $\Pr\left(\zeta\,|\,\hat{\boldsymbol{\theta}}\right)$ 采样得到的轨迹对应的期望回报符合由 PDF $\Pr(\zeta\,|\,\boldsymbol{\theta})$ 采样得到的轨迹对应的期望回报，即：

$$\mathbb{E}_{\Pr\left(\zeta|\hat{\boldsymbol{\theta}}\right)}\left\{R\left(\zeta\,|\,\hat{\boldsymbol{\theta}}\right)\right\} \triangleq \mathbb{E}_{\Pr(\zeta|\boldsymbol{\theta})}\left\{R(\zeta\,|\,\boldsymbol{\theta})\right\} \tag{7-95}$$

其中，

$$\begin{aligned}\mathbb{E}_{\Pr(\zeta|\boldsymbol{\theta})}\left\{R(\zeta\,|\,\boldsymbol{\theta})\right\} &= \sum\nolimits_{\text{allpossiblepath}\zeta}\Pr(\zeta\,|\,\boldsymbol{\theta})h\left(\boldsymbol{f}(\zeta)\,|\,\boldsymbol{\theta}\right)\\ &= \sum\nolimits_{\zeta}\Pr(\zeta\,|\,\boldsymbol{\theta})\sum_{s\in\zeta}h\left(\boldsymbol{f}(s)\,|\,\boldsymbol{\theta}\right)\end{aligned} \tag{7-96}$$

使用最大熵分布将 $\Pr(\zeta\,|\,\boldsymbol{\theta})$ 参数化，即：

$$\Pr(\zeta\,|\,\boldsymbol{\theta}) = \frac{1}{Z(\boldsymbol{\theta})}\mathrm{e}^{h(\boldsymbol{f}(\zeta)|\boldsymbol{\theta})} = \frac{1}{Z(\boldsymbol{\theta})}\mathrm{e}^{\sum_{s\in\zeta}h(\boldsymbol{f}(s)|\boldsymbol{\theta})} \tag{7-97}$$

其中，$Z(\boldsymbol{\theta})$ 是划分函数，来保证所有的概率加和为 1。$Z(\boldsymbol{\theta})$ 的公式为：

$$Z(\boldsymbol{\theta}) = \sum_{\zeta}\mathrm{e}^{h(\boldsymbol{f}(\zeta)|\boldsymbol{\theta})} \tag{7-98}$$

最大熵逆强化学习对回报函数设置最少的附加约束，其仅需要利用专家示范轨迹 $\mathcal{D}$ 的信息，是在给定信息情况下的最小偏差估计[14]。为了描述观测轨迹 $\tilde{\zeta}$ 和 PDF $\Pr(\zeta\,|\,\boldsymbol{\theta})$ 所产生的期望特征频数之间的关系，做出如下假设：专家示范集合 $\mathcal{D}$ 中轨迹的期望经验特征频数 $\tilde{\boldsymbol{f}}$ 能够代表由 $\Pr(\zeta\,|\,\boldsymbol{\theta})$ 所产生的特征频次的期望 $\mathbb{E}_{\Pr(\zeta|\boldsymbol{\theta})}\left\{\boldsymbol{f}(\zeta)\right\}$，即：

$$\mathbb{E}_{\Pr(\zeta|\boldsymbol{\theta})}\left\{\boldsymbol{f}(\zeta)\right\} = \sum_{\text{allpossiblepath}\zeta} P(\zeta\,|\,\boldsymbol{\theta})\boldsymbol{f}(\zeta) = \tilde{\boldsymbol{f}} = \frac{1}{N}\sum_{i=1}^{N}\sum_{s\in\tilde{\zeta}_i}\boldsymbol{f}(s) \tag{7-99}$$

上述假设意味着观测$\mathcal{D}$是由 PDF $\Pr(\zeta|\boldsymbol{\theta})$产生的所有可能的路径的代表。在 MIRL 中，不对其他信息做要求，因此使用样本的特征均值$\tilde{\boldsymbol{f}}$当作期望特征频数的估计。考虑$h(\boldsymbol{f}(\zeta)|\boldsymbol{\theta})$为神经网络的情况，状态$s$对应的回报值为：

$$R(s)=h(\boldsymbol{f}(s)|\boldsymbol{\theta})=g_n\left(\cdots g_2\left(g_1\left(\boldsymbol{f}(s)\right)\right)\right) \tag{7-100}$$

其中，$\boldsymbol{\theta}$为神经网络的权重。$g(\cdot)$为神经网络不同层的映射函数。当神经网络为一个n层的全连接神经网络时：

$$\theta=\{\boldsymbol{W}_1,\boldsymbol{b}_1,\boldsymbol{W}_2,\boldsymbol{b}_2,\cdots,\boldsymbol{W}_n,\boldsymbol{b}_n\} \tag{7-101}$$

$$g_n(s)=\sigma(\boldsymbol{W}_n\cdot s+\boldsymbol{b}_n) \tag{7-102}$$

其中，$\sigma(\cdot)$为激活函数，如 sigmoid、ReLU 激活函数等，$\boldsymbol{W}$和$\boldsymbol{b}$为全连接层的权重。神经网络进行回报函数拟合的示意图如图 7.40 所示。

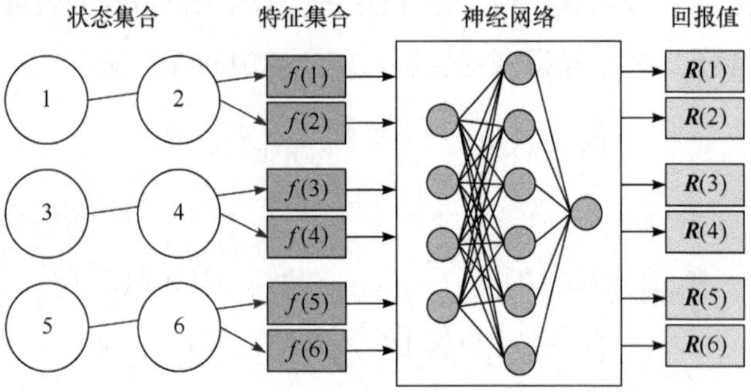

图 7.40　神经网络拟合回报函数示意图

此时算法称为最大熵深度逆强化学习(Maximal entropy Deep IRL, M-DIRL)[78]。在 M-DIRL 中，基于最大似然准则来估计$\boldsymbol{\theta}$，使得$\hat{\boldsymbol{\theta}}$所构建的模型尽可能地匹配示范轨迹集合$\mathcal{D}$。最大似然问题为：

$$\hat{\boldsymbol{\theta}}=\underset{\boldsymbol{\theta}}{\operatorname{argmax}}\Pr(\mathcal{D}|\boldsymbol{\theta}) \tag{7-103}$$

对应的对数似然函数为：

$$L(\boldsymbol{\theta})=\sum_{\tilde{\zeta}\in\mathcal{D}}\log\left(\Pr\left(\tilde{\zeta}|\boldsymbol{\theta}\right)\right) \tag{7-104}$$

即：

$$\max_{\boldsymbol{\theta}} L(\boldsymbol{\theta})=\max_{\boldsymbol{\theta}}\sum_{\tilde{\zeta}\in\mathcal{D}}\log\left(\frac{1}{\sum_{\tilde{\zeta}\in\mathcal{D}}\mathrm{e}^{h(f(\tilde{\zeta})|\boldsymbol{\theta})}}\mathrm{e}^{\sum_{s\in\zeta}h(f(s)|\boldsymbol{\theta})}\right)$$

$$= \max_{\theta} \sum_{\tilde{\zeta} \in \mathcal{D}} \left[-\log \left(\sum_{\tilde{\zeta} \in \mathcal{D}} \mathrm{e}^{h(f(\tilde{\zeta})|\theta)} \right) + \sum_{s \in \tilde{\zeta}} h\left(\boldsymbol{f}(s) | \boldsymbol{\theta} \right) \right] \tag{7-105}$$

对上述最大似然问题，可以使用累计误差反向传播算法训练神经网络，获得对回报函数的估计 $\hat{\boldsymbol{\theta}}$ 。总的基于最大熵深度逆强化学习的认知雷达回报函数反演算法流程如算法 7.4 所示。

算法 7.4　基于最大熵深度逆强化学习的认知雷达回报函数反演算法(M-DIRL)

输入：状态对应的特征矢量 $\boldsymbol{f}(s)$ ，雷达示范轨迹 $\mathcal{D}$ ，最大迭代次数 maxIt

(1) 初始化网络权重 $\hat{\boldsymbol{\theta}}^1$;
(2) 令 $\text{it} = 1$;
(3) 计算回报函数 $\boldsymbol{R}^{\text{it}} = h\left(\boldsymbol{f} | \hat{\boldsymbol{\theta}}^{\text{it}}\right)$;
(4) 根据 $\boldsymbol{R}^{\text{it}}$ 求解 MDP，得到最优策略 π^{it} ;
(5) 根据策略 π^{it} 计算 $D\left(s | \hat{\boldsymbol{\theta}}^{\text{it}}\right)$;
(6) 根据梯度 $\nabla_{\boldsymbol{\theta}} L(\boldsymbol{\theta})$ 进行反向传播，更新神经网络参数，得到 $\hat{\boldsymbol{\theta}}^{\text{it}+1}$;
(7) $\text{it} = \text{it} + 1$ ，若 $\text{it} \leqslant \text{maxIt}$ ，则重复(3)～(6)步。若 $\text{it} > \text{maxIt}$ ，则结束迭代，得到估计的网络参数 $\hat{\boldsymbol{\theta}}^{\text{it}-1}$ 。

雷达方和侦察方对状态和动作存在观测视角上的差异。遵循文献[30]中的假设本章假定雷达方和侦察方均能完美观测状态和动作的特征，即雷达方观测到侦察方的真实状态 s ，而侦察方通过感知识别能够完美感知到雷达的动作 a 。否则侦察方为了反演则需要考虑侦察方对雷达对侦察方真实状态 s 的估计 $\hat{s}$ 的估计 $\hat{\hat{s}}$ ，以及对雷达方的真实动作 a 的估计 $\hat{a}$ ，然后基于 $\left(\hat{\hat{s}}, \hat{a}\right)$ 进行反演。

7.5.3　算法性能验证

本节采用仿真数据对基于逆强化学习的认知雷达回报函数反演方法的可行性和有效性进行初步的实验验证。仿真实验具体考虑了基于文献[50]、[51]原理构建两个场景的反演任务，构建场景既可以说明本节所提出的认知雷达回报函数反演框架处理能力，也可以更好地对算法结果进行解释。

7.5.3.1　实验设置介绍

1. 数据集设置

第一个场景中的认知雷达实时感知频谱中存在的干扰以及干扰的转移特征，从而选取对应的雷达频段以避免干扰。雷达使用 LFM 信号并优化其使用带宽，主要目标就是抗频带干扰的同时尽可能多地使用可用带宽。回报函数为动作-状态型回报，即雷达在时刻 t 采取动作以应对时刻 $t+1$ 的干扰信号。因此雷达需要从经验中学习到干扰信号的频带切换规律，以对未来时刻的干扰频带选择最优频段。场景数据集正向模型包含干扰状态 31 个和雷达动作 15 个。

第二个场景考虑雷达目标跟踪，雷达的目标是最大化其对目标的 SINR，同时尽可能多地利用可用带宽以获得更精细的目标分辨率。场景数据集包含雷达正向运动学状态有 20 个，干扰状态 31 个以及雷达动作 15 个。

2. 评价指标

考虑以下两个性能评价指标：

1)期望状态访问频次差(State Visitation Frequency Difference, SVFD)

该指标描述了侦察方基于估计得到的目标回报函数，通过强化学习算法，得出的状态访问频率与观测到的期望经验状态访问频次的差值，即直接衡量 $P\left(\zeta \mid \hat{\boldsymbol{\theta}}\right)$ 和 $P\left(\tilde{\zeta} \mid \boldsymbol{\theta}\right)$ 产生轨迹的相似性。SVFD 的值越小，表示由 $\hat{\boldsymbol{\theta}}$ 产生的轨迹和观测到的示范轨迹越相似，也就意味着估计得到的该回报函数越贴近真实的回报函数。SVFD 的公式如下：

$$\mathrm{SVFD}=\sum_{s\in S}\left\{\tilde{D}\left(s \mid \theta\right)-D\left(s \mid \hat{\boldsymbol{\theta}}\right)\right\} \tag{7-106}$$

$\tilde{D}\left(s \mid \boldsymbol{\theta}\right)$ 通过直接统计 $\mathcal{D}$ 中各个状态在所有路径的访问频次得到，而 $D\left(s \mid \hat{\boldsymbol{\theta}}\right)$ 则是服从概率密度函数 $\Pr\left(\zeta \mid \hat{\boldsymbol{\theta}}\right)$。

2)值差异的期望(Expected Value Difference, EVD)

该指标描述了学到的策略相对于真实的回报函数的次优性。记在真实回报函数结构情况下，最优策略所对应的值函数为 $V^*\left(s \mid \boldsymbol{\theta}\right)$。而逆强化学习得到的回报函数结构下，最优策略所对应的值函数为 $V^*\left(s \mid \hat{\boldsymbol{\theta}}\right)$。则 EVD 为二者之差：

$$\mathrm{EVD}=\sum_{s\in S}\left\{V^*\left(s \mid \boldsymbol{\theta}\right)-V^*\left(s \mid \hat{\boldsymbol{\theta}}\right)\right\} \tag{7-107}$$

7.5.3.2 单目标跟踪仿真场景中的频谱利用优化性能反演验证实验

本场景中的认知雷达实时感知当前频谱干扰情况，然后在避免下一时刻干扰的前提下，尽可能多地利用可用带宽进行单目标跟踪。干扰与雷达动作的设置如 7.3.2 节所述。首先给出雷达基于 MDP 之后得到的最优策略与对应的回报函数。这里使用的干扰样式为扫频干扰，每个扫频状态占用带宽为 $20\mathrm{MHz}$。这个场景的回报函数设置如表 7.15。

表 7.15　5 个频带设置情况下的回报函数结构

干扰状态	回报值	使用的频带数目	回报值
被干扰	–45	1	0
未被干扰	0	2	10
		3	20
		4	30
		5	40

整体的回报值为干扰状态和使用的频带数目两部分回报值的和，则可以列出雷达部分状态和动作选择之间的关系如表 7.16 所示。

表 7.16　不同雷达动作对应的回报值

下一时刻干扰状态	雷达动作	带宽/MHz	回报值
[1 0 0 0 0]	[1 0 0 0 0]	20	–45
[1 0 0 0 0]	[0 1 0 0 0]	20	0
[1 0 0 0 0]	[0 0 1 0 0]	20	0
[1 0 0 0 0]	[0 0 0 1 0]	20	0
[1 0 0 0 0]	[0 0 0 0 1]	20	0
[1 0 0 0 0]	[1 1 0 0 0]	40	–35
[1 0 0 0 0]	[0 1 1 0 0]	40	10
[1 0 0 0 0]	[0 0 1 1 0]	40	10
[1 0 0 0 0]	[0 0 0 1 1]	40	10
[1 0 0 0 0]	[1 1 1 0 0]	60	–25
[1 0 0 0 0]	[0 1 1 1 0]	60	20
[1 0 0 0 0]	[0 0 1 1 1]	60	20
[1 0 0 0 0]	[1 1 1 1 0]	80	–15
[1 0 0 0 0]	[0 1 1 1 1]	80	30
[1 0 0 0 0]	[1 1 1 1 1]	100	–5

图 7.41 展示了在扫频干扰情况下认知雷达的行为仿真结果。这里由于正向场景比较简单，因此认知雷达使用 Q-learning 算法[79]能获得最优策略。

本场景中扫频干扰重复扫描五个带宽为 20MHz 的频段，因此雷达的动作序列也呈现周期的特点。在逆强化学习中，选取雷达的 t 时刻动作 a 和 $t+1$ 时刻干扰状态 s' 各自使用的频带为特征，例如 $\boldsymbol{f}(a,s')=[1,1,1,1,0]\oplus[0,0,0,0,1]=[1,1,1,1,0,0,0,0,0,1]$，其中 $\oplus$ 表示矩阵/向量拼接。回报函数为 $\boldsymbol{R}(a,s')=h(\boldsymbol{f}(a,s')|\boldsymbol{\theta})$。特征的选择取决于侦察方能够获取到的信息，形式也多种多样。雷达方本质上也

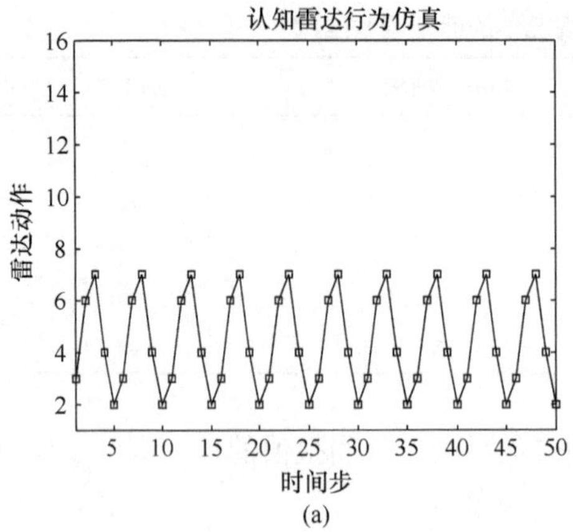

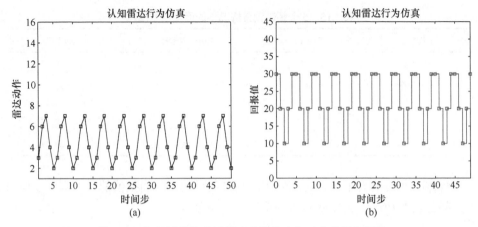

图 7.41　扫频干扰情况下雷达最优策略与对应的回报函数

是基于状态(为了简便表述，在描述时均以状态型回报进行描述，但雷达方的回报结构可为多种类型)的相关变量进行回报值计算，而从侦察方的视角，这些和回报值可能有关的变量为状态的特征。神经网络包含四个全连接层，前三个全连接层的激活函数为 ReLU，最后一个全连接层无激活函数。四个全连接层对应的结点数分别为 64，32，16，1。Epoch 数目为 200，逆强化学习的学习率设置为10^{-4}。为了获得更好的训练效果在训练过程中使用动态学习率，即学习率 lr 随 epoch 的增加而降低：

$$\mathrm{lr}=\frac{\mathrm{lr}}{\left(1+\mathrm{decay}\cdot\mathrm{epoch}\right)} \tag{7-108}$$

其中，decay 为衰减因子，epoch 为当前迭代的次数。迭代过程中的 SVFD 和 EVD 指标变化情况如图 7.42。

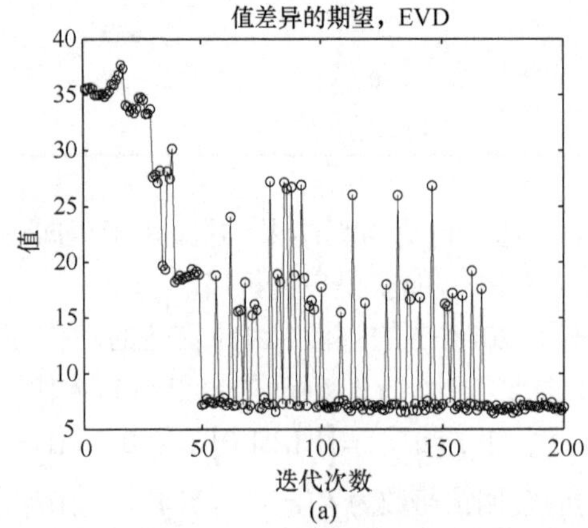

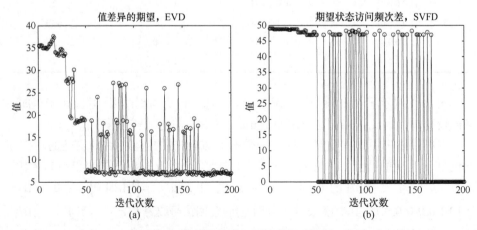

图 7.42　逆强化学习训练过程示意图

SVFD 和 EVD 两个指标都随着迭代次数的增加逐渐收敛。其中 SVFD 收敛之后的值接近 0。意味着通过重构后的回报函数，侦察方可以几乎完美地模仿雷达的动作轨迹。而 EVD 收敛之后的值也非常小，意味着重构的回报函数好。图 7.43 给出初始化的网络对应的回报函数与收敛后的网络回报函数与真实回报函数的关系。

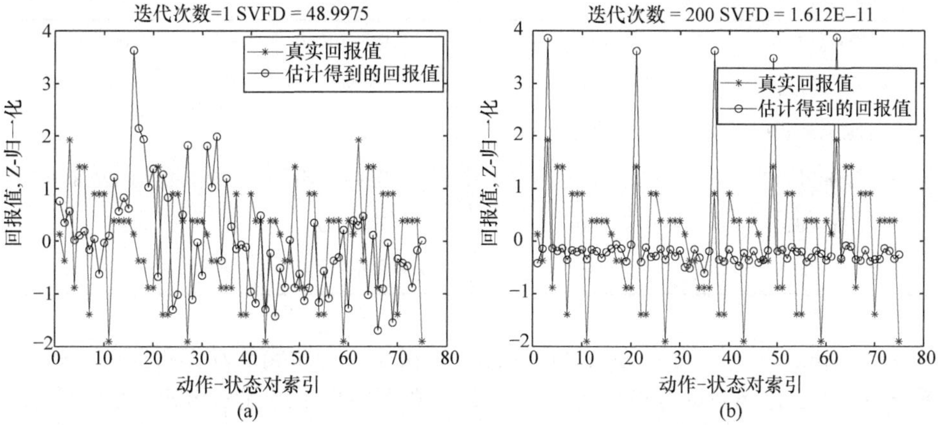

图 7.43 逆强化学习不同迭代次数估计得到的回报函数示意图

如图 7.43 所示，迭代次数为 1 时，网络刚刚开始训练，回报函数接近于随机初始化的结果，此时的 SVFD 非常大(其中 $\tilde{D}(s\,|\,\theta)=50$)，在该回报函数情况下侦察方无法模仿出雷达的轨迹。随着网络的不断迭代训练，收敛之后 SVFD 几乎为 0，意味着侦察方基于重构的回报函数能够完美的重构出雷达的轨迹。在本场景中由于干扰状态相对简单，因此在轨迹中仅有五个动作-状态对被访问到。从而这五个动作-状态对对应的回报值较大，而其他未被访问到的回报值均比较接近，且值在 0 值附近。这也从另外一个视角诠释了逆强化学习，即逆强化学习目的不是完全重构出真实的回报函数，而是基于观测到的示范轨迹集合，寻找能够最好地解释轨迹数据的回报函数。在最大熵逆强化学习中，最好地解释轨迹数据也就是匹配轨迹数据中的状态访问频次。

7.5.3.3 单目标跟踪场景考虑频谱利用与跟踪性能优化的反演验证实验

本场景在场景一的基础上，额外考虑目标跟踪性能指标。本场景的回报函数为 SINR 和 BW 的加权和形式。即：

$$R(s)=\begin{cases}\alpha_1\mathrm{SINR}(s)+\alpha_2\mathrm{BW}(s), & \mathrm{SINR}\geqslant 0\\ \text{大的惩罚值}, & \mathrm{SINR}<0\end{cases} \tag{7-109}$$

其中，$\mathrm{SINR}(s)$ 和 $\mathrm{BW}(s)$ 分别表示状态 s 对应的 SINR 和使用带宽回报值。在状

态-动作空间较大时，通常使用值函数近似的方法。通过函数表示$Q(s,a)$而不是通过表格，即$Q(s,a)\approx\hat{Q}(s,a\mid\boldsymbol{\omega})$，其中$\boldsymbol{\omega}$为函数的参数。本节使用 DDQN 网络[79]①，此时$\boldsymbol{\omega}$为深度神经网络的参数。在本场景中主要的强化学习算法参数如表 7.17 所示。

表 7.17 主要仿真参数设置

参数	值	参数	值
经验池大小	10000	目标平滑因子	0.001
批处理大小	128	探索率	0.2
目标网络更新	每 250 步	α_1,α_2	(1, 1)
折扣因子	128	全连接层大小	(512, 256, 128, 84, 1)
Episode	1000	激活函数	ReLU
学习率	0.001	相参处理间隔	0.5s

表 7.18 给出了目标在逐渐远离雷达的情况下，每个雷达动作对应的回报值。图 7.44 逆强化学习训练过程 SVFD 变化示意图给出了最优动作和存在次优动作情况下网络训练过程 SVFD 变化情况。在最优动作时迭代可完全重建观测到的轨迹，得到的 SVFD 为 0。而在存在次优动作时无法完全重建轨迹，因为对观测到的非最优轨迹集合不存在与之对应的回报函数，从而也就无法完全重构轨迹。但收敛后的 SVFD 很小，这表明能够完成回报函数的重构，然后以一定的损失重建出轨迹。对于更复杂的认知雷达情况将在未来进一步研究。

表 7.18 不同雷达动作对应的回报值

下一时刻干扰状态	目标距离/km	雷达动作	带宽/MHz	SINR/dB	回报值
[1 0 0 0 0]	3	[1 0 0 0 0]	20	11.2	5
[1 0 0 0 0]	3	[0 1 0 0 0]	20	25.4	10
[1 0 0 0 0]	3	[0 0 1 0 0]	20	25.4	10
[1 0 0 0 0]	3	[0 0 0 1 0]	20	25.4	10
[1 0 0 0 0]	3	[0 0 0 0 1]	20	25.4	10
[1 0 0 0 0]	3	[1 1 0 0 0]	40	8.2	14
[1 0 0 0 0]	3	[0 1 1 0 0]	40	22.4	20
[1 0 0 0 0]	3	[0 0 1 1 0]	40	22.4	20
[1 0 0 0 0]	3	[0 0 0 1 1]	40	22.4	20
[1 0 0 0 0]	3	[1 1 1 0 0]	60	6.4	23
[1 0 0 0 0]	3	[0 1 1 1 0]	60	20.6	30
[1 0 0 0 0]	3	[0 0 1 1 1]	60	20.6	30
[1 0 0 0 0]	3	[1 1 1 1 0]	80	5.2	33
[1 0 0 0 0]	3	[0 1 1 1 1]	80	19.4	38

① 由于场景比较简单，使用 Q-learning 算法往往收敛更快。

续表

下一时刻干扰状态	目标距离/km	雷达动作	带宽/MHz	SINR/dB	回报值
[1 0 0 0 0]	3	[1 1 1 1 1]	100	4.2	42
[1 0 0 0 0]	7	[1 0 0 0 0]	20	−3.5	−45
[1 0 0 0 0]	7	[0 1 0 0 0]	20	10.7	4
[1 0 0 0 0]	7	[0 0 1 0 0]	20	10.7	4
[1 0 0 0 0]	7	[0 0 0 1 0]	20	10.7	4
[1 0 0 0 0]	7	[0 0 0 0 1]	20	10.7	4
[1 0 0 0 0]	7	[1 1 0 0 0]	40	−6.5	−35
[1 0 0 0 0]	7	[0 1 1 0 0]	40	7.6	13
[1 0 0 0 0]	7	[0 0 1 1 0]	40	7.6	13
[1 0 0 0 0]	7	[0 0 0 1 1]	40	7.6	13
[1 0 0 0 0]	7	[1 1 1 0 0]	60	−8.2	−25
[1 0 0 0 0]	7	[0 1 1 1 0]	60	5.9	23
[1 0 0 0 0]	7	[0 0 1 1 1]	60	5.9	23
[1 0 0 0 0]	7	[1 1 1 1 0]	80	−9.5	−15
[1 0 0 0 0]	7	[0 1 1 1 1]	80	4.6	32
[1 0 0 0 0]	7	[1 1 1 1 1]	100	−10.5	−5

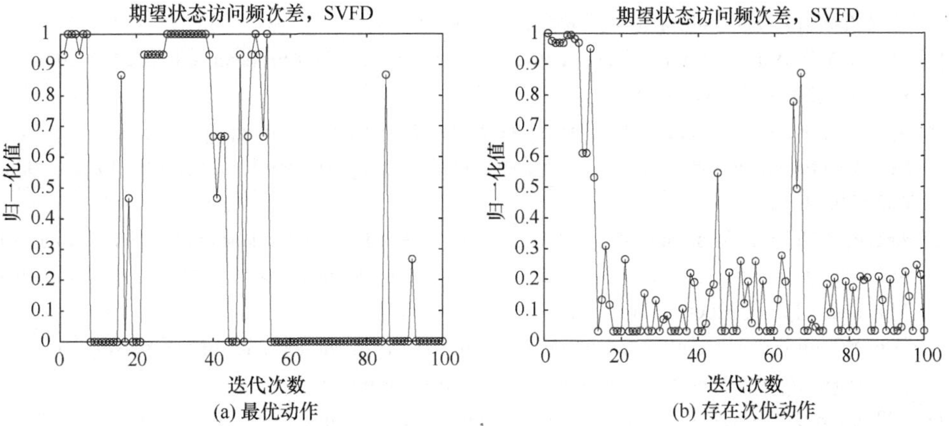

图 7.44　逆强化学习训练过程 SVFD 变化示意图

7.6　本 章 小 结

本章对认知多功能雷达系统行为的逆向分析推理技术进行了初步探索。首先构建了对抗场景下针对认知多功能雷达的逆向分析框架，该框架包含逆信号/信息处理、逆资源调度、逆信号优化等不同逆分析功能模块。然后具体设计了基于逆滤波处理的雷达逆信号处理方法，基于多任务学习的认知雷达动作识别方法以及基于逆强化学习的认知雷达回报函数反演方法。对具有认知能力的智能系统进行行为逆向分析，思路上与对传统多功能雷达系统思路有较大差异。希望本章内容能够对本领域的研究者有所启发，并对后续的智能干扰决策、干扰参数优化以及博弈对抗研究等提供可行的输入信息支撑。

参 考 文 献

[1] Kalman R E. When is a linear control system optimal[J]. Journal of Basic Engineering, 1964, 86(1): 51-60.

[2] Sutton RS, Barto AG. Reinforcement learning: An introduction[J]. IEEE Transactions on Neural Networks, 1998, 9(5): 1054.

[3] Oh I, Rho S, Moon S, et al. Creating pro-level AI for a real-time fighting game using deep reinforcement learning[J]. IEEE Transactions on Games, 2021, 14(2): 1-8.

[4] Kiran B R, Sobh I, Talpaert V, et al. Deep reinforcement learning for autonomous driving: A survey[J]. IEEE Transactions on Intelligent Transportation Systems, 2021, 23(6): 4909-4926.

[5] Zhu W, Guo X, Owaki D, et al. A survey of sim-to-real transfer techniques applied to reinforcement learning for bioinspired robots[J]. IEEE Transactions on Neural Networks and Learning Systems, 2021: 1-16.

[6] Sutton R S, Barto A G, Williams R J. Reinforcement learning is direct adaptive optimal control[J]. IEEE Control Systems Magazine, 1992, 12(2): 19-22.

[7] Powell W B. A unified framework for stochastic optimization[J]. European Journal of Operational Research, 2019, 275(3): 795-821.

[8] Ng A Y, Russell S. Algorithms for inverse reinforcement learning[C]. Proceedings of the Seventeenth International Conference on Machine Learning, Morgan Kaufmann Publishers,2000: 663-670.

[9] Abbeel P, Ng A Y. Apprenticeship learning via inverse reinforcement learning[C]. Proceedings of the twenty-first international conference on Machine learning. Association for Computing Machinery, Banff, Alberta, Canada, 2004.

[10] Lin X, Beling P A, Cogill R. Multiagent inverse reinforcement learning for two-person zero-sum games[J]. IEEE Transactions on Games, 2018, 10(1): 56-68.

[11] Silva V F D, Costa A H R, Lima P. Inverse reinforcement learning with evaluation[C]. Proceedings 2006 IEEE International Conference on Robotics and Automation, 2006.

[12] Abbeel P. Apprenticeship Learning and Reinforcement Learning with Application to Robotic Control[M].Palo Alto: Stanford University, 2008.

[13] Ratliff N D, Silver D, Bagnell J A. Learning to search: Functional gradient techniques for imitation learning[J]. Autonomous Robots, 2009, 27: 25-53.

[14] Ziebart B D, Maas A L, Bagnell J A, et al. Maximum entropy inverse reinforcement learning[C]. Proceedings of the Twenty-Third AAAI Conference on Artificial Intelligence, AAAI Chicago, Illinois, USA, 2008.

[15] Boularias A, Kober J, Peters J. Relative entropy inverse reinforcement learning[C]. Proceedings of the Fourteenth International Conference on Artificial Intelligence and Statistics, 2011: 182-189.

[16] Hadfield-Menell D, Russel S J, Abbeel P, et al. Cooperative inverse reinforcement learning[C]. Proceedings of the 30th International Conference on Neural Information Processing Systems, Barcelona, Spain: Curran Associates Inc. 2016: 3916-3924.

[17] Mattila R, Rojas C R, Krishnamurthy V, et al. Inverse filtering for linear Gaussian state-space models[C]. 2018 IEEE Conference on Decision and Control (CDC). IEEE, 2018: 5556-5561.

[18] Chen J, Patton R J. Robust Model-based Fault Diagnosis for Dynamic Systems[M]. Belin: Springer, 2012.

[19] Anderson B D O, Moore J B. Optimal Filtering[M]. Chicago: Courier Corporation, 2012.

[20] Mattila R, Rojas C, Krishnamurthy V, et al. Inverse filtering for hidden Markov models[J]. Advances in Neural Information Processing Systems, 2017, 30: 4987-5002.

[21] Sundvall P, Jensfelt P, Wahlberg B. Fault detection using redundant navigation modules[J]. IFAC Proceedings Volumes, 2006, 39(13): 522-527.

[22] Wahlberg B, Bittencourt A C. Observers data only fault detectio[J]. IFAC Proceedings Volumes, 2009, 42(8): 959-964.

[23] 陈智超. 基于逆向强化学习的报酬函数构建[D]. 哈尔滨：哈尔滨工业大学, 2011.

[24] 夏林锋. 基于分布式机器人体系结构的逆向增强学习技术[D]. 杭州：浙江大学, 2012.

[25] 刘珏. 基于逆强化学习的舰载机牵引车路径规划研究[D]. 哈尔滨：哈尔滨工程大学, 2017.

[26] 吴少波，傅启明，陈建平，等. 基于相对熵的元逆强化学习方法[J]. 计算机科学, 2021, 48(9): 257-263.

[27] Krishnamurthy V, Rangaswamy M. How to calibrate your adversary's capabilities inverse filtering for counter-autonomous systems[J]. IEEE Transactions on Signal Processing, 2019, 67(24): 6511-6525.

[28] Mattila R, Lourenço I, Krishnamurthy V, et al. What did your adversary believe*f* Optimal filtering and smoothing in counter-adversarial autonomous systems[C]. ICASSP 2020-2020 IEEE International Conference on Acoustics, Speech and Signal Processing (ICASSP), 2020: 5495-5499.

[29] Mattila R, Rojas C R, Krishnamurthy V, et al. Inverse filtering for hidden Markov models with applications to counter-adversarial autonomous systems[J]. IEEE Transactions on Signal Processing, 2020，68: 4987-5002.

[30] Krishnamurthy V, Angley D, Evans R, et al. Identifying cognitive radars - Inverse reinforcement learning using revealed preferences[J]. IEEE Transactions on Signal Processing, 2020, 68: 4529-4542.

[31] Krishnamurthy V. Adversarial radar inference[C]. Inverse Tracking to Inverse Reinforcement Learning of Cognitive Radar. 2020.

[32] Krishnamurthy V, Pattanayak K, Gogineni S, et al. Adversarial radar inference: Inverse tracking, identifying cognition, and designing smart interference[J]. IEEE Transactions on Aerospace and Electronic Systems, 2021, 57(4): 2067-2081.

[33] 张光义. 相控阵雷达原理[M]. 北京：国防工业出版社, 2009.

[34] 王增凯. 认知雷达目标检测跟踪方法研究[D]. 大连：大连海事大学, 2017.

[35] Li X R, Bar-Shalom Y. Performance prediction of the interacting multiple model algorithm[J].

IEEE Transactions on Aerospace and Electronic Systems, 1993, 29(3): 755-771.
[36] 马定坤, 匡银, 杨新权. 侦干探通一体化现状与关键技术研究[J]. 中国电子科学研究院学报, 2016, 11(5): 457-462.
[37] Weiss M, Shima T. Optimal linear-quadratic missile guidance laws with penalty on command variability[J]. Journal of Guidance, Control, and Dynamics, 2015, 38(2): 226-237.
[38] 郑辉. 复杂环境下的认知雷达波形选择[D]. 哈尔滨：哈尔滨工业大学, 2019.
[39] Charlish A, Hoffmann F, Klemm R, et al. Cognitive radar management[J]. Novel Radar Techniques and Applications, 2017, 2: 157-193.
[40] 王雪松, 肖顺平, 冯德军. 现代雷达电子战系统建模与仿真[M]. 北京：电子工业出版社, 2010.
[41] Kershaw D J, Evans R J. Optimal waveform selection for tracking systems[J]. IEEE Transactions on Information Theory, 1994, 40(5): 1536-1550.
[42] 高卫. 电子干扰效果一般评估准则探讨[J]. 电子信息对抗技术, 2006(6): 39-42.
[43] 唐斌. 雷达抗有源干扰技术现状与展望[J]. 数据采集与处理, 2016, 31(4): 623-639.
[44] 贾瑞. 雷达距离门拖引干扰策略智能生成方法研究[D]. 成都：电子科技大学, 2021.
[45] 陈玉文, 童幼堂. 卡尔曼滤波法抗距离拖引干扰研究[J]. 飞航导弹, 2000(3): 50-51.
[46] 王智, 张婕, 熊伟, 等. 基于 EKF 的主动雷达寻的制导状态估计与最优控制研究[J]. 宇航总体技术, 2018, 2(3): 46-50.
[47] Hull D G, Speyer J L, Burris D B. Linear-quadratic guidance law for dual control of homing missiles[J]. Journal of Guidance, Control, and Dynamics, 1990, 13(1): 137-144.
[48] Charlish A B. Autonomous agents for multi-function radar resource management[D]. London: UCL (University College London), 2011.
[49] Shaghaghi M, Adve R S, Ding Z. Multifunction cognitive radar task scheduling using Monte Carlo tree search and policy networks[J]. IET Radar, Sonar & Navigation, 2018, 12(12): 1437-1447.
[50] Selvi E, Buehrer R M, Martone A, et al. Reinforcement learning for adaptable bandwidth tracking radars[J]. IEEE Transactions on Aerospace and Electronic Systems, 2020, 56(5): 3904-3921.
[51] Thornton C E, Kozy M A, Buehrer R M, et al. Deep reinforcement learning control for radar detection and tracking in congested spectral environments[J]. IEEE Transactions on Cognitive Communications and Networking, 2020, 6(4): 1335-1349.
[52] Selvi E, Buehrer R M, Martone A, et al. On the use of Markov decision processes in cognitive radar: An application to target tracking[C]. 2018 IEEE Radar Conference (RadarConf18), 2018: 0537-0542.
[53] Durst S, Brüggenwirth S. Quality of service based radar resource management using deep reinforcement learning[C]. 2021 IEEE Radar Conference (RadarConf21), 2021: 1-6.
[54] Charlish A, Hoffmann F. Anticipation in cognitive radar using stochastic control[C]. 2015 IEEE Radar Conference (RadarCon), 2015: 1692-1697.
[55] Kolobov A. Planning with Markov decision processes: An AI perspective[M]. Morgan & Claypool Publishers, 2012.
[56] 刘克, 曹平. 马尔可夫决策过程理论与应用[M]. 北京：科学出版社, 2015.
[57] Russell S J, Norvig P. 人工智能:一种现代的方法[M]. 北京：清华大学出版社, 2013.

[58] Boers Y, Driessen H, Zwaga J. Adaptive MFR parameter control: Fixed against variable probabilities of detection[J]. IEEE Proceedings - Radar, Sonar and Navigation, 2006, 153(1): 2-6.
[59] Miranda S, Baker C, Woodbridge K, et al. Knowledge-based resource management for multifunction radar: A look at scheduling and task prioritization[J]. IEEE Signal Processing Magazine, 2006, 23(1): 66-76.
[60] Miranda S L C, Baker C, Woodbridge K, et al. Comparison of scheduling algorithms for multifunction radar[J]. IET Radar, Sonar & Navigation, 2007, 1(6): 414-424.
[61] Mwa B, Pb A, Baptiste P. On scheduling a multifunction radar[J]. Aerospace Science and Technology, 2007, 11(4):289-294.
[62] Mir H S, Guitouni A. Variable dwell time task scheduling for multifunction radar[J]. IEEE Transactions on Automation Science and Engineering, 2014, 11(2): 463-472.
[63] Stailey J E, Hondl K D. Multifunction phased array radar for aircraft and weather surveillance[J]. Proceedings of the IEEE, 2016, 104(3): 649-659.
[64] Weber M E, Cho J Y N, Thomas H G. Command and control for multifunction phased array radar[J]. IEEE Transactions on Geoscience and Remote Sensing, 2017, 55(10): 5899-5912.
[65] Miranda S L C, Baker C, Woodbridge K, et al. Fuzzy logic approach for prioritisation of radar tasks and sectors of surveillance in multifunction radar[J]. IET Radar, Sonar & Navigation, 2007, 1(2): 131-141.
[66] Adavanne S, Politis A, Nikunen J, et al. Sound event localization and detection of overlapping sources using convolutional recurrent neural networks[J]. IEEE Journal of Selected Topics in Signal Processing, 2018: 1.
[67] Vandenhende S, Georgoulis S, Van Gansbeke W, et al. Multi-task learning for dense prediction tasks: A survey[J]. IEEE Transactions on Pattern Analysis and Machine Intelligence, 2021, 44(7): 3614-3633.
[68] Akyön F Ç, Nuhoğlu M A, Alp Y K, et al. Multi-task learning based joint pulse detection and modulation classification[C]. 2019 27th Signal Processing and Communications Applications Conference (SIU), 2019: 1-4.
[69] Luo H, Yang Y, Tong B, et al. Traffic sign recognition using a multi-task convolutional neural network[J]. IEEE Transactions on Intelligent Transportation Systems, 2018, 19(4): 1100-1111.
[70] Zhang Y, Yang Q. A survey on multi-task learning[J]. IEEE Transactions on Knowledge and Data Engineering, 2021, 34(12): 5586-5609.
[71] Lunden J, Koivunen V. Automatic radar waveform recognition[J]. IEEE Journal of Selected Topics in Signal Processing, 2007, 1(1): 124-136.
[72] Kauppi J P, Martikainen K, Ruotsalainen U. Hierarchical classification of dynamically varying radar pulse repetition interval modulation patterns[J]. Neural Networks, 2010, 23(10): 1226-1237.
[73] Srivastava N, Hinton G, Krizhevsky A, et al. Dropout: A simple way to prevent neural networks from overfitting[J]. Journal of Machine Learning Research, 2014, 15(1): 1929-1958.
[74] Kingma D P, Ba J. Adam: A method for stochastic optimization[J]. arXiv preprint arXiv:1412.6980, 2014.
[75] Wang Q, Du P, Yang J, et al. Transferred deep learning based waveform recognition for cognitive

passive radar[J]. Signal Processing, 2019, 155: 259-267.

[76] Varian H R. Revealed preference and its applications[J]. The Economic Journal, 2012, 122(560): 332-338.

[77] Jaynes E T. Information theory and statistical mechanics[J]. Physical Review, 1957, 106(4): 620-630.

[78] Wulfmeier M, Ondruska P, Posner I. Maximum entropy deep inverse reinforcement learning[J]. arXiv preprint arXiv:1507.04888, 2015.

[79] François-Lavet V, Henderson P, Islam R, et al. An introduction to deep reinforcement learning[J]. Foundations and Trends in Machine Learning, 2018, 11(3-4): 219-354.